"十三五"职业教育国家规划教材
"十二五"职业教育国家规划教材
经全国职业教育教材审定委员会审定

动物防疫与检疫技术

DONGWU FANGYI YU JIANYI JISHU

第二版

毕玉霞　方磊涵　主编

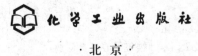
化学工业出版社
·北京·

《动物防疫与检疫技术》（第二版）共分十三章，系统地阐述了动物防疫与检疫的基本知识和基本技能，重点阐述了法定动物疫病的检疫检验。本书的编写突出了职业教育的特点，坚持体现"三基"（基本理论、基本知识、基本技能）教学，注重教学内容的科学性、系统性和实用性。根据实践和教学需要，在相应的章节后安排实训内容和案例分析，提高了实践教学的比重，并在各章节后安排了本章小结和思考题，以便于学生更好地掌握教材的基本知识和基本技能。本书配有电子课件，可从 www.cipedu.com.cn 下载使用。

本书可作为高职高专院校畜牧兽医、兽医卫生检验和动物防疫检疫专业师生的教材，亦可供五年制高职、成人教育等相关专业师生以及畜牧兽医技术人员和基层动物防疫检疫人员参考。

图书在版编目（CIP）数据

动物防疫与检疫技术/毕玉霞，方磊涵主编. —2 版.

北京：化学工业出版社，2016.5（2022.7 重印）

"十二五"职业教育国家规划教材

ISBN 978-7-122-26612-5

Ⅰ.①动⋯ Ⅱ.①毕⋯②方⋯ Ⅲ.①兽疫-防疫-高等职业教育-教材②兽疫-检疫-高等职业教育-教材

Ⅳ.①S851.3

中国版本图书馆 CIP 数据核字（2016）第 061003 号

责任编辑：梁静丽 迟 蕾 李植峰 装帧设计：史利平

责任校对：边 涛

出版发行：化学工业出版社（北京市东城区青年湖南街 13 号 邮政编码 100011）

印   刷：北京云浩印刷有限责任公司

装   订：三河市振勇印装有限公司

787mm×1092mm 1/16 印张 16¼ 彩插 2 字数 424 千字 2022 年 7 月北京第 2 版第 9 次印刷

购书咨询：010-64518888 售后服务：010-64518899

网   址：http://www.cip.com.cn

凡购买本书，如有缺损质量问题，本社销售中心负责调换。

定   价：45.00 元 版权所有 违者必究

《动物防疫与检疫技术》（第二版）编审人员名单

主　编　毕玉霞　方磊涵

副主编　冯　刚　王海丽　王艳丰

编写人员（按照姓名汉语拼音排列）

毕玉霞　（商丘职业技术学院）

方磊涵　（商丘职业技术学院）

冯　刚　（玉溪农业职业技术学院）

侯义宏　（湖南省出入境检验检疫局）

胡　辉　（怀化职业技术学院）

刘志健　（黑龙江农业工程职业学院）

唐　峰　（锦州医科大学）

王海丽　（聊城职业技术学院）

王　瑞　（信阳农林学院）

王艳丰　（河南农业职业学院）

杨慧超　（辽宁职业学院）

审　稿　方　铮　（商丘市贵友食品有限公司）

曹杰伟　（商丘市动物卫生监督所）

前　言

为贯彻落实《国家中长期教育改革发展规划纲要（2010—2020年）》和《国家高等职业教育发展规划（2011—2015年）》的精神，紧紧围绕《高职高专畜牧兽医类专业人才培养指导方案》，依据《教育部关于"十二五"职业教育国家规划教材建设的若干意见》的要求修订了本教材。在修订过程中，一方面汲取了国家级示范性高职院校特色教材建设以及精品课程建设经验，另一方面结合了一些行业、企业以及兄弟院校资深教师的教学改革实践与研究的成果，坚持以综合素质为基础、以能力为本位、以就业为导向的方针，以充分体现专业课教材的实用性、综合性、先进性的原则，以适应畜牧兽医产业结构与经济和培养技术技能型人才为宗旨。

1. 修订思路：在了解课程现状、深入行业调查的基础上，找出教学问题所在，相应地修订教材内容。调研发现，教学过程中尚存在现代职业教育的教法和学法体现不够、内容表现形式与职业岗位结合还不够紧密、部分知识和技能没有跟上行业企业的新发展、配套的数字化资源满足不了师生的多元化和职业性需求等问题，据此对教学内容进行了调整和增减。

2. 内容的完善与调整：在教材修订的过程中，确立了以实用性和适应现代畜牧业特点为内容取舍的标准。在突出职业教育特色的同时，注重了教学内容的科学性、系统性和实用性。根据实践和教学需要，加强实践技能的培养，提高了实践教学的比重，分别在第五章、第九章、第十三章后增加了有害腺体的割除、绵羊疥癣病的检疫、种蛋的检疫等实训项目。为了充实和丰富案例素材，以便强化案例教学，在每个章节后又增加了案例分析，积累并总结了全国各地开展动物防疫检疫的好经验、好做法，培养学生将所学的知识和技能运用到疾病的诊断、治疗和处理的工作中，以实际工作任务为驱动，构建基于工作过程的"工学结合"教学模式，培养夯实学生的专业技术水平和职业能力。附录中增加了农业部最新印发的《常见动物疫病免疫推荐方案》（试行）等内容，以指导学生与时俱进地开展动物防疫检疫工作。

教材在修订过程中以"工学结合"为切入点，进一步深化校企共建，吸收了动物防疫与检疫行业、企业的专家参与教材的编写和审稿工作。湖南省出入境检验检疫局侯义宏老师参与了本教材第三章内容的编写，并邀请了具有几十年动物防疫检疫经验的高级兽医师方铮（商丘市贵友食品有限公司）、曹杰伟（商丘市动物卫生监督所）参与了大纲制订及审稿工作，以保证本教材的职业性和实用性。

3. 构建立体化教材：在修订过程中配套了教学课件，既可方便教师教学，又可方便在校学生和行业从业者自主学习，可从 www.cipedu.com.cn 下载使用。

全书共分十三章，由毕玉霞、方磊涵主编，毕玉霞编写第八章及部分实训，唐峰编写第一章、第二章，侯义宏编写第三章，王海丽编写第四章，方磊涵编写第五章，杨慧超编写第六章、第十一章、第十二章，王艳丰编写第十章，王瑞编写第七章，胡辉编写第九章，刘志健编写第十三章，附录部分由冯刚整理、收录。

由于学术水平、编写能力所限，书中定有疏漏和不妥之处，敬请有关专家、同行和广大读者斧正。

编者
2016 年 3 月

第一版前言

为贯彻《国务院关于大力推进职业教育改革与发展的决定》的精神，紧紧围绕《高职高专畜牧兽医类专业人才培养指导方案》，按照以综合素质为基础、以能力为本位、以就业为导向的方针，充分反映新知识、新技术、新方法，结合兄弟院校教学改革及课程设置具体情况，在教育部高职高专动物生产类专业教学指导委员会专家指导下，我们联合全国高职高专院校教授动物防疫与检疫技术课程的一线教师编写了本教材。

本书是根据高职高专畜牧兽医专业的教学计划和教学大纲以及畜牧生产、兽医临床实际的需要，针对"培养高素质技能人才"的目标编写而成的。本教材在介绍动物防疫与检疫的基本理论基础上，重点阐述了法定动物疫病的检疫检验技术。在编写过程中，我们本着理论"够用"并"管用"、传统技术与现代技术相融合、加强实践技能培养等原则，根据畜牧业发展现状，删减了部分理论和马疫病的内容，重点加强了猪、鸡、牛、羊疫病防疫检疫的编写。

本书在编写过程中，力求做到内容丰富、新颖、简练，结合相关科研成果和生产实践，具有很强的实用性和可操作性，注重培养学生解决问题的能力。每章开始设有学习目标，章末归纳有本章小结和思考题。

全书共分 13 章，由 9 所高职高专院校的一线教师共同编写而成。由于编者学术水平、编写能力所限，书中疏漏和不妥之处在所难免，敬请有关专家、同行和广大读者斧正。

编者

2009 年 6 月

目　录

第一章　动物防疫基本知识

【学习目标】

1. 理解动物防疫的概念及与检疫的关系。
2. 明确动物疫病发生的条件及动物疫病的特征。
3. 掌握防疫方针和措施、动物防疫措施和流行病学调查的主要方法。

第一节　动物疫病

一、动物疫病的概念

动物疫病是指由某些特定的病原体引起的动物疾病。其病因通常为细菌、病毒和寄生虫。由细菌、病毒引起的疫病称为传染病，由寄生虫引起的疫病称为寄生虫病。

各种不同的病原体充斥着动物生存的环境，甚至存在于动物体内。在动物的整个生命活动中，不断地受到来自体内外不同病原体的攻击，这些病原体可能引起机体不同程度的损伤，使机体处于异常的生命活动中，其代谢、机能甚至组织结构多会发生改变，在临诊上可出现一系列异常的表现，同时表现出生产能力下降。与此同时，机体也会产生一系列的抗损伤反应，以清除致病因素的作用，恢复体内的平衡。

动物生产性能的降低，将给养殖业生产带来一定的损失，某些人、畜共患的疫病可能严重地影响人类的健康。以中国为例，2003年春，SARS横行肆虐；2004年春，禽流感成为"不速之客"；2005年夏，人猪链球菌感染对人类发起了进攻。SARS、禽流感、猪链球菌病大行其道，先后对人类的生命安全构成了巨大的威胁。

二、动物疫病发生的条件

1. 动物的易感性

易感性是指动物对于某种传染病病原体感受性的大小。动物的易感性主要是由动物的遗传特征因素决定。外界环境如饲养管理、卫生条件、特异性免疫状态等因素也都可能直接影响到动物的易感性。

遗传因素是动物易感性的内在因素。不同种类的动物对于同一种病原体所表现出的临诊反应差别很大，例如，猪是猪瘟的唯一自然宿主，牛、羊不感染；鸡、火鸡、珠鸡及野鸭对新城疫都有易感性，以鸡最易感。外界环境因素是动物易感性的外界因素。外界环境因素包括饲料质量、畜舍卫生、防疫计划等。例如，冬季气温低，有利于病毒的生存，易发生病毒性传染病。而多数寄生虫的虫卵或幼虫需要温暖、潮湿的环境才能发育，所以寄生虫病多在夏秋季节感染。动物的特异性免疫状态是影响动物易感性的重要外界因素。例如，通过免疫接种，使动物在一段时间内产生特异性免疫力。

有些传染病，发生后经过一定的间隔时间，可能再度发生流行，这种现象称为动物疫病流行的周期性。造成这一现象的主要原因是动物易感性的增高：在一次流行之后，畜群免疫性提高，从而保护这个群体，但随着幼畜的出生，易感动物的比例逐渐增加，可能发生又一次流行。周期性的现象在牛、马等大动物群表现得比较明显，而猪和家禽等小动物一般表现不明显。由于小动物每年更新或流动的数量大，动物群易感性高，疫病可能每年流行，故周期性不明显。

2. 病原体的毒力和数量

病原体引起疾病的能力称致病力。某一株微生物的致病力称毒力。

只有当具有较强毒力的病原体感染机体后，才能突破机体的防御屏障，在体内生长繁殖，引起传染过程，甚至导致传染病的发生。弱毒株或无毒株则不会引起疾病，因此人们可以利用弱毒株或无毒株生产菌（毒）苗。

在体内生长繁殖的病原体，需经一定的生长适应阶段，只有当其生长繁殖到一定的数量并造成一定损伤时，动物才会逐渐表现出临床症状。

3. 侵入门户

病原体进入动物机体的途径，称侵入门户。有些传染病的病原微生物侵入门户是比较固定的，如猪肺炎支原体只能通过呼吸道传染，破伤风杆菌必须经过深而窄的创伤感染，狂犬病病毒的侵入门户多限于咬伤。但也有很多病原体如猪瘟、鸡新城疫、巴氏杆菌病等，可通过多种途径侵入。

4. 环境因素

与畜禽生产、生存有关的一切外部条件都属于环境的范畴。环境因素对动物疫病的发生起着重要影响作用。例如，秋、冬和初春气候骤变时，羊只受寒感冒或采食了冰冻带霜的草料，机体受到刺激，抵抗力减弱时，肠道内的腐败梭菌大量繁殖，容易导致羊快疫的发生。夏秋两季蚊蝇滋生，容易发生猪丹毒、马传染性贫血等以吸血昆虫为媒介的疫病。

某些传染病经常发生于一定的季节，或在一定的季节出现发病率显著上升的现象，称为流行过程的季节性。出现季节性的原因可能是不同季节对外界环境中存在的病原体产生影响、对活的传播媒介产生影响，以及对家畜的活动及其易感性产生影响。

三、动物疫病的特征

1. 具有特异性的病原体

每种动物疫病的发生都是由特异的病原体引起的。疫病种类不同，则病原体不同。如猪瘟是由猪瘟病毒引起，鸡蛔虫病是由鸡蛔虫引起。

2. 具有传染性和流行性

传染性是指疫病可以由病畜禽传染给具有易感性的健康畜禽，并出现相同症状。传染性是疫病与普通病相区别的重要特征。流行性是指同一种传染病于一定时间内在动物群体中蔓延扩散，使许多动物相继患病。

3. 被感染机体发生特异性反应

动物患病后，由于受病原微生物或寄生虫的不断刺激，机体发生免疫生物学反应，产生特异性抗体或变态反应等。这种特异性反应可以用血清学方法等特异性反应检查出来。

4. 传染病具有特征的临诊表现

大多数传染病都具有其特征的综合症状和一定的潜伏期以及病程经过。

5. 寄生虫病多呈慢性经过且地方性强

大多数寄生虫在动物体内只是完成个体发育而不增加数量，并且一般不产生毒素，所以寄生虫病很少急性发病，多呈慢性经过。由于宿主、中间宿主的分布有较强的地方性，所以寄生虫病多呈地方性流行。

第二节　动物疫病的流行过程

一、流行过程的概念

疫病的流行过程，就是从家畜个体感染发病发展到家畜群体发病的过程，也就是疫病在畜群中发生和发展的过程。

二、流行过程的基本环节

疫病流行过程中的三个基本环节为传染来源（或称传染源）、传播途径和易感畜群。

（一）传染来源

传染来源是指某种传染病的病原体在其中寄居、生长、繁殖，并能排出体外的动物机体。包括患病动物和带菌、带毒、带虫的动物。

1. 患病动物

患病动物是重要传染来源。前驱期和症状明显期的病畜能排出病原体，尤其是在急性过程或病程转剧阶段可排出毒力强大的病原体，因此作为传染源的作用最大。潜伏期和恢复期的病畜是否具有传染源的作用，则随病种不同而异。

2. 带菌（毒、虫）动物

动物感染某种病原体以后，由于动物自身的抵抗力或通过药物治疗或二者相互适应的结果，动物不表现出临床症状。但体内有某种病原体存在并繁殖，并能不断向外界排出，但缺乏症状不易被发现，有时可成为十分重要的传染来源。

被病原体污染的外界环境因素（如畜舍、饲料、水源、空气、土壤等），虽能起着传播病原体的作用，但不适于病原体的生长繁殖，所以不是传染来源，称为传染媒介、传播媒介或媒介物。

（二）传播途径

病原体由传染源排出后，经一定的方式再侵入其他易感动物所经的途径称为传播途径。疫病的传播可分为两大类：水平传播和垂直传播。前者是指疫病在群体之间或个体之间以水平形式横向平行传播，后者是指从母体到其后代两代之间的传播。

水平传播又有直接接触传播和间接接触传播两种方式。

1. 直接接触传播

由健康动物与被感染的动物直接接触而引起的传播。例如，马媾疫通过交配传播；狂犬病只有在被病畜咬伤，并随着唾液将狂犬病病毒带进伤口的情况下，才有可能引起狂犬病。以直接接触为主要传播方式的疫病为数不多。直接接触传播的流行特点是，一个接一个地发生，形成明显的连锁状，流行速度比较慢，传播范围有限，不易造成广泛的流行。

2. 间接接触传播

病原体通过传播媒介使易感动物发生传染的方式，称为间接接触传播。大多数疫病都是通过这种方式传播的。从传染源将病原体传播给易感动物的各种外界环境因素称为传播媒介。传播媒介可能是生物，也可能是无生命的物体。

（1）经污染的饲料、饮水传播　这是常见的一种方式。传染源传播出的病原微生物，污染了饲料、饮水等，常引起以消化道为侵入门户的疫病，很多传染病如口蹄疫、炭疽等都是通过这一途径传播的。

（2）经空气传播　经飞散于空气中带有病原体的微细泡沫而散播的传染称为飞沫传染。

所有的呼吸道传染病主要是通过飞沫传播的，如口蹄疫、鸡传染性喉气管炎、结核病等。当飞沫中的水分蒸发干后，成为蛋白质和细菌或病毒组成的飞沫核，飞沫核亦可引起感染。病畜的排泄物和分泌物及处理不当的尸体污染了土壤，干燥后，病原微生物随尘埃在空气中飞扬，被易感动物吸入而引起传染，称为尘埃传染。

经空气传播的流行特点是：病例常连续发生，患畜多为传染源周围的易感动物。潜伏期短的传染病，在易感动物集中时可形成爆发。季节性和周期性比较明显，一般以冬春季节多见。疾病的发生常与畜舍条件有关。

（3）经土壤和水传播　传染源排出的病原微生物，污染了土壤，易感动物经被污染的土壤传染。如破伤风芽孢杆菌等的芽孢，能在土壤中长期生存，易感动物的伤口被土壤中的破伤风芽孢杆菌污染后可能发生破伤风。经土壤传播的传染病，其病原体对外界环境的抵抗力较强，疫区存在时间较长。

经水传播的动物疫病多为寄生虫病。例如，肝片吸虫的虫卵在水中孵出毛蚴，进入锥实螺体内，经进一步发育，再感染健康牛羊。

（4）经生物媒介传播　节肢动物、野生动物及人类是主要的生物媒介。

节肢动物中作为动物疫病的媒介者主要是虻类、螫蝇、蚊、蠓、家蝇和蜱等。大多数病原体被机械性地传播，例如家蝇活动在畜体与排泄物、分泌物、饲料之间，传播消化道疾病。少数是生物性传播，如立克次体在感染家畜前，必须在节肢动物体内发育到一定阶段，才能致病。

经野生动物的传播分为两类：一类是机械地传播疾病，如鼠类机械地传播口蹄疫；另一类是感染后再传播给畜禽，如狼将狂犬病传染给家畜。

人类可将某些人、畜共患病传染给动物，如结核病、口蹄疫等。另外，饲养人员和兽医在防疫卫生工作做得不彻底时，也可传播病原体。如将衣帽、鞋底的病原体传播给健康动物，注射器消毒不彻底可能成为鸡新城疫、猪瘟的传播媒介。

垂直传播包括经胎盘传播、经卵传播和经产道传播。从广义上讲垂直传播属于间接接触传播。

动物疫病的传播途径比较复杂，每种疫病都有其特定的传播途径。有的可能只有一种，如狂犬病、破伤风等；有的有多种途径，如口蹄疫可通过空气、饲料、饮水等途径传播。

（三）易感畜群

动物群中易感个体所占的百分率和易感性的高低，直接影响到传染病是否能造成流行以及疫病的严重程度。一般说来，如果动物群中有70％～80％的个体是有抵抗力的，就不会发生大规模的暴发流行。当引进新的易感动物时，畜群免疫性可能逐渐降低以致引起流行。

在一次流行之后，畜群免疫性提高，从而保护这个群体，但随着幼畜的出生，易感动物的比例逐渐增加，可能发生又一次流行。

综上所述，疫病的流行，必须同时具备传染来源、传播途径和易感畜群三个基本环节，它们彼此紧密关联，缺少任何一个环节，流行过程就不会形成。因此，针对三个基本环节采取有效措施，消除传染源，切断传播途径，增强畜禽的抵抗力，就可以中断或杜绝疫病的流行。这是防疫和扑灭动物疫病的主要手段。

第三节　动物防疫计划

根据本场饲养的动物种类与规模、饲养方式、疫病发生情况等而制订具体的预防措施称为防疫计划。

防疫计划的主要内容应包括如下几方面。

① 动物疫病防治的方法与步骤，如疫病检测与诊断手段、疫病报告制度，消毒液的种类和浓度、用量、消毒范围，疫区、威胁区和封锁区的确定，染疫动物的处理等。

② 人员组织及分工，明确各类人员的责任、权限和主要任务。

③ 经费来源及所需物资，包括疫苗、消毒药品、治疗药品、防护用品、器械等。

④ 统筹考虑防疫接种及消毒的对象、时间、接种的先后次序等。

防疫计划是在防疫方针的指导下完成的，并且防疫计划应该与其他防疫措施配合应用。

一、防疫方针和措施

（一）防疫方针

在动物防疫工作中，预防是基础。预防动物疫病应贯彻"预防为主，养防结合，防重于治"的方针，把预防动物疫病的工作放在兽医工作的首位。

（二）防疫措施

由于传染来源、传播途径、易感畜群三个基本环节的相互联系，导致疫病的传播流行，因此，为了预防和扑灭疫病，必须采取"养、防、检、治"为基本环节的综合性防疫措施。综合性防疫措施包括预防措施和扑灭措施两部分。以预防疫病发生为目的而采取的措施称为预防措施；以控制、扑灭已经发生的疫病为目的所采取的措施，称为扑灭措施。

1. 平时的预防措施

（1）加强饲养管理　保证饲料营养全面合理，控制饲养密度，做好防寒防暑等工作，以减少或杜绝动物应激反应，增强动物机体的抗病能力。结合本地的具体条件，制订出比较合理的防疫计划。

（2）搞好环境卫生　注意做好粪便的无害化处理。定期进行消毒、杀虫、灭鼠工作，消灭传染源和传播媒介，切断传播途径，减少并控制疫病发生。

（3）做好免疫接种工作　根据本地区、本场疫病发生的实际情况，制订并切实执行定期预防接种和补种计划，降低圈养动物的易感性。

（4）加强动物检疫　认真贯彻执行国家有关动物防疫检疫法律法规，防止外来疫病的侵入，及时发现并淘汰阳性畜禽。

（5）搞好联防协作　动物防疫监督机构应调查研究当地疫情分布情况，组织相邻地区对家畜传染病的联防协作，有计划地进行消灭和控制，逐步建立无规定动物疫病区。

2. 发生疫病时的扑灭措施

当发生动物疫病时，应贯彻"早、快、严、小"的原则，立即报告当地动物防疫监督机构或畜牧兽医站，并接受其防疫指导和监督检查。

（1）上报疫情　及时发现病情，尽快作出确切诊断，迅速上报疫情。

（2）隔离、封锁疫区　迅速隔离病畜，污染的地方进行消毒。发生危害性大的疫病时如口蹄疫、炭疽等应采取封锁等综合性防疫措施。

（3）紧急免疫接种　通过紧急免疫接种及时治疗病畜。没有治疗价值或法定需淘汰的病畜应及时淘汰。

（4）合理处理病畜尸体。

以上预防措施和扑灭措施是相互联系、相互配合和相互补充的。

二、《动物防疫法》

为了加强对动物防疫活动的管理，预防、控制和扑灭动物疫病，促进养殖业发展，保护人体健康，维护公共卫生安全而制定《中华人民共和国动物防疫法》（以下简称《动物防疫法》）。

1. 新《动物防疫法》的调整内容和适用范围

1997 年 7 月 3 日第八届全国人民代表大会常务委员会第二十六次会议审议通过了《动物防疫法》，并于 1998 年 1 月 1 日正式实施。2015 年 4 月 24 日第十二届全国人民代表大会常务委员会第十四次会议对其进行修订，修订后的《动物防疫法》于公布之日起施行。

《动物防疫法》修订如下：删去第二十条第一款中的"需要办理工商登记的，申请人凭动物防疫条件合格证向工商行政管理部门申请办理登记注册手续"；删去第五十一条中的"申请人凭动物诊疗许可证向工商行政管理部门申请办理登记注册手续，取得营业执照后，方可从事动物诊疗活动"；删去第五十二条第二款中的"并依法办理工商变更登记手续"。

《动物防疫法》适用于在中华人民共和国领域内的动物防疫及其监督管理活动。进出境动物、动物产品的检疫，适用《中华人民共和国进出境动植物检疫法》。

2.《动物防疫法》中疫病的分类

根据动物疫病对养殖业生产和人体健康的危害程度，《动物防疫法》规定管理的动物疫病分为下列三类。

（1）一类疫病　是指对人与动物危害严重，需要采取紧急、严厉的强制预防、控制、扑灭等措施的。

（2）二类疫病　是指可能造成重大经济损失，需要采取严格控制、扑灭等措施，防止扩散的。

（3）三类疫病　是指常见多发、可能造成重大经济损失，需要控制和净化的。

这三类动物疫病具体病种名录由国务院兽医主管部门制定并公布，见本书第三章第三节。

3. 动物防疫和检疫的关系

根据《动物防疫法》的规定，动物防疫是指动物疫病的预防、控制、扑灭和动物、动物产品的检疫。动物检疫是动物防疫的重要内容。尽管动物防疫包含了动物检疫的内容，但是随着研究方法、研究对象的具体化，逐步形成了动物防疫和动物检疫两个既相互联系又彼此独立的体系。

【本章小结】

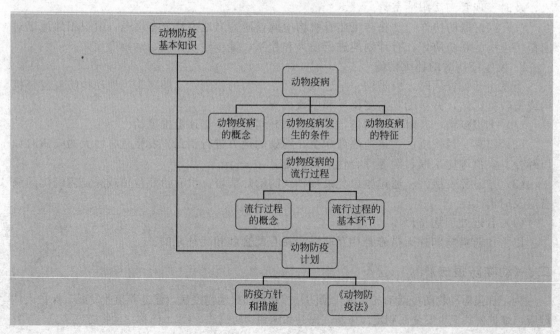

【思考题】

1. 动物疫病发生有哪些基本条件?
2. 动物疫病的基本特征有哪些?
3. 动物疫病流行的三个基本环节是什么?
4. 动物疫病传播的途径有哪些?
5. 动物防疫计划的主要内容是什么?
6. 动物防疫方针是什么?
7. 如何加强平时畜牧场的疫病预防工作?
8. 发生疫病时的扑灭措施有哪些?
9. 《中华人民共和国动物防疫法》的适用范围是什么?
10. 动物疫病分为哪几类?

【案例与分析】

一起未取得动物防疫条件合格证的案例

[案例概述]

山东省某动物卫生监督所于 2011 年 9 月 10 日接到群众举报反映：某乡一养猪场臭味很大，严重影响周围居民的生活，群众要求尽快查处。接到群众举报后，动物卫生监督所立即组织执法人员落实。经现场检查，该养猪场的污水未经处理直接流出，在空气中散发着粪便的难闻气味，污染严重，存在动物防疫条件不符合规定的违法事实。执法人员对现场进行了拍照和录像后给予立案。

经调查：一是该猪场于 2011 年 5 月筹建，占地 15 亩，饲养生猪 1200 头，未申请办理动物防疫条件合格证；二是当事人所建的养猪场距村庄 250m，未建无害化处理设施、消毒室和隔离设施，没有建立养殖档案；三是养殖场产生的粪便、污水未经处理直接排放到邻近地里。根据调查结果，当事人建养猪场时没有申请动物防疫条件审核，也未取得动物防疫条件合格证，存在动物防疫条件不符合规定的违法事实，已经造成严重的不良社会影响，违反了《动物防疫法》第十九条、第二十条第一款的规定。依据《动物防疫法》第七十七条第一项规定，拟对当事人实施：①责令改正；②罚款人民币 5000 元。动物卫生监督所执法人员在送达《行政处罚事先告知书》和《行政处罚听证告知书》的同时，告知了当事人应当享有的陈述权、申辩权和听证权。

当事人在规定的期限内既没有陈述、申辩，又没有提出听证申请，自愿放弃了以上权利。但当事人收到处罚决定后，认为自己建养猪场是响应国家号召，是否办理动物防疫合格证无所谓。经过执法人员的说服教育，当事人认识到建养猪场未办理动物防疫条件合格证的违法严重性，在法定期限内履行了罚款人民币 5000 元的行政处罚决定，并着手对养猪场进行整改。

[案例分析]

根据以上案情，请做出分析。

(1) 本案的认定。

(2) 调查取证的缺失。

(3) 养殖场环境的处理。

(4) 养殖场的监管问题。

【实训一】 畜禽养殖场或养殖专业户疫情调查

一、实训内容

(1) 疫情调查的项目与内容。

(2) 疫情调查方法。

(3) 疫情资料分析。

(4) 设计调查表。

二、目标要求

(1) 了解家畜疫情的调查方法。

(2) 明确调查的项目与内容。

(3) 掌握对调查资料的统计分析方法，调查表的设计。

三、实训材料

工作服、工作帽、口罩、手套、胶靴、发病情况调查表。

四、方法与步骤

(一) 调查的项目与内容

1. 畜禽养殖场或养殖专业户的一般特征

农牧场及居民点的名称及地址，地形特点，气象资料（季节、天气、雨量等）；农牧场的兽医人数、文化程度、技术水平；家畜品种、数目、饲养方式和用途。

2. 畜禽养殖场或养殖专业户的兽医卫生特征

动物的饲养、护理和使役情况，畜舍及其邻近地区的卫生状况，饲料的品质和来源地，其储藏、调配和饲喂的方法，水源的状况和饮水处（水井、水池、小河等）的情况，放牧场地的卫生情况和性质，有无昆虫，舍内有无啮齿类动物，厩肥的清理及其保存，厩肥储存所的位置和状况，预防消毒和一般预防措施的执行情况，尸体的处理方法，兽墓、尸体发酵坑和废物利用场的位置和卫生状况，有无检疫室、隔离室、屠宰场、产房等及其兽医卫生状况，污水的排出情况等。

3. 一般流行病学资料

该地过去发生的疫情名称及发生时间、流行情况、所采取的措施、是否呈周期性、邻近地区的疫情等。

4. 该次传染病流行过程的特征

诊断结果、所采取的诊断方法、最早一些病例出现的时间、在发现最早的一些病例之前有无不明显的病例、发病率、患病的和死亡的家畜总数、临床症状和病理变化、所采取的措施及其效果。

5. 补充资料

执行和解除封锁的日期、封锁规则有无破坏、最终的措施是如何进行的等。

(二) 调查方法

直接询问或查阅资料。

(三) 资料分析

将调查资料进行统计分析，明确疫病流行的类型、特点、原因、来源及传播途径等，提出有针对性的防治措施。

(四) 设计调查表

养殖场（户）畜群发病情况调查表见表 1-1。

表 1-1　养殖场（户）畜群发病情况调查表

调查日期：　　　　　年　　　　月　　　　日				
场(户、舍)名称(或编号)：				
发病基本情况	动物种类：	总数量：	日(年)龄：	
	发病日期：	发病数量：	发病率：	
	出现死亡日期：	死亡数量：	死亡率：	致死率：
典型症状：				
剖检变化：				
诊断印象或结论：				
建议：				
调查人：				
备注：				

　　上述格式所包括的内容，只适用于疫区的一般调查，如果调查特定传染病的流行病学特征及其发生、发展以及终息的规律时，还需另订适于该特定传染病的调查项目。

五、实训报告

　　（1）设计一份调查特定传染病时所用的疫情调查表。
　　（2）总结本次疫病流行的类型、特点、原因、来源及传播途径。
　　（3）针对本次疫情调查，提出有针对性的防治措施。

第二章 动物防疫技术

【学习目标】
1. 理解免疫接种的目的和意义，动物免疫标识的有关规定以及相关行政、法规责任。
2. 明确免疫接种的分类，疫苗种类，选择药物的原则。
3. 掌握消毒药液稀释计算方法，常用消毒剂用法，药物预防的方法。

第一节 免疫接种

一、动物免疫接种基本知识

（一）免疫接种的概念、目的和意义

免疫接种是根据特异性免疫的原理，采用人工方法使动物接种疫苗、类毒素或免疫血清等生物制品，使机体产生对相应病原体的抵抗力，即主动免疫或被动免疫。

通过免疫接种的手段可使易感动物转化为非易感动物，从而达到预防和控制疫病的目的。在预防疫病的诸多措施中，免疫预防接种是一种经济、方便、有效的手段，对增进动物健康起着重要作用。

（二）免疫接种的分类

根据免疫接种的时机不同，可分为预防免疫接种和紧急免疫接种。

1. 预防免疫接种

未发生疫病时，有计划地给予健康动物进行免疫接种，叫预防免疫接种。例如根据免疫接种计划而进行的免疫，属于预防免疫接种。

预防免疫接种要有针对性，如本地区哪些疫病有潜在威胁，有时甚至邻近地区有哪些疫情，针对所掌握的这些情况，制订每年的预防接种计划。

2. 紧急免疫接种

发生疫病时，为迅速控制和扑灭疫病的流行，而对疫区和受威胁区内尚未发病动物进行的免疫接种叫紧急免疫接种。

理论上说，紧急免疫接种使用高免血清较安全有效，但高免血清用量大，价格高，产生的免疫期短，不能满足实际使用需求。实践证明，对于某些疫病使用疫苗进行紧急免疫接种，也可取得较好的效果。

紧急免疫接种前，必须检查动物的健康状态。因为紧急免疫接种仅能使健康的动物获得保护力。对于患病动物或处于潜伏期的动物，紧急免疫接种能促使其更快发病。

在受威胁区进行紧急免疫接种，其目的是建立"免疫带"以包围疫区，阻止疫病向外传播。紧急免疫接种必须与疫区的隔离、封锁、消毒等综合措施配合。

（三）疫苗种类

目前，已知的疫苗概括起来分为全微生物疫苗和生物技术疫苗。其中全微生物疫苗包括活疫苗、灭活疫苗、代谢产物和亚单位疫苗。生物技术疫苗包括基因工程重组亚单

位疫苗、合成肽疫苗、抗独特型疫苗、基因工程重组活载体疫苗、基因缺失疫苗以及核酸疫苗等。

1. 全微生物疫苗

（1）活疫苗　活疫苗又分为弱毒疫苗和异源疫苗两种。

弱毒疫苗是指通过人工诱变获得的弱毒株、筛选的天然弱毒株或失去毒力但仍保持抗原性的无毒株所制成的疫苗，是目前生产中使用最广泛的疫苗种类。接种后能在体内生长繁殖，因此用量小，免疫期长。

异源疫苗是指通过含共同保护性抗原的不同病毒制成的疫苗。如预防马立克病的火鸡疱疹病毒疫苗和预防鸡痘的鸽痘弱毒疫苗等。

活疫苗会出现异种微生物或同种强毒污染的危险，经接种途径人为地传播疫病。

（2）灭活疫苗　病原微生物经理化方法灭活后，仍保留其免疫原性，接种后使动物产生特异性抵抗力，这种疫苗称为灭活疫苗或死疫苗。灭活疫苗研制周期短，安全性好，不散毒，不需低温保存，便于制备多价苗和联苗。此种苗只能注射接种，不适于滴鼻、点眼、气雾和饮水免疫。

（3）代谢产物和亚单位疫苗　包括：①多糖蛋白结合疫苗（如 B 型流感嗜血杆菌荚膜多糖蛋白结合疫苗、伤寒 Vi 多糖疫苗等）；②类毒素疫苗（如破伤风类毒素、白喉类毒素等）；③亚单位疫苗（如脑膜炎球菌多糖疫苗、肺炎球菌荚膜多糖疫苗和口蹄疫疫苗、流感血凝素疫苗等）。

2. 生物技术疫苗

（1）基因工程重组亚单位疫苗　又称生物合成亚单位疫苗，是用 DNA 重组技术，将编码病原微生物保护性抗原的基因导入原核细胞或真核细胞，使其在受体细胞中高效表达，分泌保护性抗原肽链。提取保护性抗原肽链，加入佐剂即制成基因工程重组亚单位疫苗。基因工程重组亚单位疫苗安全性好，稳定性好，便于保存和运输，产生的免疫应答可以与感染产生的免疫应答相区别。

（2）合成肽疫苗　使用化学合成法人工合成病原微生物的保护性多肽，并将其连接到大分子载体上，再加入佐剂制成的疫苗。若在同一载体上连接多种保护性肽链或多个血清型的保护性抗原肽链，一次免疫就可预防几种传染病或几个血清型。

（3）抗独特型疫苗　抗独特型疫苗又称内影像疫苗，可以模拟抗原，刺激机体产生与抗原特异性抗体具有同等免疫效应的抗体。

（4）基因工程重组活载体疫苗　是用基因工程技术将保护性抗原基因，转移到载体中使之表达的活疫苗。以痘病毒为例，痘病毒一次可插入大量的外源基因，制成多价苗和联苗，一次注入可产生多种病原的免疫力。该类活载体疫苗具有传统疫苗的许多优点，而且为多价苗和联苗的生产开辟了新路，是当今与未来疫苗研制与开发的主要方向之一。

（5）基因缺失疫苗　是用基因工程技术将强毒株毒力相关的基因切除构建的活疫苗。基因缺失疫苗安全性好，不易返祖；其免疫接种与强毒株感染相似，机体对多种病毒产生免疫应答；免疫力坚实，免疫期长。

（6）核酸疫苗　包括 DNA 疫苗和 RNA 疫苗，由编码能引起保护性免疫反应的病原体抗原的基因片段和载体构建而成。进入机体的核酸疫苗不与宿主染色体结合，目的基因可在动物体内表达，进而刺激机体产生免疫应答。核酸疫苗克服了减毒活疫苗可能返祖，并导致病毒发生变异而对新型的变异株不起作用的缺点。所以，核酸疫苗有望成为传染病的新型疫苗。

（7）转基因植物疫苗　是把植物基因工程技术与机体免疫机理相结合，生产出能使机体获得特异抗病能力的疫苗。

（8）多价苗和联苗　将同一种细菌或病毒的不同血清型混合制成的疫苗，例如，巴氏杆菌多价苗、大肠杆菌多价苗等。联苗是指由两种以上的细菌（或病毒）联合制成的疫苗。一次免疫可达到预防几种疾病的目的。例如，猪瘟-猪丹毒-猪肺疫三联苗，新城疫-减蛋综合征-传染性法氏囊病三联苗等。

（四）免疫常用疫（菌）苗及免疫有效期

由于不同地区的疫病流行情况不同，所以不同地区免疫常用疫（菌）苗种类不同。表2-1～表2-3列举出部分畜禽常见疫病的疫苗名称及免疫期等内容，供制订免疫接种计划时参考。

表 2-1　家禽常用疫苗

疫苗种类	用法与用量	免疫期
鸡新城疫 I 系弱毒冻干苗	皮下注射，0.1ml，或刺种 2 下，或肌内注射 1ml，饮水免疫时 3 倍量	12 个月以上
鸡新城疫 Lasota 系弱毒疫苗	按瓶签注明羽份，可点眼、滴鼻、饮水、气雾	3 个月
鸡新城疫 II 系弱毒冻干苗	按瓶签注明羽份，可点眼、滴鼻、饮水、气雾	随鸡的免疫状态与时机不同而异
鸡新城疫 C_{30} 弱毒冻干苗	按瓶签注明羽份，可点眼、滴鼻、饮水、气雾	2 个月
鸡新城疫 V_4 克隆株弱毒冻干苗	按瓶签注明羽份，可点眼、滴鼻、饮水、气雾	2 个月
鸡痘鹌鹑化弱毒冻干疫苗	按瓶签注明羽份，稀释，刺种	雏鸡 2 个月，成鸡 5 个月
马立克病"814"弱毒疫苗	皮下注射或肌内注射，0.2ml	18 个月
鸡马立克病火鸡疱疹病毒冻干苗	皮下注射或肌内注射，0.2ml	12 个月
鸡传染性支气管炎弱毒冻干苗（H_{52}，H_{120}）	H_{120} 疫苗用于雏鸡，H_{52} 疫苗用于 1 月龄以上的鸡，按瓶签注明羽份，可滴鼻或饮水免疫	H_{120} 疫苗 2 个月，H_{52} 疫苗 6 个月
鸡传染性喉气管炎弱毒冻干苗	按瓶签注明羽份，可滴鼻、点眼或饮水免疫	3～6 个月
鸭瘟鸡胚化弱毒冻干苗	肌内注射 1ml	9 个月，初生雏鸭 1 个月
小鹅瘟鸭胚化弱毒疫苗	肌内注射 1ml	8 个月

注：引自邢钊等，兽医生物制品实用技术，2000。

表 2-2　猪常用疫苗

疫苗种类	用法与用量	免疫期
猪瘟兔化弱毒疫苗	肌内注射或皮下注射 1ml，断奶前仔猪每头注射 4 头份剂量	12 个月
猪瘟结晶紫疫苗	皮下注射	6 个月
猪丹毒 G_4T_{10} 弱毒冻干苗	皮下注射 1ml	6 个月
猪丹毒 GC_{42} 弱毒疫苗	皮下注射 1ml（含菌 7 亿），或经口给予 2ml（含菌 14 亿）	6 个月
猪丹毒氢氧化铝灭活疫苗	皮下或肌内注射，10kg 以上 5ml，10kg 以下 3ml，45 天以后再注射 3ml	6 个月
猪肺疫氢氧化铝疫苗	断奶后猪肌内或皮下注射 5ml	6 个月
猪瘟、猪丹毒、猪肺疫三联活疫苗	2 月龄以上猪肌内注射 1ml	猪瘟 12 个月，猪丹毒、猪肺疫 6 个月
猪瘟、猪丹毒二联活疫苗	2 月龄以上猪肌内注射 2ml	猪瘟 12 个月，猪丹毒 6 个月
猪链球菌弱毒疫苗	皮下或肌内注射 1ml，经口给予时剂量加倍	暂定 6 个月

注：引自邢钊等，兽医生物制品实用技术，2000。

表 2-3　牛、羊常用疫苗

疫苗种类	用法与用量	免疫期
气肿疽甲醛疫苗	牛皮下注射 5ml/头·次,羊皮下注射 1ml/只·次	6 个月
布氏杆菌猪型 2 号弱毒疫苗	经口给予,羊 100 亿活菌/只·次 牛 500 亿活菌/只·次	12 个月
牛羊黑疫、快疫二联氢氧化铝疫苗	羊肌内或皮下注射 3ml/只·次 牛肌内或皮下注射 10ml/只·次	12 个月
羊链球菌灭活疫苗	皮下注射 3ml/只·次	6 个月
羊痘鸡胚化弱毒冻干疫苗	羊尾根皮内注射 0.5ml/只·次	绵羊 12 个月,山羊 6 个月
山羊传染性胸膜肺炎氢氧化铝疫苗	6 个月以内的山羊皮下或肌内注射 3ml/只·次,6 个月以上的山羊皮下或肌内注射 5ml/只·次	12 个月
牛出败氢氧化铝疫苗	100kg 以下的牛肌内或皮下注射 4ml/头,100kg 以上的牛肌内或皮下注射 6ml/头	9 个月

注:引自邢钊等,兽医生物制品实用技术,2000。

二、动物免疫标识的有关规定

《畜禽标识和养殖档案管理办法》(中华人民共和国农业部令第 67 号)第二章明确规定了畜禽标识管理。在中华人民共和国境内从事畜禽及畜禽产品生产、经营、运输等活动,应当遵守本办法。

畜禽标识是指经农业部批准使用的耳标、电子标签、脚环以及其他承载畜禽信息的标识物。畜禽标识实行一畜一标,编码应当具有唯一性。其编码由畜禽种类代码、县级行政区域代码、标识顺序号共 15 位数字及专用条码组成。猪、牛、羊的畜禽种类代码分别为 1、2、3。编码形式为:×(种类代码)—××××××(县级行政区域代码)—×××××××××(标识顺序号)。畜禽标识不得重复使用。

三、相关行政、法规责任

农业部负责全国畜禽标识的监督管理工作,制定并公布畜禽标识技术规范,生产企业生产的畜禽标识应当符合该规范规定。畜禽标识生产企业不得向省级动物疫病预防控制机构以外的单位和个人提供畜禽标识。省级动物疫病预防控制机构统一采购畜禽标识,逐级供应。畜禽养殖者应当向当地县级动物疫病预防控制机构申领畜禽标识,并按照下列规定对畜禽加施畜禽标识。

(1)新出生畜禽,在出生后 30 天内加施畜禽标识;30 天内离开饲养地的,在离开饲养地前加施畜禽标识;从国外引进畜禽,在畜禽到达目的地 10 日内加施畜禽标识。

(2)猪、牛、羊在左耳中部加施畜禽标识,需要再次加施畜禽标识的,在右耳中部加施。

畜禽标识严重磨损、破损、脱落后,应当及时加施新的标识,并在养殖档案中记录新标识编码。动物卫生监督机构实施产地检疫时,应当查验畜禽标识。没有加施畜禽标识的,不得出具检疫合格证明。动物卫生监督机构应当在畜禽屠宰前,查验、登记畜禽标识。畜禽屠宰经营者应当在畜禽屠宰时回收畜禽标识,由动物卫生监督机构保存、销毁。畜禽经屠宰检疫合格后,动物卫生监督机构应当在畜禽产品检疫标志中注明畜禽标识编码。省级人民政府畜牧兽医行政主管部门建立畜禽标识及所需配套设备的采购、保管、发放、使用、登记、回收、销毁等制度。

第二节 消　毒

一、消毒的基本概念

利用物理、化学和生物方法清除并杀灭外界环境中所有病原体的措施叫消毒。消毒的目的是消灭被传染源散播于外界环境中的病原体，切断传播途径，阻止疫病的继续蔓延、扩散。及时正确的消毒可有效切断传播途径，阻止疫病的继续蔓延、扩散。因此，消毒是综合性防疫的重要措施之一。

二、消毒的种类

根据消毒的时机和目的不同分为预防性消毒、随时消毒和终末消毒。

1. 预防性消毒

在平时为预防疫病的发生而采取的消毒措施即预防性消毒。例如结合平时的饲养管理条件对圈舍、饲养用具、屠宰工具、运输工具等进行的消毒措施。

2. 随时消毒

在发生疫病期间，为及时杀灭患病动物排出的病原体而采取的消毒措施即随时消毒。例如在隔离封锁期间，对患病动物的排泄物、分泌物和可能被污染的环境及用具、物品等进行的多次消毒。

3. 终末消毒

终末消毒，即在疫病控制、平息之后，为了消灭疫区可能残留的病原体而采取全面、彻底的大消毒。

三、消毒方法

（一）机械性清除

使用机械的方法清除病原体。例如采用清扫、洗刷、通风和过滤等手段，清除存在于环境中的病原体，可大大减少环境中和物体表面病原体的数量。因此，机械性清除在工作实践中最常用，且简单易行。机械性清除不能彻底杀灭病原体，需要配合化学消毒。例如，在清扫畜舍地面前，应根据地面是否干燥，病原体危害大小，而考虑是否先用清水或某些化学消毒剂喷洒，以避免病原体随尘土飞扬，影响人畜健康。

（二）物理消毒法

物理消毒法是指用物理方法杀灭病原体。

1. 阳光、紫外线

太阳光谱中的紫外线具有较强的杀菌能力，而且阳光照射的灼热以及水分蒸发所致的干燥亦具有杀菌作用。革兰阴性菌对紫外线最敏感，革兰阳性菌次之。紫外线对细菌芽孢无效。一般病毒对紫外线也敏感。一般病毒和非芽孢病原菌在强烈阳光下反复曝晒，其致病力可减少甚至消失。所以，阳光曝晒对于牧场、草地、畜栏、用具和物品等的消毒而言是一种简单、经济的方法。阳光的强弱直接关系其消毒效果，而阳光的强弱又与多种因素（例如季节、时间、纬度及云层等）有关，所以利用阳光消毒应根据实际情况灵活掌握，并配合其他消毒方法进行。在实际工作中，人工紫外线常被用来进行空气消毒。消毒灭菌的紫外线的波长范围是 $200\sim275nm$，杀菌作用最强的波段是 $250\sim270nm$。紫外线只对表面光滑的物体才有好的效果，而且对人有一定损害。

2. 高温

（1）火焰的烧灼和烘烤

① 焚烧法。用于疫病病畜禽尸体、垫草、病料以及污染的垃圾、废弃物等物品的消毒，可直接点燃或在焚烧炉内焚烧。焚烧法简单有效，但是由于很多物品不耐高温，限制了本法的使用。

② 烧灼法。适用于实验室的接种针、接种环、试管口、玻璃片等耐热器材的消毒或灭菌。

（2）蒸汽消毒　相对湿度在 $80\%\sim100\%$ 的蒸汽遇到温度较低的物品后凝结成水，同时放出大量能量，因而能达到消毒的目的。例如，对各种耐热玻璃器皿如试管、吸管等实验器材的消毒。在一些交通检疫站，设有蒸汽锅炉对运输的车皮、船舱等进行消毒。若配合化学消毒，蒸汽消毒能力可以得到加强。蒸汽消毒主要用在实验室和死病畜化制站。

（3）煮沸消毒　煮沸消毒是最常用的消毒方法之一，此法效果比较可靠。大部分非芽孢病原微生物在 $100℃$ 沸水中迅速死亡。大多数芽孢在煮沸后 $15\sim30min$，亦被致死。若配合化学消毒，可以提高煮沸消毒的效果。例如，在煮沸金属器械时加入 2% 碳酸钠，可提高沸点，并使溶液偏碱性，增强杀菌力，同时还可减缓金属氧化，具有一定的防锈作用。

（三）化学消毒法

化学消毒法是指用化学药物（消毒药品）杀灭病原体。根据化学药物（消毒药品）作用和杀灭能力分为灭菌剂和杀菌剂，两者的统称为消毒剂。由于消毒剂和被消毒对象种类繁多，所以化学消毒法也很多。

（四）生物消毒法

生物消毒法是指用生物热杀灭、清除病原体。生物消毒法主要用于污染粪便的无害处理。在粪便堆积过程中，粪便中的微生物发酵产热，可使温度高达 $70℃$ 以上。经过一定时间，可以杀死病毒、细菌（芽孢除外）、寄生虫卵等病原体。生物消毒法既可以达到消毒的目的，又保证了粪便的肥力。在发生一般疫病时，生物消毒法是一种很好的粪便消毒法，但不适用于由产芽孢病菌所污染的粪便消毒，这种粪便最好予以焚毁。

四、消毒剂

根据化学消毒剂的不同结构，可以将消毒剂分为以下十类。

（一）碱类

强碱化合物包括钠、钾、钙和铵的氢氧化物，弱碱化合物包括碳酸盐、碳酸氢盐和碱性磷酸盐。养殖场常用的碱类消毒剂为氢氧化钠、生石灰和草木灰。

1. 氢氧化钠（苛性钠、火碱）

氢氧化钠的杀菌作用很强，常用于病毒性污染及细菌性污染和消毒，对细菌芽孢和寄生虫卵也有杀灭作用。常用于养殖场、环境、用具消毒。其用法是：$1\%\sim2\%$ 的溶液用于病毒性和细菌性污染的消毒；5% 的溶液用于杀灭细菌芽孢。氢氧化钠对金属有腐蚀性，对纺织品、漆面等有损害作用，亦能灼伤皮肤和黏膜。所以消毒畜舍前，应驱出家畜，隔半天时间以水冲洗饲槽、地面后，才可以让家畜进圈。由于氢氧化钠放置在空气中易吸收二氧化碳和湿气而潮解，故须密闭保存。

2. 石灰乳

用于消毒的石灰乳是生石灰（氧化钙）1份加水1份制成熟石灰（氢氧化钙，又称消石灰），然后用水配成 $10\%\sim20\%$ 的混悬液。石灰乳有相当强的消毒作用，对一般病原体有效，对芽孢无效。常粉刷于墙壁、地面、粪渠及污水沟等处进行消毒。消毒浓度为 $10\%\sim20\%$。生石灰 $1kg$ 加水 $350ml$ 制成的粉末，也可撒布在阴湿地面、粪池周围及污水沟等处进行消毒。直接将生石灰撒播到干燥地面不起消毒作用，反而使畜（禽）蹄部干燥开裂。由于熟石灰能吸收空气中的二氧化碳，所以石灰乳必须现用现配，不宜久储。

3. 草木灰

草木灰主要含有碳酸钾。浓度为 20%～30% 的草木灰主要用于圈舍、运动场、墙壁及食槽的消毒。

（二）酸类

乳酸对多种病原体具有杀灭和抑制作用，能杀死流感病毒及某些革兰阳性菌。常用于蒸气消毒。乳酸蒸气消毒时，将乳酸稀释成质量分数为 20% 的溶液，在密闭室内置于器皿中加热蒸发 30～90min 即可。本品放置在空气中有吸湿性，故应密闭保存。

（三）醇类

乙醇可杀灭一般的病原体，但不能杀死细菌芽孢，对病毒也无显著效果。为临诊常用的消毒剂，常用浓度为 75% 的乙醇进行消毒。

（四）酚类

1. 来苏尔

来苏尔又称煤酚皂溶液，本品可杀灭一般的病原菌，但不能杀灭细菌芽孢。主要用于畜禽舍、用具和排泄物的消毒。3%～5% 的水溶液用于消毒器械，洗手；5%～10% 的水溶液用于圈舍和排泄物等消毒。由于本品有臭味，不能用于肉品、蛋品的消毒。

2. 克辽林

克辽林又称臭药水，煤焦油皂溶液，由粗制煤酚，加入肥皂、树脂和氢氧化钠制成。可杀灭一般的病原菌。3%～5% 的水溶液用于畜禽舍、用具和排泄物的消毒。

3. 复合酚

复合酚是质量分数为 41%～49% 的酚和质量分数为 22%～26% 的乙酸的混合物，抗菌谱广，能杀灭细菌、霉菌和病毒，对多种寄生虫卵亦有杀灭作用，稳定性好，安全性高。0.5%～1% 的水溶液用于动物圈舍、笼具、排泄物等的消毒；熏蒸用量为 $2g/m^3$。商品名为菌毒敌、农福、农富等。

（五）卤素类

1. 漂白粉

漂白粉又称氯化石灰，是一种广泛应用的消毒剂。本品是次氯酸钙、氯化钙和氢氧化钙的混合物，有效氯含量一般为 25%～32%，但有效氯易散失。在妥善保存的条件下，有效氯每月损失 1%～3%。当有效氯低于 16% 即不宜应用。因此，在使用漂白粉前应测定其有效氯含量。本品应密闭保存，置于干燥、通风处。漂白粉可用于饮水、畜禽舍、用具、车辆及排泄物的消毒。5% 澄清液可用于饲槽、水槽及车辆等的消毒，10%～20% 乳剂可用于被污染的畜禽舍、车辆和排泄物的消毒，将干粉剂与粪便以 1:5 的比例均匀混合，可进行粪便消毒。由于次氯酸杀菌迅速且无残留物和气味，因此常用于食品厂、肉联厂设备和工作台面等物品的消毒。

2. 氯胺

氯胺又称氯亚明，含有效氯 11% 以上。性质稳定，在密闭条件下可长期保存，易溶于水。其消毒作用温和而持久。0.0004% 溶液用于饮水消毒，0.5%～5% 溶液用于被污染的畜禽舍及器具的消毒。

3. 二氯异氰尿酸钠

二氯异氰尿酸钠又称优氯净，新型广谱高效安全消毒剂，对细菌、病毒均有显著杀灭效果。可用于饮水、器具、环境和粪便的消毒。0.5%～1% 水溶液采用喷洒、浸泡、擦拭等方法可杀灭病原体，5%～10% 水溶液能杀灭细菌芽孢。本品干粉与粪便以 1:5 的比例混合，可以消毒粪便。场地消毒时，用量为 $10\sim20mg/m^2$，作用 $2\sim4h$。冬季 $0℃$ 以下时，$50mg/m^2$，作用 $16\sim24h$ 以上。饮水消毒时，用量为 $4mg/L$，作用 $30min$。

4. 碘酊

碘酊可用于皮肤及手术部位消毒。用 2% 碘酊或 $3\%\sim5\%$ 碘酊涂擦皮肤，待稍干后再用 70% 乙醇将碘擦去。也可用于饮水消毒，可在 $1L$ 水中加入 2% 碘酊 $5\sim6$ 滴，能杀死致病菌及原虫，$15min$ 后可供饮用。

（六）重金属类

升汞（$HgCl_2$）杀菌力强，但对芽孢、病毒无效。$0.1\%\sim0.2\%$ 升汞溶液用作非金属器械、聚乙烯类制品、棉花、纱布等消毒。本品有剧毒，刺激性较大，不能直接用于伤口，能腐蚀金属，不宜用于金属消毒。

（七）表面活性剂

1. 新洁尔灭

新洁尔灭是一种季铵盐类阳离子表面活性剂。本品对化脓性病原菌、肠道菌及部分病毒有较好的杀灭能力，对结核杆菌及真菌的杀灭效果较弱，对细菌芽孢一般只能起抑制作用，对革兰阳性菌的杀灭能力要比对革兰阴性菌强。$0.05\%\sim0.1\%$ 水溶液用于手消毒，0.1% 水溶液用于蛋壳的喷雾消毒和种蛋的浸洗消毒。0.1% 水溶液还可用于皮肤、黏膜及器械浸泡消毒。本品对皮肤、黏膜有一定的刺激作用及脱脂作用，不适用于饮水消毒。

2. 消毒净

消毒净是一种季铵盐类阳离子表面活性剂。用于黏膜、皮肤、器械及环境的消毒作用比新洁尔灭强。黏膜消毒可用其 0.05% 溶液冲洗，手和皮肤消毒可用 0.1% 溶液，金属器械消毒可用 0.05% 溶液浸泡。季铵盐类阳离子表面活性剂不能与阴离子表面活性剂（例如肥皂）或碱类接触，否则会降低抗菌效力。若水质硬度过高，应加大药物浓度 $0.5\sim1$ 倍。

3. 百毒杀

百毒杀属于双链季铵盐类表面活性剂。其性质和特点与单链季铵盐类表面活性剂相似，但消毒效果优于单链季铵盐类表面活性剂。达到相同效果时所需浓度是单链铵盐类的一半。

（八）氧化剂

过氧乙酸杀菌作用快而强，对多种病原体和芽孢均有效，除金属和橡胶外，可用于多种物品，例如 0.2% 溶液用于耐酸塑料、玻璃、搪瓷制品；0.5% 溶液用于畜禽舍、仓库、地面、墙壁、食槽的喷雾消毒及室内空气消毒；5% 溶液按 $2.5ml/m^3$ 量喷雾消毒密闭的实验室、无菌室、仓库等；$0.2\%\sim0.3\%$ 溶液可作 10 日龄以上鸡只的带鸡消毒。由于分解产物无毒，因此能消毒水果、蔬菜和食品表面（鸡蛋外壳、填鸭等）。本品对皮肤和黏膜有刺激性，对金属有腐蚀作用。本品高浓度遇热（$70℃$ 以上）易爆炸，浓度 10% 以下无此危险。但低浓度水溶液易分解，应现用现配。

（九）挥发性烷化剂

1. 福尔马林

福尔马林是含 36%（w/V）甲醛水溶液，具有很强的消毒作用。$2\%\sim4\%$ 水溶液用于畜禽舍和水泥地面的消毒；1% 水溶液可用于畜体体表消毒；按 $12.5\sim50ml/m^3$ 剂量与水等量混合（或加入高锰酸钾，用量为 $30g/m^3$），可作熏蒸消毒。福尔马林对皮肤和黏膜刺激强烈，可引起支气管炎，甚至窒息，使用时要注意人畜安全。

2. 环氧乙烷

环氧乙烷又称氧化乙烯，有较强的杀菌能力，对细菌芽孢也有很好的杀灭作用。气体和液体均有较强的杀微生物作用，以气体作用更强，故多用其气体。一般不造成消毒物品的损坏，可用于毛皮、精密仪器、谷物等物品的熏蒸消毒。消毒时必须在密闭容器内进行。温度升高增强杀菌作用,大多数对热不稳定的物品常用温度约55℃。干燥微生物必须给予水分湿润才能杀灭,常用的消毒剂相对浓度为40%~60%,消毒时间6~24h。环氧乙烷蒸气遇明火极易爆炸,所以储存或消毒过程中应远离火源。环氧乙烷对人畜有毒性。

(十) 染料类

1. 利凡诺

利凡诺属外用杀菌防腐剂,外用浓度为0.1%~0.2%。对革兰阳性菌及少数革兰阴性菌有较强的杀灭作用,对球菌尤其是链球菌的抗菌作用较强。用于各种创伤、渗出、糜烂的感染性皮肤病及伤口冲洗。本品刺激性小,一般治疗浓度对组织无损害。

2. 甲紫

甲紫属外用杀菌药物,1%水溶液治疗黏膜感染。主要对革兰阳性菌有较强的杀灭作用,对革兰阴性菌和抗酸杆菌几乎无作用。能与坏死组织凝结成保护膜,起收敛作用。

五、消毒药液稀释计算方法

稀释消毒剂时,常根据不同浓度计算用量。计算公式:

$$c_浓 \times V_浓 = c_稀 \times V_稀$$

式中,c表示浓度,V表示体积。

【例题1】 欲配制75%乙醇800ml,需用95%乙醇多少毫升?如何配置?

[计算] 因为$c_浓 \times V_浓 = c_稀 \times V_稀$

所以 $V_浓 = \dfrac{c_稀 \times V_稀}{c_浓} = 75\% \times 800 \div 95\% = 613.6$(ml)

即需取95%乙醇613.6ml,稀释至800ml即得。

【例题2】 在1000ml消毒液中,需加入20%亚硝酸钠溶液多少毫升,才能使消毒液中含亚硝酸钠0.5%?

[计算] $V_浓$为需要20%亚硝酸钠溶液的体积

$c_浓$为20%

$V_稀$为$\dot{V}_浓 + 1000$ml

$c_稀$为0.5%

则 $20\% \times V_浓 = 0.5\% (V_浓 + 1000)$

$V_浓 = 25.64$ml

即需加入20%亚硝酸钠溶液25.64ml。

第三节 药物预防

一、药物预防的概念和选择药物的原则

(一) 药物预防的概念及意义

在平时正常的饲养管理状态下,给动物投服药物以防止疫病的发生,叫药物预防。

目前,除部分疫病可用疫苗预防外,有相当多的疫病没有疫苗,或有疫苗而实际应用有问题。因此,在一定条件下将化学消毒剂、抗生素、微生态制剂等加入饲料或饮水中,对调节机体代谢、增强抵抗能力和预防多种病的发生有着十分重要的意义。此外,一些非传染性流行病、群发病也可能大面积暴发流行(例如中暑、微量元素缺乏、应激反应等),均使得在临诊上必须采用对整个群体投放药物进行群体预防或控制。药物预防的目的就是杜绝疾病的发生。

但是，长期使用化学药物容易产生耐药菌株，影响防治效果。如果耐药菌株感染人类，可能贻误治疗。因此，目前某些国家倾向于以疫苗来预防疫病，而不主张采用药物预防的方法。

（二）选择药物的原则

1. 药物敏感性

进行药物预防时，应确定某种或某几种疫病作为预防的对象。针对预防的对象选择最敏感的药物用于预防。在使用药物前，最好进行药物敏感性试验。也可以选择抗菌谱广的药物用于预防。

2. 药物引起的不良反应

药物引起的不良反应包括副作用、毒性作用、变态反应（过敏反应）、继发性反应和后遗效应等。例如，长期应用抗菌药物可能引起鸡只的 B 族维生素缺乏；长期应用庆大霉素或链霉素可能对鸡只肾脏产生毒性作用；长期应用广谱抗菌药物时，可能引起草食动物中毒性肠炎或全身感染。选择药物时，应尽可能避免不良反应的出现。

3. 药物的价格

应选用质优价廉的药物，以降低成本。

二、药物预防的方法

药物预防用药一般采用群体给药法，此时用的药物多是添加在饲料中或溶解到水中，让畜禽服用，有时也采用气雾给药的方法给药。

1. 拌料给药

拌料给药是比较常用的给药方法之一。即将药物均匀地拌入料中，让畜禽采食时同时吃到药物。该法简便易行，节省人力，减少应激，效果可靠。在应用这种方法时，应注意将药物混合均匀。为了保证药物混合均匀，通常采用分级混合法，即把全部用量的药物加到少量饲料中，充分混合后，加到一定量饲料中，充分混匀，然后再拌入到计算所需的全部饲料中。大批量饲料拌药更需多次逐步分级扩充，以达到充分混匀的目的。切忌把全部药量一次加到所需饲料中，简单混合会造成部分畜禽药物中毒，而大部分畜禽吃不到药物，达不到预防疫病的目的。对于患病的畜禽，当其食欲下降时，不宜应用。

2. 饮水给药

饮水给药也是比较常用的给药方法之一，它是指将药物溶解到饮水中，让畜禽在饮水时饮入药物，发挥药理效应。在动物发病，食欲降低而仍能饮水的情况下更为适用。为保证动物在较短的时间内引入足够剂量的药物，应停饮一段时间，以增加饮欲。例如，在夏季停饮1~2h，然后供给加有药物的饮水，使动物在较短的时间内充分喝到药水。

3. 气雾给药

气雾给药是指使用能使药物气雾化的器械，将药物分散成一定直径的微粒，弥散到空间中，让畜禽通过呼吸作用吸入体内或作用于畜禽皮肤及黏膜的一种给药方法。应用这种方法，药物吸收快，节省人力，尤其适用于现代化大型养殖场。所用药物应该无刺激性，易溶解于水。用药空间应密封。在气雾给药时，雾粒直径大小与用药效果有直接关系。雾粒直径过大容易快速沉落，直径过小则在空气中会快速上升，这两种情况都不利于药物的吸收。雾粒直径大小可以通过调节雾化器来决定。

4. 体外用药

动物体外用药主要指对圈舍、周围环境、饲养用具及设备等消毒，以及为杀死畜禽的体表寄生虫、微生物所进行的体表用药。它包括喷洒、喷雾、熏蒸和药浴等不同方法。

药浴的目的是为了预防和驱除羊疥癣、蜱、虱等体外寄生虫病的发生。一般在剪毛后

7~10天进行，一周后重复一次。应选择晴朗的天气，药浴前停止放牧半天，饮足水。利用药浴池或水泵喷淋进行药浴。

【本章小结】

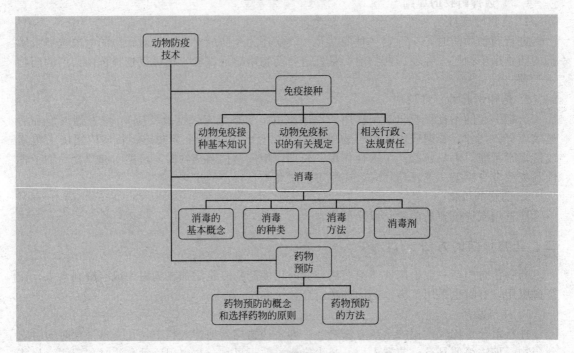

【思考题】

1. 免疫接种分为哪几类？
2. 全微生物疫苗分为哪几类？
3. 临床上常用的免疫接种分几类？
4. 免疫标识编码由哪几部分组成？
5. 什么是消毒？根据消毒的时机和目的的不同，消毒分几类？
6. 消毒的方法有哪些？
7. 消毒剂分哪几类？常用消毒剂有哪些？
8. 稀释消毒药时常用计算公式是什么？
9. 怎样正确地选择预防性药物？
10. 药物预防的方法有哪些？

【实训二】 畜禽免疫接种

一、实训内容

（1）免疫接种的方法。

（2）生物制品的保存、运送和用前检查。

（3）家畜免疫接种前及接种后的护理与观察。

（4）免疫接种的注意事项。

二、目标要求

(1) 了解免疫接种的注意事项。

(2) 熟悉兽医生物制品的保存、运送和用前检查方法。

(3) 掌握免疫接种的方法与步骤，家畜免疫接种前及接种后的护理与观察。

三、实训材料

金属注射器（10ml、20ml、50ml 等规格）、玻璃注射器（1ml、2ml、5ml 等规格）、金属皮内注射器（螺口）、连续注射器、针头（兽用 12～14 号、人用 6～9 号、螺口皮内 19～25 号）、胶头滴管、煮沸消毒锅、镊子、剪毛剪、体温计、气雾发生器、空气压缩机、5％碘酊、75％酒精、来苏尔或新洁尔灭等消毒剂、疫苗或免疫血清、脸盆、毛巾、脱脂棉、搪瓷盆、工作服、登记卡或卡片、保定动物用具、稀释液（生理盐水）、冰块、广口瓶、工作服、工作帽、口罩、手套、胶靴。

四、方法与步骤

（一）免疫接种的方法

免疫接种的方法主要有注射免疫法、皮肤刺种法、经口免疫法和气雾免疫法等。注射免疫法又可分为皮下接种法、皮内接种法、肌内接种法及静脉接种法四种。

1. 注射免疫法

(1) 皮下接种法　对马、牛等大家畜皮下接种时，一律采用颈侧部位，猪在耳根后方，家禽在胸部、大腿内侧。根据药液的浓度和家畜的大小而异，一般用 16～20 号针头。

(2) 皮内接种法　马的皮内接种采用颈侧、眼睑部位。牛及羊除颈侧外，可在尾根或肩胛中央部位。猪大多在耳根后。鸡在肉髯部位。一般使用带螺口的注射器及 19～25 号1/4～1/2 的螺旋注射针头。羊、鸡可以使用 1ml 注射器及 24～26 号针头。

(3) 肌内接种法　家畜一律采用臀部或颈部肌内接种。鸡可在胸肌部接种。一般用 14～20 号针头。

(4) 静脉接种法　马、牛、羊的静脉接种，一律在颈静脉部位，猪在耳静脉部位。鸡则在翼下静脉部位。

2. 皮肤刺种法

如在鸡翅内侧无血管处刺种。

3. 经口免疫法

经口免疫法分饮水免疫和喂食免疫两种，前者是将可供口服的疫苗混于水中，畜禽通过饮水而获得免疫，后者是将可供口服的疫苗用冷的清水稀释后拌入饲料，畜禽通过吃食而获得免疫。经口免疫时，应按畜禽头数和每头畜禽平均饮水量或吃食量，准确计算需用的疫苗剂量。免疫前，一般应停饮或停喂一段时间，以保证饮喂疫苗时，每头畜禽都能饮用一定量的水或吃入一定量的料。应当用冷的清水稀释疫苗，混有疫苗的饮水和饲料也要注意掌握温度，一般以不超过室温为宜。已经稀释的疫苗，应迅速饮喂。疫苗从混合在水或料内到进入动物体内的时间越短，效果越好。

4. 气雾免疫法

此法是用压缩空气通过气雾发生器，将稀释疫苗喷射出去，使疫苗形成直径 5～10μm 的雾化粒子，均匀地浮游在空气中，通过呼吸道吸入肺内，以达到免疫目的。

压缩空气的动力机械，可利用各种气泵或用电动机、柴油机带动空气压缩泵。雾化粒子大小与免疫效果有很大关系。一般粒子大小在 5～10μm 为有效粒子。气雾发生器的有效粒子在 70％以上者为合格。测定雾化粒子大小时，用一擦拭好的盖玻片，周围涂以凡士林油，在盖玻片中央滴一小滴机油，用拇指和示指（食指）转盖玻片，机油液面朝喷头，在距离喷头 10～30cm 处迅速通过，使雾化粒子吹于机油面上，然后将盖玻片液面朝下放于凹玻片上，在显微镜下观察，移动视野，用目测微尺测量其大小（方法与测量细菌大小同），并计算其有效粒子率。每次制成的气雾发生器或新使用的气雾发生器，都必须进行粒子大小的测定。合格后方可使用。

（1）室内气雾免疫法　菌苗用量主要根据房舍的大小而定，可按下式计算。

$$菌苗用量 = 1000 \times D \times A / T \times V$$

式中，D 为计划免疫剂量，L；A 为免疫室容积，L；T 为免疫时间，min；V 为呼吸常数，即动物每分钟吸入的空气量，一般为 3～6。

菌苗用量计算好以后，即可将动物赶入室内，关闭门窗。操作者将喷头由门窗缝伸入室内，使喷头保持与动物头部同高，向室内四面均匀喷射。喷射完毕后，让动物在室内停留 20～30min。

（2）野外气雾免疫法　菌苗用量主要由动物数量而定。以羊为例，如为 1000 只，每只羊免疫剂量为 50 亿活菌，则需 50000 亿，如果每瓶菌苗含活菌 4000 亿，则需 12.5 瓶，用 500ml 灭菌生理盐水稀释。实际应用时，往往要比计算用量略高一些。免疫时，如果每群动物的数目较少，可两群或三群合并，将畜群赶入四周有矮墙的圈内。操作人员手持喷头，站在畜群中，喷头与动物头部同高，朝动物头部方向喷射。操作人员要随时走动，使每一动物都有吸入机会。如遇微风，还需注意风向，操作者应站在上风处，以免雾化粒子被风吹走。喷射完毕，让动物在圈内停留数分钟即可放出。

进行野外气雾免疫时，操作者更需注意个人防护。

5. 滴鼻点眼

用滴瓶将疫苗滴在畜禽鼻孔或眼内。

（二）免疫接种用生物制品的保存、运送和用前检查

1. 生物制品的保存

各种生物制品应保存在低温、阴暗及干燥的场所。菌苗、类毒素、免疫血清等应保存在 2～15℃，防止冻结；病毒性疫苗应放置在 0℃以下冻结保存。超过有效期的疫苗不能使用。

2. 兽医生物制品的运送

兽医生物制品的运送要求包装完善，防止碰坏瓶子和散播活的弱毒病原体。运送途中避免日光直射和高温，并尽快送到保存地点或预防接种的场所。弱毒疫苗应在低温条件下运送。少量运送可放在装有冰块的广口瓶内，以免其性能降低或丧失。

3. 兽医生物制品的用前检查

各种兽医生物制品在使用前，均需详细检查，如有下列情况之一者，不得使用。

① 没有瓶签或瓶签模糊不清，没有经过合格检查的。

② 过期失效的。

③ 生物制品的质量与说明书不符者，例如色泽、沉淀有变化，制剂内有异物、发霉和有臭味的。

④ 瓶塞不紧或玻璃破裂的。

⑤ 没有按规定方法保存的。例如，加氢氧化铝的死菌苗经过冻结后，其免疫力可降低。

（三）家畜免疫接种前及接种后的护理与观察

1. 接种前的健康检查

在对家畜进行免疫接种时，必须注意家畜的营养和健康状况。因为卫生环境良好时，可保证自动免疫接种结果的安全。相反，如饲养条件不良，患有内外寄生虫病或其他慢性病，则可使家畜遭受死亡，或引起并发症，甚至发生所要预防的传染病。为了接种的安全和保证接种的效果，应对所有预定接种的家畜，进行一系列的检查，包括体温检查。根据检查结果，将家畜分成数组。

① 完全健康的家畜可进行自动免疫接种。

② 衰弱、妊娠后期的家畜不能进行自动免疫接种，而应注射免疫血清。

③ 疑似病畜和发热病畜应注射治疗量的免疫血清。

上述分组的规定，可根据传染病的特性和接种方法而变动。

2. 接种后的护理和观察

经受自动免疫的家畜，由于接种疫苗后可发生暂时性的抵抗力降低现象，故应有较好的护理和管理条件，同时必须特别注意控制家畜的使役，以避免过分劳累而产生不良后果。此外，由于家畜在接种疫苗后，有时可能会发生反应，故在接种以后，要进行详细的观察，观察期限一般为 7～10 天。如有反应，可根据情况给予适当的治疗（注射血清或对症治疗）。反应极为严重者，可予屠宰。将接种后的一切反应情况记载于专门的表册中。

（四）免疫接种的注意事项

进行接种时需注意以下几点。

① 工作人员需要穿着工作服及胶鞋，必要时戴口罩。工作前后均应洗手消毒，工作中不应吸烟和进食。

② 严格执行消毒及无菌操作。注射器、针头、镊子需高压消毒或煮沸消毒。注射时每头家畜必须调换一个针头。在针头不足的情况下，应每吸液一次调换一个针头，但每注射一头应用酒精棉球将针头擦拭后再用。注射部位的皮肤用 5％碘酊或 75％酒精消毒。

③ 疫苗的瓶塞上应固定一个消毒过的针头，专供吸取药液用。吸取药液后，盖酒精棉花。给动物注射用过的针头不能吸液，以免污染疫苗。

④ 吸液前必须充分振荡，使其均匀混合。免疫血清则不应振荡，有沉淀则不应再吸取。打开的疫苗应尽快用完。

⑤ 针筒排气溢出的药液，应吸于酒精棉球上，并将其收集于专用瓶内，用过的酒精棉球、碘酊棉球和吸入注射器内未用完的药液应注入专用瓶内，集中后烧毁。

五、实训报告

（1）结合本地兽医流行病学情况，制订一份蛋鸡（或肉鸡）的免疫程序。

（2）对家畜进行接种前进行健康检查，并根据健康状况将家畜分组，区别对待每组家畜。

（3）试说明使用兽医生物制品前应对其如何进行检查。

【实训三】 不同消毒药品的配制

一、实训内容

（1）消毒药品的一般配制方法。

（2）常用消毒药品的配制方法及注意事项。

二、目标要求

（1）了解消毒药品的选择原则。

（2）熟悉消毒药品的一般配制方法。

（3）熟悉畜禽常用消毒药品的配制方法。

三、实训材料

量筒、移液管、天平、台秤、玻璃棒、烧杯、温度计、橡胶手套、喷雾器、工作服、工作帽、口罩、手套、胶靴等。

四、方法与步骤

（一）消毒药品的选择原则

消毒药品的选择原则如下。

① 对病原体杀灭力强且广谱。

② 对人、畜及动物性产品无毒、无残留、不易散发异味。

③ 不损坏消毒物品。

④ 易溶于水，在消毒环境中比较稳定。

⑤ 价格低廉，使用简便。

（二）消毒药品的配制

大多数消毒药从市场购回后，都不能直接作消毒用，必须进行稀释配制或经其他形式处理后，才能正常使用。一般情况下，消毒药品的配制都是将消毒药品加入到一定量的水中制成溶液后使用。所以，配制消毒药品应注意以下几个问题。

1. 配制前的准备

配制前应备好配药时常用的量筒、台秤、玻璃棒、烧杯、温度计、橡胶手套等。

2. 配制时要准确称量

对固态消毒剂，要用比较精确的天平称量；对液态消毒剂，要用刻度精细的量筒或吸管量取。称好或量好后，先将消毒剂原粉或原液溶解在少量水中，使其充分溶解后再与足量的水混匀。

3. 清洗并消毒配制药品的容器

配制消毒剂的容器必须干净，如果条件允许，可用煮沸法（100℃，15min）或高压蒸汽灭菌法（121℃，15min）对容器消毒，以防止消毒剂被病原微生物污染，无法进行加热消毒时，使用的容器要求洗刷干净。更换旧的消毒液时，一定要把旧的消毒液全部舍弃，将容器彻底洗净，随后配制新的消毒液。

4. 配制好的消毒液不能久放

配制好的消毒液保存时间过长，浓度会降低或完全失效，因此，在使用消毒剂的过程中最好现用现配。本次用不完时，应在尽可能短的时间内用完。个别需要储存待用的，要按规定用适宜的容器盛装，同时注明药品名称、浓度和配制日期等基本情况，并做好记录。

（三）畜禽常用消毒药品的配制方法及注意事项

（1）20%～30%草木灰（主要含碳酸钾） 取筛过的草木灰 10～15kg，加水 35～40kg 搅拌均匀后，持续煮沸 1h，补足蒸发的水分即成。主要用于圈舍、运动场、墙壁及食槽的消毒。应注意水温在 50～70℃时效果最好。

（2）10%～20%石灰乳（氢氧化钙） 取生石灰 5kg 加水 5kg，待化为糊后，再加入 40～45kg 水即成。用于圈舍及场地的消毒，现配现用，搅拌均匀。

（3）石灰粉（氧化钙） 取生石灰块 5kg，加水 2.5～3kg，使其化为粉状。主要用于舍内地面及运动场的消毒，兼有吸潮作用，过久无效。

（4）2%火碱（氢氧化钠） 取火碱 1kg，加水 49kg，充分溶解后即成 2%的火碱水。如加入少许食盐，可增强杀菌力。冬季要防止溶液冻结。常用于病毒性疾病的消毒，如猪瘟、口蹄疫以及细菌性感染时的环境及用具的消毒。因有强烈的腐蚀性，应注意不要用于金属器械及纺织品的消毒，更应避免接触家畜皮肤。

（5）漂白粉（含氯石灰） 取漂白粉2.5～10kg，加水40～47.5kg，充分搅匀，即为5％～20％的漂白粉混悬液。能杀灭细菌、病毒及炭疽芽孢。用于圈舍、饲槽及排泄物的消毒。易潮湿分解，应现用现配。因具有腐蚀性，要避免用于金属器械的消毒。

（6）5％来苏尔 取来苏尔液2.5kg加水47.5kg，拌匀即成。用于圈舍、用具及场地的消毒，但对结核菌无效。

（7）10％克辽林（臭药水） 取克辽林5kg加水45kg，搅拌均匀后即成10％乳状液。用于圈舍、场地及用具的消毒。3％的溶液可驱体外寄生虫。

（8）70％～75％酒精（乙醇） 取浓度为95％的酒精1000ml，加水295～391ml，即成70％～75％的酒精。用于皮肤、针头、体温计等的消毒。易燃烧，不可接近火源。

（9）5％碘酊 碘片5g，碘化钾2.5g，先加适量酒精溶解后，再加95％的酒精到100ml。外用有强大的杀菌力，常用于皮肤消毒。

五、实训报告

（1）配制畜禽常用消毒药品。

（2）使用畜禽常用消毒药品。

第三章　动物检疫基本知识

【学习目标】

1. 理解动物检疫的意义、特点及作用。
2. 明确国内动物检疫的范围，进出境动物检疫范围及动物检疫对象。
3. 掌握动物检疫的种类和要求。

第一节　动物检疫的概念、作用和特点

一、动物检疫的概念和意义

所谓动物检疫，是指为了预防、控制动物疫病的传播、扩散和流行，保护动物生产和人体健康，遵照国家法律，运用强制性手段，由法定的机构、法定的人员，依照法定的检疫项目、标准和方法，对动物及其产品进行检查、定性和处理的技术行政措施。

动物检疫是兽医防疫工作的一个重要组成部分，是预防疫病发生的一个重要环节。它对推动畜牧业的发展起着关键的作用。

目前，全球动物疫情正处于活跃期，随着国际间贸易和人员往来规模的不断扩大，动物疫病传播的风险也随之大增。同时，病原体在人与动物之间循环、相互传播，使得动物疫病和公共卫生问题日益突出。养殖模式、生态环境变化以及病原体在多宿主间传递均影响动物疫病的流行，并呈现新的发病流行特点。

我国是养殖业大国，也是动物及动物产品进出口大国和消费大国，同时也是疫情疫病高发、频发的国家。因此，动物检验检疫工作是攸关我国食品安全、生态环境保护、进出口贸易安全、社会稳定等全局性、综合性的重要工作，责任重大，使命艰巨。

二、动物检疫的特点

动物检疫不同于一般的动物疫病诊断和检查，它是政府行为。在各方面都有严格的要求，有其固有的特点。

1. 强制性

强制性是指动物检疫是政府行为，受法律保护，由国家行政力量支持，以国家强制力为后盾的特性。动物检疫不是一项可做可不做的工作，而是一项非做不可的工作。凡拒绝、阻挠、逃避、抗拒动物检疫的，都属违法行为，都将受到法律制裁。触犯刑律的，依法追究刑事责任。

2. 法定的机构和人员

《中华人民共和国动物防疫法》规定，县级以上人民政府畜牧兽医行政管理部门主管本行政区域内的动物防疫工作。县级以上人民政府所属的动物防疫监督机构是动物检疫与实施监督的主体。

动物卫生监督机构的官方兽医具体实施动物、动物产品检疫。官方兽医应当具备规定的资格条件，取得国务院兽医主管部门颁发的资格证书。

3. 法定的检疫对象

所谓检疫对象是指动物检疫中政府规定的动物疫病。检疫工作的直接目的是通过动物检疫，发现、处理带有检疫对象的动物及动物产品。但是，由于目前发现的动物疫病已达数百

种之多，如果对每种动物的各类疫病从头至尾进行彻底检查，需花费大量的财力、物力和时间，这在实际工作中既不现实也无必要。因此，由国家或地方根据各种疫病危害的大小、流行情况、分布区域以及被检动物及其产品的用途，以法律形式，将某些重要动物疫病规定为必检对象。凡国家法律、法规或动物防疫行政法规定的必检对象，均为法定对象。中华人民共和国农业部公告（第 1125 号）和《中华人民共和国进境动物检疫疫病名录》分别对国内动物检疫对象及进境动物检疫对象做了规定。

4. 法定的处理方法

对动物、动物产品实施检疫（验）后，动物检疫人员应根据检疫的结果，依法做出相应的处理决定。其处理方式必须依法进行，不得任意设定。

三、动物检疫的作用

1. 监督作用

通过索证、验证等环节，发现和纠正违反动物卫生行政法规的行为，使畜禽饲养者自觉对畜禽依法进行预防接种，使畜禽产品的经营者主动接受检疫，以达到以检促防、守法经营的目的。

2. 防止患病动物和染疫产品进入流通环节

通过检疫可以及时发现疫情，及时采取措施，扑灭疫源，防止疫病的传播和蔓延，以达到保护畜牧业生产的目的。

3. 消灭某些动物疫病的有效手段

目前，仍有多种疫病无疫苗可供接种，也极难治愈。例如，绵羊痒病、结核病、鼻疽等。通过对动物检疫、扑杀病畜、无害化处理染疫产品等，可逐步净化和消灭这些病。

4. 促进对外贸易发展

通过对进出口动物及其产品的检疫，可保证质量，维护我国贸易信誉。

5. 保护人体健康

在动物疫病中有近 200 种属于人畜共患疫病。这些人畜共患疫病可通过动物及其产品传播。例如，口蹄疫、炭疽病、沙门菌病等。通过检疫，可以及早发现并采取措施，防止人类感染人畜共患疫病。

第二节　动物检疫的范围与管理

一、国内动物检疫的范围

《中华人民共和国动物防疫法》第五章第四十一条规定：国内动物检疫的范围包括动物和动物产品。动物，是指家畜家禽和人工饲养、合法捕获的其他动物。动物产品，是指动物的肉、生皮、原毛、绒、脏器、脂、血液、精液、卵、胚胎、骨、蹄、头、角、筋以及可能传播动物疫病的奶、蛋等。

二、进出境动物检疫的范围

《中华人民共和国进出境动植物检疫法》第一章第二条规定：进境、出境、过境的动植物检疫的范围包括动植物、动植物产品和其他检疫物；装载动植物、动植物产品和其他检疫物的装载容器、包装物、铺垫材料以及来自动植物疫区的运输工具。动物是指饲养、野生的活动物，如畜、禽、兽、蛇、龟、鱼、虾、蟹、贝、蚕、蜂等；动物产品是指来源于动物未经加工或者虽经加工但仍有可能传播疫病的产品，如生皮张、毛类、肉类、脏器、油脂、动物水产品、奶制品、蛋类、血液、精液、胚胎、骨、蹄、角等；其他检疫物是指动物疫苗、血清、诊断液、动植物性废弃物等。

三、动物检疫管理

动物防疫监督机构对动物和动物产品的产地检疫和屠宰检疫情况进行监督。对经营依法应当检疫而没有检疫证明的动物、动物产品的，由动物防疫监督机构责令停止经营，没收违法所得。对尚未出售的动物、动物产品，未经检疫或者无检疫合格证明的依法实施补检；证物不符、检疫合格证明失效的依法实施重检。对补检或者重检合格的动物、动物产品，出具检疫合格证明。对检疫不合格或者疑似染疫的，按照《动物检疫管理办法》进行无害化处理，并依照《动物防疫法》第四十八条第三项的规定予以处罚。对涂改、伪造、转让检疫合格证明的，依照《动物防疫法》第五十一条的规定予以处罚。

各级畜牧兽医行政管理部门对动物检疫员应当加强培训、考核和管理工作，建立健全内部任免、奖惩机制。动物检疫员实施产地检疫和屠宰检疫必须按照《动物检疫管理办法》规定进行，并出具相应的检疫证明。对不出具或不使用国家统一规定检疫证明的，或者不按规定程序实施检疫的，或者对未经检疫或者检疫不合格的动物、动物产品出具检疫合格证明、加盖验讫印章的，由其所在单位或者上级主管机关给予记过或者撤销动物检疫员资格的处分；情节严重的，给予开除公职处分。各级畜牧兽医行政管理部门要加强对检疫工作的监督管理。对重复检疫、重复收费等违法行为的责任人及主管领导，要追究其行政责任。

第三节　动物检疫对象

所谓检疫对象系指动物疫病，即各种动物的传染病和寄生虫病。

一、全国动物检疫对象

2008年12月11日农业部公布了第1125号公告，规定了全国动物检疫对象共三类。

1. 一类动物疫病（17种）

口蹄疫、猪水疱病、猪瘟、非洲猪瘟、高致病性猪蓝耳病、非洲马瘟、牛瘟、牛传染性胸膜肺炎、牛海绵状脑病、痒病、蓝舌病、小反刍兽疫、绵羊痘和山羊痘、高致病性禽流感、新城疫、鲤春病毒血症、白斑综合征。

2. 二类动物疫病（77种）

（1）多种动物共患病（9种）：狂犬病、布氏杆菌病、炭疽、伪狂犬病、魏氏梭菌病、副结核病、弓形虫病、棘球蚴病、钩端螺旋体病。

（2）牛病（8种）：牛结核病、牛传染性鼻气管炎、牛恶性卡他热、牛白血病、牛出血性败血病、牛梨形虫病（牛焦虫病）、牛锥虫病、日本血吸虫病。

（3）绵羊和山羊病（2种）：山羊关节炎脑炎、梅迪-维斯纳病。

（4）猪病（12种）：猪繁殖与呼吸综合征（经典猪蓝耳病）、猪乙型脑炎、猪细小病毒病、猪丹毒、猪肺疫、猪链球菌病、猪传染性萎缩性鼻炎、猪支原体肺炎、旋毛虫病、猪囊尾蚴病、猪圆环病毒病、副猪嗜血杆菌病。

（5）马病（5种）：马传染性贫血、马流行性淋巴管炎、马鼻疽、马巴贝斯虫病、伊氏锥虫病。

（6）禽病（18种）：鸡传染性喉气管炎、鸡传染性支气管炎、传染性法氏囊病、马立克病、产蛋下降综合征、禽白血病、禽痘、鸭瘟、鸭病毒性肝炎、鸭浆膜炎、小鹅瘟、禽霍乱、鸡白痢、禽伤寒、鸡败血支原体感染、鸡球虫病、低致病性禽流感、禽网状内皮组织增殖症。

（7）兔病（4种）：兔病毒性出血病、兔黏液瘤病、野兔热、兔球虫病。

（8）蜜蜂病（2种）：美洲幼虫腐臭病、欧洲幼虫腐臭病。

（9）鱼类病（11种）：草鱼出血病、传染性脾肾坏死病、锦鲤疱疹病毒病、刺激隐核虫病、淡水鱼细菌性败血症、病毒性神经坏死病、流行性造血器官坏死病、斑点叉尾鮰病毒病、传染性造血器官坏死病、病毒性出血性败血症、流行性溃疡综合征。

（10）甲壳类病（6种）：桃拉综合征、黄头病、罗氏沼虾白尾病、对虾杆状病毒病、传染性皮下和造血器官坏死病、传染性肌肉坏死病。

3. 三类动物疫病（63 种）

（1）多种动物共患病（8 种）：大肠杆菌病、李氏杆菌病、类鼻疽、放线菌病、肝片吸虫病、丝虫病、附红细胞体病、Q 热。

（2）牛病（5 种）：牛流行热、牛病毒性腹泻/黏膜病、牛生殖器弯曲杆菌病、毛滴虫病、牛皮蝇蛆病。

（3）绵羊和山羊病（6 种）：肺腺瘤病、传染性脓疱、羊肠毒血症、干酪性淋巴结炎、绵羊疥癣，绵羊地方性流产。

（4）马病（5 种）：马流行性感冒、马腺疫、马鼻腔肺炎、溃疡性淋巴管炎、马媾疫。

（5）猪病（4 种）：猪传染性胃肠炎、猪流行性感冒、猪副伤寒、猪密螺旋体痢疾。

（6）禽病（4 种）：鸡病毒性关节炎、禽传染性脑脊髓炎、传染性鼻炎、禽结核病。

（7）蚕、蜂病（7 种）：蚕型多角体病、蚕白僵病、蜂螨病、瓦螨病、亮热厉螨病、蜜蜂孢子虫病、白垩病。

（8）犬、猫等动物病（7 种）：水貂阿留申病、水貂病毒性肠炎、犬瘟热、犬细小病毒病、犬传染性肝炎、猫泛白细胞减少症、利什曼病。

（9）鱼类病（7 种）：鲫类肠败血症、迟缓爱德华菌病、小瓜虫病、黏孢子虫病、三代虫病、指环虫病、链球菌病。

（10）甲壳类病（2 种）：河蟹颤抖病、斑节对虾杆状病毒病。

（11）贝类病（6 种）：鲍脓疱病、鲍立克次体病、鲍病毒性死亡病、包纳米虫病、折光马尔太虫病、奥尔森派琴虫病。

（12）两栖与爬行类病（2 种）：鳖鳃腺炎病、蛙脑膜炎败血金黄杆菌病。

二、进境动物检疫对象

2013 年 11 月 28 日农业部公布了《中华人民共和国进境动物检疫疫病名录》（以下简称《名录》），主要是针对境外动物，目的是防止境外动物传染病、寄生虫病传入境内。

一类传染病、寄生虫病是指传播迅速、潜在危险性大，一旦发生将给社会经济和公共卫生带来严重影响，并对动物及其产品的国际贸易造成重大损失的国际性动物疫病；二类传染病、寄生虫病是指对一个国家或地区的社会经济和公共卫生有重要影响，并对动物及其产品的国际贸易有较大影响的动物疫病。

《名录》规定了对进境动物和动物产品检疫的疫病如下。

1. 一类传染病、寄生虫病（15 种）

口蹄疫、猪水疱病、猪瘟、非洲猪瘟、尼帕病、非洲马瘟、牛传染性胸膜肺炎、牛海绵状脑病、牛结节性皮肤病、痒病、蓝舌病、小反刍兽疫、绵羊痘和山羊痘、高致病性禽流感、新城疫。

2. 二类传染病、寄生虫病（147 种）

（1）共患病（28 种）：狂犬病、布氏杆菌病、炭疽、伪狂犬病、魏氏梭菌感染、副结核病、弓形虫病、棘球蚴病、钩端螺旋体病、施马伦贝格病、梨形虫病、日本脑炎、旋毛虫病、土拉杆菌病、水疱性口炎、西尼罗热、裂谷热、结核病、新大陆螺旋蝇蛆病（嗜人锥蝇）、旧大陆螺旋蝇蛆病（倍赞金蝇）、Q 热、克里米亚刚果出血热、伊氏锥虫感染（包括苏拉病）、利什曼原虫病、巴氏杆菌病、鹿流行性出血病、心水病、类鼻疽。

（2）牛病（8 种）：牛传染性鼻气管炎/传染性脓疱性阴户阴道炎、牛恶性卡他热、牛白血病、牛无浆体病、牛生殖道弯曲杆菌病、牛病毒性腹泻/黏膜病、赤羽病、牛皮蝇蛆病。

（3）马病（10 种）：马传染性贫血、马流行性淋巴管炎、马鼻疽、马病毒性动脉炎、委内瑞拉马脑脊髓炎、马脑脊髓炎（东部和西部）、马传染性子宫炎、亨德拉病、马腺疫、溃疡性淋巴管炎。

（4）猪病（13 种）：猪繁殖与呼吸道综合征、猪细小病毒感染、猪丹毒、猪链球菌病、猪萎缩性鼻炎、猪支原体肺炎、猪圆环病毒感染、革拉泽病（副猪嗜血杆菌）、猪流行性感冒、猪传染性胃肠炎、猪铁士古病毒性脑脊髓炎（原称"猪肠病毒脑脊髓炎"、"捷申或塔尔凡病"）、猪密螺旋体痢疾、猪传染性胸膜肺炎。

（5）禽病（20种）：鸭病毒性肠炎（鸭瘟）、鸡传染性喉气管炎、鸡传染性支气管炎、传染性法氏囊病、马立克病、鸡产蛋下降综合征、禽白血病、禽痘、鸭病毒性肝炎、鹅细小病毒感染（小鹅瘟）、鸡白痢、禽伤寒、禽支原体病（鸡败血支原体、滑液囊支原体）、低致病性禽流感、禽网状内皮组织增殖症、禽衣原体病（鹦鹉热）、鸡病毒性关节炎、禽螺旋体病、住白细胞原虫病（急性白冠病）、禽副伤寒。

（6）羊病（4种）：山羊关节炎/脑炎、梅迪-维斯纳病、边界病、羊传染性脓疱皮炎。

（7）水生动物病（44种）：鲤春病毒血症、流行性造血器官坏死病、传染性造血器官坏死病、病毒性出血性败血症、流行性溃疡综合征、鲑鱼三代虫感染、真鲷虹彩病毒病、锦鲤疱疹病毒病、鲑传染性贫血、病毒性神经坏死病、斑点叉尾鮰病毒病、鲍疱疹样病毒感染、牡蛎包拉米虫感染、杀蛎包拉米虫感染、折光马尔太虫感染、奥尔森派琴虫感染、海水派琴虫感染、加州立克次体感染、白斑综合征、传染性皮下和造血器官坏死病、传染性肌肉坏死病、桃拉综合征、罗氏沼虾白尾病、黄头病、鳌虾瘟、箭毒蛙壶菌感染、蛙病毒感染、异尖线虫病、坏死性肝胰腺炎、传染性脾肾坏死病、刺激隐核虫病、淡水鱼细菌性败血症、对虾杆状病毒病、鲫类肠败血症、迟缓爱德华菌病、小瓜虫病、黏孢子虫病、指环虫病、鱼链球菌病、河蟹颤抖病、斑节对虾杆状病毒病、鲍脓疱病、鳖鳃腺炎病、蛙脑膜炎败血金黄杆菌病。

（8）蜂病（6种）：蜜蜂盾螨病、美洲蜂幼虫腐臭病、欧洲蜂幼虫腐臭病、蜜蜂瓦螨病、蜂房小甲虫病（蜂窝甲虫）、蜜蜂亮热厉螨病。

（9）其他动物病（14种）：鹿慢性消耗性疾病、兔黏液瘤病、兔出血症、猴痘、猴疱疹病毒Ⅰ型（B病毒）感染症、猴病毒性免疫缺陷综合征、埃博拉出血热、马尔堡出血热、犬瘟热、犬传染性肝炎、犬细小病毒感染、水貂阿留申病、水貂病毒性肠炎、猫泛白细胞减少症（猫传染性肠炎）。

3. 其他传染病、寄生虫病（44种）

（1）共患病（9种）：大肠杆菌病、李斯特菌病、放线菌病、肝片吸虫病、丝虫病、附红细胞体病、葡萄球菌病、血吸虫病、疥癣。

（2）牛病（5种）：牛流行热、毛滴虫病、中山病、茨城病、嗜皮菌病。

（3）马病（4种）：马流行性感冒、马鼻腔肺炎、马媾疫、马副伤寒（马流产沙门菌）。

（4）猪病（3种）：猪副伤寒、猪流行性腹泻、猪囊尾蚴病。

（5）禽病（6种）：禽传染性脑脊髓炎、传染性鼻炎、禽肾炎、鸡球虫病、火鸡鼻气管炎、鸭疫里默杆菌感染（鸭浆膜炎）。

（6）绵羊和山羊病（7种）：羊肺腺瘤病、干酪性淋巴结炎、绵羊地方性流产（绵羊衣原体病）、传染性无乳症、山羊传染性胸膜肺炎、羊沙门菌病（流产沙门菌）、内罗毕羊病。

（7）蜂病（2种）：蜜蜂孢子虫病、蜜蜂白垩病。

（8）其他动物病（8种）：兔球虫病、骆驼痘、家蚕微粒子病、蚕白僵病、淋巴细胞性脉络丛脑膜炎、鼠痘、鼠仙台病毒感染症、小鼠肝炎。

三、OIE 规定的动物检疫对象

OIE 是 Office International Des Epizooties 的缩写，汉语译为国际兽疫局。国际兽疫局的国际动物卫生法典委员会制定了《国际动物卫生法典》（以下简称《法典》）。《法典》（2002 版）规定，国际动物检疫对象分两类，A 类 14 种，B 类 65 种，共 79 种。

1. A 类病（14种）

口蹄疫、水疱性口炎、牛瘟、小反刍兽疫、传染性胸膜肺炎（牛肺疫）、结节性皮肤病（Neethling Ⅲ型病毒引起）、裂谷热、蓝舌病、绵羊痘和山羊痘、非洲马瘟、非洲猪瘟、古典猪瘟（猪瘟）、新城疫、高致病性禽流感。

2. B类病（65种）

多种动物共患病（9种）：炭疽病（anthrax）、伪狂犬病、棘球蚴病、钩端螺旋体病、狂犬病、副结核病、心水病、新大陆螺旋蝇蛆病和旧大陆螺旋蝇蛆病、旋毛虫病。

牛病（12种）：牛布氏杆菌病、牛生殖道弯曲杆菌病、牛结核病、地方流行性牛白血病、牛传染性鼻气管炎/传染性脓疱阴户阴道炎、毛滴虫病、牛巴贝斯虫病、牛囊尾蚴病、嗜皮菌病（dermatophilosis）、泰勒虫病（theileriosis）、出血性败血病（多杀性巴氏杆菌血清型6∶B和6∶E）、牛海绵状脑病（bovine spongiform encephalopathy，BSE）。

绵羊和山羊病（8种）：绵羊附睾炎（绵羊种布氏杆菌）、山羊和绵羊布氏杆菌病（不包括绵羊种布氏杆菌）、接触传染性无乳症、山羊关节炎/脑炎、梅迪-维斯纳病、山羊传染性胸膜肺炎、母羊地方性流产（绵羊衣原体病）、痒病。

马病（14种）：马传染性子宫炎、马媾疫（dourine）、马脑脊髓炎（东方和西方）、马传染性贫血、马流行性感冒（马流感）、马巴贝斯虫病、马鼻肺炎、马鼻疽、马痘、马病毒性动脉炎、马螨病、委内瑞拉马脑脊髓炎、流行性淋巴管炎、日本脑炎。

猪病（4种）：猪萎缩性鼻炎、猪布氏杆菌病、肠病毒性脑脊髓炎（曾称捷申/塔尔凡病）、传染性胃肠炎。

禽病（11种）：传染性法氏囊病（甘布罗病）、马立克病、禽支原体病（鸡败血支原体）、禽衣原体病、鸡伤寒和鸡白痢、禽传染性支气管炎、禽传染性喉气管炎、禽结核病、鸭病毒性肝炎、鸭病毒性肠炎、禽霍乱。

兔病（3种）：黏液瘤病、土拉杆菌病、兔出血病。

蜂病（4种）：蜂螨病、美洲幼虫腐臭病、欧洲幼虫腐臭病、蜂孢子虫病。

3. A类和B类未包括的疾病（2种）

非人类灵长目动物传播的人畜共患病：禽肠炎沙门菌和伤寒沙门菌病。

注：2007年版OIE《陆生动物卫生法典》（以下简称"新版《法典》"），新版《法典》最大的变动是取消了OIE A类和B类疫病名录的分类，修订为OIE疫病名录。新增加了西尼罗热等8种，收录进以前未列入《法典》的其他疫病如Q热等10种，还删除了嗜皮菌病等9种，以其他疫病名录取代了新版《法典》未列的其他动物疫病名录。因此，OIE疫病名录增加到93种。在疫情通报方面，新版由原A类疫病扩大到所有OIE名录疫病（请见附录三）。

第四节　动物检疫的种类和要求

一、动物检疫的分类

根据动物及其产品的动态和运转形式，动物检疫可分为国内检疫和国境检疫两大类。各自又包括若干种检疫，其大致分类如下。

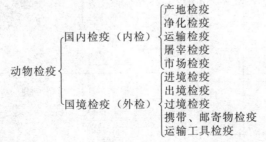

二、国内检疫的目的与要求

对国内动物及其产品实施的检疫，称为国内动物检疫，简称内检。内检包括产地检疫、屠宰检疫、运输检疫及市场检疫监督。

国内动物检疫的目的是防止动物疫病从一个地方（省、市、县等）传播、蔓延到另一个地方，以保护我国各地养殖业的正常发展和人民的健康。因此，各省（自治区、直辖市）、市、县的动物防疫监督机构应按照《中华人民共和国动物防疫法》及其相应的有关条例、规定，对原产地和输入、输出的动物及其产品进行严格的检疫，对路过本地区的动物及其产品进行严格的卫生监督。饲养、经营动物和生产、经营动物产品的有关单位和个人，依法应接受检疫、履行法定检疫义务。这里所说的经营，是指从事动物及其产品在流通过程中的所有活动，包括买卖、仓储、运输、屠宰及加工等。县级以上各级动物防疫监督机构应按照规定实施监督检查，查验畜禽及其产品的检疫证明，必要时可进行抽检。所谓抽检是指动物及其产品的检疫证明在有效期内发现异常时，可以从中抽取部分畜禽及其产品进行检疫。对于没有检疫证明或检疫证明超过有效期或有异常的畜禽及其产品，应进行补检或重检，并出具检疫证明。所谓补检，就是对未经检疫而进入流通的畜禽及其产品进行的检疫。所谓重检，是指对证物不符、检疫证明超过有效期，检疫证、章、标志不符合规定情况的畜禽及其产品重新实施的检疫。

三、进境检疫的目的与要求

对进出国境的动物及其产品进行的动物检疫，称为进出境检疫，又称国境检疫或口岸检疫，简称外检。外检包括进境检疫、出境检疫、过境检疫及携带、邮寄物检疫和运输工具检疫。

外检的目的是防止动物疫病传入我国境内，保护我国畜牧业生产和人体健康，促进对外经济贸易的发展。我国在海、陆、空各口岸设立的进出境检验检疫机构，按照我国规定的进出境动物检疫对象名录，代表国家执行检疫，既不允许国外动物疫病传入，也不允许将国内的动物疫病传出，必须经我国进出境检验检疫机构进行检疫，未发现检疫对象时，方准进入或输出。

【本章小结】

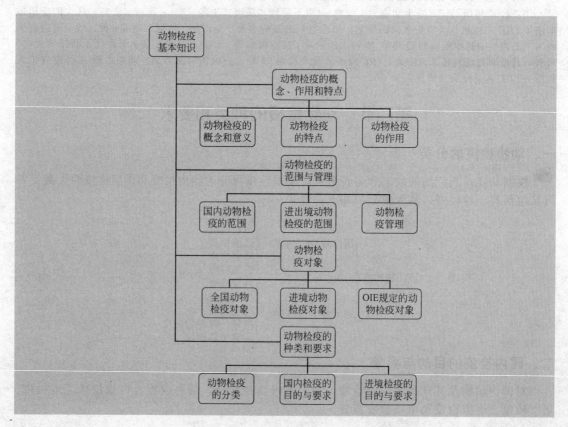

【思考题】

1. 动物检疫的作用是什么？
2. 动物检疫的特点是什么？
3. 国内动物检疫和进出境动物检疫的范围是什么？
4. 试述全国动物检疫对象中的一类疫病名录。
5. 试述进境动物检疫对象中的一类疫病名录。
6. 动物检疫分哪几类？
7. 国内检疫包括哪些检疫环节？

【案例与分析】

一起经营未经检疫动物的案例

[案例概述]

2013 年 10 月 8 日，某市动物卫生监督所接到群众举报，本市某猪场内有人经营未经检疫的猪，随即派执法人员前往调查。

经查，涉案猪场为闲置多年的垃圾存放场所，本市陈某于 9 月 5 日向本地村民租用，用于存放收购的生猪。经现场查获淘汰猪 18 头、仔猪 50 头，均为陈某在周边村镇收购。部分生猪有皮肤发红等症状，陈某不能提供检疫证明，并承认上述生猪未经检疫，同时陈某称其是赵某雇佣的工人。

当日赵某主动到动物卫生监督所接受调查，并承认与陈某为雇佣关系，愿承担法律责任。次日，其中 5 头生猪死亡，动物卫生监督所依照《动物防疫法》第五十九条、《动物检疫管理办法》第四十条的规定对其余生猪采取了补检的行政强制措施。经补检，只有 18 头合格，其余 50 头（包括 5 头死亡的生猪）均不合格。赵某在监督所执法人员的监督下对补检不合格的生猪进行了无害化处理，并承担了相关费用。

动物卫生监督所依照《动物防疫法》第七十八条的规定对赵某进行了处罚；对检疫不合格的生猪，依照《动物防疫法》第七十六条的规定进行了处理。监督所按照法律规定，于 2013 年 10 月 11 日向赵某送达了《行政处罚事先告知书（听证）》。赵某在规定期内未申请听证，亦未进行陈述和申辩，并于收到《行政处罚决定书》的当日履行了义务。

[案例分析]

根据以上案情，请做出分析。

（1）行政处罚相对人的认定。

（2）涉案动物的补检与处置。

（3）当事人法律责任的适用。

第四章 动物检疫技术

【学习目标】

　　1. 了解动物检疫的基本方法（流行病学调查、临床健康检查、病理剖检、病原体检查、免疫学检查）。

　　2. 掌握流行病学调查分析的方法、步骤和内容，会进行疫情调查。

　　3. 掌握群体检疫（三观）和个体检疫（一检）的方法，学会猪、牛、家禽的临诊检疫基本技术。

　　动物检疫技术就是兽医学科中诊断疾病的技术，包括流行病学调查、临诊检疫、病理学检查、免疫学检查以及检疫材料的采集。它们从不同的角度阐述疫病的诊断方法，各有特点。在实际检疫工作中，应根据检疫对象的性质、检疫条件和检疫要求灵活运用，以建立正确诊断。对许多疫病的检疫如猪瘟、布氏杆菌病等，有国家标准、农业行业标准、动物检疫操作规程，检疫中应按标准或规程操作。

第一节　临场检疫

一、临场检疫的概念

　　临场检疫是指能够在现场进行并能得到一般检查结果的检疫方法。其特点是，动检人员亲临现场进行，简便快速，可以得到一般检疫结果。在实施临场检疫时，通常以动物流行病学调查法和动物临诊检查法为主，在某些情况下也采用动物病理检疫法。可见，临场检疫是动物检疫工作中，特别是基层动物检疫工作中最常用的方法。

二、流行病学调查

　　流行病学调查是应用兽医流行病学的研究方法，对动物群体中出现的疫病现象进行实际调查，了解疫病流行全过程以及与流行有关的某些因素，获取与疫病有关的某些因素及第一手资料，并通过对资料进行统计分析，搞清疫病的特征和严重程度，疫病在畜间、时间、空间的分布规律，分析疫病种类，可能的感染途径、传播途径及可能的原因，从而科学地制订防控对策。

　　流行病学调查是一种诊断性调查和病因调查。

　　（一）动物检疫中流行病学调查的目的和要求

　　1. 目的

　　一是弄清疫病的流行规律，二是提供疫病的分布现况。通过流行病学调查分析，能查出疫病流行的原因、规律以及与流行有关的因素，提供疫病在时间、空间、畜间的分布现况。在动物检疫中，弄清了某疫病的流行规律，就比较容易得出检疫结论；掌握了某疫病的分布现况，在动物检疫工作中就会有意识地注意是否有该疫病存在。

2. 要求

动检人员在检疫时，必须做到对疫情心中有数，才能顺利地开展检疫工作。因此，动检人员在进行流行病学调查时，一要经常了解当地和附近地区的疫情，二要密切注视国内外疫情的动态。

（二）流行病学调查的方法

随着调查目的的不同，采用的调查方法也不同，一般都按需要决定调查方法。

1. 普查

普查的目的有多种。有的是为了早期发现疫病，以便采取相应措施；有的是为了了解疫情，揭示畜群潜在的疫病。此外，为了解畜群健康水平常用普查方法做全群检疫。但普查也存在着一些不可避免的缺陷，普查对象众多，漏查是难免的，检查和诊断的准确程度往往不高。在普查过程中，为了节省时间可同时做几种疫病的普查。普查时，必须划定普查的范围、牲畜的头数。

2. 抽样调查

抽样调查是指调查有代表性的部分，然后再推断全部情况。抽样调查的优点是省时间、省力、省材料、省经费。由于数量少，能做得细致，而且容易集中优势兵力打歼灭战。抽样调查在调查设计、方案实施以及资料分析上都比较复杂，重复和漏掉者都不容易被发现。流行病学抽样调查是一项有计划、主动的工作，科学性高、目的性强，在进行流行病学调查时很有用，是唯一可行的调查方法。抽样调查是以少窥多、以小测大、以部分估计总体。抽样调查的质量要看调查结果反映总体特性的程度而定。抽样的方法有随机抽样、系统抽样、分层抽样等。

3. 现状调查

现状调查是流行病学调查中最常用的一种调查种类或方法。通过现状调查，可以了解疫病在时间、空间和畜间的分布情况。从而比较不同时间、不同地区的疫情，又可通过调查探索病因及流行因素。因此，这种调查方法是卫生防疫和社会医学最常用的调查方法。现状调查的主要内容是：

① 当前疫病的发病时间、地点、蔓延过程以及流行范围和空间分布现况。

② 疫病流行区域内各种畜禽的数量和发病动物的种类、数量、性别、年龄、感染率、发病率、病死率、死亡率等。

③ 自然情况和社会情况。自然情况主要包括气候、气温、阳光、雨量、地形、地理环境等；社会情况主要包括社会制度、生产力、和人民的经济、文化、科学技术以及贯彻执行法律法规的情况等。

4. 回顾性调查

回顾性调查是疫病病因研究中常用的一种"从果求因"的方法。首先选定诊断明确的病例组，并设相应的对照组，在两组对象中用同样的方法回顾有无暴露的某种因素及其程度，然后进行统计处理，以提供可疑的病因与某疫病有联系的线索，再从结果探索可能的病因。在回顾调查中要注意，病例与对照调查项目必须完全相同，对病例和对照调查必须同时进行，必须同样认真，资料同样精确。

5. 前瞻性调查

前瞻性调查是为了研究某因素或某组因素是否与发生某疫病有联系的一种调查方法。首先将畜群划为两组，一组为暴露某种因素组，另一组为非暴露组。然后在一定时间内观察发病率与死亡率并进行比较。所以，前瞻性调查是"从因到果"，可直接估计某一因素与发病的关系。调查时应注意两组的均衡性，即两组除暴露因素不同外，其他各种条件（包括品种、年龄、性别、饲养管理条件等）必须基本相同。

（三）流行病学调查常用的概念

1. 数、率、比的概念

（1）数　指绝对数。如某禽群因某病发病禽数、死亡禽数。

（2）率　两个相关的数在一定条件下的比值。通常用百分率、千分率表示，说明总体与局部的关系。

（3）比　指构成比。如畜群中患病动物与未患病动物之比为 1∶20 或 1/20。比的分子不包含在分母中。

2. 描述疫病分布常用的率

（1）发病率　在一定时间内，某动物群中某病的发病动物数占该群动物总数的百分率。

$$发病率 = \frac{动物群中某病的发病动物数}{该群动物总数} \times 100\%$$

公式中的发病动物数包括正在罹患某病的动物数、患发某病后死亡的动物数和患发某病后痊愈的动物数。发病率是群体中健康个体到患病个体转化频率的动态指标，反映出疫病的流行情况。

（2）患病率　在一定时间内，某动物群中某病的患病动物数占该群动物总数的百分率。

$$患病率 = \frac{动物群中某病的患病动物数}{该群动物总数} \times 100\%$$

公式中的患病动物数指正在患某病的动物，不包含患某病后已死亡和痊愈的动物。疫病现况调查常统计患病率，对许多病程较长的慢性传染病，患病率反映出畜群的健康状况，同时说明畜群的生产水平。

（3）死亡率　在一定时间内，某动物群中因某病死亡的动物数占该群动物总数的百分率。死亡率是反映疫病严重程度的一项指标。对症状明显、死亡率高的急性传染病（如猪瘟、伪狂犬病、鸡新城疫等疫病）的流行病学调查有较高的价值。

$$死亡率 = \frac{某动物群中因某病死亡的动物数}{该群动物总数} \times 100\%$$

（4）病死率（致死率）　在一定时间内，某动物群中因某病死亡的动物总数占该病患病动物总数的百分率。病死率更能表明疫病的严重性和危害性。

$$病死率 = \frac{某动物群中因某病死亡的动物总数}{该病患病动物总数} \times 100\%$$

（5）感染率　在一定时间内，用临诊检查的方法和各种检测方法（微生物学、寄生虫学、血清学、变态反应）检查出来的所有感染某病的动物数（包括隐性感染），占被检动物总数的百分率。统计感染率和统计患病率有同样的意义，两者均反映出疫病在畜群间的静态分布。感染不一定发病，患病不一定暴发流行，但可揭示畜群传染源的存在，在许多慢性传染病和寄生虫病的流行病学调查中经常用到。

$$感染率 = \frac{感染某病的动物数}{被检动物总数} \times 100\%$$

（6）感染强度（感染度）　感染强度是指某宿主动物感染寄生虫数量的多少。多用平均感染强度来表示某动物群中寄生虫危害的状况。

$$平均感染强度（个/头）= \frac{从被检动物检查出的寄生虫总数}{被检动物总数}$$

公式中被检动物总数包括未感染动物在内。

三、临诊检疫

临诊检疫是应用兽医临床诊断学的方法对被检动物群体和个体实施疫病检查。根据动物患病过程中所表现的临床症状作出初步诊断，或得出诊断印象，为后续诊断奠定基础。有些疾病据其临诊症状可直接建立正确诊断。

临诊检疫的基本方法包括问诊、视诊、触诊、听诊和叩诊。这一方法简单、方便、易行，对任何动物在任何场所均可实施。因此，生产中常和流行病学调查、病理剖检紧密结合，用于动物产地、屠宰、运输、市场及进出境各个流通环节的现场检验检疫，是动物检疫中最常用的一种检疫技术。广泛意义的临诊检疫还包括流行病学调查和病理解剖。

（一）临诊检疫的目的与要求

1. 目的

动物检疫中临诊检疫的目的表现在两个方面：一是用动物临床诊断学的方法将待检畜禽分辨出病畜和健畜；二是在流行病学调查和临诊检查的基础上，对病畜禽作出是不是某种检疫对象的结论或印象。

2. 要求

临诊检疫要按照一定的程序进行，具体有以下四个方面的要求。

（1）先流行病学调查、后临诊检疫　在对动物进行临诊检疫之前，必须首先掌握流行病学资料，尤其是进行大群检疫时，应结合有关流行病学调查资料，进行有目的的临诊检疫。

（2）先休息、后检疫　检疫前让动物充分休息，待恢复常态后再实施检疫。

（3）先临诊检疫、后其他检疫　通过临诊检疫，对于那些具有典型特征性病状的动物疫病可以作出初步诊断；对于那些症状不十分典型的动物疫病，虽不能初步诊断，但也能提供诊断线索。因此，在临诊检疫的基础上，可以有目的地采取其他检疫方法建立诊断。

（4）先群体检疫、后个体检疫　即先对动物某一群体进行检疫，从中查出异常动物，然后再对这些异常动物进行个体检疫，以确定病性。在检疫实践中，这种群体检疫和个体检疫相结合的方法，既能提高检疫效率，又能保证检疫质量。

（二）群体检疫

1. 群体检疫的概念

群体检疫是指对待检动物群体进行的现场临诊观察。通过群体检疫，可对群体动物的健康状况作出初步评价，并从群体中把病态动物检出来，做好标记，待进行个体检疫。

群体的划分方法有：将同一来源或同一批次或同一圈舍的动物作为一群；禽、兔、犬还可按笼、箱、舍划群。运输检疫时，可登车、船、机舱进行群检或在卸载后集中进行群检。

2. 群体检疫的方法和内容

一般情况下，群体检疫的方法是先静态检查，再动态检查，后饮食状态检查。

（1）静态检查　检查人员深入圈舍、车、船、仓库，在不惊扰畜禽的情况下，仔细观察动物在自然安静状态下的表现，如精神状态、外貌、营养、立卧姿势、呼吸、反刍状态，及羽、冠、髯等情况。注意有无咳嗽气喘、呻吟流涎、昏睡嗜眠、独立一隅等反常现象。

（2）动态检查　静态检查后，将动物轰起，检查动物的头、颈、背有无异常，四肢的运动状态。注意有无跛行、后腿麻痹、屈背弓腰、步态蹒跚和离群掉队等现象。

（3）食态检查　检查动物饮食、咀嚼、吞咽时的表现状态。注意有无少食、贪饮、假食、废食和吞咽困难等现象。动物在定餐进食之后，一般都有排粪、排尿的习惯，借此机会再仔细检查其排便时的姿势，粪尿的硬度、颜色、含混物、气味等是否正常。

凡发现上述异常表现或症状的动物，都应标上记号，以便隔离和进一步进行个体检疫。

（三）个体检疫

1. 个体检疫的概念

个体检疫是指对群体检疫时发现的异常个体或抽样检查（5%～20%）的个体进行系统的临诊检疫。通过个体检疫可初步鉴定动物是否有病、是否患有某种检疫对象，然后再根据需要进行必要的实验室检疫。

2. 个体检疫的方法和内容

在大批动物检疫中，群体检疫发现的异常个体有时较多，为顺利完成检疫任务，必须熟练掌握个体检疫的"看、听、摸、检"四大技术要领，现分述如下。

（1）看　看就是利用视觉观察动物的外表现象。要求检疫人员要有敏锐的观察力和系统检查的能力。即看到动物的精神、行为、姿态，被毛有无光泽、有无脱毛；看皮肤、口、蹄部、趾间有无肿胀、丘疹、水疱、脓疱、溃疡等病变；看可视黏膜是否苍白、潮红、黄染，注意有无分泌物或炎性渗出物；看反刍和呼吸动作，并仔细查看排泄物的性状。

① 看精神状态。健康动物静止时安静，行动时灵活，对各种外界刺激敏感。

② 看营养状况。从肌肉的丰满度、皮下脂肪的蓄积量、被毛状况三方面来观察营养状况。

营养良好：肌肉丰满，皮下脂肪肥厚，被毛平顺光亮，躯体轮廓丰圆。

营养不良：消瘦，被毛蓬乱无光，骨骼表露明显。

③ 看姿势与运动。观察动物站立、睡卧的姿势是否自然，运动时动作是否灵活而协调。

④ 看皮肤被毛。观察动物是否有皮肤病变，被毛是否整洁、平顺有光泽。

⑤ 看可视黏膜。在检查可视黏膜的同时，检查眼、鼻、口等天然孔分泌物的性状。

⑥ 看排泄物。

⑦ 看呼吸与反刍。

（2）听　听就是利用听觉检查动物各器官发出的声音，即直接用耳听取动物的叫声、咳嗽声，借助听诊器听诊心音、肺呼吸音和胃、肠蠕动音。

① 叫声。判别动物异常声音。

② 咳嗽。判别动物呼吸器官病变。

干咳：见于上呼吸道炎症（咽喉炎、慢性支气管炎）。

湿咳：见于支气管和肺部炎症。

（3）摸　摸就是用手触摸感知畜体各部的性状，即用手去感触动物的脉搏，耳、角和皮肤的温度，触摸体表淋巴结的大小、硬度、形态和有无肿胀，胸和腹部有无压痛点，皮肤上有无肿胀、疹块、结节等。注意结合体温测定的结果加以分析。

平时在触诊时可以重点摸以下部位：耳根、角根、鼻端、四肢末端，体表皮肤，体表淋巴结，嗉囊。

（4）检　检就是检测体温和实验室检疫，即一方面要对动物进行体温检测，另一方面又要进行规定的实验室检疫。体温的变化对动物的精神、食欲、心血管和呼吸系统等都有非常明显的影响，但应注意，测温前应让动物得到充分的休息，避免因运动、暴晒、运输、拥挤等应激因素导致的体温升高变化。

健康动物：早晨温度较低，午后略高，波动范围在 0.5～1℃。

常根据体温升高程度，判断动物发热程度，进而推测疫病的严重性和可疑疫病范围。

体温升高程度分为：微热（体温升高 1℃）、中等热（体温升高 2℃）、高热（体温升高 3℃）、最高热（体温升高 3℃以上）。

各种动物的正常体温、脉搏、呼吸数的情况分别见表 4-1～表 4-3。

表 4-1　各种动物的正常体温

动物种类	体温/℃	动物种类	体温/℃	动物种类	体温/℃
马	37.5～38.5	猪	38.0～40.0	银狐	38.7～40.7
骡	38.0～39.0	骆驼	36.5～38.5	貂	38.1～40.2
驴	37.0～38.0	鹿	38.0～39.0	鸡	40.0～42.0
牛	37.5～39.5	犬	37.5～39.5	兔	38.5～39.5
羊	38.0～40.0	猫	38.0～39.0	水貂	39.5～40.5

表 4-2　各种动物的正常脉搏数

动物种类	脉搏数/(次/min)	动物种类	脉搏数/(次/min)	动物种类	脉搏数/(次/min)
马	26～42	猪	60～80	银狐	80～140
骡	26～42	骆驼	30～60	貂	70～146
驴	42～54	鹿	36～78	鸡	120～200
牛	40～80	犬	70～120	兔	120～140
羊	60～80	猫	110～130	水貂	90～180

表 4-3　各种动物的正常呼吸数

动物种类	呼吸数/(次/min)	动物种类	呼吸数/(次/min)	动物种类	呼吸数/(次/min)
马	8～16	猪	10～30	银狐	14～30
骡	8～16	骆驼	6～15	貂	23～43
驴	8～16	鹿	15～25	鸡	15～30
牛	10～25	犬	10～30	兔	50～60
羊	12～30	猫	10～30	水貂	40～70

四、猪的临诊检疫方法

1. 静态检查

(1) 健猪　站立平稳，不断走动拱食，并发出"吭吭"声。对外界刺激敏感，遇人接近表现警惕性凝视。睡卧常取侧卧，四肢伸展，头侧着地，呼吸均匀，爬卧时后腿屈于腹下，排泄物正常，体温正常，被毛整齐光亮。

(2) 病猪　精神委靡，离群独立，全身颤抖，蜷卧，不愿起立。吻突触地。被毛粗乱无光，鼻盘干燥，眼有分泌物。呼吸困难或喘息，粪便干硬或腹泻。

2. 动态检查

(1) 健猪　起立敏捷，行为灵活，走跑时摇头摆尾或上卷尾。若驱赶随群前进，不断发出叫声。

(2) 病猪　精神沉郁，久卧不起，驱赶时行动迟缓或跛行，步态踉跄，或出现神经症状。

3. 食态检查

(1) 健猪　饥饿时叫唤，饥喂时抢食，大口吞咽有响声且响声清脆。全身鬃毛随吞食而颤动。

(2) 病猪　食欲下降，懒于上槽，或只吃几口就退槽，饲喂后肷窝仍凹陷。有些饮稀不吃稠，只闻而不食，呕吐，甚至食欲废绝。

五、牛的临诊检疫方法

1. 静态检疫

(1) 健牛　站立平稳，神态安静，以舌频舔鼻镜。睡卧时常呈膝卧姿势，四肢弯曲。全身被毛平整有光泽，反刍有力，正常嗳气，呼吸平稳。鼻镜湿润，眼、嘴及肛门周围干净，粪尿正常。肉用牛垂肉高度发育，乳用牛乳房清洁且无病变，泌乳正常。

(2) 病牛　头颈低伸，站立不稳，拱背弯腰或有异常体态，睡卧时四肢伸开，横卧或屈颈侧卧，嗜睡。被毛粗乱，发刍迟缓或停止。天然孔分泌物异常，粪尿异常。乳用牛泌乳量减少或乳汁性状异常。排泄物、体温正常。

2. 动态检查

(1) 健牛　健康牛走起路来精力充沛，腰背灵活，四肢有力，摇耳甩尾。

(2) 病牛　精神沉郁，久卧不起或起立困难。跛行掉队或不愿行走，走路摇晃，耳尾不动。

3. 饮食检查

(1) 健牛　争抢饲料，咀嚼有力，采食时间长，采食量大。放牧中喜采食高草，常甩头用力扯断，运动后饮水不咳嗽。

(2) 病牛　表现为厌食或不食，或采食缓慢，咀嚼无力，运动后饮水咳嗽。

六、羊的临诊检疫方法

1. 静态检查

(1) 健羊　站立平稳，乖顺，被毛整洁，口及肛门周围干净。饱腹后群卧休息，反刍，呼吸平稳。遇炎热常相互把头藏于对方腹下避暑。

(2) 病羊　精神委靡不振，常独卧一隅或表现异常姿态，遇人接近起不走，反刍迟缓或不反刍。鼻镜干燥，呼吸促迫或咳嗽。被毛粗乱不洁或脱毛，痘疹，皮肤干裂。

2. 动态检查

(1) 健羊　走起路来有精神，合群不掉队；放牧中虽很分散，但不离群。山羊活泼机敏，喜攀登，善跳跃，好争斗。

(2) 病羊　精神沉郁或兴奋，喜卧懒动，行走摇摆，离群掉队或出现转圈及其他异常运动。

3. 饮食检查

(1) 健羊　饲喂时互相争食，放牧时常边走边吃草，边走边排粪，粪球正常。遇水源时先抢水喝，食后肷窝突出。

(2) 病羊　食欲缺乏或停食，食后肷窝仍下陷。

七、禽的临诊检疫方法

1. 静态检查

(1) 健禽　神态活泼，反应敏捷。站立时伸颈昂首翘尾，且常高收一肢。卧时头叠放在翅内。冠、髯红润，羽绒丰满光亮，排列匀称。口鼻洁净，呼吸、叫声正常。

(2) 病禽　精神委靡，缩颈垂翅，闭目似睡。冠、髯苍白或紫黑，喙、蹼色泽变暗，头颈部肿胀，眼、鼻等天然孔有异常分泌物。张口呼吸或发出"咯咯"声或有喘息音。羽绒蓬乱无光，泄殖腔周围及腹部羽毛常潮湿污秽，下痢。

2. 动态检查

(1) 健禽　行动敏捷，步态稳健；鸭、鹅水中游牧自如，放牧时不掉队。

(2) 病禽　行动迟缓，放牧时离群掉队，出现跛形或肢翅麻痹等神经症状。

3. 饮食检查

(1) 健禽　啄食连续，食欲旺盛，食量大，嗉囊饱满。

(2) 病禽　食欲减退或废绝，嗉囊空虚或充满液体、气体。

八、其他动物的临诊检疫方法

(一) 马的临诊检疫特点

1. 静态检查

(1) 健马　多站少卧。站立时昂头，机警敏捷，稍有音响，两耳竖起，两眼凝视。卧时屈肢，两眼完全闭合，平静似睡。被毛整洁光亮，鼻、眼洁净，呼吸正常。

（2）病马　睡卧不安，时站时卧，回视腹部。站立不稳，低头耷耳或头颈平伸，肢体僵硬。两眼无神，对外界反应迟钝或无反应。被毛粗乱无光，眼、鼻等天然孔有不正常的分泌物。粪便干硬或腹泻。

2. 动态检查

（1）健马　行动活泼，步伐轻快，昂首撅尾，挤向群前。善于奔跑，运动后呼吸变化不大或很快恢复正常。

（2）病马　精神沉郁，步伐沉重无力，很少跑动。有时表现起立困难和后肢麻痹。

3. 饮食检查

（1）健马　放牧时争向草地，自由采食。舍饲给料时两眼凝视在饲养员身上，时常发出"哦哦"叫声，食欲旺盛，咀嚼有声响，饮水有吮力。

（2）病马　对牧草和饲料不予理睬，时吃时停或食欲废绝，对饮水不感兴趣。咀嚼、吞咽困难。

（二）家兔的临诊检疫特点

（1）健康家兔　精神饱满，反应灵敏，喜欢咬斗。白天大部分时间静伏，闭目休息，呼吸动作轻微。稍有惊吓，立即抬头，两耳直立，两眼圆瞪。全身被毛浓密、匀整光洁。食欲正常，咀嚼迅速，夜间采食频繁。

（2）病兔　精神沉郁，反应迟钝，低头垂耳，耳部颜色苍白或发绀。常俯卧不起或表现行动迟缓，有的出现跛足或异常姿态。食欲缺乏或厌食，白天常能在舍内发现软粪。被毛粗乱蓬松，缺乏光泽，或有异常脱毛。眼结膜颜色异常。粪球干硬细小或稀薄如水。多有体温异常。

（三）犬的临诊检疫特点

（1）健康犬　活泼好动，反应灵敏，情绪稳定，喜欢亲近人，机灵而警觉性高，稍有声响，常会吠叫。安静时呈典型的犬坐姿势或伏卧。运动姿势协调。能快速奔跑，经训练有很强的跳跃能力。吃食时"狼吞虎咽"，很少咀嚼。眼明亮，无任何分泌物。鼻镜湿润，较凉，无鼻液。口腔清洁湿润，舌色鲜红，被毛蓬松顺滑，富有光泽。

（2）病犬　精神沉郁，眼睛无神，不听使唤，嗜睡呆卧，对外部反应迟钝甚至无反应。有的病犬则表现兴奋不安，无目的地走动、奔跑、转圈，甚至攻击人畜。站立不稳或有异常站立姿势。食欲减退或废绝，饮水量增加，呕吐或有腹泻。鼻端干燥，呼吸困难。被毛粗硬杂乱，或见有斑秃、痂皮、溃烂。

第二节　动物检疫的现代生物学技术

一、现代生物学技术概述

现代生物学技术也称生物工程。在分子生物学基础上建立的创建新的生物类型或新生物功能的实用技术，是现代生物科学和工程技术相结合的产物。

现代生物技术和古代利用微生物的酿造技术和近代的发酵技术有发展中的联系，但又有质的区别。古老的酿造技术和近代的发酵技术只是利用现有的生物或生物功能为人类服务，而现代的生物技术则是按照人们的意愿和需要创造全新的生物类型和生物功能，或者改造现有的生物类型和生物功能，包括改造人类自身，从而造福于人类。现代生物技术，是人类在建立实用生物技术中从必然王国走向自由王国、从等待大自然的恩赐转向主动向大自然索取的质的飞跃。

现代生物技术是在分子生物学发展基础上成长起来的。1953 年，美国科学家沃森和英国科学家克里克用 X-衍射法弄清了遗传的物质基础核酸的结构，从而使揭开生命秘密的探索从细胞水平进入了分子水平，对于生物规律的研究也从定性走向了定量。在现代物理学和化学的影响和渗透下，一门新的学科——分子生物学诞生了。在以后的十多年内，分子生物学发展迅速，取得许多重要成果，特别是科学家们破译了生命遗传密码，并在 1966 年编制了一本地球生物通用的遗传密码"辞典"。遗传密码"辞典"将分子生物学的研究迅速推进到实用阶段。1970 年，科拉纳等科学家完成了对酵母丙氨酸转移 RNA 的基因的人工全合成。1971 年美国保罗·伯格用一种限制性内切酶，打开一种环状 DNA 分子，第一次把两种不同 DNA 联结在一起。1973 年，以美国科学家科恩为首的研究小组，应用前人大量的研究成果，在斯坦福大学用大肠杆菌进行了现代生物技术中最有代表性的技术——基因工程的第一个成功的实验。他们在试管中将大肠杆菌里的两种不同质粒（抗四环素和抗链霉素）重组到一起，然后将此质粒引进到大肠杆菌中去，结果发现它在那里复制并表现出双亲质粒的遗传信息。1974 年，他们又将非洲爪蛙的一种基因与一种大肠杆菌的质粒组合在一起，并引入到另一种大肠杆菌中去。结果，非洲爪蛙的基因居然在大肠杆菌中得到了表达，并能随着大肠杆菌的繁衍一代一代地传下去。

二、现代生物学技术在动物检疫中的运用

（一）核酸扩增

聚合酶链式反应（polymerase chain reaction，PCR）由美国 Centus 公司的 Kary Mullis 发明，于 1985 年由 Saiki 等在《科学》（*Science*）杂志上首次报道，是近年来开发的体外快速扩增 DNA 的技术。通过 PCR 可以简便、快速地从微量生物材料中以体外扩增的方式获得大量特定的核酸，并且有很高的灵敏度和特异性，可在动物检疫中用于微量样品的检测。

1. PCR 技术的用途

（1）传染病的早期诊断和不完整病原检疫　在早期诊断和不完整病原检疫方面，应用常规技术难以得到确切结果，甚至漏检，而用 PCR 技术可使未形成病毒颗粒的 DNA 或 RNA 或样品中病原体破坏后残留核酸分子迅速扩增而测定，且只需提取微量 DNA 分子就可以得出结果。

（2）快速、准确、安全地检测病原体　用 PCR 技术不需经过分离培养和富集病原体，一个 PCR 反应一般只需几十分钟至 2h 就可完成。从样品处理到产物检测，一天之内可得出结果。由于 PCR 对检测的核酸有扩增作用，理论上即使仅有一个分子的模板，也可进行特异性扩增，故特异性和灵敏度都很高，远远超过常规的检测技术，包括核酸杂交技术。PCR 可检出 10^{-15} g（fg）水平的 DNA，而杂交技术一般在 10^{-12} g（pg）水平。PCR 技术适用于检测慢性感染、隐性感染，对于难于培养的病毒的检测尤其适用。由于 PCR 操作的每一步都不需活的病原体，不会造成病原体逃逸，在传染病防疫意义上是安全的。

（3）制备探针和标记探针　PCR 可为核酸杂交提供探针和标记探针。方法是：①用 PCR 直接扩增某特异的核酸片段，经分离提取后用同位素或非同位素标记制得探针。②在反应液中加入标记的 dNTP，经 PCR 将标记物掺入到新合成的 DNA 链中，从而制得放射性和非放射性标记探针。

（4）在病原体分类和鉴别中的应用　用 PCR 技术可准确鉴别某些比较近似的病原体，如蓝舌病病毒与流行性出血热病毒、牛巴贝斯虫与二联巴贝斯虫等。PCR 结合其他核酸分析技术，在精确区分病毒不同型、不同株、不同分离物的相关性方面具有独特的优势，可从分子水平上区分不同的毒株并解释它们之间的差异。

此外，PCR 技术还广泛应用于分子克隆、基因突变、核酸序列分析、癌基因和抗癌基

因以及抗病毒药物等研究中。

2. PCR技术应用概况

从诞生至今二十几年的时间里，PCR技术已在生物学研究领域得到广泛的应用。将PCR技术用于动物传染病的检疫研究也日趋广泛。例如，新西兰农渔部质量管理机构所属动物健康实验室（AHLS）负责对各种外来病的疫情监测诊断，该室在1992年建立了几项PCR检测技术，包括从结核病病灶中快速检测牛分枝杆菌；快速检测患病牛羊中副结核分枝杆菌；检测恶性卡他热和新城疫等。

自1990年始，将PCR应用于动物传染病的诊断等研究的报道，可归纳如下。

(1) 快速诊断各类病毒病　用PCR成功进行检测的动物传染病病毒有：蓝舌病病毒、口蹄疫病毒、牛病毒性腹泻病毒、牛白血病病毒、马鼻肺炎病毒、恶性卡他热病毒、伪狂犬病病毒、狂犬病病毒、非洲猪瘟病毒、禽传染性支气管炎病毒、禽传染性喉气管炎病毒、马传染性肺炎病毒、马立克病病毒、牛冠状病毒、鱼传染性造血器官坏死病病毒、轮状病毒、水道猫鱼病病毒、水貂阿留申病病毒、山羊关节-脑炎病毒、梅迪-维斯纳病毒、猪细小病毒等。

(2) 由其他病原体引起的传染性疾病的研究目前已报道的有致病性大肠杆菌毒素基因、牛胎儿弯曲杆菌、牛分枝杆菌、炭疽杆菌芽孢、钩端螺旋体、牛巴贝斯虫和弓形虫等的PCR检测研究。在食品微生物的检测中，PCR技术的应用也日趋广泛。

（二）酶联免疫吸附试验

自从Engvall和Perlman（1971年）首次报道建立酶联免疫吸附试验（enzyme-linked immunosorbent assay, ELISA）以来，由于ELISA具有快速、敏感、简便、易于标准化等优点，使其得到迅速的发展和广泛应用。尽管早期的ELISA由于特异性不够高而妨碍了其在实际中应用的步伐，但随着方法的不断改进、材料的不断更新，尤其是采用基因工程方法制备包被抗原，采用针对某一抗原表位的单克隆抗体进行阻断ELISA试验，都大大提高了ELISA的特异性，加之电脑化程度极高的ELISA检测仪的使用，使ELISA更为简便实用和标准化，从而使其成为最广泛应用的检测方法之一。

目前ELISA方法已被广泛应用于多种细菌和病毒等疾病的诊断。在动物检疫方面，ELISA在猪传染性胃肠炎、牛副结核病、牛传染性鼻气管炎、猪伪狂犬病、蓝舌病等的诊断中已成为广泛采用的标准方法。

1. 基本原理

ELISA方法的基本原理是酶分子与抗体或抗抗体分子共价结合，此种结合不会改变抗体的免疫学特性，也不影响酶的生物学活性。此种酶标记抗体可与吸附在固相载体上的抗原或抗体发生特异性结合。滴加底物溶液后，底物可在酶作用下使其所含的供氢体由无色的还原型变成有色的氧化型，出现颜色反应。因此，可通过底物的颜色反应来判定有无相应的免疫反应，颜色反应的深浅与标本中相应抗体或抗原的量呈正比。此种显色反应可通过ELISA检测仪进行定量测定，这样就将酶化学反应的敏感性和抗原抗体反应的特异性结合起来，使ELISA方法成为一种既特异又敏感的检测方法。

2. ELISA方法的基本类型、用途及操作程序

根据ELISA所用的固相载体而分为三大类型：一类是采用聚苯乙烯微量板为载体的ELISA，即通常所指的ELISA（微量板ELISA）；另一类是用硝酸纤维膜为载体的ELISA，称为斑点ELISA（Dot-ELISA）；再一类是采用疏水性聚酯布作为载体的ELISA，称为布ELISA（C-ELISA）。在微量板ELISA中，又根据其性质不同分为：①间接ELISA，主要用于检测抗体；②双抗体夹心ELISA，主要用于检测大分子抗原；③双夹心ELISA，此法与双抗体夹心ELISA的主要区别在于——它是采用酶标抗抗体检查多种大分子抗原，它不

仅不必标记每一种抗体，还可提高试验的敏感性；④竞争 ELISA，此法主要用于测定小分子抗原及半抗原，其原理类似于放射免疫测定；⑤阻断 ELISA，主要用于检测型特异性抗体；⑥抗体捕捉 ELISA，主要用于先确定抗体具有 IgM 型特异性，然后再来鉴定被检抗体针对抗原的特异性。

（三）血清学检测技术

1. 血凝和血凝抑制试验

某些病毒或病毒的血凝素，能选择性地使某种或某几种动物的红细胞发生凝集，这种凝集红细胞的现象称为血凝（hemagglutination，HA），也称直接血凝反应，当病毒的悬液中先加入特异性抗体，且这种抗体的量足以抑制病毒颗粒或其血凝素，则红细胞表面的受体就不能与病毒颗粒或其血凝素直接接触。这时红细胞的凝集现象就被抑制，称为红细胞凝集抑制（hemagglutination inhibition，HI）反应，也称血凝抑制反应。

（1）原理　血凝的原理因不同的病毒而有所不同，如痘病毒对鸡的红细胞发生凝集并非是病毒本身的作用，而是痘病毒的产物类脂蛋白的作用。而流感病毒的血凝作用是病毒囊膜上的血凝素与红细胞表面的受体糖蛋白相互吸附而引发的。

（2）直接血凝试验和血凝抑制试验的应用　直接血凝试验主要用于血库中红细胞抗原的分型、病毒抗原的鉴定等。血凝抑制试验主要用来测定血清中抗体的滴度、病毒的鉴定、监测病毒抗原的变异、流行病学的调查、动物群体疫情的监测等。

2. 间接血凝试验和反向间接血凝试验

（1）原理　凝集反应中抗体球蛋白分子与其特异的抗原相遇时，在一定的条件下，便可形成抗原抗体复合物，由于这种复合物分子团很小，如果抗原抗体的含量过少时，则不能形成肉眼可见的凝集。若设法将抗原结合或吸附到比其体积大千万倍的红细胞表面上，则只要少量的抗体就可以使红细胞通过抗原抗体的特异性结合而出现肉眼可见的凝集现象。这就大大地提高了凝集反应的敏感性。于是人们将红细胞经过鞣酸或其他偶联剂处理后，使得多糖抗原或蛋白质抗原被红细胞表面的受体结合或吸附，这种被抗原致敏的红细胞遇到相应的抗体时，在一定的条件下，由于抗原抗体的特异性结合而间接地带动着红细胞的凝集，这一反应称为间接血凝反应。若在抗血清中先加入与致敏红细胞相同的抗原，在一定的条件下，经过一定时间后再加上这种抗原致敏的红细胞就不再发生红细胞的凝集，即抑制了原有的血凝反应，这种现象称为间接血凝抑制反应。同样，如果用抗体球蛋白致敏红细胞，也能与相应的抗原在一定条件下起凝集反应，这称为反向间接血凝试验。当在与致敏红细胞的抗体相应的抗原液中，先加入相应的特异性抗体，在一定的条件下，经过一定的时间后再加入这种抗体致敏的红细胞，由于抗原先和特异性抗体结合，这种抗体致敏的红细胞就不能与抗原起反应，呈现血凝抑制现象，这称为反向间接血凝抑制试验。一般用抗原致敏红细胞比较容易，而用抗体致敏红细胞比较困难，主要原因是抗血清中蛋白质的成分很复杂，其中除了具有抗体活性免疫球蛋白之外，还有非抗体活性免疫球蛋白，这两种免疫球蛋白很难分开，而且这两种免疫球蛋白均能同时结合或吸附在红细胞表面，一旦非抗体活性免疫球蛋白在红细胞表面达到一定数量时，致敏的红细胞就不能再与相应的抗原形成可见的凝集。因此，一般实验室均用抗原来致敏红细胞。

（2）间接血凝试验和反向间接血凝试验的应用　间接血凝试验和反向间接血凝试验是以红细胞为载体，根据抗原抗体的特异性结合的原理，用已知抗原或抗体来检测未知的抗体或抗原的一种微量、快速、敏感的血清学方法。其用途很广。

① 测定非传染性疾病的抗体。如类风湿关节炎的类风湿因子（RF）及自身抗体、激素抗体等。

② 测定传染性疾病的抗体。用于流行病学的调查，如布氏杆菌病、螺旋体病、猪霉形

体肺炎等。

③ 用间接血凝试验进行某些病毒、细菌的鉴定和分型。

④ 间接血凝试验可用于血浆中 IgG 和其他蛋白组分的测定及对免疫球蛋白的基因分析。

⑤ 间接血凝试验用于进出口动物及其产品的检疫。如用间接血凝试验检疫进口猪的霉形体肺炎；用反向间接血凝试验检查进口肉品中口蹄疫病原体等。

3. 琼脂凝胶免疫扩散试验

凝胶中抗原-抗体沉淀反应最早于 1905 年为研究利泽甘现象而首先应用。1932 年将本方法应用于鉴定细菌菌株，但当时在凝胶中出现的沉淀带仍被认为是利泽甘现象。1946 年 Oudin 在试管中进行了免疫扩散试验，对抗原混合物进行分析。1948 年 Elek 和 Ouchterlony 分别建立了琼脂双向双扩散法，可以同时鉴定、比较两种以上抗原或抗体，并相继研究了免疫扩散的理论依据，使免疫化学分析技术向前迈进了一大步。

随着科学技术的进步，免疫扩散法与其他技术结合产生了许多新的技术，如免疫电泳、免疫液流电泳、酶免疫扩散等，使之在生物学和医学等领域得到更广泛的应用。

在凝胶扩散法之前的许多免疫化学技术，不能提供抗原混合物标准分析方法。最初设计出凝胶扩散试验的目的是为了对单一抗原或抗体进行定量分析，在凝胶中的任何免疫化学研究都必须从定性分析开始。应该注意的是：无论是在定量或定性试验中，只有在抗血清中存在足够浓度的抗体情况下才能检出抗原，反之亦然。

琼脂扩散试验可分为以下四种类型：单向单扩散试验，单向双扩散试验，双向单扩散试验，双向双扩散试验。在检疫实践中最为常用的是双向双扩散试验，一般所称的琼脂扩散试验多指双向双扩散试验。

4. 凝集试验

某些微生物颗粒性抗原的悬液与含有相应的特异性抗体的血清混合，在一定条件下，抗原与抗体结合，凝集在一起，形成肉眼可见的凝集物，这种现象称为凝集（agglutination），或直接凝集（direct agglutination）。凝集中的抗原称为凝集原（agglutinogen），抗体称为凝集素（agglutinin）。凝集反应是早期建立起来的四个古典的血清学方法（凝集反应、沉淀反应、补体结合反应和中和反应）之一，在微生物学和传染病诊断中有广泛的应用。按操作方法，分为试管法、玻板法、玻片法和微量法等。

凝集反应用于测定血清中抗体含量时，将血清连续稀释（一般用倍比稀释）后，加定量的抗原；测抗原含量时，将抗原连续稀释后加定量的抗体。抗原抗体反应时，出现明显反应终点的抗血清或抗原制剂的最高稀释度称为效价或滴度（titer）。

（1）试管凝集试验 试管凝集试验是一种定量试验。用已知抗原测定受检血清中有无某种抗体及其滴度，以辅助诊断或作流行病学调查。试验可在小试管内或有孔塑料板上进行，将血清用生理盐水在各管或孔内作倍比稀释，然后加入等量的抗原悬液，振荡混合，置 37℃水浴（或温箱）4h，取出室温放置过夜，观察结果。临床常用的有布氏杆菌病试管凝集反应。

（2）定量玻板凝集试验 在玻板或载玻片上进行，将适当稀释的待检血液或血清与抗原悬液各一滴滴在玻板上，阳性者数分钟后出现团块状或絮片状凝集。常用的有鸡白痢、鸡伤寒全血平板凝集试验和布氏杆菌病平板凝集试验、猪伪狂犬病乳胶凝集试验等。

（3）定性玻片凝集试验 定性玻片凝集试验是一种定性试验。可用已知抗体来检测未知抗原。若鉴定新分离的菌种时，可取已知抗体滴加在玻片上，将待检菌液一滴与其混匀。数分钟后，如出现肉眼可见的凝集现象，为阳性反应。该法简便快速，既可用于布氏杆菌病等抗体检测，又可用于沙门菌等细菌鉴定。

（4）微量凝集试验 微量凝集试验是一种简便的定量试验，尤其适合进行大规模的流行病学调查。

（四）变态反应

1. 基本原理

变态反应也叫过敏反应，其实质是异常的免疫反应或病理性的免疫反应。动物患某些传染病后，由于病原微生物或其代谢产物对动物机体不断地刺激，使动物机体致敏。当过敏的机体再次受到同种病原微生物刺激时，则表现出异常高度反应性，这种反应性可以表现在动物体的外部器官或皮肤上。因此，用已知的变应原（引起变态反应的物质，也叫过敏原）给动物点眼，皮下、皮内注射，观察是否出现特异性变态反应，进行变态反应诊断。

2. 实际应用

某些传染源引起的传染性变态反应，具有很高的特异性，可用于传染病诊断。主要应用于一些慢性传染病的检疫与监测，尤其适合动物群体检疫、畜群净化，是牛结核病、马鼻疽病检疫的常规方法。在动物疫病诊断和检疫中，常用的方法有皮内反应法、点眼法和皮下反应法。抗原制剂有鼻疽菌素、结核菌素、布氏杆菌水解素、副结核菌素等。接种的部位因为动物种类和传染病而异，马采用颈侧和眼睑，牛、羊除颈侧外，还可在尾根及肩胛中央部位，猪大多在耳根后，鸡在肉髯部位，猴在眼睑或腹部皮肤。各种抗原制剂接种的剂量也有不同，可参见使用说明。

以结核菌素为致敏原时，常用皮内反应法，于被检动物皮内注射小剂量结核菌素，24～72h注射部位可出现炎性反应，根据皮肤肿胀面积和肿胀皮厚度，可作出判定。在进出口动物（如牛、羊、猪）的检疫中多用牛型和禽型两种提纯结核菌素（PPD），在不同位置同时注射作对比。此法对牛可区别特异性和非特异性反应；对羊可诊断牛型结核病与副结核病；猪则诊断牛型结核病与禽型结核病。反应结果的解释根据签订的协议书来决定。

点眼法：以马鼻疽为例，将鼻疽菌素3～4滴滴入马眼结膜囊内，点眼后经3h、6h、9h、24h观察反应，鼻疽马眼内会出现脓性分泌物，眼结膜潮红、肿胀的阳性反应。对于阴性和可疑的马，相隔5～6天后可做第2次或第3次重检，以增加检出率。

皮下反应法比皮内法操作烦琐，而且检出率低，反应不如皮内法敏感易判断，因此较少采用。

（五）中和试验

动物受到病毒感染后，体内产生特异性中和抗体，并与相应的病毒粒子呈现特异性结合，因而阻止病毒对敏感细胞的吸附，或抑制其侵入，使病毒失去感染能力。中和试验（neutralization test）是以测定病毒的感染力为基础，以比较病毒受免疫血清中和后的残存感染力为依据，来判定免疫血清中和病毒的能力。

中和试验常用的有两种方法：一种是固定病毒用量与等量系列倍比稀释的血清混合，另一种是固定血清用量与等量系列对数稀释（即十倍递次稀释）的病毒混合；然后把血清-病毒混合物置适当的条件下感作一定时间后，接种于敏感细胞、鸡胚或动物，测定血清阻止病毒感染宿主的能力及其效价。如果接种血清病毒混合物的宿主与对照（指仅接种病毒的宿主）一样地出现病变或死亡，说明血清中没有相应的中和抗体。中和反应不仅能定性而且能定量，故中和试验可应用于以下几种情况。

1. 病毒株的种型鉴定

中和试验具有较高的特异性，利用同一病毒的不同型的毒株或不同型标准血清，即可测知相应血清或病毒的型，所以，中和试验不但可以定属而且可以定型。

2. 测定血清抗体效价

中和抗体出现于病毒感染的较早期，在体内的维持时间较长。动物体内中和抗体水平的高低，可显示动物抵抗病毒的能力。

3. 分析病毒的抗原性

毒素和抗毒素亦可进行中和试验，其方法与病毒中和试验基本相同。

用组织细胞进行中和试验，有常量法和微量法两种。因微量法简便，结果易于判定，适于做大批量试验，所以近来得到了广泛的应用。

（六）单克隆抗体技术

自 1975 年 Kohler 和 Milstein 报道，通过细胞融合建立能产生单克隆抗体（简称单抗）的杂交瘤技术以来，这个最基础的具有开创性的理论在生物科学的基础研究以及医学、预防医学、农业科学等领域得到广泛应用和实践，充分显示它对生命科学各领域产生的巨大而深远的影响，由于单抗有着免疫血清或抗体无法比拟的优点，迄今全世界已研制成数以千计的单抗，有的已投入市场，有的正在进行应用考核和深入观察。

1. 单抗在诊断学中的应用

单抗应用最广泛的是诊断，主要用于病原诊断、病理诊断和生理诊断，随着微生物学、寄生虫学、免疫学的研究发展，人类对感染性和寄生虫性疾病有了新的认识，一个病原体存在着许多性质不同的抗原，在同一抗原上，又可能存在许多性质不同的属、种、群、型特异性抗原，采用杂交瘤技术，可以获得识别不同抗原或抗原决定簇的单抗，从而可以对感染性疾病和寄生虫病进行快速准确的诊断，同时可以用于调查疾病流行情况，进行流行毒株或虫株的分类鉴定，为病原的防疫治疗提供资料。目前应用单抗诊断试剂诊断的人、畜禽、植物等病毒、细菌或寄生虫病已有上百种，其中乙肝、狂犬病、乙型脑炎等人兽共患病三十余种；鸡新城疫、马立克病、猪瘟等畜禽病二十余种；植物病毒病十余种；人、畜禽细菌病二十余种；弓形虫、疟疾、旋毛虫等寄生虫病三十余种。另外，单抗还成功应用于含量极微的激素、细菌毒素、神经递质和肿瘤细胞抗原的诊断。

2. 单抗应用于临床治疗

用单抗治疗肿瘤是医学界寄予厚望的一项研究，目前已研制出的肿瘤单抗有胃肠道肿瘤、黑色素瘤、肺癌等数十种，用单抗可能的治疗途径是采用高亲和并特异的单抗，偶联药物或毒素后（生物导弹）可定向杀伤肿瘤，目前该研究在实验动物中已获得成功，而单独使用单抗治疗人恶性肿瘤获得成功的例子国外也有报道。使用单抗治疗畜禽传染病，尤其是病毒病如鸡传染性法氏囊病，成效十分显著。

3. 单抗是生物学研究的有力工具

目前，单抗已广泛应用于不同学科，其中一部分是为基础理论研究服务的，在病原方面可用于分类、分型和鉴定毒株，可用于探查抗原结构以及用于抗感染免疫机制和中和抗原的研究，结合分子生物学方法，可以确认病毒抗原蛋白的编码基因，基因突变和转译产物的加工、处理、组装过程，从而进一步研制基因重组疫苗。作为一种特异的生物探针，通过单抗的免疫组化定位，研究细胞的生理功能和疾病的病因、发病机制；对激素和受体可采用单抗的免疫分析，免疫细胞化学定位，大大促进了激素和受体结构与功能、激素作用机制以及内分泌自身免疫性疾病病因的研究进展，另外单抗已应用于神经系统、血液系统、药理学和系统发育学、畜牧育种及性别控制等学科的研究工作中，从而极大地推动了整个生物学科的发展。

第三节　动物检疫后的处理

动物检疫处理是指在动物检疫中根据检疫结果对被检动物、动物产品等依法作出的处理措施。

动物检疫结果有合格和不合格两种情况，因此，动物检疫处理的原则有两条：一是对合格动物、动物产品发证放行，二是对不合格的动物、动物产品贯彻"预防为主"和就地处理的原则，不能就地处理的（如运输中发现）可以就近处理。

动物检疫处理是动物检疫工作的重要内容之一，必须严格执行相关规定和要求，保证检疫后处理的法定性和一致性，只有合理地进行动物检疫处理，才能防止疫病的扩散，保障防疫效果和人的健康，真正起到检疫的作用。只有做好检疫后的处理，才算真正完成动物检疫任务。

一、动物检疫的结果

（一）检疫结果的判定

进出境动物检疫结果的判定主要是指实验室检验结果的判定。检疫结果是出具检疫证书的科学基础，检疫证书是检疫结果的书面凭证，检疫结果的判定和出证是确定动物是否符合有关规定的必然要求和最终表现，是对进出境动物放行、进行检疫处理和货主对外索赔的科学依据。同时，检疫结果的判定将决定检疫处理的方式，而检疫处理不仅直接关系到动物疫病传入、传出国境，而且还牵涉到进出口商的利益。这就要求试验结果判定者不仅要具备很高的技术水平，还要具有科学的态度和高度的责任心，对试验结果进行客观公正的判断。将阳性判为阴性，会造成动物疫病传入或传出国境；将阴性判为阳性，进口的动物和动物产品就要做退回或销毁处理，不仅影响对外贸易的发展，而且有损于中国检验检疫机关的形象。任何一项检疫结果都必须具有可重复性，当进出口商或国外检疫当局对检疫结果有疑问并需要复查时，检验检疫机关不仅要出示原始检疫记录、试验操作规程、结果判定标准，而且还要对原有样品进行复试。只有公正客观地对检疫结果进行判定，才能公正地执法。检疫结果判定的依据如下。

（1）国际标准　世界贸易组织规定，在动物卫生领域的国际标准采用世界动物卫生组织制定的标准，要有《陆生动物诊断试验和投药标准手册》和《水生动物疾病诊断手册》，这两本手册包括了 OIE 的所有 A 类和 B 类病的诊断方法和判定标准。

（2）双边协议　目前，我国已和 50 多个国家签署了近 200 个进出境动物和动物产品检疫议定书（双边协定），如与朝鲜、阿根廷等签订的动物检疫及兽医卫生合作协定，与德国、英国、日本、丹麦、新西兰、加拿大、法国、美国等签订的进（出）口动物检疫单项条款，与丹麦、新西兰、澳大利亚、美国等签订的动物检疫备忘录，与南非、摩洛哥、斯洛伐克、马其顿等国家签订的动植物检验检疫合作议定书等。在这些议定书中，明确规定了各种疫病的诊断方法和结果判定标准，缔约双方开展检疫时，必须严格遵循议定书中规定的方法和判定标准。

（3）国家标准　全国动物检疫标准化技术委员会负责组织制定、修订和审定动物检疫和动物卫生方面的标准。目前有关动物检疫和动物卫生方面的国家标准达数十个。

（4）检疫规程　贸易双方无检疫议定书，又无国家标准可供依据时，可参照国家质检总局制定的检疫规程。

（二）检疫处理的原则

检疫处理总的原则是：在保证动（植）物病虫害不传入或传出国境的前提下，同时考虑尽量减少经济损失以促进对外贸易的发展。能做除害处理的，尽可能不进行销毁。无法进行除害处理或除害处理无效的，或法律有明确规定的，要坚决做扑杀、销毁或者退回处理，做出扑杀、销毁处理决定后，要尽快实施，以免疫病进一步扩散。

具体事项的处理原则如下。

（1）在输入动物时，检出中国政府规定的一类传染病、寄生虫病的，其阳性动物连同其同群的其他动物全群退回或全群扑杀并销毁尸体。

（2）在输入动物时，检出中国政府规定的二类传染病、寄生虫病的，其阳性动物退回或扑杀，同群其他动物在动物检疫隔离场或检验检疫机关指定的地点继续隔离观察。

（3）输入动物产品和其他检疫物，经检疫不合格的，做除害、退回或销毁处理，处理合格的准予进境。

（4）输入的动物、动物产品和其他检疫物检出带有一、二类传染病和寄生虫病名录以外的，对农、林、牧、渔业生产有严重危害的其他疾病的，由口岸检验检疫机构根据有关情况，通知货主或其代理人做除害、退回或销毁处理，经除害处理合格的，准予进境。

（5）出境动物、动物产品和其他检疫物经检疫不合格或达不到输入国要求而又无有效方法做除害处理的，不准出境。

（6）过境的动物经检疫发现有我国公布的一、二类传染病和寄生虫病的，全群动物不准过境。

（7）过境动物的饲料受病原污染的，做除害、不准过境或销毁处理。

（8）过境的动物尸体、排泄物、铺垫材料及其他废弃物，必须在口岸检验检疫机构的监督下进行无害化处理。

（9）对携带、邮寄我国规定的禁止通过携带、邮寄方式进境的动物、动物产品和其他检疫物进境的，做退回或销毁处理。

（10）携带、邮寄允许通过携带、邮寄方式进境的动物、动物产品及其他检疫物经检疫不合格而又无有效方法做除害处理的，做退回或销毁处理。

（11）进境运输工具上的动物性废弃物，必须经检验检疫机构处理。

（三）检疫处理的方式和程序

1. 检疫处理的方式

检疫处理的方式有除害、扑杀、销毁、退回、截留、封存、不准入境、不准出境、不准过境等。

（1）除害　通过物理、化学和其他方法杀灭有害生物，包括熏蒸、消毒、高温、低温、辐照等。

（2）扑杀　对经检疫不合格的动物，依照法律规定，用不放血的方法进行致死，消毒传染源。

（3）销毁　即用化学处理、焚烧、深埋或其他有效方法彻底消灭病原体及其载体。

（4）退回　对尚未卸离运输工具的不合格检疫物，可用原运输工具退回输出国；对已卸离运输工具的不合格检疫物，在不扩大传染的前提下，由原入境口岸在检验检疫机构的监管下退回输出国。

（5）截留　对旅客携带的检疫物，经现场检疫认为需要除害或销毁的，签发《出入境人员携带物留验/处理凭证》，作为检疫处理的辅助手段。

（6）封存　对需进行检疫处理的检疫物予以封存，防止疫情扩散，也是检疫处理的辅助手段。

2. 检疫处理的程序

检疫处理的程序是口岸检验检疫机构根据检验检疫结果，对不合格的检疫物签发《检验检疫处理通知书》，通知货主或其代理人进行处理。检疫处理必须在检疫人员的监督下进行，检疫处理后，货主可根据需要向检验检疫机构申请出具有关对外索赔证书。

二、国内检疫处理

（一）合格动物、动物产品的处理

经检疫确定为无检疫对象的动物、动物产品属于合格的动物、动物产品，由动物防疫监督机构出具证明，动物产品同时加盖验讫标志。

1. 合格动物

县境内进行交易的动物，出具《动物产地检疫合格证明》；运出县境的动物，出具《出县境动物检疫合格证明》。

2. 合格动物产品

县境内进行交易的动物产品，出具《动物产品检疫合格证明》；运出县境的动物产品，出具《出县境动物产品检疫合格证明》；剥皮肉类（如马肉、牛肉、骡肉、驴肉、羊肉、猪肉等），在其胴体或分割体上加盖方形针码检疫印章，带皮肉类加盖滚筒式验讫印章。白条鸡、鸭、鹅和剥皮兔等，在后腿上部加盖圆形针码检疫印章。

（二）不合格动物、动物产品的处理

经检疫确定含有检疫对象的动物、疑似病畜及染疫动物产品为不合格的动物、动物产品。对经检疫不合格的动物及其产品，应做好防疫、消毒和其他无害化处理，无法进行无害化处理的，予以销毁。若发现动物、动物产品未按规定进行免疫、检疫或检疫证明过期的，应进行补注、补检或重检。

① 补注。对未按规定预防接种或已接种但超过免疫有效期的动物进行的预防接种。

② 补检。对未经检疫进入流通领域的动物及其产品进行的检疫。

③ 重检。动物及其产品的检疫证明过期或虽在有效期内，但发现有异常情况时所做的重新检疫。

经检疫的阳性动物施加圆形针码免疫、检疫印章，如结核阳性牛，在其左肩胛部加盖此章；布氏杆菌阳性牛，在其右肩胛部加盖此章。

不合格的动物产品应加盖销毁、化制或高温标志做无害化处理。

（三）各类动物疫病的检疫处理

按照《中华人民共和国动物防疫法》规定的动物疫病控制和扑灭的相关规定处理。

1. 一类动物疫病的处理

当发现一类动物疫病时，当地县级以上地方人民政府畜牧兽医行政管理部门应立即派人到现场，划定疫点、疫区、受威胁区，并及时报请同级人民政府发布封锁令对疫区实行封锁，同时将疫情等情况于 24h 内逐级上报农业部。

县级以上地方人民政府应立即组织有关部门和单位对疫区采取封锁、隔离、扑杀、销毁、消毒、紧急免疫接种等强制性控制、扑灭措施，并通报相邻地区联防，迅速扑灭疫情。

在封锁期间，禁止疫区动物及动物产品流出疫区，禁止非疫区的易感染动物进入疫区，并根据扑灭病的需要对出入封锁区人员、运输工具及有关物品采取消毒和其他限制性措施。

当疫点、疫区内的染疫、疑似染疫动物扑杀或死亡后，经过该疫病最长潜伏期的检测，再无新病例发生时，经县级以上人民政府畜牧兽医行政管理部门确认合格后，由原来发布封锁令的政府宣布解除封锁。

2. 二类动物疫病的处理

当地县级以上畜牧兽医行政管理部门划定疫点、疫区、受威胁区，县级以上地方人民政府组织有关单位和部门对疫区内易感动物采取隔离、扑杀、销毁、消毒、紧急免疫接种措施，限制易感动物以及动物产品、有关物品出入，以迅速控制、扑灭疫情。

3. 三类动物疫病的处理

县级、乡级人民政府按照动物疫病预防计划和农业部的有关规定，组织防治和净化。

4. 二、三类疫病暴发流行时的处理

按照一类疫病处理办法处理。

5. 人畜共患疾病的处理

农牧部门与卫生行政部门及有关单位互相通报疫情，及时采取控制、扑灭措施。

三、进境检疫处理

（一）合格动物、动物产品的处理

输入动物、动物产品和其他检疫物，经检疫合格的，由口岸动植物检疫机关在报关单上加盖印章或者签发《检疫放行通知单》，准予入境。经现场检疫未发现异常，必须调离海关监管区进行隔离场检疫的，由口岸动植物检疫机关签发《检疫调离通知单》。

（二）不合格动物、动物产品的处理

（1）输入动物经检疫不合格的，由口岸动植物检疫机关签发《检疫处理通知书》，通知货主或其代理人做如下处理。

① 一类疫病。连同同群动物全部退回或全部扑杀，销毁尸体。

② 二类疫病。退回或扑杀患病动物，同群其他动物在隔离场或在其他隔离地点隔离观察。

（2）输入动物产品和其他检疫动物经检疫不合格的，由口岸动植物检疫机关签发《检疫处理通知单》，通知货主或其代理人做除害、退回或销毁处理。经除害处理合格的，准予入境。

（3）禁止下列物品入境

① 动物病原体（包括菌种、毒种等）、害虫（对动物及其产品有害的活虫）及其他有害生物（如有危险性虫病的中间寄主、媒介等）。

② 动物疫情流行国家和地区的有关动物、动物产品和其他检疫物。

③ 动物尸体等。

四、入境动物检疫处理

1. 现场检疫处理

（1）凡不能提供有效检疫证书的，视情况做退回或销毁处理。

（2）现场检疫发现动物发生少量死亡或有一般可疑传染病临床症状时，应做好现场检疫记录，隔离有传染病临床症状的动物。必要时对死亡的动物应及时移送指定地点做病理剖检，并采样送实验室检验，死亡的动物尸体转运到指定地点进行无害化处理并出具证明进行索赔或作其他处理。

（3）现场检疫发现动物发生大批死亡或有《名录》中所列一类传染病、寄生虫病临床症状的，必须立即封锁现场，采取紧急防疫措施，禁止卸离运输工具，全群退回并立即上报国家质检总局和地方人民政府。

（4）动物铺垫材料、剩余饲料和排泄物等，由货主或其代理人在检疫人员的监督下，作除害处理。如熏蒸、消毒、高温处理等。

（5）未按《中华人民共和国动物进境许可证》规定的要求输入境的，按《中华人民共和国进出境动植物检疫法》的规定，视情况做处罚、退回或销毁处理。

（6）未经检验检疫机构同意，擅自卸离运输工具，按《中华人民共和国进出境动植物检疫法》的规定，对有关人员给予处罚。

（7）动物到港前或到港时，产地国家或地区突发动物疫情的，根据国家质检总局颁布的相关公告执行。

（8）对旅客携带的伴侣动物，不能交验输出国（或地区）官方出具的检疫证书和狂犬病免疫证书或超出规定限量的，做暂时扣留处理。旅客应在口岸检验检疫机构规定的期限内补

证，办理退回境外手续，逾期未办理补证或旅客声明自动放弃的，视同无人认领物品，由口岸检验检疫机构进行检疫处理。

对整群动物进行临床诊断观察，若发现有下列症状者，一般认为动物健康状况不良，可根据情况作综合判定。

① 精神状态。动物是否有惊恐不安、狂躁不驯表现，这是马流行性脑脊髓炎和狂犬病的特征表现。动物是否有沉郁、嗜睡甚至昏迷表现，这多为发热性疾病和衰竭性疾病的表现。

② 被毛状况。被毛是否逆立、无光，是否有局限性脱毛，这时应多注意皮肤病或外寄生虫病如螨病的可能。

③ 皮肤的颜色。皮肤苍白乃贫血之症；皮肤黄染多见于肝病及溶血性疫病，如钩端螺旋体病等；皮肤蓝紫色又称发绀，多见于亚硝酸盐中毒、蓝耳病等。

④ 皮肤疹疤。反刍兽和猪的皮肤尤其是口腔部及蹄部的皮肤有小水疱性病变，继而溃烂，可提示口蹄疫或传染性水疱病。马的臀部（有时在颈侧、胸侧）的所谓银元疹，提示马媾疫的可能。另外猪的体表部位有较大的坏死与溃烂，应提示坏死杆菌病。

⑤ 眼和结合膜检查。猪大量流泪，可见于流行性感冒；在眼窝下方见有流泪的痕迹，提示传染性萎缩性鼻炎的可能；脓性眼分泌物是化脓性结膜炎的特征，可见于某些热性传染病，尤其应注意猪瘟；结合膜潮红多可能为结膜炎所致；苍白是各型贫血的特征；发绀可提示某些毒物中毒、饲料中毒（如亚硝酸盐中毒）；黄疸多由肝病或引起肝胆损伤的传染病引起；结合膜上有点状或斑点状出血，是出血性素质的特征，在马多见于血斑病、焦虫病，尤其是急性或亚急性马传染性贫血时更为明显。

⑥ 口、鼻腔检查。口腔大量流涎提示口蹄疫及中毒病（如鸡的有机磷中毒及猪的食盐中毒等），口腔黏膜颜色的变化与眼结合膜相近；动物若有大量鼻液多见于肺坏疽、支气管炎、支气管肺炎、大叶性肺炎的溶解期以及马腺疫、急性开放性鼻疽等；动物频繁性咳嗽多提示有呼吸道疫病。

2. 隔离检疫和实验室检验的检疫处理

根据隔离检疫和实验室检验的结果对该批动物作综合判定并进行相应的处理。

（1）隔离期间发现死亡、患病动物或者疑似病例，应迅速报告检验检疫机构，并立即采取下列措施。

① 将患病动物转移至病畜隔离区进行隔离，由专人负责管理。

② 对患病动物停留或可能污染的场地、用具和物品等进行消毒。

③ 严禁转移和急宰患病动物。

④ 死亡动物应保持完整，等待检验检疫机构检查。

（2）必要时，对死亡动物进行尸体剖检，分析死亡原因，并做无害化处理。相关过程要留有影像资料。

（3）如发现《名录》所列的一类传染病、寄生虫病，按规定做全群退回或全群扑杀销毁处理。

（4）如发现二类传染或寄生虫病，对患病动物做退回或扑杀、销毁处理，同群其他动物继续隔离观察。

（5）对发现严重动物传染病或者疑似重大动物传染病的，应当立即按照国家质量监督检验检疫总局下发的《进出境重大动物疫情应急处理预案》启动相关应急工作程序，有效控制疫情。

（6）对检出规定检疫项目和《名录》以外的对畜牧业有严重危害的其他传染病或寄生虫病的动物，由国家质检总局根据其危害程度作出检疫处理决定。

（7）对经检疫合格的入境动物由隔离场所在地检验检疫机构在隔离期满之日签发有关单证（即《入境货物检验检疫证明》）予以放行。

【本章小结】

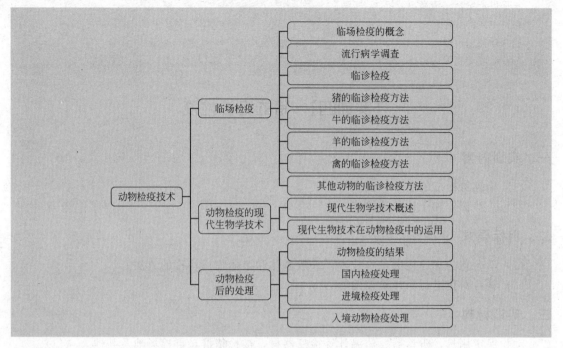

【思考题】

1. 简述发病率、死亡率、病死率和感染率的概念。
2. 如何进行动物群体检疫？
3. 举例说明视诊在动物检疫中的应用。
4. 猪、牛、羊、鸡的临诊检疫特点是什么？
5. 国内检疫对不合格动物、动物产品应采取什么措施处理？
6. 检疫处理的方式有哪些？

【案例与分析】

擅自剪开动物防疫部门发放的动物检疫标识的案例

[案例概述]

某市一经营户，为省检疫费，擅自将动物防疫部门发放的动物检疫标识剪开使用，被市动物检疫部门查获。经营户因 32 只观赏鸟共被罚 8000 元，2012 年 5 月 20 日被所在区人民法院强制执行。

2012 年 10 月 8 日，市动物卫生监督所在市区的菜市场和花鸟市场进行动物防疫检查时，发现当事人王某将所售观赏鸟的检疫标识剪开使用。经市畜牧局动物卫生监督所行政执法支队进一步调查，查实了当事人"故意涂改动物检疫标识"的违法行为。

2012 年 12 月，市动物检疫部门根据《动物防疫法》的相关规定，对当事人送达了《行政处罚通知书》。当事人认为处罚太重，对处罚意见持有异议，但又未申请行政复议和上诉。市动物卫生监督所于是向法院申请强制执行。"我们已经根据《动物防疫法》和经营户实际情况从轻处罚。"市动物检疫部门工作人员表示，为了让市民们吃上放心肉，防止重大疫情的发生，必须严格执法。动物检疫部门每天对上市的肉制品进行检疫，检疫合格的才允许挂标识销售，而个别经营户擅自改动检疫标识，就是对老百姓健康的不负责任，必须从严打击。

[案例分析]
根据以上案情，请做出分析。
(1) 本案的认定。
(2) 处罚的依据。
(3) 涂改动物检疫标识会带来的后果。

【实训四】 猪的临诊检疫

一、实训内容

(1) 猪临诊检疫的基本方法。
(2) 一般群体和个体临诊检疫。

二、目标要求

(1) 学会猪的临诊检疫基本技术、一般群体和个体临诊检疫的方法。
(2) 具备对猪进行临诊检疫的能力。

三、实训材料

动物保定用具，听诊器、体温计等检疫器材，被检猪群，群检场地及其他。

四、方法与步骤

(一) 临诊检疫的基本方法

临诊检疫的基本方法主要包括问诊、视诊、触诊、叩诊、听诊和嗅诊。这些方法简便易行，对各种动物、在任何地方均可实施，并能较为准确地判断病理变化。其中以视诊为主。

1. 问诊

问诊就是向饲养人员调查、了解猪发病情况和经过的一种方法。问诊的主要内容如下。

(1) 现病史　被检猪有没有发病；发病的时间、地点，病猪的主要表现、经过、治疗措施和效果，畜主估计的致病原因等。

(2) 既往病史　过去病猪或猪群患病情况，是否发生过类似疫病，其经过与结局如何，本地或临近乡、村的常在疫情及地区性的常发病，预防接种的内容、时间及结果等。

(3) 饲养管理情况　饲料的种类和品质，饲养制度及方法；猪舍的卫生条件，运动场、农牧场的地理情况，附近厂矿的"三废"处理情况；猪的生产性能等。

问诊的内容十分广泛，但应根据具体情况适当增减，既要有重点，又要全面了解情况，注意采取启发式的询问方法。可先问后检查，也可边检查边问。问诊态度要和蔼、诚恳、亲切，语言要通俗易懂，争取畜主的密切配合。对问诊所得的材料应报以客观态度，既不能绝对地肯定，又不能简单地否定，而应结合临诊检查资料，进行综合分析，从而找出诊断线索。

2. 视诊

视诊就是用肉眼或借助简单器械观察病猪和猪群病理现象的一种检查方法。视诊的主要内容如下。

(1) 外貌　如体格大小、发育程度、营养状况、体质强弱、躯体结构等。

(2) 精神　沉郁或兴奋。

(3) 姿态步样　静止时的姿态，运动中的步态。

(4) 表被组织　如被毛状态、皮肤、黏膜颜色和特征，体表创伤、溃疡、疹疱、肿胀的病变位置、大小及形状。

(5) 与体表直通的体腔　如口腔、鼻腔、咽喉、阴道等黏膜颜色的变化和完整性的破坏情况，分泌物、渗出物的量、性质及混杂物情况。

(6) 某些生理活动的情况　如呼吸动作和咳嗽，采食、咀嚼、吞咽，有无呕吐、腹泻、排粪、排尿的状态以及粪便、尿液的量、性质和混有物等。

视诊的一般程序是先视检猪群，以发现可能患病的个体。对个体的视诊先在距离2~3m的地方，从左前方开始，从前向后逐渐按顺序观察头部、颈部、胸部、腹部、四肢，再走到猪的正后方稍作停留，视察尾部、会阴部，对照观察两侧胸腹部及臀部状态和对称性，再由右侧到正前方。如果发现异常，可接近猪只，按相反方向再转一圈，对异常变化进行仔细观察。观察运步状态。

视诊宜在光线较好的地方进行。视诊时应先让猪休息并熟悉周围环境，待其呼吸、心跳平稳后进行。切忌只根据视诊症状确定诊断，应该结合其他检查结果综合分析判断。

3. 触诊

触诊就是利用手指、手掌、手背或拳头的触压感觉来判断局部组织或器官状态的一种检查方法。触诊的主要内容如下。

(1) 体表状态　耳温和皮肤湿度、弹性及硬度，浅表淋巴结及肿物的位置、大小、形态、温度、内容物的性状以及疼痛反应等。

(2) 某些器官的活动情况　如心搏动、脉搏等。

(3) 腹腔脏器　可通过软腹壁进行深部触诊，感知腹腔状态，肠、胃、肝、脾的硬度，肾与膀胱的病变以及母猪的妊娠情况等。

4. 听诊

听诊是利用听觉去辨认某些器官在活动过程中的音响，借以判断其病理变化的一种检查方法。听诊主要用于心血管系统、呼吸系统和消化系统。

听诊有直接和间接两种方法。主要用于听诊心音，喉、气管和肺泡呼吸音，胸膜的病理声响以及胃肠的蠕动音等。

听诊应在安静的条件下进行，听诊器耳塞与外耳道接触的松紧度要适宜，集音头应紧贴被检部位，胶管不能交叉，也不能与他物接触，避免发生杂音。听诊时注意力要集中，如听呼吸音时要观察呼吸动作。听心音时要注意心搏动等，还应注意与传来的其他器官的声音区别。

5. 嗅诊

嗅诊是利用嗅觉辨认动物散发出的气味，借以判断其病理气味的一种检查办法。嗅诊包括嗅呼吸气味、空腔气味、粪尿等排泄物气味以及带有特殊气味的分泌物。

（二）一般群体和个体临诊检疫

参见本章有关群体检疫和个体检疫的内容。

（三）猪的临诊检疫

参见本章有关猪的临诊检疫内容。

五、实训报告

(1) 动物临诊检疫的基本方法包括哪些？

(2) 怎样对猪进行"三观一检"？

(3) 记录猪临诊检疫实习的过程和结果。

【实训五】 牛、羊的临诊检疫

一、实训内容

（1）牛、羊临诊检疫的基本方法。
（2）一般群体和个体临诊检疫。

二、目标要求

学会牛、羊的临诊检疫技术，具备独立进行牛、羊临诊检疫的能力。

三、实训材料

动物保定用具，检疫器材，被检牛、羊群，群检场地及其他。

四、方法与步骤

1. 临诊检疫的基本方法
参见实训四。
2. 一般群体和个体临诊检疫
同实训四。
3. 牛的临诊检疫
参见本章有关牛的临诊检疫的内容。
4. 羊的临诊检疫
参见本章有关羊的临诊检疫的内容。

五、实训报告

（1）怎样对牛进行临诊检疫？
（2）怎样对羊进行临诊检疫？
（3）记录牛、羊临诊检疫实习的过程和结果。

【实训六】 家禽的临诊检疫

一、实训内容

（1）家禽临诊检疫的基本方法。
（2）一般群体和个体临诊检疫。

二、目标要求

通过实训练习，使学生学会家禽的临诊检疫技术，具备独立进行家禽临诊检疫的能力。

三、实训材料

被检家禽、群检场地及其他。

四、方法与步骤

1. 临诊检疫的基本方法
参见实训四，但以问诊、视诊、触诊为主要方法。

2. 一般群体和个体临诊检疫

参见本章有关内容。

3. 家禽的临诊检疫

其中家禽的群体检疫特点参见本章有关家禽的临诊检疫的内容。家禽的个体检疫方法如下。

(1) 鸡 对鸡进行个体检疫时，检疫人员常以左手握住其两翅根部，先观察头部，注意冠、肉髯和无毛处有无苍白、发绀、痘疹，眼、鼻及喙有无分泌异常分泌物。再以右手的中指抵住咽喉部，并以拇指和示指（食指）夹住两颊，迫使其张开口，以观察口腔有无大量黏液、黏膜是否有出血点及灰白色伪膜或其他病理变化。再摸嗉囊，探查其充实度及内容物的性质。摸检胸腹部及腿部肌肉、关节等处，以确定有无关节肿大、骨折、创伤等情况。再将鸡高举，使其颈部贴近检验者的耳部，听其有无呼吸音，并触压喉头及气管，诱发咳嗽。还应注意肛门附近有无粪污及潮湿。必要时检测体温。

(2) 鸭 对鸭进行个体检疫时，常以右手抓住鸭的上颈部，提起后夹于左臂下，同时以左手托住锁骨部，然后进行检查。检查的顺序是头部、天然孔、食管膨大部、皮肤、肛门，同时要注意检测体温。

(3) 鹅 对鹅进行个体检疫时，因鹅体重较重，不便提起，一般就地压倒进行检查，检查顺序与鸭相同。

五、实训报告

(1) 怎样对鸡进行个体临诊检疫？

(2) 怎样对鸭进行个体临诊检疫？

(3) 怎样对鹅进行个体临诊检疫？

第五章 国内动物检疫

【学习目标】
1. 深刻了解产地检疫的意义、要求和内容。
2. 掌握宰前检疫的程序和方法，宰后检疫的内容、基本方法和意义。
3. 了解运输检疫、市场检疫监督的意义。

第一节 产 地 检 疫

一、产地检疫的概念、意义、分类及要求

1. 产地检疫的概念

产地检疫是指动物及其产品在离开饲养、生产地之前所进行的动物检疫。

产地检疫包含有许多不同的情况，如动物饲养场或饲养户等饲养的动物，按照常年检疫计划，在饲养场地进行的就地检疫；动物于出售前在饲养场地进行的就地检疫；动物于准备运输前在饲养场地进行的就地检疫；准备出口动物在未进入口岸前进行的隔离检疫；准备出售或调运的动物产品在生产场地进行的检疫等。可见，产地检疫是一项基层检疫工作。所以，一般的产地检疫主要由乡镇畜牧兽医站具体负责，出口动物及其产品的产地检疫应由当地县级以上兽医行政管理部门所属动物防疫监督机构负责。

2. 产地检疫的意义

做好产地检疫对贯彻和落实预防为主的方针有着极其重要的意义。可以有效地促进基层防疫工作的开展，如产地检疫首先查验免疫证明，可以督促畜主主动做好防疫；由于产地检疫时间充分，可参考的内容较多，可利用多种检验手段，作出客观的判断。做好了产地检疫可以防止疫病进入流通领域，从而可以克服流通领域里要求短时间作出准确检疫的困难，减轻贸易、运输检疫的压力，减少贸易损失。可见，产地检疫是直接控制动物疫病的有力措施，是做好整个动物检疫的基础。因此，应重视产地检疫，要把产地检疫作为整个检疫工作的重点。

3. 产地检疫的分类

产地检疫可根据检疫环节的不同分为以下几类。

（1）产地售前检疫 对畜禽养殖场或个人、动物产品生产加工单位或个人准备出售的畜禽、动物产品在出售前进行的检疫。

（2）产地常规检疫（计划性检疫） 对正在饲养过程的畜禽按常年检疫计划进行的检疫。

（3）产地隔离检疫 对准备出口的畜禽未进入口岸前在产地隔离进行的检疫。国内异地调运种用畜禽，运前在原种畜禽场隔离进行的检疫和产地引种饲养调回动物后进行的隔离观察亦属产地隔离检疫。

4. 产地检疫的要求

（1）定期检疫 畜禽饲养场和饲养户应按照检疫的要求，每年对畜禽进行某些疫病（如结核病、布氏杆菌病、马鼻疽等）的定期检疫。饲养种畜、种禽、奶畜的单位和个人，要根

据国家规定的要求进行检疫，或由当地畜禽防检机构进行检疫。

（2）引进检疫　凡引进种畜、种禽单位，应在进场后，必须隔离一定时间（大家畜45天、小家畜30天），经检疫确认无疫病后才能供使用。

（3）售前检疫　饲养单位或饲养户的家畜出售前，必须经当地动物防疫防检机构或其委托单位实施检疫，并出具检疫证明。动物、动物产品售前检疫是产地检疫的核心和关键，是保证采购质量，减少采购损失，防止疫病传播的重要环节。

（4）运前检疫　动物及其产品集结后准备调运前，应进行产地检疫，由县级以上动物防疫监督机构出具检疫合格证。

（5）确定检疫　当发生疫情时，应及时向动物防疫监督机构报告，以便及时确诊和采取防治措施。

二、产地检疫的组织、内容、方法和程序

1. 产地检疫的组织

（1）产地检疫组织的形式　一般到现场就地检疫。如到饲养场、饲养户进行就地检疫。若是准备出口的动物，也可以就地集结后进行就地检疫。特别是在我国，目前广大农牧民的分散饲养仍是畜禽养殖业的主要生产方式的情况下，在组织产地检疫时，应多到现场进行就地检疫。

（2）产地检疫人员的组织　由于产地检疫工作量大，需用大量的人员，包括技术人员、保定人员和畜主。这就需要依据具体情况，很好地进行产地检疫人员的组织分工，具体落实任务，以提高检疫工作效率。

2. 产地检疫的内容

（1）疫情调查　通过询问有关人员（畜主、饲养管理人员、防疫员等）和对检疫现场的实际观察，了解当地疫情及邻近地疫情动态，确定被检动物是否在非疫区或来自非疫区，即被检动物是否存在于或来自于发生传染病的村、屯以外的地区。

（2）查验免疫证明　向有关人员索要畜禽免疫接种证明或查验动物体表是否有圆形针码免疫、检疫印章；检查畜禽养殖场或养殖户，对国家规定或地方规定必须强制免疫的疫病是否进行了免疫，动物是否处在免疫保护期内，如国家强制免疫的猪瘟、鸡新城疫等畜禽疫病；奶牛场每年3～4月份必须进行无毒炭疽芽孢苗的注射，且密度不得低于95%。某些地方强制免疫的猪丹毒、猪肺疫、羊痘等疫病，如果未按规定进行免疫，或虽然免疫但已不在免疫保护期内，要以合格疫苗再次接种，出具免疫证明。

各种疫苗的免疫保护期不同，检验员必须熟悉，如猪瘟兔化弱毒冻干苗，注射后4天就可产生免疫力，免疫期为1.5年；而猪瘟、猪丹毒、猪肺疫三联冻干苗注射后2～3周产生免疫力，免疫期为6个月；无毒炭疽芽孢苗注射后14天产生免疫力，免疫期为1年。

《动物免疫证》的适用范围：用于证明已经免疫后的动物，由实施免疫的人员填写，在免疫后发给畜主保存。有的动物体表留有免疫标志，如猪注射猪瘟疫苗后可在其耳部扎打塑料标牌，或在其左肩胛部盖有圆形印章。

（3）临床健康检查　对被检动物进行临床检查，确定动物是否健康。对即将屠宰的畜禽进行临床观察；对种用、乳用、实验动物及役用动物除临床检查外，按检疫要求进行特定项目的实验室检验，如奶牛结核病变态反应检查等。

（4）检疫收费　按规定收费。

（5）出具产地检疫证明　动物售前经检疫符合出证条件的出具检疫证明。

（6）有运载工具的进行运载工具消毒　对运载动物、动物产品的车辆、船舶等运载工具在装前、卸后进行消毒。消毒合格后，出具运载工具消毒证明。

关于动物产品的售前检疫，因产品种类不同其检疫内容有别。肉品按肉品卫生检验的内容进行检验。骨、蹄、角应检查是否经过外包装消毒。骨是否带有未剔除干净的残肉、结缔组织等，是否有异臭；皮毛是否经过氧乙酸、环氧乙烷消毒或是否经炭疽沉淀试验；种蛋、精液要了解种畜禽场防疫状况和供体健康状况；种蛋出场前是否经福尔马林、高锰酸钾等消毒；精液是否进行品质检查。但不论何种动物产品，都应首先确定是否在非疫区。动物产品经检疫符合出证条件的出具检疫证明，属胴体的在胴体上加盖明显的验讫标志。

3. 产地检疫的方法

产地检疫对象一般是区域内检疫对象。但是，各省、市、自治区可根据当地疫病情况进行增减，有时可根据贸易双方协定的应检病虫进行产地检疫。由于产地检疫是在饲养生产地进行现场检疫，所以一般的产地检疫多以临场检疫方法为主。某些检疫对象按规定必须进行实验室检查时，才进行特异性检疫。在进行产地检疫时，必须弄清检疫对象的临场检疫的要点、特异检疫的方法和标准，做好技术和药械的准备。当然，不同的检疫对象有不同的检疫要点、方法、标准，并非千篇一律。

4. 售前产地检疫的程序

动物售前产地检疫的程序是：疫情调查→查验免疫证明→临床健康检查→检疫收费→符合出证条件的出证；不符合出证条件的按规定处理。

有运载工具的，对运载工具消毒。消毒合格后，收取消毒费用，并出具运载工具消毒证明。

三、产地检疫的出证

产地检疫的出证是指经过产地检疫后对合格的动物、动物产品出具《动物产地检疫合格证明》和《动物、动物产品检疫合格证明》。

（一）产地检疫的出证条件

1. 动物需具备的条件

（1）被检动物在非疫区。

（2）动物免疫接种在有效期内。

（3）动物临床检查健康，需要做实验室检验的经检验结果为阴性。

2. 动物产品必须具备的条件

（1）被检动物产品在非疫区。

（2）肉类经检验合格，肉尸上加盖合格的验讫印章或加封检疫标志。

（3）骨、蹄、角经外包装消毒。

（4）种蛋、精液的供体健康，种蛋出场前已经熏蒸消毒。

（5）皮毛作炭疽沉淀反应呈阴性或经环氧乙烷、过氧乙酸消毒合格。

（二）产地检疫证明的适用范围、有效期

（1）产地检疫证明的适用范围　产地检疫证明仅限于本县境内交易、运输的动物、动物产品使用。两县毗邻乡镇之间交易的动物、动物产品，经两县动物防疫监督机构协商同意，也可出具此证明。

（2）产地检疫证明的有效期　《动物产地检疫合格证明》的有效期，一般在1～2天，必要时可适当延长，但最长不得超过7天。《动物、动物产品检疫合格证明》的有效期一般在1～2天，最长不得超过30天。动物产品种类多，证明的有效期应视产品的种类、用途、保存条件、运输距离以及环境因素等综合考虑。在夏季无冷藏条件销售鲜肉类，有效期限在当日，而对保存条件好的可适当延长有效期。对非食用性动物产品，已检疫消毒合格后有效期可长些。总之，应以保证动物产品的安全、卫生质量为前提确定有效期。

有效期从签发日期当天算起。

第二节　屠宰检疫

屠宰检疫是指动物在屠宰加工过程中进行的检疫。屠宰检疫包括宰前检疫和宰后检疫（检验）。

一、宰前检疫

（一）宰前检疫的概念和意义

1. 宰前检疫的概念

宰前检疫是指对宰前畜禽进行的检疫，是屠宰检疫的重要组成部分。它是畜禽生前的最后一次检疫。

2. 宰前检疫的意义

可对及时发现的病畜禽实行病健隔离，病健分宰，减少肉品污染，提高肉品卫生质量，防止疫病扩散，保护人体健康。它能检出宰后检验难以检出的疫病，如破伤风、狂犬病、李氏杆菌病、流行性乙型脑炎、口蹄疫和某些中毒性疾病等。有的因宰后一般无特殊病理变化，有的因解剖部位关系宰后检验常被忽略或漏检，而其临诊症状明显典型，不难作出生前诊断。同时，通过宰前验证，促进动物产地检疫，防止无证收购、无证宰杀。因此，应认真仔细地做好宰前检疫。

（二）宰前检疫的要求

1. 宰前必须检疫

凡屠宰加工动物的单位和个人必须按照《肉品卫生检验试行规程》的规定，对动物进行宰前检疫。

2. 应由动物防疫监督机构监督

动物防疫监督机构应对屠宰厂、肉类联合加工厂进行监督检查，根据监督检查发现的问题，可以向厂方或其上级主管部门提出建议或处理意见，制止不符合检疫要求的动物产品出厂。有自检权的屠宰厂和肉类联合加工厂的检疫工作，一般由厂方负责，但应接受动物防疫监督机构的监督检查。其他单位、个人屠宰的动物，必须由当地动物防疫监督机构或其委托单位进行检疫，并出具检疫证明，胴体加盖验讫印章。

3. 宰前检疫的组织

组织宰前检疫需要根据宰前检疫的任务进行。宰前检疫的任务有两个：一是查验有关证明，来自本县的动物查验产地检疫证明，来自外县的动物查验运输检疫证明；二是临诊检查健康，宰前检疫要在很短的时间内，从待检群中迅速检出患病动物，这就要求动物检疫人员，不仅要有熟练的技术，而且必须做好宰前检疫的组织工作。宰前检疫的组织工作，大致可分为三步进行。

（1）预检　预检是防止疫病混入的重要环节，应认真做好如下工作。

① 验讫证件，了解疫情。检疫人员首先向押运人员索取《动物产地检疫合格证明》或《出县境动物检疫合格证明》，了解产地有无疫情和途中病、死情况，并亲临车、船，仔细观察畜群，核对屠畜的种类和数量。若屠畜数目有出入，或有病死现象，产地有严重疫情流行，有可疑疫情时，应将该批屠畜立即转入隔离栏圈，进行详细临诊检查和必要的实验室诊断，待疫病性质确定后，按有关规定妥善处理。

② 视检家畜，病健分群。经过初步视检和调查了解，认为合格的畜群允许卸下，并赶入预检圈。此时，检疫人员要认真观察每头屠畜的外貌、运动姿势、精神状况等，如发现异

常，立即涂刷一定标记并赶入隔离圈，待验收后进行详细检查和处理。赶入预检圈的屠畜，必须按产地、批次分圈饲养，不可混杂。

③ 逐头测温，剔出病畜。进入预检圈的牲畜，要给足饮水，待休息 4h 后，再进行详细的临诊检查，逐头测温。经检查确认健康的牲畜，可以赶入饲养圈。病畜或疑似病畜则赶入隔离圈。

④ 个别诊断，按章处理。被隔离的病畜或可疑病畜，经适当休息后，进行详细的临诊检查，必要时辅以实验室检查。确诊后，按有关规定处理。

（2）住检　经过预检的健畜，允许进入饲养圈（场）饲养 2 天以上。在住场饲养期间，检疫人员应经常深入畜群查圈查食，发现病畜或可疑畜应及时挑出。

（3）送检　在送宰前进行一次详细的外貌检查和体温测量，应最大限度地检出病畜。送检认为合格的家畜，签发宰前检疫合格证，送候宰圈等候屠宰。

（三）宰前检疫后的处理

宰前检疫后对合格动物，即通过宰前检疫健康，符合卫生质量要求和商品规格的动物，均准予屠宰。对患病的动物，根据疫病的性质进行如下处理。

1. 禁宰

对宰前检出十大恶性传染病的动物，患一类检疫对象的动物以及患兔黏液瘤病、野兔热、兔病毒性出血症等动物禁止屠宰，采取不放血方法扑杀后销毁尸体。其同群其他动物按疫病种类不同进行妥善处理。

（1）炭疽　反刍兽与马属动物：同群的动物立即全部测温，体温正常的急宰，体温不正常的予以隔离，并注射有效药物观察 3 天，待无高温和临床症状时方可屠宰；如不能注射有效药物，必须隔离观察 14 天，待无高温和临床症状时方可屠宰。

在猪群中发现炭疽时，同群的猪应立即全部进行测温，体温正常的应在指定地点屠宰，认真检验，不正常者予以隔离观察，确诊为非炭疽时方可屠宰。

凡经炭疽芽孢苗预防注射的动物，经过 14 天方可屠宰。曾用于制造炭疽血清的动物，不准作为肉用。

（2）恶性水肿和气肿疽　同群动物经体温检测，正常的急宰；体温不正常的必须隔离观察，待确诊为非恶性水肿或气肿疽时方可屠宰。

（3）牛瘟　同群牛予以隔离，并注射牛瘟血清观察 7 天；不能注射血清时应观察 14 天，待无疫点和临床症状时方可屠宰。

（4）狂犬病　被患狂犬病或疑似狂犬病的动物咬伤的动物，咬伤后未超过 8 天且未发现狂犬病症状的动物准予屠宰，其肉尸、内脏经高温处理后供食用；超过 8 天的按狂犬病处理。

2. 急宰

（1）确诊为布氏杆菌病、结核病、肠道传染病、乳房炎和其他非传染病的患病动物，均应急宰。如无急宰间应在指定地点或等宰完健康动物、运出所有产品后，在屠宰间进行急宰。宰后的一切用具、场地及工作服等应彻底消毒。

（2）确诊为巴氏杆菌病、假性结核病、坏死杆菌病、球虫病的患病动物应急宰。

（3）确诊为患鸡马立克病、鸡白血病、鸡痘、鸡传染性喉气管炎、鹦鹉热、禽霍乱、禽伤寒、禽副伤寒等疫病的家禽，应急宰。

（4）患一般疾病、物理性原因致伤有死亡危险、体温超出正常范围的动物，应急宰。

3. 冷宰

确认为物理性原因致死的动物可冷宰。宰后经检验认为肉质良好，经无害化处理后可以出场。

对病死（患传染病或一般性疾病）、毒死以及不明原因死亡的动物，不得冷宰。

二、宰后检疫

宰后检疫是指动物在放血解体的情况下，直接检查肉尸、内脏，对肉尸、内脏所呈现的病理变化和异常现象进行综合判断，得出检验结论。宰后检验包括对传染性疾病和寄生虫以外的疾病的检查，对有害腺体摘除情况的检查，对屠宰加工质量的检查，对注水或注入其他物质的检查，对有害物质的检查以及检查是否是种公、母畜或晚阉畜肉。

（一）宰后检疫的概念和意义

宰后检疫是指在屠宰解体的状态下，通过感官检查和剖检，必要时辅以细菌学、血清学、病理学和物理化学等实验室检查，剔除宰前检疫漏检的病畜（禽）的肉品及副产品，并依照有关规定对这些肉品及副产品进行无害化处理或予以销毁。

宰后检疫是宰前检疫的继续和补充，宰前检疫只能剔除一些具有体温反应或症状比较明显的病畜，对于处于潜伏期或症状不明显的病畜则难以发现，往往随同健畜一起进入屠宰加工过程。这些病畜只有经过宰后检验，在解体状态下，直接观察胴体、脏器所呈现的病理变化和异常现象，才能进行综合分析，作出准确判断，例如猪慢性咽炭疽、猪旋毛虫病、猪囊虫病等。所以宰后检疫对于检出和控制疫病、保证肉品卫生质量、防止传染等具有重要的意义。

（二）宰后检疫的方法

宰后检疫以感官检疫为主，必要时辅之实验室检疫。

1. 感官检疫

动物检疫人员通过一般的观察，即可大体判断胴体、肉尸和内脏的好坏以及屠宰动物所患的疫病范围。具体方法如下。

（1）视检　即观察肉尸皮肤、肌肉、胸腹膜、脂肪、骨骼、关节、天然孔及各种脏器的外部色泽、形态大小、组织性状等是否正常。例如，上下颌骨膨大（特别是牛、羊），注意检查放线菌病；如喉颈部肿胀，应注意检查炭疽和巴氏杆菌病。

（2）剖检　是用器械切开并观察肉尸或脏器的隐蔽部分或深层组织的变化。这对淋巴结、肌肉、脂肪、脏器疾病的诊断是非常必要的。

（3）触检　用手直接触摸，以判定组织、器官的弹性和软硬度有无变化。这对发现深部组织或器官内的硬结性病灶具有重要意义。例如，在肺叶内的病灶只有通过触摸才能发现。

（4）嗅检　对某些无明显病变的疾病或肉品开始腐败时，必须依靠嗅觉来判断。如屠宰动物生前患有尿毒症，肉中带有尿味；药物中毒时，肉中则带有特殊的药味；腐败变质的肉，则散发出腐臭味等。

2. 化验检疫

凡在感官检疫中对某些疫病发生怀疑时，如已判定有腐败变质的肉品是否还有利用价值，可用化验作辅助性检疫，然后作出综合性判断。

（1）病原检疫　采取有病变的器官、血液、组织用直接涂片法进行镜检，必要时再进行细菌分离、培养、动物接种以及生化反应来加以判定。

（2）理化检疫　肉的腐败程度完全依靠细菌学检疫是不够的，还需进行理化检疫。可用氨反应、联苯胺反应、硫化氢试验、球蛋白沉淀试验、pH测定等综合判断其新鲜程度。

（3）血清学检疫　针对某种疫病的特殊需要，采取沉淀反应、补体结合反应、凝集试验和血液检查等方法，来鉴定疫病的性质。

（三）宰后检疫的要求

宰后检疫是在屠宰加工过程中进行和完成的，因此，对宰后检疫有严格的要求。

（1）对检疫环节的要求　检疫环节应密切配合屠宰加工工艺流程，不能与生产的流水作业相冲突，所以宰后检疫常被分作若干环节安插在屠宰加工过程中。

（2）对检疫内容的要求　应检内容必须检查。严格按国家规定的检疫内容、检查部位进行，不能人为地减少检疫内容或漏检。每一动物的肉尸、内脏、头、皮在分离时编记同一号码，以便查对。

（3）对剖检的要求　为保证肉品的卫生质量和商品价值，剖检时只能在一定的部位，按一定的方向剖检，下刀快而准，切口小而齐，深浅适度；不能乱切和拉锯式的切割，以免造成切口过多、过大或切面模糊不清，造成组织人为变化，给检验带来困难。肌肉应顺肌纤维方向切开。

（4）对保护环境的要求　为防止肉品污染和环境污染，当切开脏器或组织的病变部位时，应采取措施，不沾染周围的肉尸、不落地。当发现恶性传染病和一类检疫对象时，应立即停宰，封锁现场，采取防疫措施。

（5）对检疫人员的要求　检疫员每人应携带两套检疫工具，以便在检疫工具受到污染时能及时更换。被污染的工具要彻底消毒后方能使用。检疫人员要做好个人防护。

（四）宰后检疫的程序

动物宰后检疫的一般程序是：头部检疫→内脏检疫→肉尸检疫三大基本环节；在猪增加皮肤和旋毛虫检疫两个环节，猪的宰后检疫程序，即头部检疫→皮肤检疫→内脏检疫→旋毛虫检疫→肉尸检疫五个检疫环节。家禽、家兔一般只进行内脏和肉尸两个环节的检疫。

三、宰后组织器官常见的变化

（一）淋巴结的变化

淋巴结是淋巴系统的重要组成部分。它的主要功能之一是能将淋巴和血液内的各种有害物质及微生物阻留于淋巴管道、淋巴窦内的巨噬细胞和交错突细胞内。器官方面的局部淋巴结起着过滤作用，清除淋巴中的有毒有害物质。与有毒有害物质接触后，淋巴结受到刺激并发生特异性反应，引起淋巴结肿大、出血、充血、化脓、结节以及各种炎症等。病因不同，淋巴结的病理形态也不同。如炭疽痈性肿胀时，淋巴结就肿大 4～5 倍，切面多汁，呈淡黄色或砖红色，并有黑色的出血斑点，周围组织有胶样浸润；因外伤发生水肿时，淋巴结稍肿大，色泽正常，切面有时可见充血；屠畜表皮发生严重炎症时，则淋巴结多见灰色肿胀；因心脏衰弱引起慢性水肿时，淋巴结仅有水肿变化。因此，通过对全身淋巴结进行剖检，可初步判断疫病的性质。

1. 肉尸中淋巴结的正常颜色、形态及大小

由于屠宰放血，淋巴结多呈灰白色或灰黄色，以豆形多见。其大小因动物种类不同有差异。牛的淋巴结较大，猪次之，马属动物及羊的较小，即使同一动物不同部位的淋巴结亦有大小差别。鸡、兔淋巴结数量少、小，故宰后不剖检淋巴结。

2. 应剖检的主要淋巴结

（1）头部　颌下淋巴结、耳下腺淋巴结、咽后内侧淋巴结、咽后外侧淋巴结。

猪体前半部淋巴结分布及淋巴循环示意见图 5-1。

（2）体躯　颈浅淋巴结（肩前淋巴结）、颈深淋巴结、股前淋巴结（膝上淋巴结）、腹股沟浅淋巴结、腹股沟深淋巴结、髂内淋巴结、腘淋巴结。

猪体后半部淋巴结分布及淋巴循环示意见图 5-2。

（3）内脏　肠系膜淋巴结、胃淋巴结、支气管淋巴结（肺淋巴结）、肝淋巴结（肝门淋巴结）、纵隔淋巴结。

猪的主要淋巴结位置见图 5-3，牛的主要淋巴结位置见图 5-4。

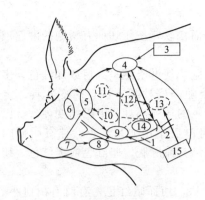

图 5-1　猪体前半部淋巴结
分布及淋巴循环示意

图中实线为浅在淋巴结和淋巴流向，虚线
为深层淋巴结和淋巴流向

1—左颈静脉；2—左气管淋巴导管；3—来自体
前半部的淋巴结；4—颈浅背侧淋巴结；5—咽后
外侧淋巴结；6—腮淋巴结；7—下颌淋巴结；
8—下颌副淋巴结；9—颈浅腹侧淋巴结；
10—咽后内侧淋巴结；11—颈前淋巴结；
12—颈中淋巴结；13—颈后淋巴结；
14—颈浅中侧淋巴结；15—来自前
肢的淋巴结

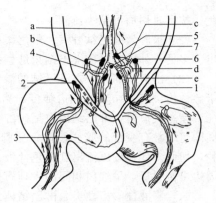

图 5-2　猪体后半部淋巴结
分布及淋巴循环示意

右后肢为表层淋巴管，左后肢为深层淋
巴管，左右两侧淋巴结分布和淋巴管
走向相对称

1—髂下淋巴结；2—腹股沟浅淋巴结；
3—腘淋巴结；4—腹股沟深淋巴结；
5—髂内淋巴结；6—髂外淋巴结；
7—荐淋巴结

a—腹主动脉；b、e—髂外动脉；
c—旋髂深动脉；d—旋髂
深动脉分支

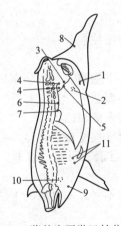

图 5-3　猪的主要淋巴结位置

1—浅腹股沟淋巴结；2—股前淋巴结；
3—深腹股沟淋巴结；4—髂内淋巴结；
5—髂外淋巴结；6—腰淋巴结；7—肾门
淋巴结；8—腘淋巴结；9—颌下淋巴结；
10—颈浅背侧淋巴结；11—胸骨淋巴结

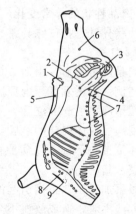

图 5-4　牛的主要淋巴结位置

1—浅腹股沟淋巴结；2—深腹股沟淋
巴结；3—髂外淋巴结；4—髂内
巴结；5—股前淋巴结；6—腘淋巴结；
7—腰淋巴结；8—颈后淋巴结；
9—肩胛前淋巴结

3. 淋巴结的异常变化

多指淋巴结脂肪沉着和炭末沉着。前者多见于过于肥大的猪和长期饲喂含脂肪过多的饲
料的猪，肠系膜淋巴结呈黄白色，触摸时有滑腻感，切开切面发黄；后者多见于工业区和矿
区的猪，肺门淋巴结外观和切面变黑。

4. 常见淋巴结的病变

（1）充血　淋巴结在炎症初期可发生变性和充血，淋巴结稍肿大，切面呈深红色或浅红

色，按压时切面可见小血滴。

（2）水肿　淋巴结肿大，触之柔软，切面组织苍白而松软，按压切面有透明的淋巴液流出。多见于外伤时局部淋巴结单纯性水肿。

（3）出血与坏死　在淋巴结的渗出液中含大量红细胞，使淋巴结呈红色或深红色。多见于急性传染病，如炭疽、猪肺疫、猪丹毒、猪瘟等。但随疫病种类不同，病变各具一定特征：猪患炭疽时，淋巴结出血呈砖红色，并散在有污灰色的坏死病灶，淋巴结变硬，淋巴结周围组织常有少量的胶样浸润；猪肺疫、猪丹毒时全身淋巴结出血呈红色，伴有明显的水肿，切面多汁，按压流出红黄色汁液；猪瘟时全身淋巴结充血肿胀，暗红色或黑红色，切面周边出血明显，呈红白相间的大理石样。

（4）浆液性渗出性炎　淋巴结体积呈急性增大、变软，切面暗红色，有时有出血小点，按压时流出混浊液体，淋巴结有时呈蔷薇色或黄色，多见于急性传染病而伴发有大量毒素形成时，如败血型猪丹毒的淋巴结。

（5）化脓淋巴结炎　眼观淋巴结肿大、柔软，表面或切面有大小不等的黄白色化脓灶。有时整个淋巴结形成一个脓包。这种变化多继发于淋巴结所属组织、器官的化脓性炎症和化脓疮。在马腺疫和马鼻疽等疾病过程中，淋巴结往往化脓。

（6）增生性淋巴结炎　以细胞增生为主时，淋巴结明显增大、变硬，切面灰白色脑髓样，称为淋巴结"髓样变"。多见于猪副伤寒等传染病。而当患有结核、副结核、鼻疽和布氏杆菌病时，增生的淋巴结有其特殊表现，即有特殊的肉芽组织增生。此时淋巴结肿大、坚硬、切面呈灰白色，可见粟粒大到蚕豆大的结节，中心坏死呈干酪样。

增生性淋巴结炎以结缔组织增生为主时，淋巴结不肿大且往往比正常淋巴结小、坚硬，切面见不到淋巴结固有结构，仅见增生的结缔组织交错存在。

（二）肉品性状的异常变化

肉品性状异常是指气味异常、色泽异常、肉尸消瘦和肉尸掺杂使假。

1. 红膘肉

红膘肉是由于充血、出血或血红素浸润所致，仅见于猪的皮下脂肪，是生猪宰后检验最为常见的病例。因诱发红膘的原因不同，大致可分为以下四种类型。

（1）死猪冷宰引起的红膘　因各种原因导致生猪死亡后再屠宰放血的。

（2）疫病病原体引起的红膘　生猪在饲养管理不良、气候反常突变或长途运输疲劳的情况下，机体抵抗力降低，以病原体的侵入并大量繁殖为主致病因素而引起的红膘。如猪丹毒、猪肺疫、猪副伤寒等。

（3）屠宰加工工艺不当引起的红膘　由于屠宰加工工艺掌握不妥，如电麻的方法、时间和放血的方法不对，造成放血不全所引起的皮下脂肪发红。

（4）生猪宰前缺乏休息引起的红膘　由于没有严格执行屠宰前的饲养管理制度，生猪没有得到足够的休息与饮水，是在尚未缓解疲劳的情况下进行的屠宰。

2. 黄膘肉

黄膘是指皮下脂肪（肥肉）、胃网膜（网油）、肠系膜（因形似鸡冠，俗称鸡冠油）、腹部脂肪（俗称板油）等呈现不同程度的黄染。黄膘肉大致可分为黄脂肉和黄疸肉。

（1）黄脂肉　黄脂肉的特点是皮下脂肪或腹腔脂肪发黄，稍混浊，变硬。全身其他组织不黄染。在吊挂24h后黄色变浅或消失。这种肉品的出现与饲料和体内维生素缺乏有关。动物生前采食过量的不饱和脂肪酸（鱼粉、蚕蛹等）和含天然色素的饲料（黄玉米、胡萝卜等），脂肪易发黄。

（2）黄疸肉　黄疸肉的特点是除脂肪发黄外，全身皮肤、黏膜、脏器均染成不同程度的黄色，多见于马传染性贫血（简称马传贫）、钩端螺旋体病、锥虫病、梨形虫病及肝片吸虫病等。某些化学物质和饲料中毒后也能发生黄疸肉现象。黄疸肉品放置时间越久，颜色越深。

3. 白肌肉

白肌肉又称 PSE 猪肉，是指一种色泽苍白、松软缺乏弹性并有渗出液的猪肉。国外又称"水煮样肉"或"热霉肉"。其发生原因有以下三方面。

第一，与品种及遗传性有直接关系，以瘦肉型品种猪发病率较高，通常皮埃特拉猪、长白猪易发生。在检验中发现夏秋季节发生率高于冬春季节。

第二，PSE 猪肉的发生和猪应激综合征（PSS）、猪恶性高热有关。这种猪对外来各种刺激敏感。例如，宰前由于受到强烈的刺激，猪体代谢增强，能量消耗增大，肌糖原酵解加快，乳酸增多，pH 下降，宰后 45min，pH 降至 5.7 以下；引起肌蛋白变性，细胞持水能力下降，以致背最长肌、腰肌、后肢和前肢肌肉群颜色苍白，柔软多汁，像水浸样，切开有液体流出。

第三，宰前的高温和肌肉痉挛性强直收缩所产生的强直热，使胶原蛋白纤维膨胀软化，肌纤维蛋白中心的水分急速渗出，肌肉色泽变淡、质地变脆，保水性不良，不易保存，失重大。

4. 绿色肉

肉及肉制品变成绿色的原因主要有以下几方面。

第一，氧化性变绿。鲜肉可因细菌（具有氧化能力或产生硫化氢）的作用变为灰色或绿色，但并非是腐败性变化。肉糜表层往往由于鲜红色亚铁血红素氧化而变为灰色及绿色，或硫化氢与亚铁血红素结合而产生绿色色素。硫化氢与已还原的肌红蛋白反应生成淡紫色化合物，主要是由于乳酸杆菌所致。

第二，病理性变绿。猪和牛有一种由变应性原因所引起的嗜伊红细胞性肌炎，以 6～12 月龄的猪和 1～3 岁的牛最为常见。

第三，腐败性变绿。野味的尸体因常不剥皮或拔去羽毛，体温不易发散而致腐败。又因常不除去内脏，肠道内腐败细菌产生的硫化氢，易与肠壁及腹壁肌肉中的血红蛋白和肌红蛋白内的铁质发生反应，致肠壁和腹壁肌肉变成灰绿色。也可见于夏季炎热天气急宰而开膛延缓的畜禽胴体，尤其是肥猪。肉在厌氧败坏时发绿，是由于腐败可变单胞细菌所致。还有未经冷却而堆叠的胴体，肉堆可提高肉温致肌肉中的组织蛋白酶活性增强而发生蛋白分解，释出硫化氢，使肉呈现淡绿色。

5. 蓝色肉

在肉品销售的流通环节中，由于违反食品卫生管理的规定，使肉体受到蓝色芽孢杆菌的污染，在肉的表面发育所致。

6. 发光肉

发光肉是一种发光微生物（磷光发毛杆菌）在肉的表面繁殖所引起的一种发光现象。常见于在近海地点储藏的肉。该细菌原在海水中生存繁殖，多附着于海产品上。其污染肉后7～8h 即可发生肉的发光现象，当有腐败细菌同时存在时磷光消失。

7. 深暗色肉

造成深暗色肉的原因常常有两种。

第一，猪的深暗色肉又称为黑干肉（DFD）。常见于长途运输后的猪，发生率高。

第二，因屠宰前受到长久刺激，糖原代谢增加，致使在死亡时肌肉内储存的糖原量低，当pH 增高时，肌细胞微浆体的呼吸作用仍较高，肌红蛋白被夺去了氧后使这部分的肉颜色变深。

8. 黑色肉

引起黑色肉的原因有以下两种。

第一，主要原因是黑色素沉着。这与机体的多巴氧化酶（存在于哺乳动物的皮肤中）和酪氨酸酶的机能失常有关。

第二，厌氧性腐败变黑。由于在不合理的条件下储藏和运输鲜肉，胴体压得紧而不透气，致使肉长时间不能冷却，使肉的组织蛋白酶和腐败性细菌活动增强，肉的蛋白质发生剧烈分解，导致腐败变黑，并产生强烈的氨臭味。

9. 屠畜骨血色素沉着症

见于猪和犊牛，为一种遗传性的血红蛋白代谢障碍，致骨质有含铁色素（卟啉）沉着。

10. 羸瘦肉与消瘦肉

羸瘦肉皮下、体腔和肌肉间脂肪明显减少或消失，但组织器官无病变。多由饲料不足或饲喂不当引起。消瘦肉常因动物生前患慢性消耗性疾病引起。除肌肉间、皮下、体腔脂肪减少，肌肉缺乏弹性外，组织器官有病变。

（三）全身性的组织变化

1. 皮肤、肌肉和器官的出血

皮肤、皮下组织、脂肪、肌肉以及各内脏器官的出血现象，宰后十分常见，其可能是由中毒、传染病等病理过程引起，也可能是由物理性原因造成。

（1）物理性原因造成的组织出血　当畜禽发生肌肉外伤、骨折或遭受猛烈打击（鞭打），局部组织受损，血管破裂，宰后可见背部皮肤、皮下、肌肉间、肾旁或体腔内局部出血。当屠宰加工过程中吊宰肥育猪（垂直倒挂）时，肌纤维撕裂，常见大腿部、腰部肌肉有斑点状、条状出血。当电麻时间过长、电压过大时，肺脏及头颈部淋巴结、头颈部股骨间、软腭、脾等部位出血。

物理性原因造成的组织出血多限于局部，很少见全身性的出血。出血部位大小不一、形态不规则，和周围组织界限不清，颜色鲜红，出血部的脏器不肿大。

（2）病理性原因造成的组织出血　出现原因：畜禽活体患某些疫病、中毒性疾病时引起组织器官出血。病理性原因造成的组织出血多是全身性的出血，以皮肤、黏膜、浆膜、筋膜出血常见。出血部位有一定的形态特征，像猪瘟的圆点状出血；出血部位颜色暗红；出血部位附近的淋巴结有出血现象。出血时伴有组织的其他病理变化，如脾脏出血性梗死。

2. 脓肿

脓肿是宰后检验常见的组织病变。皮肤、肌肉、内脏器官都有发生的可能，通常由葡萄球菌、链球菌、大肠杆菌引起。某些传染病（马腺疫、鼻疽）导致淋巴结脓肿。

组织上的脓包大小不等，小到豌豆大小，大至人头大。脓液呈黄白色或黄色浓稠，无气味。脓汁中含红细胞时呈红黄色，感染铜绿假单胞菌时带青绿色，如果脓汁中有腐败菌则有恶臭味。

3. 水肿

水肿是体液过多积聚在组织内的一种病状。皮下组织水肿时，皮肤明显肿胀、变厚、紧张，指压留有压痕，呈面团样硬度。一些急性传染病，如炭疽、巴氏杆菌病等，皮下组织水肿的同时伴有出血，呈黄红色胶样浸润。器官的水肿，常呈现肿大，柔软，切面流出多量有色或无色的液体。肌肉水肿时乃至出血，肉色灰红，有不良气味，见于恶性水肿。黏膜水肿，黏膜肿胀紧张，呈半透明胶样，触压有波动感，最常见各种原因的胃肠炎时胃肠黏膜水肿。

4. 结节

结节即组织器官表面或实质内的坚硬突起，体内大多数组织器官都可见到。在许多疾病过程中，机体内出现的各种病理性产物（组织坏死病灶、炎症渗出物、寄生虫等）不能被巨噬细胞吞噬、吸收时，常被新生的结缔组织包围形成结节。组织器官表面的结节多呈圆形、灰白色或黄白色，大小不等，触摸坚硬。结核杆菌形成的结节具有特殊构造，结节中心呈干酪样坏死或钙化，周围由不同的细胞构成肉芽组织包囊，呈黄白色，坚硬。

（四）内脏器官的变化

1.肺脏的变化

宰后检验肺脏的变化较多。多种传染病和寄生虫病都能在肺脏引起特定的病变，像兔病毒性出血症时全肺出血和气管出血，猪、牛、羊肺丝虫寄生时堵塞气管，各种原因引起的肺炎、肺水肿、肺气肿，以及严重肺淤血等，还有呛水、呛血、呛食等异常现象。

（1）肺水肿与肺呛水的区别（猪）　肺水肿常由左心衰竭、坠积性充血、肺炎、农药中毒引起。肺肿大，重量增加，表面色变淡、有光泽，间质增宽透明。切开肺脏，流出多量白色泡沫样液体。伴有充血时肺则呈暗红，切面暗红，按压流出血样泡沫液体。

肺呛水发生在猪。屠宰加工带皮猪，猪进烫池前未死，挣扎呼吸时将水吸入肺。肺呛水多见于尖叶和心叶，呛水部肿大湿润，呈污灰色；肺间质无变化；切开后流出污水或带毛、带血的液体；支气管淋巴结无任何变化。

（2）肺炎与肺呛血的区别（牛、羊）　许多致病因素都能引起肺炎，最常见的是细菌性肺炎和支原体肺炎，如牛出血性败血症（亦称牛出败）、牛传染性胸膜肺炎。肺脏病变因炎症过程不同而不同，常见肺肿大，表面、切面暗红，肺组织较坚实，失去弹性。

肺呛血由切断三管法放血造成，由于气管、血管、食管同时切断，血液易从气管断端进入气管进而到肺。瘤胃内容物也易进入肺。肺呛血多发生在膈叶背缘，呛血部大小不一，形状不一，颜色鲜红。肺组织有弹性，切开肺脏见到条索状游离的凝血块或流出血液。

2.肝脏的变化

（1）肝脂肪变性　外观肿大，呈黄褐色、灰黄色或黏土色。切面色变淡，触摸有油腻感。传染病、中毒性疾病、过度疲劳都能引起肝脂肪变性。

（2）饥饿肝　肝脏不肿大，呈黄褐色或黄色、泥土色。由长途运输、饥饿、惊恐等应激因素引起。

（3）肝硬变　肝脏体积缩小，坚实，表面粗糙不平呈细颗粒状或有结节、凹陷，呈灰红色、黄色或暗黄。由肝功能失常或疫病引起。

（4）肝坏死　肝表面或实质散在大小不一的灰色或灰黄色坏死灶。巴氏杆菌病、沙门菌病、大肠杆菌病、猪弓形虫病都能引起肝坏死。

除上述病变外，牛宰后见到因肝毛细血管扩张所造成的"富脉斑"：肝表面和实质存在单个或多个大小不等的暗红色稍凹陷的病灶。

3.脾脏的变化

脾脏是动物体外周免疫器官，在动物发生传染病时多出现病变，宰后特别注意急性炎性脾肿大和梗死。

（1）急性炎性脾肿大　见于炭疽、急性猪丹毒、马传贫等传染病。脾肿大达到原来的3～5倍，呈暗红色，触摸柔软。切面脾髓界限不清呈黑红色如煤焦油，刀刮软如泥。

（2）脾脏出血性梗死　见于猪瘟。脾不肿大或略肿大，脾脏边缘有暗红色稍凸起的楔状梗死部，数量、大小不等。脾脏的这种变化是猪瘟定性的重要依据。

4.肾脏的变化

猪发生猪瘟时肾脏肿大，皮质色泽变淡，有点状出血。急性猪丹毒时，肾淤血、肿大，表面和切面上有出血点。除特定的传染病引起的变化外，尚可见到肾囊肿、肾脓肿、肾结石等。

四、动物病害肉尸及其产品无害化处理

通过屠宰检疫，对猪、牛、羊、马、驴、骡、驼、禽、兔等动物因患传染病、寄生虫病和中毒性疾病死亡后的尸体、肉尸（除去皮毛、内脏和蹄）及其产品（内脏、血液、骨、蹄、角和皮毛）的无害化处理，按 GB 16548—2006 处理规程执行。本标准同样适用于产地、运输、市场检疫后的处理。

第三节　运 输 检 疫

一、运输检疫的概念和意义

1. 运输检疫的概念

运输检疫是指出县境的动物、动物产品在运输过程中进行的检疫。可分为铁路运输检疫、公路运输检疫、航空运输检疫、水路运输检疫及赶运等。运输检疫的目的是防止动物疫病远距离跨地区传播，减少途病、途亡。

2. 运输检疫的意义

运输检疫的查证验物工作可促进产地检疫的开展，也可防止因运输造成疫病的发生和传播，由于运输过程中动物相对集中，互相接触感染疫病的机会增多。同时，由饲养地转变为运输，动物的生活条件突然改变，一些应激因素造成抗病能力减弱，极易暴发疫病。特别是随着现代化交通运输业的发展，疫病传播速度加快，能把疫病传播到很远的地方。因此，做好运输检疫工作对防止动物疫病远距离传播，促使开展产地检疫，都有着重要的意义。

二、运输检疫的程序、组织和方法

（一）运输检疫的程序

种用动物运输检疫程序一般包括运前检疫→运输时的检疫→到达目的地后的检疫三个环节。

（二）运输检疫的组织和方法

1. 起运前检疫的组织

按照运输检疫的要求，凡托运的动物到车站、码头后，应先休息 2～3h，然后进行检疫。全部检疫过程，应自到达时起至装车时止，争取在 6h 以内完成。进行检疫时，先验讫押运员携带的检疫证明。凡检疫证明在 3 天内填发者，车站、码头动检人员只进行抽查或复查，不必详细检查。若交不出检疫证明，或畜禽数目、日期与检疫证明不符又未注明原因，或畜禽来自疫区，或到站后发现有可疑传染病病畜、死禽时，车站、码头动检人员必须彻底查清，实施补检。认为安全后出具检疫证明，准于启运。

车站、码头检疫因有时间限制，所以必须以简便迅速的方法进行。检查牛体温可采用分组测温法，每头牛测温时间尽可能在 10min。猪、羊的检疫最好利用窄廊，窄廊一般长13m、高 0.65m、宽 0.35～0.42m，两侧用圆木或木板构成，两端设有活门，中间留有适当的空隙，以便检查和测温。检查中发现有病畜，需按规定处理。

2. 运输途中或过境检疫的组织

检查点最好设在预定供水的车站、码头。检疫时除查验有关检疫证明文件外，还应深入车、船仔细检查畜群。若发现有传染病时，按规定要求处理。必要时要求装载动物的车、船到指定地点接受监督检查处理。待正常安全后方准运行。车、船运行中发现病畜、死畜、可

疑病畜时，立即隔离到车、船的一角，进行救治及消毒，并报告车、船负责人，以便与车站、码头畜禽防检机构联系，及时卸下病、死家畜，在当地防检人员指导下妥善处理。

3. 运到目的地检疫的组织

动物运到卸载地时，动检人员应对动物重新予以检查。首先验讫有关检疫证明文件，再深入车、船仔细地观察畜群健康状况，查对畜禽数目。发现病畜或畜禽数目不符，禁止卸载。待查清原因后，先卸健畜，再卸病畜或死畜。在未判明疾病性质或死畜死亡原因之前，应将与病畜或尸体接触过的家畜，进行隔离检疫。有时尽管押运人员报告死畜是踩压致死，但也不可疏忽大意，因为途中被踩死的家畜，往往是由于患了某些急性传染病的家畜。

运输检疫一定会遇到很多困难，因此在组织运输检疫时，应根据具体情况，与运输等有关部门做好协调工作。

三、运输检疫的出证和运输检疫注意事项

（一）运输检疫的出证

运出县境的动物和动物产品，由当地县级动物防疫监督机构实施检疫，合格的出具检疫证明。

1.《出县境动物检疫合格证明》

（1）适用范围和有效期　限于运出县境的动物使用。有效期从签发日期当天算起，视运抵到达地点所需要的时间填写，最长不得超过7天。

（2）证明格式　见表5-1。

表 5-1　出县境动物检疫合格证明

畜主：　　　　　　　　　　　　　　　　　　　　　　　　　　　　　　NO.

动物种类		单位		数量（大写）	
启运地点		到达地点		用途	
备注					

本证自签发之日起＿＿＿＿＿＿日内有效　　　　　　　　铁路（航空，水路）
动物检疫员（签章）　　　　　　　　　　　　　　　动物防疫监督（签章）
单位（章）
　　　　　年　月　日签发　　　　　　　　　　　　　年　　月　　日

注：单位填写头、只、匹等。数量填写同一畜主、同一运载工具所装载同一种动物的数量。启运地点、到达地点填写起始和到达地点的县名，调运动物出省境时，在县名之前冠以省名。铁路（航空、水路）动物防疫监督签章，派驻在铁路、水路、航空的动物防疫监督员签字并加盖动物防疫监督机构或派驻机构专用印章后放行。备注即有需要说明的情况可在此栏内填写。

2.《出县境动物产品检疫合格证明》

（1）适用范围和有效期　限于运出县境的动物产品使用。有效期从签发日期当天算起，以运抵到达地点所需时间为限，最长不得超过30天。

（2）证明格式　见表5-2。

3.《动物及动物产品运载工具消毒证明》

见表5-3。

（二）运输检疫注意事项

1. 防止违法运输

随着我国经济体制改革不断深入，铁路、公路等运输部门营运机制发生变革，如长途客运汽车、列车上的行李车包租给个人，这使得违法托运未经检疫检验的动物、动物产品者有机

表 5-2　出县境动物产品检疫合格证明

货主：　　　　　　　　　　　　　　　　　　　　　　　　　　　　　　　　NO.

产品名称		单位		数量（大写）	
启运地点		到达地点			
备注					

本证自签发之日起_____日内有效　　　　　　　　　铁路（航空、水路）

动物检疫员（签章）　　　　　　　　　　　　　　　动物防疫监督（签章）

单位（章）

　　　　　　　　年　月　日签发　　　　　　　　　　　　　　年　　月　　日

注：此表中的"产品名称"、"单位"的填写同《动物产品检疫合格证明》，"启运地点"、"到达地点"、"动物防疫监督签章"以及"备注"的填写同《出县境动物检疫合格证明》，"数量"填写同一畜主、同一运载工具所装载同一种动物产品的数量。

表 5-3　动物及动物产品运载工具消毒证明

货主：　　　　　　　　　　　　　　　　　　　　　　　　　　　　　　　　NO.

承运单位			
运载工具名称		运载工具号码	
启运地点		到达地点	
装运前业经	_____消毒	消毒单位（章）　　　　　　　年　月　日	
卸货后业经	_____消毒	消毒单位（章）　　　　　　　年　月　日	

注：货主即填写动物、动物产品所有者的姓名或名称。承运单位即填写动物、动物产品承运者的姓名或名称。运载工具名称即填写运载工具的类别名称，如火车、汽车、船舶、飞机等。运载工具号码即填写车辆、船舶、飞机的编号。装运前、卸货后业经____消毒，"____"上填写所用消毒药品名称、使用的浓度和消毒方法。消毒单位即填写实施消毒的单位名称。第一联"卸货后消毒"一栏不填写。

可乘。因此，动物防疫监督机构与铁路等运输部门应密切配合，制定制度，向托运人、承运人，特别是一些常年托运动物、动物产品的托运人宣传动物防疫法，并采取联合检查行动，严防疫区动物、动物产品和私屠乱宰的动物产品运输。除此，加大检疫执法力度，严防贩运动物尸体。

2. 赶运动物注意事项

由于赶运的动物易与沿途动物直接接触，造成疫病传播。首先选好赶运路线，如避开疫区，避开公路，尽量避免与当地动物接触。途中病、死动物不能随意丢弃。当发现动物有异常时，及时与沿途动物防疫监督机构取得联系，进行妥善处理。

3. 合理运输

动物、动物产品运输不同于其他物资，活畜禽易掉膘死亡，肉类易腐败变质，禽蛋易碎，这样不仅给经营者造成损失，且会直接或间接引发疾病，造成环境污染。因此，运输动物、动物产品时要结合实际，选择合理的运载工具和运输线路，采用科学的装载方法和管理方法，减少途病途亡，方便运输检疫，使整个运输过程符合卫生防疫要求。

第四节　市场检疫监督

一、市场检疫监督的概念和意义

1. 市场检疫监督的概念

市场检疫监督是指进入市场的动物、动物产品在交易过程中进行的检疫。市场检疫监督的目的是发现依法应当检疫而未经检疫或检疫不合格的动物、动物产品，发现患病畜禽和病害肉尸及其他染疫动物产品，保护人体健康，促进贸易，防止疫病扩散。

2. 市场检疫监督的意义

市场检疫的主要意义在于保护人、畜，促进贸易。市场是动物及其产品集散的地方，动物集中时，接触机会多，来源复杂，容易互相传染疫病。动物及其产品分散到各个地方，容易造成动物传染病的扩散传播。做好市场检疫可以防止患有检疫对象的动物上市交易，确保动物产品无害，起到保护畜禽生产发展、保证消费者安全、促进经济贸易、促进产地检疫的作用。同时，市场采购检疫的好坏，可以直接影响中转、运输和屠宰动物的发病率、死亡率和经济效益。所以，必须做好市场检疫，管理好市场检疫工作。并且也应当知道集贸市场检疫是产地检疫的延伸和补充，应努力做好产地检疫，把市场检疫变为监督管理，才是做好检疫工作的方向。

二、市场检疫监督的分类和要求

(一) 市场检疫监督的分类

市场检疫监督包含着几种不同的情况。

1. 农贸集市市场检疫监督

在集镇市场上对出售的动物、动物产品进行的检疫称为农贸集市市场检疫。农贸集市多是定期的，如隔日一集、三日一集等，亦有传统的庙会。活畜交易主要在农贸集市。

2. 城市农贸市场检疫监督

对城市农副产品市场各经营摊点经营的动物、动物产品进行检疫称为城市农贸市场检疫。城市农贸市场多是常年性的，活禽的交易主要在城市农贸市场。

3. 边境集贸市场检疫监督

对我国边民与邻国边民在我国边境正式开放的口岸市场交易的动物、动物产品进行检疫称为边境集贸市场检疫。目前，我国许多边境省区正式开放的口岸市场，动物、动物产品交易量逐年增多，在促进当地经济发展的同时，畜禽疫病亦会传入我国，必须重视和加强边境集贸市场检疫监督，防止动物疫病的传入和传出。

除此，据上市交易的动物、动物产品种类不同，有宠物市场检疫监督、牲畜交易市场检疫监督。牲畜交易市场检疫监督是指在省、市或县区较大的牲畜交易市场或地方传统的牲畜交易大会上对交易的动物进行检疫，还有专一性经营的肉类市场检疫监督、皮毛市场检疫监督等。

(二) 市场检疫监督的要求

1. 要有检疫证明

进入交易市场出售的家畜和畜禽产品，畜主或货主必须持有检疫证明、预防注射证明，接受市场管理人员和检疫人员的验证检查，无证不能进入市场。当地农牧部门有权进行监督检查，无证不能进入市场。家畜出售前，必须经当地农牧部门的畜禽防检机构或其委托的单位，按规定的检疫对象进行检疫，并出具检疫证明。凡无检疫证明或检疫证明过期或证物不符者，由动物检疫人员补检、补注、重检，并补发证明后才可进行交易。凡出售的肉，出售者必须凭有效期内的检疫合格证明和胴体加盖的合格验讫印章上市，凡无证、无章者不准出售。

2. 市场上禁止出售下列动物、动物产品

① 封锁疫点、疫区内与所发生动物疫病有关的动物、动物产品。

② 疫点、疫区内易感染的动物。

③ 染疫的动物、动物产品。

④ 病死、毒死或死因不明的动物及其产品。

⑤ 依法应当检疫而未经检疫或检疫不合格的动物、动物产品。

⑥ 腐败变质、霉变、生虫或污秽不洁、混有异物和其他感官性状不良的肉类及其他动物产品。

3. 在指定地点进行交易

凡进行交易的动物、动物产品应在有关单位指定的地点进行交易，尤其是农村集市上活畜的交易。交易市场在交易前、交易后要进行清扫、消毒，保持清洁卫生。对粪便、垫草、污物要采取堆积发酵等方法进行处理，防止疫源扩散。

4. 建立检疫检验报告制度

任何市场检疫监督，都要建立检疫检验报告制度，按期向辖区内动物防疫监督机构报告检疫情况。

5. 检疫人员要坚守岗位

市场检疫监督，对检疫员除着装整洁等基本要求外，必须坚守岗位，秉公执法，不漏检。

三、市场检疫监督的程序和方法

（一）市场检疫监督的程序

市场检疫监督的一般程序是验证查物：① 合格的→准予交易；② 不合格的→检疫→处理。

（二）市场检疫监督的方法

（1）验证　向畜主、货主索验检疫证明及有关证件。核实交易的动物、动物产品是否经过检疫，检疫证明是否处在有效期内。县境内交易的动物、动物产品查《动物产地检疫合格证明》、《动物产品检疫合格证明》，有运载工具的查《动物及动物产品运载工具消毒证明》。出县境交易的动物、动物产品查《出县境动物检疫合格证明》、《出县境动物产品检疫合格证明》及运载工具消毒证明，胴体还需查验讫印章。

对常年在集贸市场上经营肉类的固定摊点，经营者首先应具备四证，即《动物防疫合格证》（表5-4）、《食品卫生合格证》、《营业执照》以及本人的《健康检查合格证》。经营的肉类必须有检疫证明。

（2）查物　即检查动物、动物产品的种类、数量，检查肉尸上的检验刀痕，检查动物的自然表现。核实证物是否相符。

（3）结果　通过查证验物，对持有有效期内的检疫证明及胴体上加盖有验讫印章，且动物、动物产品符合检疫要求的，准许畜主、货主在市场交易。对没有检疫证明、证物不符、证明过期或验讫标志不清或动物、动物产品不符合检疫要求的，责令其停止经营，没收违法所得，对未售出的动物、动物产品依法进行补检和重检。

表 5-4　动物防疫合格证

DFJ　　　　　　动物防疫合格证

貼

照

片

处

（　）动防(合)字第　　号

业主姓名

住　　址

经营范围

经营地址

经审查,动物防疫条件合格,特发此证。

发证机关

年　月　日

（三）补检和重检

1. 检疫的方法

市场检疫的方法,力求快速准确,以感官观察为主,活畜禽结合疫情调查和测体温；鲜肉类视检结合剖检,必要时进行实验室检验。

2. 检疫的内容

(1) 活畜禽的检疫　向畜主询问产地疫情,确定动物是否来自非疫区。了解免疫情况。观察畜禽全身状态,如体格、营养、精神、姿势等,确定动物是否健康,是否患有检疫对象。

(2) 动物产品的检疫　动物产品因种类不同各有侧重。骨、蹄、角多带有外包装,要观察外包装是否完整、有无霉变等现象。皮毛、羽绒同样观察毛包、皮捆是否捆扎完好。皮张是否有"死皮"。对于鲜肉类重点检查病、死畜禽肉,尤其注意一类检疫对象的查出,检查肉的新鲜度,检查三腺摘除情况。

四、市场检疫监督发现问题的处理

① 对补检和重检合格的动物、动物产品准许交易。

② 对补检和重检后不合格的动物、动物产品进行隔离、封存,再根据具体情况,由货主在动物检疫员监督下进行消毒和无害化处理。

③ 在整个检疫过程中,发现经营禁止经营的动物、动物产品的,要立即采取措施,收回已售出的动物、动物产品,对未出售的动物、动物产品予以销毁,并据情节对畜、货主采取其他处理办法。

【本章小结】

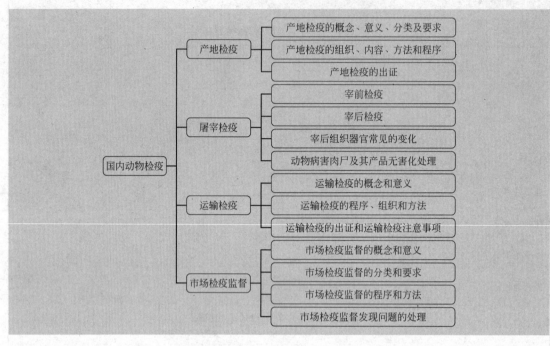

【思考题】

1. 国内动物检疫的目的和要求是什么？
2. 产地检疫的概念和意义是什么？
3. 产地检疫有什么要求？
4. 出具《动物产地检疫合格证明》的条件是什么？
5. 什么叫宰前检疫？其要求是什么？
6. 什么叫宰后检疫？有什么意义？
7. 说出宰后检疫的程序和方法。
8. 宰后组织器官常见有哪些变化？
9. 说出运输检疫的程序和方法。
10. 为什么把市场检疫监督的重点放在验证查物上？

【案例与分析】

一起非法宰杀病死猪的案例

[案例概述]

2013年9月6日下午17时，某县动物卫生监督所（以下简称"监督所"）接到某镇电话举报，该镇村民闫某正在该镇某村宰杀病死猪数头，并请立即查处。监督所接到报案后，立即派遣4名执法人员赶赴屠宰现场。

通过现场勘验，发现病死猪在耳、胸、腹、腋下等处皮肤红斑明显，并对两头猪进行了剖检诊断。剖检发现，死猪的皮肤和可视黏膜呈紫红色；脾脏明显增大，切面棕红色；全身淋巴结急性肿胀，有出血点；肝淤血不肿、棕红色；败血型猪丹毒剖检病理变化明显。

现场调查和询问：该点自养的 68 头生猪有 5 头生病不能送宰，也没有送到定点屠宰场宰杀，自作主张冷宰后出售。最后，执法人员让闫某对调查和询问结果进行了确认和签字。

［案例分析］

根据以上案例，请做出处理分析。

（1）处罚的程序。

（2）处罚的依据。

（3）产品处理。

【实训七】 产地检疫的调查及各种检疫证明的出具

一、实训内容

（1）产地疫情的调查。

（2）产地检疫的方法。

（3）产地检疫的出证。

（4）产地检疫的结果登记。

二、目标要求

（1）明确产地检疫的内容。

（2）学会产地检疫证明的填写。

（3）学会产地检疫结果的登记。

（4）能开展产地检疫调查工作。

三、实训材料

（1）产地检疫合格证明及有关证明、产地检疫记录本。

（2）体温计、听诊器、酒精棉球等。

（3）一个合适的规模化养殖场（以猪场、鸡场、奶牛场为主）或一个以分散经营方式为主的村（屯）。如果条件具备，可同时联系距离相近的两个检疫点，将学生分成两大组，交叉进行实习，效果更好。

（4）联系动物防疫监督机构。

（5）运送师生实训的往返车辆。

四、方法与步骤

（一）由教师或当地检疫人员介绍动物产地检疫的内容

（1）动物产地检疫项目 产地检疫项目包括当地疫情情况、免疫接种情况、临诊检疫情况，以及按规定必须进行的实验室检疫。

（2）动物产地检疫对象 产地检疫对象主要是区域内检疫对象，同时各地可根据具体情况进行酌情增减。

（3）动物产地检疫的方法 一般应先在掌握当地流行病学情况的基础上进行临诊检疫，然后再进行按规定必须进行的实验室检疫。

（二）由教师或当地检疫人员介绍产地检疫的流行病学调查内容

1. 当前疫病流行现状

（1）当前疫病的发病时间、地点、蔓延过程以及该疫病的流行范围和空间分布现状。

（2）疫病流行区域内各种畜禽的数量和其他发病动物的种类、数量、性别、年龄、感染率、发病率、病死率等。

2. 疫情来源

（1）本地调查　本地过去是否发生过该疫病或类似疫病。若发生过，是在何时、何地发生，是否进行确诊，如确诊又是何病。当时流行情况如何。当时采取过什么措施，效果如何。有无历史资料可查。

（2）邻地调查　若本地以往未发生过该种疫病，可调查是否曾从邻地引进过家畜家禽、畜禽产品以及饲料等。新引进畜禽的饲养地是否发生有类似疫病。

3. 传播途径

（1）当地各种畜禽的饲养管理方法、放牧情况、畜禽流动情况以及收购情况等。

（2）当地畜禽卫生防疫情况。

（3）当地助长或控制疫病传播因素的情况。

4. 一般情况

（1）自然情况　发病地区的地形、交通、河流、气候、昆虫、野生动物的情况。

（2）社会情况　当地人民群众生活、生产、活动情况，当地主要领导、有关干部、兽医以及有关人员对疫情的态度。

（三）检疫方法

动物检疫员或指导教师进行产地检疫示范，然后学生分组到养殖户或圈舍进行实际操作。

1. 介绍活畜产地检疫对象

根据国家规定、地方政府规定对检疫对象进行检疫（参见第三章）。在检疫时，应根据检疫实际，如检疫时的季节、产地地理条件、产地近期疫情、动物饲养管理方式，以及动物的种类、年龄、外在表现等情况，有针对性地重点检查某些疫病，而不是检查每种检疫对象。

2. 介绍活畜产地检疫的方式

到场入户现场检疫、现场出证。

3. 介绍活畜产地检疫的方法

活畜产地检疫的方法以临床检查为主，结合流行病学调查。必要时进行某些疫病的实验室检查。

4. 实施检疫的程序和内容

（1）动物检疫人员到场入户后向畜主或有关人员说明来意，出示证件。

（2）向畜主询问畜禽饲养管理情况，如该畜禽是自繁自养还是外购；饲料来源，是否应用添加剂，添加剂的种类；畜禽的饮食情况、饲料消耗情况；该畜禽在本户饲养时间的长短，生产性能如何；饲养过程中是否患过疾病、是否治疗过；饲养畜禽的变更情况，经济收入；邻户、本村及邻村畜禽饲养情况，近期及近年内疫病发生情况，是否影响到本户。最终确定被检动物是否处在非疫区。

询问的同时查看畜禽圈舍卫生及其周围环境卫生，提出防疫要求。

（3）向畜主索验免疫证明，并核实是否处在保护期内及证明的真伪。

（4）实施临床检查。根据现场条件分别进行群体和个体检查。群体静、动、食态检查结合群体测体温（注意检查学生测体温的方法是否正确）。个体视、触、叩、听结合测体温。

畜禽临床检查健康的标准，应是静、动、食态表现正常，体温、心率、呼吸指标在生理范围以内。各种动物的正常体温、脉搏、呼吸数见第四章。

（5）按规定收取检疫费。

（6）符合检疫要求时出具检疫证明。

五、填写产地检疫证明及有关证照

1. 动物检疫证明填写和使用的基本要求

（1）出具证照的机构和人员必须是依法享有出证职权者，各种证明必须按规定签字盖章后才有效。

（2）严格按适用范围出具检疫证明，检疫证明混用无效。

（3）证明所列项目要逐一填写，内容简明准确、字迹清楚。

（4）涂改检疫证明无效。

（5）填写方法　二联检疫书证用圆珠笔复写方式填写，单联检疫书证用蓝黑墨水钢笔或碳素笔填写。

（6）除检疫证明的签发日期可用阿拉伯数字外，数量、有效期等必须用大写汉字填写。

（7）因检疫证明填写不规范给畜主、货主造成损失的，应由出证单位负责，不得归咎于货主。

2. 产地证明及有关证明的格式和项目填写说明

产地证明及有关证明的格式和项目填写说明见表5-5～表5-8。

表5-5　动物产地检疫合格证明

畜主：　　　　　　　　　　　　　　　　　　　　　　　　　　　　　　　　　NO.

动物种类		产地		乡（镇）村	
单位			数量（大写）		
免疫证号			用途：		

本证自签发之日起_____日内有效

动物检疫员（签章）　　　　　　　　　　　　　　　　　　　　　　　单位（盖章）

注：1. 大、中型动物一头一证；
　　2. 此证仅限县境内使用。　　　　　　　　　　　　　　　　　　　年　　月　　日签发

注：1. 畜主，填写动物所有者的姓名或名称；2. 动物种类，填写被检动物的种类，如猪、牛、羊等；3. 产地，填写动物产地的乡镇和村的名称；4. 单位，填写头、匹、只等；5. 数量，对猪、牛、羊、马、骡、驴、犬等大、中型动物一头一证，对同一畜主、同一来源、同一批次、同一启运地、同一运载工具的禽、兔等，可出具一张检疫证明，如实填写数量；6. 免疫证号，填写《动物免疫证》登记的免疫编号；7. 用途，视情况填写，如种用、乳用、役用、饲养、屠宰、试验、参展、演出、比赛等。

表5-6 动物产品检疫合格证明

动物产品检疫合格证明存根　　　　　　　　　　　　动物产品检疫合格证明

货主：　　　　　　　　NO.　　　　　　　　　货主：　　　　　　　　　　　　NO.

产品名称		产地	
单位			
数量（大写）			

动物检疫员（签章）

单位（章）

　　　　　　　　年　月　日

产品名称		产地	
单位		数量（大写）	

本证自签发之日起＿＿＿＿＿日内有效

动物检疫员（签章）

单位（章）

注：1. 大、中型动物一头一证；
　　2. 此证仅限县境内使用。

　　　　　　　　年　月　日签发

注：1. 产品名称，填写动物产品的确切名称，如"猪皮"、"羊毛"等，不得只填写为"皮"、"毛"；2. 产地，填写动物产品生产地和生产单位名称；3. 单位，生皮填写张，胴体、肉类填写头、只、千克，种蛋填写枚，脂、脏器、血液、绒、骨、角、头、蹄填写千克；4. 数量，猪、牛、羊、马、骡、驴、犬等大、中型家畜的胴体，一头一证；对同一货主、同一来源、同一批次、同一启运地、同一运载工具、同一到达地的禽、兔等小动物产品，可出具一张检疫证明。

表5-7 动物免疫证

正面　　　　　　　　　　　　　　　　　反面

编号＿＿＿＿＿＿＿＿　　　动物种类：　　单位：　　数量：

畜主＿＿＿＿＿＿＿＿

地址＿＿＿＿＿＿＿＿

免疫项目	免疫日期	防疫员（签章）

发证单位（章）

发证日期　　年　月　日

注：1. 编号，以乡为单位编号；2. 畜主，填写动物所有者的姓名或单位名称；3. 地址，填写动物饲养地所在的乡（镇）、村、组的名称；4. 发证单位，加盖乡镇畜牧兽医站或动物防疫监督机构印章；5. 免疫项目，按实际实施免疫的病种名填写；6. 免疫日期，填写每次免疫的日期；7. 防疫员（签章）：由实施免疫的人员签名。

表5-8 畜禽及其畜禽产品检疫收费标准

动物种类	单位/次	动物检疫收费标准	动物产品检疫收费标准	最低收费金额/元	备注
大家畜	货值	0.5%	0.7%	3（每项）	指牛、马、驴、骆驼
中家畜	货值	0.5%	0.7%	2（每项）	指猪、羊等
犬	货值	0.5%	0.7%	3（每项）	
禽、兔、鸟类	羽	0.2～0.25元	0.2～0.3元		
雏禽	羽	0.05～0.1元			10日龄以内
蜜蜂	箱	0.80～1.0元			
大型野生动物	头（匹）	20.0元			指象、狮、虎等
中型野生动物	只	10.0元			狼等
小型野生动物	货值	0.1%		1（每项）	
其他动物	货值	0.4%		2（每项）	含各类观赏动物
实验小动物	只	0.4元			
零散脏器类	千克		0.05元		含头、蹄、血
种蛋	枚		0.15～0.2元		

3. 产地检疫结果登记

每次产地售前检疫结束，都应进行结果登记，填写登记表，表格式样见表5-9 和表5-10。

表5-9　××乡活畜禽产地检疫登记表

村名	项目																					备注
	活畜禽检疫数量							检出病畜禽数量							病畜禽处理方法							
	猪	鸡、鸭、鹅	牛羊	马属动物	兔	犬	骆驼	猪	鸡、鸭、鹅	牛羊	马属动物	兔	犬	骆驼	猪	鸡、鸭、鹅	牛羊	马属动物	兔	犬	骆驼	
××村																						
××村																						

表5-10　××乡活畜检出疫病登记表

村名	项目														备注
	猪		牛、羊		鸡(鸭、鹅)		马(骡、驴)		兔		犬		骆驼		
	病名	数量	病名	数量	病名	数量	病名	数量	病名	数量	病名	数量	病名	数量	
××村															
××村															

六、实训报告

（1）简述产地检疫调查的项目、对象、方法和流行病学调查的内容。

（2）填写出规范的《动物产地检疫合格证明》和《动物产品检疫合格证明》，产地自拟。

【实训八】　猪宰后检疫

一、实训内容

（1）猪宰后检疫的顺序、要点。

（2）猪头部、体表、肉尸、内脏及旋毛虫检验的操作方法。

二、目标要求

（1）掌握猪宰后检疫的要点和鉴别检疫要点，发现和检出对人有害及可致病的肉和肉品。

（2）初步掌握猪宰后检疫的基本方法。

三、实训材料

（1）选择一个正规的屠宰场或肉类联合加工厂。

（2）检验刀具每人一套；防水围裙、袖套及长筒靴每人一套；白色工作衣帽、口罩等。

四、方法与步骤

（一）猪宰后检疫的程序

宰后检疫的程序包括统一编号（胴体、内脏和其他副产品）、头部检疫、皮肤检疫、内脏检疫、胴体检疫、旋毛虫检疫、肉孢子虫检疫和复验盖印。

（二）宰后检疫的操作要点

1. 编号

在宰后检疫之前，要先将分割开的胴体、内脏、头蹄和皮张编上同一号码，以便在发现问题时进行查对。编号的方法可用红色或蓝色铅笔在皮上写号，或贴上有号的纸放在该胴体的前面，以便对照检查。有条件的屠宰场（厂）可设定两个架空轨道，进行胴体和内脏的同步检疫。

2. 头部检疫

（1）剖检颌下淋巴结 颌下淋巴结是浅层淋巴结，位于下颌间隙的后部，颌下腺的前端，表面被腮腺覆盖。呈卵圆形或扁椭圆形。

剖检方法：助手以右手握住猪的右前蹄，左手持长柄铁钩，钩住切口左壁的中间部分，向左牵拉使切口扩张。检验者左手持钩，钩住切口左壁的中间部分，向左牵拉切口使其扩张，右手持刀将切口向深部纵切一刀，深达喉头软骨。再以喉头为中心，朝向下颌骨的内侧，左右各作一弧形切口，便可在下颌骨的内沿、颌下腺的下方，找出左右颌下淋巴结并进行剖检（图 5-5）。观察是否肿大，切面是否呈砖红色，有无坏死灶（紫、黑、灰）。检视周围有无水肿、胶样浸润。

（2）必要时检疫扁桃体及颈部淋巴结，观察其局部是否呈出血性炎、溃疡、坏死，切面有无楔形的、由灰红色到砖红色的小病灶，其中是否有针尖大小的坏死点。

（3）头、蹄检疫有无口蹄疫、水疱病等传染病。

（4）剖检咬肌 如果头部连在肉尸上，可用检验钩钩着颈部断面上咽喉部，提起猪头，在两侧咬肌处与下颌骨平行方向切开咬肌，检查猪囊虫。如果头已从肉尸割下，则可放在检验台上剖检两侧咬肌（图 5-6）。

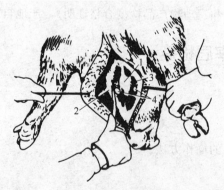

图 5-5 猪头部检疫
1—咽喉隆起；2—下颌骨；3—颌下腺；4—下颌淋巴结

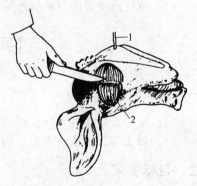

图 5-6 猪咬肌检疫
1—提起猪头的铁钩；2—被切开的咬肌

3. 皮肤检疫

（1）带皮猪在烫毛后编号时进行检疫，剥皮猪则在头部检疫后洗猪体时初检，然后待皮张剥除后复检，可结合脂肪表面的病变进行鉴别诊断。

（2）检查皮肤色泽，有无出血、充血、疹块等病变。如呈弥漫性充血状（败血型猪丹毒），皮肤点状出血（猪瘟），四肢、耳、腹部呈云斑状出血（猪巴氏杆菌病），皮肤黄染（黄疸），皮肤呈疹块状（疹块型猪丹毒），痘疹（猪痘），坏死性皮炎（花疮），皮脂腺毛囊炎（点状疮）等。

（3）检疫员通过对以上皮肤的这些不同病变进行鉴别诊断，作为疑似病猪应及时剔出，保留猪体及内脏，便于下道检疫程序再作最后整体判断同步处理。

4. 内脏检疫

（1）胃、肠、脾的检查（白下水检查）　有非离体检查和离体检查两种方式。

① 非离体检查。国内各屠宰场多数在开膛之后，胃、肠、脾未摘离肉尸之前进行检查。检查的顺序是脾脏→肠系膜淋巴结→胃肠。

肠系膜淋巴结包括前肠系膜淋巴结（位于前肠系膜动脉根部附近）和后肠系膜淋巴结（位于结肠终袢系膜中），数量众多，称之为肠系膜淋巴群。在猪的宰后检疫中，常剖检的是前肠系膜淋巴结。

开膛后先检查脾脏（在胃的左侧，窄而长，紫红色，质较软），视检其大小、形态、颜色或触检其质地。必要时可切开脾脏，观察断面。然后提起空肠观察肠系膜淋巴结，并沿淋巴结纵轴（与小肠平行）纵行剖开淋巴结群，视检其内部变化（图 5-7）。这对发现肠炭疽具有重要意义。最后视检整个胃肠浆膜有无出血、梗死、溃疡、坏死、结节、寄生虫等。

② 离体检查。如果将胃、肠、脾摘离肉尸后进行检查，要编记与肉尸相同的号码，并按要求放置在检验台上检查。首先视检脾、胃肠浆膜面（视检的内容同上），必要时切开脾脏。然后检查肠系膜淋巴结。把胃放置在检查者的左前方，把大肠圆盘放在检查者面前，再用手将此两者间肠管较细、弯曲较多的空肠部分提起，并使肠系膜在大肠圆盘上铺开，便可见一长串索状隆起即肠系膜淋巴结群。用刀切开肠系膜淋巴结进行检查（图 5-8）。

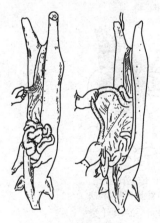

图 5-7　猪的脾脏和肠系
膜淋巴结检疫

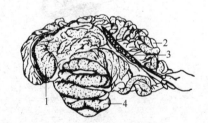

图 5-8　胃肠放置法
1—胃；2—小肠；3—肠系膜
淋巴结；4—大肠圆盘

猪的寄生虫有许多寄生在胃肠道，如猪蛔虫、猪棘头虫、结节虫、鞭虫等。当猪蛔虫大量寄生时，从肠管外即可发现；猪结节虫在肠壁上形成结节。对寄生虫的检疫除观察病变外，还要结合胃肠整理，以有利于产地寄生虫普查和防治。

（2）肺、心、肝的检查（红下水检查）　肺、心、肝的检查亦有非离体检查与离体检查两种方式。

① 非离体检查。当屠宰加工摘除胃、肠、脾后，割开胸腔，把肺、心、肝一起拉出胸腔、腹腔，使其自然悬垂于肉体下面，按肺→心→肝的顺序依次检查。

② 离体检查。离体检查的方式又有悬挂式和平案式两种。两种方式都应将被检脏器编记与肉尸相同的号码。悬挂式是将脏器悬挂在检验架上受检，这种方式基本同非离体检查；平案式是把脏器放置在检验台上受检，使脏器的纵隔面（两肺的内侧）向上，左肺叶在检验者的左侧，脏器的后端（膈叶端）与检验者接近。

不论是采取非离体还是离体，以及悬挂式还是平案式检查，都应按先视检、后触检、再剖检的顺序全面检查肺、心、肝，并且注意观察咽喉黏膜与心、耳、胆囊等器官的状况，综合判断。

a. 肺脏的检验。主要观察肺外表的色泽、大小、有无充血、气肿、水肿、出血、化脓、坏死、肺丝虫、肺吸虫或霉形体肺炎等病变，并触检其弹性，但必须与因电麻时间过长或电压过高所造成的散在性出血点相区别。此外，还必须注意屠宰放血时误伤气管而引起肺吸入血液和为泡烫污水灌注（后者剖切后流出淡灰色污水带有温热感），必要时剖检支气管淋巴结（图5-9）和肺实质，观察有无局灶性炭疽、肿瘤以及小叶性或纤维素性肺炎等。

(a) 肺左支气管淋巴结剖检法
1—食管；2—主动脉；3—左支气管淋巴结

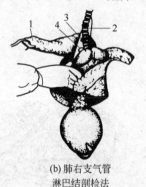

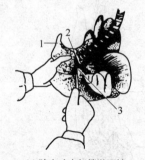

(b) 肺右支气管
淋巴结剖检法

1—肺尖叶；2—食管；
3—气管；4—右支气管淋巴结

(c) 肺尖叶支气管淋巴结
和右支气管淋巴结剖检法

1—右肺尖叶；2—尖叶气
管淋巴结；3—右支气管淋巴结

图5-9　肺支气管淋巴结剖检法

（a）结核病可见淋巴结和肺实质中有小结节、化脓、干酪化等特征。

（b）肺丝虫病以突出表面白色小叶性气肿灶为特征。

（c）猪肺疫以纤维素性坏死性肺炎（肝变状）为特征。

（d）猪丹毒以卡他性肺炎和充血、水肿为特征。

（e）猪气喘病以对称性肺炎的炎性水肿肉变为特征。

（f）此外，猪肺常见到肺吸虫、肾虫、囊虫、细颈囊尾蚴、棘球蚴等。

b. 心脏的检验。在检验肺的同时，查看心脏外表色泽、大小、硬度，有无炎症、变性、出血、囊虫、丹毒、心浆膜丝虫等病变。并触摸心肌有无异常，必要时剖切左心，检视二尖瓣有无花菜样疣状物。猪心脏切开法见图5-10。

c. 肝脏的检验。首先观察形状、大小、色泽有无异常，触检其弹性；其次剖检肝门淋巴结（图5-11）及左外叶肝胆管和肝实质，有无变性（在猪多见脂肪变性及颗粒变性）、淤血、出血、纤维素性炎、硬变或肿瘤等病变，以及有无肝片吸虫、华支睾吸虫等寄生虫，有无副伤寒性结节（呈粟状黄色结节）和淋巴结细胞肉瘤（呈白色或灰白色油亮结节）。

猪心、肝、肺平案检验法见图5-12。

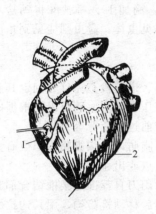
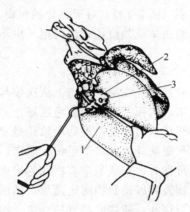
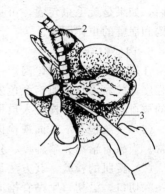

图5-10　猪心脏切开法　　　图5-11　肝门淋巴结剖检法　　图5-12　猪心、肝、肺平案检验法
1—左纵沟；2—纵剖　　　　1—肝的膈面；2—肝门淋巴结周围的　　1—右肺尖叶；2—气管；
心脏切开线　　　　　　　　结缔组织；3—被切开的肝门淋巴结　　　3—右肺膈叶

5. 旋毛虫检验

在宰后检验中，猪旋毛虫的检验非常必要。特别是在本病流行的地区及有吃生肉习惯的地方更为必要。其方法有以下几种。

（1）肉眼观察　这是提高旋毛虫检出率的关键，因为在可检面上挑取可疑点进行镜检，要比盲目剪取24个肉粒压片镜检的检出率高。

（2）采样　旋毛虫的检验以横膈膜肌角的检出率最高，尤其是横膈膜肌角近肝脏部较高，其次是膈膜肌的近肋部。

从肉尸左右膈肌角采取重量不少于30g的肉样两块，编上与肉尸相同的号码，送实验室检查。

（3）视检　检查时的光线，以自然光线较好，检出率高。按号取下肉样，先撕去肌膜，在良好的光线下，将肌肉拉平，仔细观察肌肉纤维的表面，或将肉样拉紧斜看，或将肉样左右摆动，使成斜方向才易发现。有两种情况：一种是在肌纤维的表面，看到一种稍凸出的卵圆形的针头大小发亮的小点，其颜色和肌纤维的颜色相似而稍呈结缔组织薄膜所具有的灰白色，折光良好；另一种，肉眼可见肌纤维上有一种灰白色或浅白色的小白点应可疑。另外，刚形成包囊的呈露点状，稍凸于肌肉表面，应将病灶剪下压片镜检。

（4）显微镜检查法（压片法）

① 压片标本制作。用弓形剪刀，顺肌纤维从肉块的可疑部位或其他不同部位随机剪取麦粒大小的24个肉粒（两块肉共剪24块），使肉粒均匀地排列在夹压器的玻板上，每排12粒。盖上另一块玻板，拧紧螺旋或用手掌适度地压迫玻板，使肉粒压成薄片（能透过肉片看清书报上的小字）。

无旋毛虫夹压器时可用普通载玻片代替。每份肉样则需要4块载玻片，才能检查24个肉粒。使用普通载玻片时需用手压紧两载玻片，两端用透明胶带缠固，方能使肉粒压薄。

② 镜检。将压片置于50～70倍的显微镜下观察，检查由第一肉粒压片开始，不能遗漏每

一个视野。镜检时应注意光线的强弱及检查的速度，如光线过强、速度过快，均易发生漏检。

旋毛虫的幼虫寄生于肌纤维间，典型的形态为：包囊呈梭形、椭圆形或圆形，囊内有螺旋形蜷曲的虫体。有时会见到肌肉间未形成包囊的杆状幼虫、部分钙化或完全钙化的包囊（显微镜下见一些黑点）、部分机化或完全机化的包囊。

显微镜下应注意旋毛虫与猪住肉孢子虫的区别。猪住肉孢子虫寄生在膈肌等肌肉中，一般情况下比旋毛虫感染率高，往往在检查旋毛虫时发现住肉孢子虫，有时同一肉样内既有旋毛虫，也有住肉孢子虫，注意鉴别（图 5-13）。对于钙化的包囊，滴加 10％稀盐酸将钙盐溶解后，如果是旋毛虫包囊，可见到虫体或其痕迹；住肉孢子虫不见虫体；囊虫则能见到角质小钩和崩解的虫体团块。

6. 肉尸检查

在屠宰加工过程中，肉尸一般是倒挂在架空轨道上依次编号、进行检查。首先判定其放血程度。放血不良的肌肉颜色发暗，切面上可见暗红色区域，挤压有少量血滴流出。根据肉尸的放血不良程度，检疫人员可怀疑该肉尸是由疫病所致还是宰前过于疲劳等引起。

（1）一般检查　全面视检肉尸皮肤外表、皮下组织、肌肉、脂肪以及胸腹膜等部位有无异常。当患有猪瘟、猪肺疫、猪丹毒时，皮肤上常有特殊的出血点或出血斑。

（2）腰肌的检验　其方法是检验者以检验钩固定肉尸，然后用刀自荐椎与腰椎结合部起做一深切口，沿切口紧贴脊椎向下切开，使腰肌与脊柱分离。然后移动检验钩，用其钩拉腰肌使腰肌展开，顺肌纤维方向做 3～5 条平行切口，视检切面有无猪囊虫（图 5-14）。

（3）肾脏的检验　一般附在胴体上检疫。先剥离肾包膜，用检疫钩钩住肾盂部，再用刀沿肾脏中间纵向轻轻一划，然后刀外倾以刀背将肾包膜挑开，用钩一拉肾脏即可外露。观察肾的形状、大小、弹性、色泽及病变。必要时再沿肾脏边缘纵向切开，对皮质、髓质、肾盂进行观察。摘除肾上腺。肾脏检疫见图 5-14。

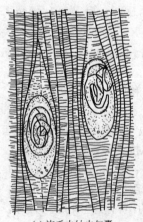  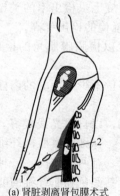 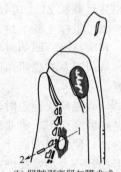

(a) 旋毛虫幼虫包囊　　(b) 住肉孢子虫包囊

图 5-13　旋毛虫与住肉孢子虫区别

(a) 肾脏剥离肾包膜术式
1—肉钩牵引及转动的方式；
2—刀尖挑拨肾包膜切口的方向

(b) 肾脏剥离肾包膜术式
1—刀尖挑拨肾包膜切口的方向；
2—钩子着钩部位和剥离时牵引方向

图 5-14　腰肌和肾脏的检疫
(a)、(b) 分别是左、右两个肾的术式

（4）剖检肉尸淋巴结　在正常的检疫中，必检的淋巴结有腹股沟浅淋巴结、腹股沟深淋巴结，必要时再剖检股前淋巴结、肩前淋巴结、腘淋巴结。剖检时以纵向切开为宜。

① 腹股沟浅淋巴结（乳房淋巴结）。位于最后一个乳头平位或稍后上方（肉尸倒挂）的皮下脂肪内，大小为（3～8）cm×（1～2）cm。剖检时，检验者用钩钩住最后乳头稍上方的皮下组织向外侧牵拉，右手持刀从脂肪组织层正中切开，即可发现被切开的腹股沟浅淋巴结

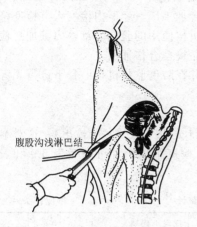

腹股沟浅淋巴结

图 5-15　猪腹股沟浅淋巴结检疫

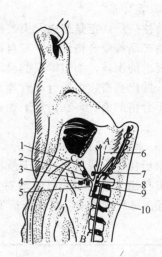

图 5-16　猪腹股沟深淋巴结检疫

1—髂外动脉；2—腹股沟深淋巴结；3—旋髂
深动脉；4—髂外淋巴结；5—检查腹股沟
淋巴结的切口线；6—沿腰椎假设 AB 线；
7—腹下淋巴结；8—髂内动脉；
9—髂内淋巴结；10—腹主动脉

（图 5-15）。检查其变化。

②腹股沟深淋巴结。这组淋巴结往往缺无或并入髂内淋巴结。一般分布在髂外动脉分出旋髂深动脉后，进入股管前的一段血管旁，有时靠近旋髂深动脉起始处，甚至与髂内淋巴结连在一起。剖检时，首先沿腰椎虚设一垂线 AB（图 5-16），再自倒数第 1、2 腰椎结合处斜向上方虚引一直线 CD，使 CD 线与 AB 线呈 35°~45°相交。然后沿 CD 线切开脂肪层，见到髂外动脉，沿此动脉可找到腹股沟深淋巴结。继而进行剖检，观察变化。

③股前淋巴结（图 5-17）。

④肩前淋巴结（颈浅背侧淋巴结）。位于肩关节的前上方，肩胛突肌和斜方肌的下面，长 3~4cm。采用切开皮肤的剖检方法。该淋巴结位于肩关节前上方，检查时在被检肉尸的颈基部虚设一水平线 AB，于该水平线中点始向背脊方向移动 2~4cm 处作为刺入点。以尖刀垂直刺入颈部组织，并向下垂直切开 2~3cm 长的肌肉组织，即可找到该淋巴结（图 5-18）。剖检该淋巴结，观察变化。

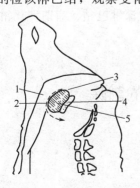

图 5-17　猪股前淋巴结检疫

1—腰；2—切口线；3—剖检下刀处；
4—耻骨断面；5—半圆形红色肌肉处

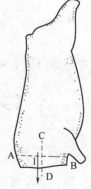

图 5-18　猪肩前淋巴结剖检术式图

1—肩前淋巴结；AB—颈基底宽度；CD—AB 线的等分线

（三）盖印章

动物检疫员认定是健康无染疫的肉尸，应在胴体上加盖验讫印章，内脏加封检疫标志，出具动物产品检疫合格证明。有自检权的屠宰场、肉类联合加工厂，经厂内检疫人员检疫符合防设要求的胴体，加盖本厂的验讫印章和动物防疫监督机构使用的验讫印章，内脏加封检疫标志，并出具畜牧兽医行政管理部门统一规定的动物产品检疫合格证明。

对不合格的肉尸，在肉尸上加盖无害化处理验讫印章并在防疫监督机构监督下进行无害化处理。

（四）宰后检疫结果的登记

猪宰后检疫完成后，对每天所检出的疫病种类进行统计分析（包括宰前检出），这对本地猪病流行病学研究和采取防治对策有十分重要的意义。检疫结果统计可参考表5-9和表5-10进行，每月或每季度总评分析见表5-11。

表 5-11　生猪屠宰检疫检出病类统计　　　　　　单位：头

时间	产地	屠宰总数	猪瘟	猪丹毒	猪肺疫	结核病	炭疽	囊虫病	旋毛虫病	弓形虫病	住肉孢子体病	钩端螺旋体病	黄疸	白肌肉	……	死因不明

（五）宰后检疫注意事项

（1）在使用检疫工具时注意安全，不要伤到检验者及周围人员。

（2）为了保证肉品的卫生质量和商品价值，剖检时只能在规定的部位切开，且要深浅适度，切勿乱划和拉锯划切割。肌肉应顺肌纤维切开，以免形成巨大的裂口，导致细菌的侵入或蝇蛆的滋生。

（3）内脏器官暴露后，一般都应先视检外形，不要急于剖检。按要求需要进行剖检的器官，剖检要到位。

（4）检疫人员要穿戴干净的工作服、帽、围裙、胶靴，离开工作岗位时必须脱换工作服，并注意个人消毒。

（5）检疫人员在检疫过程中注意力要集中，并严禁吸烟和随地吐痰。

五、实训报告

（1）说出猪颌下淋巴结、腹股沟浅淋巴结、腹股沟深淋巴结、肩前背侧淋巴结的剖检术式。

（2）猪宰后如何进行旋毛虫的检验？

【实训九】　有害腺体的割除

一、实训内容

甲状腺、肾上腺、病变淋巴器官的割除。

二、目的要求

掌握甲状腺、肾上腺、病变淋巴器官的解剖部位、形态结构及作用。

三、实训材料

病猪、病牛、病羊各一头（只），放血刀、检疫刀、检疫钩、锉棒各 3 套。

四、方法与步骤

（一）甲状腺

1. 解剖部位与形态结构

甲状腺是动物体内的一种内分泌腺体，俗称"栗子肉"。

猪的甲状腺位于气管前端近喉头处，附着于气管表面，质地坚实，呈暗红、褐、棕红色。它是两叶连在一起，质量为 8～10g。

牛的甲状腺位于食管和甲状软骨的两侧，长 6～7cm，两叶均重 17～20g。

羊的甲状腺位于喉头软骨的两侧，呈枣核状，长度不跨越气管软骨第一至第四软骨环，质量为 2.7～3.2g。

人若误食甲状腺可引起急性食物中毒。

2. 中毒症状

轻者头昏，头痛，食欲不振，四肢肌肉、关节萎缩；重者脱发，兴奋，狂躁，恶心，呕吐，腹痛及心悸多汗等。以头昏、头痛、脱发最为常见；较严重者可出现大片头发脱落，精神失常；最严重者可致死亡。一般中毒病程长，可在 2～3 周后恢复。

3. 甲状腺的割除

甲状腺素比较稳定，600℃以上才能破坏。为确保肉食安全，在病猪、牛、羊宰杀放血后或在胸腹腔开剖后割头前，将甲状腺连同喉头一并摘除，装入指定容器，妥善保管，集中处理。

（二）肾上腺

1. 解剖部位与形态结构

肾上腺是动物体内重要的内分泌腺体，俗称"小腰子"。一对肾上腺分别位于左右肾的内前方，外层为浅色皮质，内层为髓质。猪的肾上腺呈暗红色，长而近圆柱状，断面呈钝端状，4～5g。牛的右肾上腺呈心形、左肾上腺呈肾形，质量约为 26g。羊的肾上腺质量为 2.5～3g。若破坏肾上腺皮质可致动物死亡，髓质分泌的肾上腺素可使心跳加快、血管收缩、瞳孔放大、支气管扩张、胃肠松弛、肝糖原增多等。

2. 中毒症状

主要表现为头晕、恶心、心绞痛、腹痛、腹泻等。严重者可见舌麻、四肢无力、怕冷、颜面苍白、瞳孔放大、血压增高。有的人食用后 15～30min 即出现症状。

3. 肾上腺的割除

在摘除肾脏的同时，分离割除肾上腺，装入指定容器。

（三）病变淋巴器官

病变淋巴器官包括病变的胸腺、扁桃体和淋巴结。淋巴结分布于动物胴体及内脏上，呈圆形、长椭圆形、色泽灰白、淡黄或淡红色，质地坚实。其主要功能是吞噬侵入淋巴循环系统的微生物及清除异物。所以，当各种致病菌、有害物质、病毒侵入机体，淋巴结就会呈现出各种病理变化，如充血、出血、水肿、化脓、坏死等。哺乳动物的胸腺在颈部和胸腔入口处，是淋巴细胞早期活动的场所，扁桃体具有淋巴结类似的作用。由于病变淋巴器官往往含有病原体，而且本身又有部分病变组织，如人食用后会影响健康。结合剖检过程，寻找割除病变淋巴结，装入指定容器，与甲状腺、肾上腺一起作销毁处理。

五、实训报告

写出割除腺体的过程和体会。

第六章 出入境检疫

【学习目标】
1. 掌握进境检疫、出境检疫、过境检疫的概念及要求。
2. 了解有关动物检疫的国际贸易争端及加入 WTO 对中国动物检疫的影响。

第一节 进 境 检 疫

一、进境检疫的概念

进境检疫是指对动物、动物产品和其他检疫物在进入国境过程中进行的动物检疫。

二、进境检疫的意义

进境检疫对防止国外动物疫病传入我国有着极其重要的意义。只有经检疫未发现国家规定应检疫的疫病，方准进入我国国境。

三、进境检疫的要求

（一）审批报检

输入动物、动物产品和其他检疫物时，必须先由货主或其代理人向国家检验检疫机关提出申请，办理检疫审批手续。国家检验检疫机构根据对申请材料的审核及输出国家的动物疫情、我国的有关检疫规定等情况，发给相关的《检疫许可证》。当动物、动物产品和其他检疫物进境前或进境时，货主或其代理人应持输出国家或地区的检疫证书、贸易合同、《检疫许可证》等单证，向进境口岸出入境检验检疫机关报检，并如实填写报检单。输入大中饲养动物、种畜禽及其精液、胚胎的，应当在进境前 30 天报检；输入其他动物时，应当在进境前 15 天报检；输入动物产品的，应当在进境前 3～7 天报检。

（二）现场检疫

输入的动物、动物产品和其他检疫物抵达入境口岸时，动物检疫人员必须登机（或登轮、登车）进行现场检疫。检疫人员登上运输工具后，在接卸货物前先检查运输记录、审核动物检疫证书、核对货证是否相符。

1. 动物检疫

动物检疫是检查有无疫病的临床症状。发现疑似感染疫病或者已死亡的动物时，应做好现场检疫记录，隔离有疫病临诊症状的动物，对死亡动物、铺垫材料、剩余饲料和排泄物等做无害化处理。疑似一类疫病时，应立即封锁现场并采取紧急预防、控制措施，通知货主或其代理人停止卸运，并以最快的速度上报疫情。

2. 动物产品检疫

动物产品检疫是检查有无腐败变质现象，容器、包装是否完好。符合要求的，允许卸离运输工具。发现散包、容器破裂的，由货主或其代理人负责整理完好，方可卸离运输工具。需要实施实验室检疫的，按照规定采取样品。

3. 其他检疫物检疫

其他检疫物检疫是检查包装是否完好及是否被病虫害污染。发现破损或者被病虫害污染时，做无害化处理。

4. 隔离检疫

输入马、牛、羊、猪等种用或饲养动物，必须在国家质量监督检验检疫总局设立在北京、天津、上海、广州的进境动物隔离场进行隔离检疫；输入其他动物，必须在国家质检总局批准的进境动物隔离场进行隔离检疫。隔离检疫期间，口岸动物检疫人员对进境动物进行详细的临床检查，并做好记录；对进境动物、动物遗传物质按有关规定采样，并根据我国与输出国签订的双边检疫议定书或我国的相关规定进行实验室检验。大中动物的隔离期为 45 天，小动物的隔离期为 30 天，需延期隔离检疫的必须由国家质检总局批准。

所有装载动物的工具、铺垫材料、废弃物均必须消毒或做无害化处理后进出隔离场。

5. 检疫后处理

进境动物经现场检疫、隔离检疫和实验室检疫合格的，由口岸出入境检验检疫机构出具《检疫放行通知单》、准予入境。对判定不合格者，由口岸出入境检验检疫机构签发《检疫处理通知单》，通知货主或其代理人在口岸出入境检验检疫机构的监督下，做无害化处理；需要对外索赔的，由口岸出入境检验检疫机构出具检疫证书。

进境动物产品现场检疫符合要求的，允许其卸离运载工具运往口岸检验检疫机构注册的生产、加工、储存企业封存；现场检疫时发现进境动物产品货证不符的，则根据具体情况按无检疫审批单和无检疫证书处理；现场检疫时发现有腐败变质的动物产品，或包装严重破损的产品，口岸检验检疫机构根据情况做退回或销毁处理。

6. 注意事项

通过贸易、科技合作、交换、赠送等方式输入动物、动物产品和其他检疫物的，应当在合同或协议中明确我国法定的检疫要求，严防检疫对象传入我国。

严防动物病原、害虫及其他有害生物，以及有疫情国家的动物、相关产品、尸体等进境。因科研等特殊需要时，必须提出申请，经国家出入境检验检疫机构批准方可输入。

进境检疫发现检疫对象时，应保留样品、病理标本等有关材料，出具检疫证明，作为对外索赔的依据和证件。

第二节　出境检疫

一、出境检疫的概念

出境动物检疫是指对输出到其他国家和地区的种用、肉用或演艺用等饲养或野生的活动物出境前实施的检疫。出境动物产品检疫是指对输出到其他国家和地区的、来源于动物未经加工或虽经加工但仍然有可能传播疫病的动物产品以及从国外来料或进料加工后再出口的动物产品实施的检疫。出境检疫还包括出境动物疫苗、血清、诊断液等其他检疫物的检疫。

二、出境检疫的意义

出境检疫对维护我国的国际信誉、促进对外经济贸易有着重要的意义。动物、动物产品和其他检疫物经检疫合格或除害处理合格者，才准予出境。

三、出境检疫的要求

1. 报检

货主或者其代理人在动物、动物产品或其他检疫物出境前，必须按规定向口岸出入境检验检疫机构报检。

出境动物报检：货主或其代理人应在动物出境前 60 天向出境口岸检验检疫机构报检，并提交与该动物有关的资料。实行检疫监管的输出动物生产企业必须出示动物检疫许可证；输出国家规定保护动物时应有濒危物种进出口管理办公室出具的许可证；输出非供屠宰用的畜禽应有农牧部门品种审批单；输出实验动物应有中国生物工程开发中心的审批单；输出观赏鱼类必须有养殖场供货证明、养殖场或中转包装场注册登记证和委托书。出境动物先经产地隔离检疫合格，货主持产地检疫证明、贸易合同或者协议，向离境口岸出入境检验检疫机构办理报检手续，审查合格方准进入口岸隔离检疫。若输入国无具体检疫要求，不需在离境口岸进行隔离检疫的，应在实施检疫前 15 天报检。

出境动物产品报检：货主或其代理人应在出境前 10 天报检；需做熏蒸消毒处理的，应在出境前 15 天报检。

报检时，货主或其代理人必须填写"中华人民共和国出入境检验检疫　××货物报检单"。随同提交的单据文件有：贸易合同和有关协议书、信用证、装箱单、生产企业检验检疫报告或当地动检部门出具的检疫证明、报关单、特殊单证等。

2. 检疫

口岸检验检疫机构接受报检后，根据需要可对动物或动物产品进行产地检疫、隔离检疫和实验室检疫，在此基础上进行现场检疫。

产地检疫主要是针对输出动物产地、动物产品的原产地进行检疫，确认出境动物的健康状况、出境动物产品的生产和加工等兽医卫生条件是否满足输入国的要求。

隔离检疫是应输入方的要求，出境动物在隔离场进行隔离检疫，包括隔离场的确定和监管、隔离动物的采样、临诊检查、专项检查、免疫接种和实验室检验，以保证出境的动物及动物产品符合检验检疫标准和输入国的要求。

在产地检疫、隔离检疫、实验室检疫均合格的情况下，检验检疫人员将进行出境前的现场检疫，包括现场清理、运输工具及运输场地的消毒、各种单证的查验。对出境动物装运前必须再进行临诊检查。

3. 出证

经隔离检疫、现场检疫等合格的并符合输入国兽医当局及我国国家质检总局的有关规定和要求时，由口岸检验检疫机构出具动物健康证书、兽医卫生证书。证书中不能有涂改之处和空项，必要时可随附检验结果报告单。

4. 离境

出境动物、动物产品抵达离境口岸前，货主或其代理人应当向离境口岸检验检疫机构申报，并提交有关单证。原运输工具装运出境的，离境口岸检验检疫机构验证放行；改变运输工具的，换证放行。不具备有效检疫证书、证明或者货证不符的，由口岸检验检疫机构视情况实施检疫处理。

经检疫合格的出境动物、动物产品应当在口岸检验检疫机构或其授权人员的监督下装运，并在口岸检验检疫机构规定的期限内装运出境。货主或其代理人凭口岸检验检疫机构签发的出口证书或者在报关单上加盖的印章报海关验放。动物、动物产品经检疫不合格不准出境。

5. 注意事项

(1) 禁止出境受保护动物资源　良种动物、濒危动物、珍稀动物等受保护资源禁止出境。

（2）保留出境动物血样 出境动物检疫的血样，必须保留 3 个月，以备查验。

（3）注意必要的重检 经检疫合格的动物、动物产品或其他检疫物，有下列情形之一的，货主或其代理人应当重新报检：①更改输入国家或者地区，更改后的输入国家或地区又有不同检疫要求的；②改换包装或后来拼装的；③超过检疫规定有效期的。

第三节 过境检疫

一、过境检疫的概念

过境检疫是指对载有动物、动物产品和其他检疫物的运输工具要通过我国国境时进行的动物检疫。

二、过境检疫的意义

过境检疫对防止动物疫病传入我国和传出国境都有重要意义。过境的动物经检疫合格的，准予过境。

三、过境检疫的要求

1. 审批报检

申请动物过境的货主或其代理人应填写《中华人民共和国进境动植物检疫许可证申请表》，提出拟进境口岸、隔离场所、出境口岸、运输工具、运输路线等。国家出入境检验检疫机构对申请表进行审核，符合我国相关要求并同意过境的，由国家出入境检验检疫局签发《中华人民共和国进境动植物检疫许可证》（动物产品和其他检疫物的过境无需办理许可证），并在许可证中提出必要的检疫和卫生要求。

过境动物的押运人或承运人持动物过境许可证及有关单证向进境口岸出入境检验检疫机构报检。

2. 检疫

需过境的动物、动物产品或其他检疫物抵达进境口岸时，由相关检疫人员对动物进行临诊检查，并监督将动物运往指定隔离场所隔离，根据许可证要求进行有关实验室检验。经检疫合格的，准予过境。需过境的动物产品或其他检疫物，检疫人员应检查其外包装是否完好，加强消毒工作，并监管其过境。对于运输工具、容器外包装、动物饲料和铺垫材料也必须进行消毒和检疫处理。

3. 注意事项

① 过境期间不得随意乱抛废弃物品。

② 过境期间不得擅自拆开过境物包装或将过境物卸离运载工具。

③ 包装物、装载容器必须完好，否则应采取密封措施。无法采取密封措施的，不准过境。

④ 只需在进境口岸检疫，出境口岸不再检疫。

第四节 国际贸易与动物检疫

一、有关动物检疫的国际贸易争端

贸易自由化促进了国际贸易的发展，与此同时，贸易争端不可避免。在 WTO，一些与动物检疫相关的贸易争端呈现不断上升的趋势。下面就与动物检疫相关的典型贸易争端案简单加以分析。

1. 与牛海绵状脑病（BSE）有关的争端

自从 1986 年在英国首次诊断出疯牛病病例以来，包括瑞士在内的多个国家发现有 BSE。瑞士针对 BSE 采取了严格的检疫及扑灭措施，但阿根廷、澳大利亚、奥地利、比利时、斯洛伐克、智利等国依然对瑞士的活牛、遗传材料、肉类以及乳制品采取限制措施。在 1996 年到 1999 年长达四年的时间里，瑞士与上述国家在 SPS（《关于实施动植物卫生检疫措施的协议》）委员会上进行磋商。最终，斯洛伐克解除了运输禁令，并与瑞士就瑞士牛奶和乳制品达成了相互满意的解决方案；智利的进口措施被修改；一些其他的措施被取消。

欧盟针对 BSE 除对活牛、牛肉、乳制品等采取限制措施外，还禁止将含有某些牛、绵羊和公山羊组织的化妆品投放市场、禁止使用某些特定风险材料、禁止从巴西进口明胶。在 1997 年的 SPS 委员会上，澳大利亚、美国、巴西和智利四国与欧盟针对化妆品事件进行了磋商；包括美国在内的 12 国针对"特定风险材料"与欧盟进行了磋商；包括巴西在内的 7 个国家针对明胶事件与欧盟进行了磋商。

美国是牛肉生产和出口大国，日本一直是美国牛肉最大的出口市场。然而，近几年来，日美之间却围绕牛肉贸易发生了一场难解难分的贸易争端。2001 年 9 月，日本发现首例疯牛病病例后，美国立即宣布了对日本牛肉进口的禁令。2003 年 5 月 20 日，加拿大确诊有一头牛发生疯牛病，世界各国就纷纷对其牛肉和牛肉产品关上了大门。2003 年 12 月 23 日，美国也宣布发现了一例疯牛病病例，日本则第一个以此为由宣布停止进口美国牛肉。之后有 50 多个国家先后宣布禁止进口美国牛肉和牛肉产品。从 2001 年以来在日美两国之间发生的牛肉贸易争端，虽然经反复磋商、协调、谈判，甚至惊动了日本首相和美国总统出来说话，也不能解决问题。几年来，日本对从美国进口牛肉禁了又解、解了又禁，至今也没有找到妥善解决争端的办法。

2. 与禽流感有关的争端

欧盟是我国禽肉产品的传统出口市场，每年有近 3 万吨的鸡胸肉进入欧盟。但是，1996 年 8 月，由于动物疫病等问题，欧盟对我国出口的禽肉产品下了长达 5 年的禁令。2001 年 4 月，欧盟刚刚宣布解除对从中国进口鸡肉产品的禁令，韩国从我国某地一家企业出口的鸭肉中分离出禽流感病毒。韩国和日本以此为由先后宣布禁止进口中国的禽肉产品。受此影响，对欧盟出口动物源性食品及禽肉产品至今也没有得到恢复。2003 年 5 月，日本又以从我国山东省一家企业对日出口的鸭肉中检出禽流感病毒为由，宣布停止进口中国的所有禽蛋产品。经过反复交涉，日本才同意进口经过熟制加工的禽肉产品，而且检验检疫极为严格苛刻，要想进入亦是困难重重。

二、加入 WTO 对中国动物检疫的影响

加入 WTO 给中国的农业带来了较为深刻的影响，给中国的动物检疫带来了新的机遇和挑战。对动物卫生行业来说，机遇就是可以利用贸易全球化的有利条件大力促进我国畜牧经济的发展，努力提高我国动物防疫水平，提高我国动物产品卫生质量，并将我国动物产品打入国际市场；入世以来，我国动物检疫工作受到高度重视，近几年在机构建设、法规建设、人员、技术、装备等各方面都得到了很大的发展。动物检疫部门通过采取有效的检疫措施，在方便进口贸易的同时成功地将农业生产危害巨大的检疫性动物疫病拒之门外。

而所面临的挑战则是以发达国家为代表的部分国家利用 SPS 协议，凭借自身科技优势

构筑非关税壁垒即"技术性贸易壁垒"（TBT），以限制他国产品，包括动物产品进口，同时又形成"贸易攻势"将本国产品更多地打入他国，为自身的经济利益服务，对进口国的畜牧产业形成强大冲击。

面对这种严峻形势，针对我国目前的实际国情，我国必须采取以下应对措施。

1. 加强动物卫生方面的自然科学研究，建立专家咨询机制

为了更好地实施 SPS 协议，一方面要加强自然科学、社会科学的基础研究，并在研究的基础上实现科学研究的国际化，即与国际标准、国际动态、国际前沿接轨；另一方面要积极组织科研单位、高等院校和有关管理部门参与动物检疫方面的对策研究，最终形成系统的、有效的协作，把科研成果充分应用到有关的政策措施中。

为了更好地行使 WTO 成员的权利，维护我国参与国际贸易的合法权益，国家应当建立 SPS 措施专家咨询机制。因为国际贸易争端解决的专业性、技术性非常强，适用的法律程序规则极其复杂，没有熟悉案情的专门人才，一是不能恰当地评价国内政策措施是否与国际接轨；二是无法准确判断对方的措施是否符合国际规则；三是很难准确及时地回答专家组乃至上诉机构非常专业的技术问题。

2. 建立风险分析机制

有害生物风险分析是实施 SPS 措施、制造技术性贸易壁垒的前提和基础。SPS 协议规定，各成员有权确定其国内适当的保护水平；有权采取比国际标准所确定的保护水平更高的 SPS 措施等，但所有这些权利的享有都必须建立在风险评估的基础之上。这在一定程度上反映了风险评估在整个 WTO/SPS 法律框架中的重要地位。

目前，我国的风险评估机制还不完善，这对我们参与 WTO 活动、进行 SPS 措施谈判以及启动国际贸易争端解决程序时的举证都会产生不利影响。因此，应当参照国际规则，借鉴发达国家的成功经验，尽快健全和完善动物病虫害风险分析机制，推广应用国际通行的风险分析技术，促进管理部门从注重事务（商品）管理向实行风险管理转变。

3. 尽快确立处理国际贸易争端的国内审议机制

加入世界贸易组织后，由于在国际贸易中涉及 SPS 措施，面对这种严峻的形势，作为 WTO 的成员，应尽快建立我国解决国际贸易纠纷的国内政策审议机制。

同时，应当针对其他成员对我国贸易的限制性和歧视性措施，积极开展进口方贸易政策的评议，也要对国内相关政策措施进行审议，并使之制度化。因为在 WTO 涉及 SPS 措施的贸易争端解决案例中，特别是提起讼争的一方，在证明对方的措施不符合国际规则的同时，还必须拿出自己的措施是符合 WTO 规则的证据，这样才有可能促使提起的争端胜诉。

4. 遵守 WTO 透明度原则

透明度原则不仅是 SPS 协议的要求之一，也是 WTO 的基本原则之一。为了保证贸易环境的可预见性，WTO 各成员方应该及时公布本国动物卫生方面的法律、法令、规定、要求和程序。

我国作为 WTO 的成员方，在享受 WTO 赋予的权利的同时，有义务履行透明度原则，有义务把我国的动物卫生措施向 WTO 成员方公布，接受成员方的监督，接受成员方风险分析的检验，最终达到促进我国动物卫生工作不断改善和进步、营造我国动物卫生工作良好国际信誉的目标。

加强我国动物检疫、全面实施《SPS 协定》涉及方方面面，需要动员包括检疫部门、农业部门、科研单位、学校、社会在内等各方面的力量，协调配合，共同做好各项工作。相信通过各部门共同努力，我国将在不久的将来完成从被动适应《SPS 协定》规则到主动使用

《SPS协定》，可为国家创造更多的收益。

【本章小结】

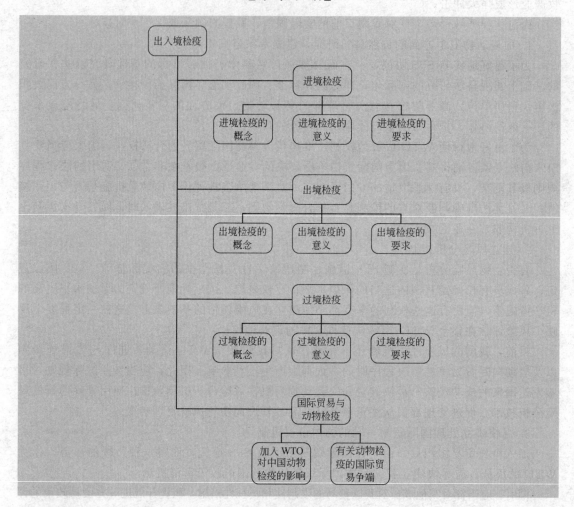

【思考题】

1. 简述进境动物、动物产品检疫的主要程序。
2. 简述出境动物、动物产品检疫的主要程序。
3. 简述过境动物、动物产品检疫的主要程序。
4. 加入WTO对我国动物检验检疫有何影响？

【案例与分析】

"关隘"重重，上海龙虾片难进荷兰鹿特丹的案例

[案例概述]

上海一批含4%虾肉的龙虾片出口荷兰鹿特丹，中途停靠比利时安特卫普，因没有事先进行海产品注册，被退回国内。上海市出入境检验检疫局有关人士昨天提醒出口企业：应及时了解欧盟"第一港查验"等有关新规定，避免不必要的损失。

　　2004 年年初，欧盟发布文件 CVED（Common Veterinary Entry Document），规定凡进入欧盟的货物，均需在进入欧盟第一个港口时接受查验。属于海产品的货物，应按欧盟 CVED 规定事先进行海产品注册，并在第一港接受查验。针对这批龙虾片，比利时官方检疫机构认为龙虾片含 4％的虾肉，属于海产品范围。尽管虾肉含量低于 10％的产品在目的地荷兰不属海产品，但因货主没有事先进行海产品注册，比利时官方仍判定此批货物需就地销毁或退回原产地。后经交涉无果，该批货物只得退回，给国内出口商带来了严重损失。

　　［案例分析］

　　根据以上案例，请做出处理分析：本案应采取的防范措施。

第七章　共患疫病的检疫与鉴别

【学习目标】
1. 通过本章的学习，掌握每一种共患疫病的临床检疫要点。
2. 掌握实验室检疫的主要方法以及检疫后的结果处理。
3. 通过实训练习，具备独立进行多种动物临诊和实验室检疫的能力。

第一节　共患疫病的检疫

一、口蹄疫

　　口蹄疫（FMD）是由口蹄疫病毒引起的一种急性、热性、高度接触性传染病。该病可快速和远距离传播，易感动物多达70余种，主要包括猪、牛、羊等主要畜种及其他家养和野生偶蹄动物。鉴于FMD可造成巨大的经济损失和社会影响，世界动物卫生组织（OIE）将该病列为15个A类动物疫病之首，我国政府也将FMD列为14个一类动物传染病之首。

　　1. 临诊检疫要点

　　（1）流行特点　本病传播迅速，流行猛烈，常呈流行性发生。其发病率很高，病死率一般不超过5％。主要侵害牛、羊、猪及野生偶蹄兽，人也可感染。一般冬、春季较易发生大流行，夏季减缓或平息。有的国家和地区以春秋两季为主。猪口蹄疫以秋末、冬春常发，春季为流行盛期，夏季发生较少。

　　（2）临床症状　不同动物发病后的临床症状基本相似，体温升高至40～41℃，食欲不振或不食，精神沉郁。牛呆立流涎，猪卧地不起，羊跛行；唇部、舌面、齿龈、鼻镜、蹄踵、蹄叉、乳房等部位出现水疱（图7-1，彩图见插页）；发病后期，水疱破溃（图7-2，彩图见插页）、结痂，严重者蹄壳脱落；恢复期可见瘢痕、新生蹄甲。

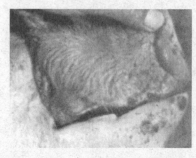
图7-1　鼻镜边缘水疱

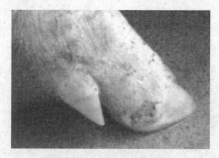
图7-2　猪口蹄疫蹄部破溃

　　（3）病理变化　患病动物的口腔、蹄部、乳房、咽喉、气管、支气管和前胃黏膜发生水疱、圆形烂斑和溃疡，上面覆有黑棕色的痂块。真胃和大小肠黏膜可见出血性炎症。典型病变可见心包膜有弥漫性及点状出血，心肌切面有灰白色或淡黄色的斑点或条纹，似老虎身上的条纹，称为"虎斑心"。心脏松软似煮过的肉。

2. 实验检疫方法

取水疱皮或水疱液或血液等病料进行实验检疫。

（1）小鼠接种试验　将病料用青霉素、链霉素处理后分别接种于成年小鼠。2日龄小鼠和7～9日龄小鼠。如2日龄小鼠和7～9日龄小鼠都发病死亡，可诊断为口蹄疫；如仅2日龄小鼠发病死亡则为猪水疱病。

（2）血清保护试验　通常采用乳鼠作血清保护试验。可用已知血清鉴定未知病毒，也可用已知病毒鉴定未知血清。

（3）血清中和试验　可用于鉴定康复猪的抗体和病毒。采用乳鼠中和试验或细胞中和试验均可。此外，也可应用对流免疫电泳、反向间接血凝抑制试验、补体结合试验检测病毒或抗体，从而作出诊断。

（4）抗酸性（pH 5.0）试验　依据口蹄疫病毒对 pH 5.0 敏感，而猪水疱病病毒能抗 pH 5.0 的特性，可以鉴别这两种病毒。

另外根据实验室条件可选用酶联免疫吸附试验、免疫色谱快速诊断试纸条、基因芯片技术、单克隆抗体技术等先进检测技术进行诊断。

3. 检疫后处理

（1）尽快确诊，并及时上报兽医和监督机关，建立疫情报告制度和报告网络，按国家有关法规，对口蹄疫进行防治。

（2）及时扑杀病畜和同群畜，在兽医人员的严格监督下，对病畜扑杀和进行尸体无害化处理。

（3）严格封锁疫点、疫区，消灭疫源，杜绝疫病向外散播。场内应定期进行全面消毒。

（4）疫区内最后1头病畜扑杀后，经一个潜伏期的观察，再未发现新病畜时，经彻底消毒，报有关单位批准，才能解除封锁。

二、炭疽

炭疽是由炭疽杆菌引起的感染性疾病。该病是牛、马、羊等动物共患的传染病，但偶尔也可传染给从事皮革、畜牧工作的人员。最常见的临床表现是败血症，发病动物以急性死亡为主，脾脏高度肿大，皮下和浆膜下有出血性胶冻样浸润、血液凝固不良呈煤焦油样，尸体极易腐败。

1. 临诊检疫要点

（1）流行特点　各种家畜均可感染，其中牛、马、绵羊感受性最强；山羊、水牛、骆驼和鹿次之；猪感受性较低。实验动物与人亦具感受性。该病多为散发，常发生于夏季。

（2）临床症状　自然感染者潜伏期1～5天，也有长至14天的。根据病程可分为最急性型、急性型和亚急性型三型。病畜多呈急性经过，病初体温高达40～41℃，呼吸增速，心跳加快，食欲废绝，可视黏膜有出血点；有时精神兴奋，行走摇摆；炭疽痈常发生于颈、胸、腰及外阴，有时发生于口腔，造成严重的呼吸困难；发生肠痈时，下痢带血，肛门水肿。最急性型常在放牧或使役中突然倒毙，无典型症状；炭疽痈多在亚急性型中出现。

（3）病理变化　尸体极易腐败而致腹部膨大；从鼻孔和肛门等天然孔流出不凝固的暗红色血液；可视黏膜发绀，并散在出血点；因机体缺氧、脱水和溶血，故血液黑红、浓稠、凝固不良呈煤焦油样；剥开皮肤可见皮下、肌肉及浆膜下有出血性胶冻样浸润；脾脏显著肿大，较正常大2～3倍，脾体暗红色，软如泥状；全身淋巴结肿大、出血，切面黑红色。

2. 实验检疫方法

（1）细菌学检查　涂片镜检：取濒死期动物末梢静脉血液或脾脏制成涂片，用瑞氏染液染色，可见带有荚膜、两端平直的粗大杆菌（图7-3，彩图见插页）。

（2）琼脂扩散试验　将琼脂层厚度2.5～3mm的1%琼脂平板按六角形打孔，然后在中

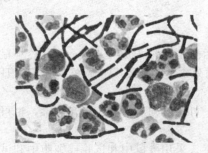

图7-3 炭疽杆菌

央孔加满炭疽沉淀素血清,使其扩散16～18h。把用普通营养琼脂平板划线分离培养16～18h的被检材料再以相同打孔器小心挖出菌落块,将其填充在上述经16～18h血清扩散的1%的琼脂平板的外围孔内,盖上皿盖,置湿盒内37℃条件下扩散24～48h,观察结果,若两孔间出现沉淀线即判定为阳性。

(3)其他试验 串珠试验、噬菌体试验、Ascoli试验等。

3. 检疫后处理

疑似炭疽尸体应严禁剖检、焚烧或深埋。一旦发病,应及时报告疫情,立即封锁隔离,加强消毒并紧急预防接种。封锁区内畜舍用20%漂白粉或10%氢氧化钠消毒,病畜粪便及垫草应焚烧。疫区封锁必须在最后一头病畜死亡或痊愈后,经14天无新病例发生,并经全面大消毒方能解除。

三、巴氏杆菌病

巴氏杆菌病是主要由多杀性巴氏杆菌所引起的,发生于各种家畜、家禽、野生动物和人类的一种传染病的总称。动物急性病例以败血症和炎性出血过程为主要特征,人的病例罕见,且多呈伤口感染。

1. 临诊检疫要点

(1)流行特点 多种动物均可感染,猪、兔、鸡、鸭发病较多,且发病受外界诱因影响较大。本病的发生一般无明显的季节性,但以冷热交替、气候剧变、闷热、潮湿、多雨的时期发生较多。体温失调,抵抗力降低,是本病主要的发病诱因之一。另外,长途运输或频繁迁移、过度疲劳、饲料突变、营养缺乏、寄生虫等也常常诱发此病。因某些疾病的存在造成机体抵抗力降低,易继发本病。本病多呈地方性流行或散发,同种动物能相互传染,不同种动物之间也偶见相互传染。

(2)临床症状

① 猪肺疫。潜伏期1～5天,临诊上一般分为最急性型、急性型和慢性型。

最急性型俗称"锁喉风",突然发病,迅速死亡;病程稍长、病状明显的可表现体温升高(41～42℃),食欲废绝,全身衰弱,呼吸困难,心跳加快;颈下咽喉部发热、红肿、坚硬,严重者向上延及耳根、向后可达胸前,病死率达100%。

急性型是本病主要和常见的病型,除具有败血症的一般症状外,还表现出急性胸膜肺炎,体温升高(40～41℃),初发生痉挛性干咳,呼吸困难,鼻流黏稠液;后变为湿咳,咳时感痛,触诊胸部有剧烈的疼痛;病势发展后,呼吸更感困难,张口吐舌,作犬坐姿势,可视黏膜蓝紫,常有黏脓性结膜炎;初便秘,后腹泻;末期心脏衰弱,心跳加快,皮肤出现淤血和小出血点;病猪消瘦无力,卧地不起,多因窒息而死;病程5～8天,不死的转为慢性。

慢性型表现慢性胃肠炎和慢性肺炎,病猪呼吸困难、持续性咳嗽、鼻流脓性分泌物、食欲缺乏、下痢,逐渐消瘦,衰竭死亡。

② 禽霍乱。临床上分为最急性型、急性型和慢性型三型。

最急性型:见于流行初期,多发生于肥壮、高产鸡,表现为突然发病,迅速死亡。

急性型:此型最常见,表现为高热(43～44℃),口渴,昏睡,羽毛松乱,翅膀下垂。常有剧烈腹泻,排灰黄色甚至污绿色、带血样稀便。呼吸困难,口鼻分泌物增多,鸡冠、肉髯发紫。病程1～3天。

慢性型:见于流行后期,以肺、呼吸道或胃肠道的慢性炎症为特点。可见鸡冠、肉髯发紫、肿胀（图7-4，彩图见插页）。有的发生慢性关节炎，表现为关节肿大、疼痛、跛行。

③ 鸭巴氏杆菌病。俗称"摇头瘟"，多呈急性型，但50日龄以内雏鸭以多发性关节炎为主，表现为一侧或两侧跗、腕以及肩关节发热肿胀，致使跛行、翅膀下垂。

图7-4　禽霍乱肉髯肿胀

④ 牛出血性败血症。可分为败血症、水肿型和肺炎型，但大多表现为混合型。病牛精神沉郁，反应迟钝，喜卧；鼻镜干燥，流浆液性、黏液性鼻液，后期呈脓性；眼结膜潮红，流泪；体温41～42℃，呼吸、脉搏加快，肌肉震颤，食欲减退甚至废绝，反刍停止；病牛表现腹痛，下痢，粪便初为粥状，后呈液状，其中混有黏液、黏膜及血液，恶臭；有时咳嗽或呻吟；部分病牛颈部、咽喉部、胸前的皮下组织出现炎性水肿。当体温下降时即迅速死亡，病程一般不超过36h。

⑤ 兔出血性败血症。潜伏期2～9天，高热、腹泻、肺炎、中耳炎、鼻炎。

（3）病理变化

① 猪肺疫。全身黏膜、浆膜和皮下组织大量出血，咽喉周边组织出血性浆液浸润；全身淋巴结出血，切开呈红色；肺有不同程度的病变区，并伴有水肿和气肿；胸膜有纤维素性附着物，严重时与肺发生粘连。

② 禽霍乱。肝脏肿大，质脆，表面可见针尖大至粟粒大弥漫性的灰白色或黄白色坏死点（图7-5，彩图见插页），脾脏肿大，可见小的坏死点。小肠浆膜和黏膜有明显的出血点或出血斑，十二指肠尤为严重，肠黏膜表面常覆盖有黄色纤维素性渗出物。

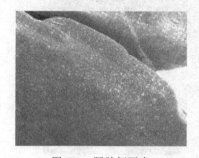

图7-5　肝脏坏死点

③ 牛败血性症。内脏器官充血或出血。黏膜、浆膜以及肺、舌、皮下组织和肌肉均有出血点；脾脏无变化或有出血点；肝胃实质变性；淋巴结水肿，切面多汁，呈暗红色；腹腔内有大量的渗出液；整个肺有不同肝变期的变化，切面呈绿色、黑红色、灰白色或灰黄色，呈大理石样；肿胀部皮下结缔组织呈现胶样浸润，切开有浅黄色或深黄色透明液体流出，夹杂血液。

④ 兔出血性败血症。病理变化可见各实质脏器，如心、肝、脾以及淋巴结充血、出血；喉头、气管、肠道黏膜有出血点。胸腔积液，有时有纤维素性渗出物；心脏肥大、心包积液；肺充血、出血，甚至发生肝变，严重者胸腔蓄积纤维素性脓液或肺部化脓。

2. 实验检疫方法

（1）细菌学检查　取病死动物肝脏触片，瑞氏染色，镜检，即发现大量两极着色的小杆菌。无菌操作取病料接种于鲜血琼脂平板上，37℃培养24h，长出湿润、圆形、灰白色、露珠状的小菌落。取分离培养物涂片，革兰染色，镜检，该菌为革兰阴性小杆菌。取分离培养物或病料混悬液0.5ml，接种于小白鼠皮下，一般在24～48h内死亡，及时解剖病死小白鼠，取肝脏触片，染色镜检，可检出巴氏杆菌。

（2）血清学检查　玻片凝集反应：用每毫升含10亿～60亿菌体的抗原，加上被检动物的血清，在5～7min内发生凝集的为阳性。

（3）生化反应试验　多杀性巴氏杆菌在48h内可分解葡萄糖、果糖、蔗糖和甘露糖，产酸不产气。甲基红（MR）试验和VP试验均为阴性。接触酶和氧化酶试验均为阳性。不液化明胶。

3. 检疫后处理

确诊为巴氏杆菌病时，病畜禽不得调运，采取隔离治疗措施，发病畜禽群实行封锁；假定健康畜禽，可用疫苗作紧急预防接种；病死畜禽深埋或焚烧。圈舍可用2％热碱溶液或10％～20％石灰乳消毒。

四、布氏杆菌病

布氏杆菌病是由布氏杆菌引起的人兽共患传染病。在家畜中，牛、羊、猪最常发生，且可传染给人和其他家畜。其特征是生殖器官和胎膜发炎，引起流产、不育和各种组织的局部病灶。本病广泛分布于世界各地，我国目前在人、畜间仍有发生，给畜牧业和人类的健康带来严重危害。

1. 临诊检疫要点

（1）流行特点　本病的易感动物范围很广，如羊、牛、猪、水牛、野牛、牦牛、羚羊、鹿、骆驼、野猪、马、犬、猫、狐、狼、野兔、猴、鸡、鸭以及一些啮齿类动物等，但主要是羊、牛、猪。动物的易感性是随性成熟年龄接近而增高的，在易感性上并无显著性别差异。

（2）临床症状　孕畜发生流产，流产可发生于怀孕的任何时候，但通常以怀孕后期多见，牛流产多发生于怀孕的第5～7个月，羊多在怀孕的第4个月左右发生流产，猪多发生于怀孕的第4～12周。牛还可见胎衣滞留、子宫炎及卵巢囊肿。此外还可见乳房炎、关节炎和滑液囊炎。公畜可见睾丸炎、附睾炎（图7-6、图7-7，彩图见插页）。

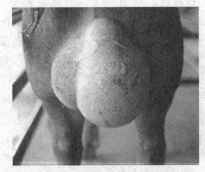

图7-6　绵羊阴囊水肿、下垂　　　　　　　　图7-7　公猪一侧睾丸肿大

（3）病理变化　胎衣呈黄色胶冻样浸润，有些部位覆有纤维蛋白絮片和脓液，有的增厚，有出血点。公牛生殖器官精囊内可能有出血点和坏死灶，睾丸和附睾可能有炎性坏死灶和化脓灶。胎儿皮下及肌肉间结缔组织出血性浆液性浸润，黏膜和浆膜有出血斑点，胸腔和腹腔有微红色液体。

2. 实验检疫方法

（1）细菌学检查　用流产胎儿胃内容物或阴道分泌物等材料制成菲薄的涂片，干燥、火焰固定后，用孔雀绿与沙黄芽孢染色液染色，布氏杆菌被染成淡红色的小球杆菌，其他细菌或细胞为绿色或蓝色。

（2）生化特性检验　一般可分解葡萄糖、木糖和其他糖类，产生少量的酸。不分解甘露糖。VP和MP试验均为阴性。

（3）血清学检查　常用凝集试验有试管凝集试验和平板凝集试验。被检血清50％以上凝集的最高稀释度为凝集价。大家畜凝集价在1∶100以上为阴性，1∶50为可疑；小家畜凝集价在1∶50则为阳性，1∶25为可疑。此外荧光抗体染色法、间接红细胞凝集反应、酶标SPA染色、凝胶电泳等均可用于布氏杆菌病的诊断。

（4）变态反应　用于猪、羊的布氏杆菌病。注射部位明显水肿，凭肉眼观察出来的，为阳性反应；肿胀不明显，通过触诊与对侧对比方能察觉者，为可疑反应；注射部位无反应或仅有一个小的硬结者，为阴性反应。

3. 检疫后处理

病畜和阳性畜全部扑杀。对病畜和阳性畜污染的场所、用具、物品严格进行消毒。饲养场的金属设施、设备可采取火焰、熏蒸等方式消毒；养畜场的圈舍、场地、车辆等，可选用2%烧碱等有效消毒剂消毒；饲养场的饲料、垫料等，可采取深埋发酵处理或焚烧处理；粪便消毒采取堆积密封发酵方式。皮毛消毒用环氧乙烷、福尔马林熏蒸等。对疫区和受威胁区内所有的易感动物进行紧急免疫接种。

五、沙门菌病

沙门菌病又名副伤寒，是各种动物由沙门菌属细菌引起的疾病总称。临诊上多表现为败血症和肠炎，也可使怀孕母畜发生流产。

1. 临诊检疫要点

（1）流行特点　各种年龄的动物均可感染，但幼年者较成年者易感。3周龄以内的雏鸡、1~4月龄的仔猪、出生30~40天以后的犊牛、断乳龄或断乳不久的羊、6月龄以内的幼驹最易感。本病一年四季均可发生。但猪在多雨潮湿季节发病较多，成年牛多于夏季放牧时发生，马多发生于春（2~3月份）秋（9~11月份）两季，育成期羔羊常于夏季和早秋发病，怀孕母羊则主要在晚冬、早春季节发生流产。家禽多见于育雏季节。环境污秽、潮湿、棚舍拥挤，粪便堆积，通风不良，温度过低或过高，饲料和饮水供应不良；长途运输中气候恶劣、疲劳和饥饿、寄生虫和病毒感染；分娩、手术；母畜缺奶；新引进家畜未实行隔离检疫等因素可诱发本病。本病一般呈散发性或地方流行性。

（2）临床症状

① 猪副伤寒。急性病例呈现败血症。可见体温突然升高（41~42℃），精神不振，不食。后期间有下痢，呼吸困难，耳根、胸前和腹下皮肤有紫红色斑点（图7-8，彩图见插页）。亚急性和慢性病例表现为肠炎，主要表现为消瘦、下痢、排恶臭稀粪，粪内混有组织碎片或纤维素性渗出物。病情2~3周或更长，最后极度消瘦，衰竭而死。

② 禽沙门菌病。以鸡白痢常见。2周龄内雏鸡多呈急性败血症型；20~45日龄鸡呈亚急性型；成年鸡多为慢性或隐性感染。

雏禽：一般呈急性经过，发病高峰在7~10日龄，病程短的1天，一般为4~7天。以腹泻、排稀薄白色糨糊状粪便为特征，肛门周围的绒毛被粪便污染，干结后封住肛门，影响排便。有的发生失明或关节炎、跛行，病雏多因呼吸困难及心力衰

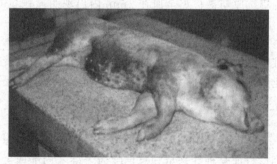

图7-8　猪败血症

竭而死。蛋内感染者，表现为死胚或弱胚，不能出壳或出壳后1~2天死亡，一般无特殊临床症状。4周龄以上鸡一般较少死亡，以白痢症状为主，呼吸症状较少。

青年鸡（育成鸡）：发病在50~120日龄之间，多见于50~80日龄鸡。以拉稀，排黄色、黄白色或绿色稀粪为特征，病程较长。

成年鸡：呈慢性或隐性经过，常无明显症状。但母鸡表现产蛋量下降。禽副伤寒以孵出两周内的幼禽发病较多。特别是6~10日龄幼雏，表现为嗜眠、呆立、头翅下垂、羽毛松

乱、畏寒和水性下痢，死亡迅速。

（3）病理变化　猪急性型主要表现为败血症变化。脾常肿大，色暗带蓝，坚实似橡皮，切面蓝红色，脾髓质不软化。肠系膜淋巴结索状肿大。其他淋巴结也有不同程度的增大，软而红，大理石状。肝、肾也有不同程度的肿大，充血和出血。成年牛的病理变化主要呈急性出血性肠炎。犊牛急性病例在心壁、腹膜以及腺胃、小肠和膀胱黏膜有小点状出血。脾充血

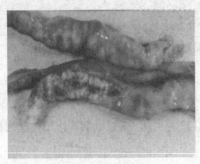

图7-9　盲肠芯

肿胀。肠系膜淋巴结水肿，有时出血。病程较长的病例，肝脏色泽变淡，胆汁常变稠而混浊。肺常有肺炎区。肝、脾和肾有时发现坏死灶。关节损害时，腱鞘和关节腔含有胶样液体。

雏鸡白痢，在心肌、肺、肝、盲肠、大肠及肌胃肌肉中有坏死灶或结节，胆囊肿大。输尿管充满尿酸盐而扩张。盲肠中有干酪样物堵塞肠腔（图7-9，彩图见插页），有时还混有血液，常有腹膜炎。有出血性肺炎，稍大的病雏，肺有灰黄色结节和灰色肝变。育成阶段的鸡，突出的变化是肝肿大，可达正常的2～3

倍，暗红色至深紫色，有的略带土黄色，表面可见散在或弥漫性的小红点或黄白色大小不一的坏死灶，质地极脆，易破裂，常见有内出血变化，腹腔内积有大量血水，肝表面有较大的凝血块。成年母鸡，最常见的病理变化为卵子变形、变色，呈囊状，有腹膜炎。

死于禽伤寒的雏鸡（鸭）病理变化与鸡白痢相似。成年鸡，最急性者眼观病理变化轻微或不明显，急性者常见肝、脾、肾充血肿大，亚急性和慢性病例，特征病理变化是肝肿大呈青铜色，肝和心肌有灰白色粟粒大坏死灶，卵子及腹腔病理变化与鸡白痢相同。禽副伤寒呈出血性肠炎变化，肺、肾出血，心包炎及心包粘连，心、肺、肝、脾有类似鸡白痢的结节。

2. 实验检疫方法

（1）细菌学检查　无菌采集肝、脾、肺、心、胆囊、肾、卵巢、睾丸等病料。镜检或分离培养鉴定细菌，发现沙门菌可确诊。沙门菌为革兰阴性、圆形或卵圆形、边缘整齐的无色半透明的光滑菌落，无芽孢。

（2）血清学检查　在大群鸡中检疫最常用的方法是全血平板凝集试验。鸡白痢全血平板凝集抗原与被检鸡全血在2min内出现明显颗粒凝集或块状凝集者为阳性反应。

3. 检疫后处理

成年鸡群检疫发现阳性鸡应立即淘汰，胴体及无病变内脏高温处理后利用。有病变的内脏销毁处理，病雏销毁处理，病雏尸体深埋或焚烧。对鸡群进行药物预防和反复检疫。对病死畜禽污染的圈舍可用2％～4％烧碱溶液或2％～5％漂白粉溶液消毒。

六、狂犬病

狂犬病是由狂犬病病毒引起的一种人兽共患传染病，亦称"恐水症"，俗称"疯狗病"。临诊特征是神经兴奋和意识障碍，继之局部或全身麻痹而死亡。

1. 临诊检疫要点

（1）流行特点　各种畜禽和人对本病都有易感性，尤以犬科和猫科动物敏感。流行连锁明显，病死率高达100％。

（2）临床症状　狂犬病的潜伏期变动很大，各种动物亦不尽相同，一般为2～8周，最短为8天，长者可达数月或一年以上。各种动物的临诊表现都相似，一般可分为两类，即狂暴型和麻痹型。先出现沉郁、意识混乱、异食，后高度兴奋、狂暴，有攻击性行为。最后呈现局部或全身麻痹、吞咽困难、下颌下垂、流涎、尾下垂。

2. 实验检疫方法

（1）内基小体（狂犬病毒包含体）检查　取新鲜未固定脑等神经组织制成压印标本或制作病理组织切片，用 Seller 染色，内基小体呈鲜红色（图 7-10，彩图见插页），其中见有嗜碱性小颗粒。内基小体最易在海马回、大脑皮层锥体细胞和小脑浦肯野细胞胞质内检出，也见于丘脑、桥脑、脊髓、感觉神经节。

（2）荧光抗体试验（AF）　我国将荧光抗体试验作为检查狂犬病的首选方法。取可疑脑组织或唾液腺制成触片，荧光抗体染色，荧光显微镜下观察，胞质内出现黄绿色颗粒者为阳性。

（3）琼脂扩散试验　被检血清孔与抗原孔之间形成沉淀线并向阳性血清孔出现的沉淀线弯曲判定为阳性。

3. 检疫后处理

被狂犬病或疑似狂犬病患畜咬伤的家畜，在咬伤后未超过 8 天且未发现狂犬病症状者，准予

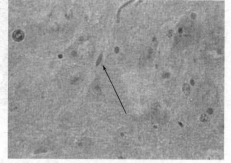

图 7-10　狂犬病毒包含体

屠宰；其肉尸、内脏应经高温处理后出场。超过 8 天者不准屠宰。对粪便、垫料污染物等进行焚毁；栏舍、用具、污染场所必须进行彻底消毒。怀疑为患病动物隔离观察 14 天，怀疑为感染动物观察期至少为 3 个月，怀疑患病动物及其产品不可利用。

七、伪狂犬病

伪狂犬病是由伪狂犬病病毒引起的多种家畜和野生动物的一种急性、热性传染病。其特征为发热、奇痒和脑脊髓炎，成年猪常有流产和死胎而无奇痒。

1. 临诊检疫要点

（1）流行特点　家畜中猪、牛、羊、犬、猫、兔及某些野生动物都可感染，其中猪、牛最易感，而发病最多的是哺乳仔猪。除猪以外，其他动物患病后死亡率极高。此病无明显季节性，但以冬、春季多见，并呈散发或地方性流行。本病可经消化道、呼吸道、损伤的皮肤以及生殖道传播感染。

（2）临床症状　潜伏期 3～6 天。猪因感染年龄不同，其临诊特征也有所区别。新生猪常突然发病，倦怠，体温高达 41℃ 以上，发抖，运动不协调，震颤，痉挛，共济失调，发展至角弓反张（图 7-11）、癫痫，有的病猪后躯麻痹、转圈或做游泳状动作，有的呕吐、腹泻，常发生大批死亡。断奶猪和架子猪症状较轻，发热，精神不振，间或咳嗽、呕吐，有明显的神经症状，兴奋不安，乱跑乱碰，有前冲后退和转圈运动，呼吸困难（图 7-11，彩图见插页），一般呈良性经过。怀孕母猪可发生流产及产死胎、弱胎和木乃伊胎儿。弱胎常于仔猪出生后 2～3 天死亡。成年猪一般呈隐性感染。

牛、羊主要表现为发热、奇痒及脑脊髓炎的症状。身体某部位皮肤剧痒，使动物无休止地舔舐患部，常用前肢或用硬物摩擦发痒部位，有时啃咬痒部并发出凄惨叫声或撕脱痒部被毛。延髓受侵害时，表现咽麻痹、流涎、呼吸促迫、心律不齐和痉挛、吼叫，多在 48h 内死亡。绵羊病程短，多于 1 天内死亡；山羊病程较长，为 2～3 天。

（3）病理变化　猪常有不同程度的卡他性胃肠炎，临床上呈现严重神经症状的病猪，死后常见明显的脑膜充血及脑脊髓液增加（图 7-12，彩图见插页），鼻咽部充血，扁桃体、咽喉部及其淋巴结有坏死病灶，肝、脾等实质脏器可见有 1～2mm 的灰白色坏死灶，心包液增加，肺可见水肿和出血点，这些都是本病特有的变化。组织学检查有非化脓性脑膜脑炎及神经节炎变化。

牛、羊患部皮肤撕裂，皮下水肿，肺常充血、水肿，心外膜出血，心包积液。组织学病变主要是中枢神经系统呈弥漫性非化脓性脑膜脑脊髓炎及神经节炎，有明显的血管套及弥散

(a) 病猪角弓反张　　　　　(b) 上图——病猪转圈运动；下图——病猪后驱麻痹

图 7-11　猪伪狂犬病神经症状

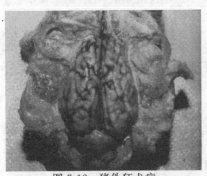

图 7-12　猪伪狂犬病
（软脑膜充血、下脑沟积有出血性水肿液）

性局部胶质细胞反应，同时伴有广泛的神经节细胞及胶质细胞坏死。

2. 实验检疫方法

（1）荧光抗体试验　取扁桃体、淋巴结病料，用伪狂犬荧光抗体进行细胞染色。在被检病料中出现特异的荧光时，即证明该病毒存在。

（2）细胞中和试验　用已知标准病毒抗原检验待检血清中的抗体。由于感染本病的其他动物均难以幸存，所以本血清抗体检查主要适用于猪。方法是：将被检猪血清稀释 2 倍，56℃ 30min 灭活，加入等量标准伪狂犬病毒培养液，混合，37℃ 水浴 1h。以此血清混合液接种细胞培养管（3 支），37℃培养 7 天，逐日观察，以出现细胞病变为判定指标。实验结果呈现完全中和的血清判为阳性。

（3）动物接种试验　取动物病患部位水肿液和病毒侵入部的神经干、脊髓以及脑组织，以兔为例，接种于家兔腹侧皮下，接种后 36~48h，注射部位可出现剧痒，并见家兔自行咬啃，直至脱毛、破皮出血，继而四肢麻痹，很快死亡。

3. 检疫后处理

检出伪狂犬病时，应立即隔离病患畜禽，被污染的用具、圈舍和环境，用 2%烧碱溶液或 10%石灰乳消毒；疫区的假定健康动物必须注射疫苗；开展灭鼠工作。

八、附红细胞体病

附红细胞体病是附红细胞体寄生于动物血液，游离在血浆中或附着在红细胞表面所引起的一种传染病。临床上以贫血、黄疸和发热为特征。

1. 临诊检疫要点

（1）流行特点　绵羊、山羊、牛、猪、犬、猫和人等均可成为附红细胞体寄生的宿主。各年龄、性别的动物均可感染，但以幼龄动物和体弱动物发病较多。本病多发生于夏秋或雨水较多的季节，此期正是各种吸血昆虫活动的高峰时期。世界各地均有本病的发生，多呈散发和地方性流行。

（2）临床症状　由于动物种类不同，潜伏期也不同，介于 2~45 天。发病后的主要临诊症状是发热、食欲缺乏、精神委顿、黏膜黄染、贫血、背腰及四肢末梢淤血、淋巴结肿大等，还可出现心悸及呼吸加快、腹泻、生殖力下降、毛质下降等情况。

（3）病理变化　为贫血和黄疸。皮肤及黏膜苍白，血液稀薄，全身性黄疸。肝脏肿大变性，呈黄棕色；胆囊肿大，内充满大量的明胶样胆汁；肾肿大，混浊，贫血严重；肺肿大，淤血，水肿；脾脏肿大变软；心肌苍白松软。

2. 实验检疫方法

（1）病原学检查

① 血液压片镜检。从猪耳静脉采血1滴，加等量生理盐水混匀后，加盖玻片，在400～600倍显微镜下检查，可见附着在红细胞表面或游离于血浆中的附红细胞体呈球形、逗点形、杆状或颗粒状（图7-13，彩图见插页）。

② 血液涂片染色镜检。取血液涂片，进行吉姆萨染色，在油镜下观察，可见紫红色或粉红色的呈不规则环形或点状的附红细胞体。

（2）血清学检查

① 补体结合试验。病猪于出现临诊症状后1～7天呈阳性反应，于2～3周后即行阴转。本试验诊断急性病猪效果好，但不能检出耐过猪。

② 间接血凝试验。滴度＞1∶40为阳性，此法灵敏性较高，能检出阳转阴后的耐过猪。

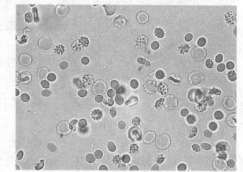

图7-13　血液中的附红细胞体

③ 荧光抗体试验。本法最早被用于诊断牛的附红体病，抗体于接种后第4天出现，随着寄生率上升，在第28天达到高峰。

3. 检疫后的处理

肉尸和内脏有明显病变者（尸体表面出血性浸润，整个体表变成红色，胸腹腔积液严重，脂肪及黏膜黄染严重，血液涂片红细胞表面虫体在20个以上），其肉尸、内脏和血液作工业用或销毁。轻微病变的肉尸及内脏高温处理后出场，血液作工业用或销毁，猪皮消毒后出场。

九、钩端螺旋体病

钩端螺旋体病是由钩端螺旋体引起的一种人兽共患病和自然疫源性传染病。临诊表现形式多样，主要有发热、黄疸、血红蛋白尿、出血性素质、流产、皮肤和黏膜坏死、水肿等。

1. 临诊检疫要点

（1）流行特点　钩端螺旋体的动物宿主非常广泛，几乎所有温血动物都可感染，其中啮齿目的鼠类是最重要的储存宿主。本病发生于各年龄的家畜，但以幼畜发病较多。本病通过直接或间接方式传播，有明显的流行季节，每年以7～10月份为流行的高峰期，其他月份常仅为个别散发。

（2）临床症状　潜伏期2～20天。病猪体温升高，厌食，皮肤干燥，1～2天内全身皮肤和黏膜泛黄，尿浓茶样或呈血尿。有的在上下颌、头部、颈部甚至全身水肿，指压凹陷，怀孕母猪流产的胎儿有死胎、木乃伊化胎，也有的产弱仔，常于产后不久死亡。

犊牛发病后，发热达41.5℃，溶血性贫血，尿血，食欲下降，心跳和呼吸加快。成年牛急性感染时，高热，稽留不退。食欲、反刍停止，泌乳停止，乳房松软，乳汁呈红色或暗黄色或橙黄色，怀孕母牛流产。

犬精神沉郁、后躯肌肉僵硬和疼痛、不愿起立走动、呼吸困难、可视黏膜出现不同程度的黄染或出血。病犬口腔黏膜可见有不规则的出血斑和黄染；眼部可见有结膜炎症状。

（3）病理变化　主要是黄疸、出血以及肝和肾不同程度的损害。慢性型或轻型病例则以肾的变化较为突出。

2. 实验检疫方法

（1）微生物学检查　采取肝、肾、脾、脑等组织。病料采集后应立即处理，并进行暗视野直接镜检或用荧光抗体法检查，病理组织中的菌体应用吉姆萨染色或镀银染色后检查。钩端螺旋体纤细，螺旋盘绕规则紧密，菌端弯曲成钩状（图7-14）。

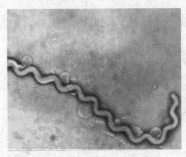

图7-14　钩端螺旋体

（2）血清学检查　凝集溶解试验：钩端螺旋体可与相应的抗体产生凝集溶解反应。抗体浓度高时发生溶菌现象（在暗视野检查时见不到菌体），抗体浓度低时发生凝集现象（菌体凝集成一朵朵菊花样）。另外，还可用补体结合试验、酶联免疫吸附（ELISA）试验、炭凝集试验、间接血凝试验、间接荧光抗体法。

（3）动物接种试验　取经过处理的血液、尿液、病理组织悬液、脑脊髓液等腹腔接种于幼龄豚鼠、仓鼠或仔兔，3～5天后如有体温升高、食欲减退、迟钝和黄疸症状即发病；剖检病变为广泛性黄疸和出血，肺部出血明显；取肝、肾制片镜检，可检出钩端螺旋体。

3. 检疫后处理

确诊为钩端螺旋体病时，病畜隔离治疗。注意环境卫生，做好灭鼠、排水工作。不许将病畜或可疑病畜运入养殖场。彻底清除病畜舍的粪便及污物，用10%～20%生石灰水或2%苛性钠严格消毒。对于饲槽、水桶及其他日常用具，用热草木灰水处理，将粪便堆积起来，进行生物热消毒。在常发病地区，应该有计划地进行多价浓缩菌苗注射。

十、流行性乙型脑炎

流行性乙型脑炎是由流行性乙型脑炎病毒引起的一种蚊媒性人兽共患传染病。但除人、马和猪外，其他动物多为隐性感染。动物感染发病症状表现为发病急、高热、流产、死胎，病死率较高，脑组织病理变化明显（图7-15）。

1. 临诊检疫要点

（1）流行特点　本病为自然疫源性传染病，多种动物和人感染后都可成为本病的传染源。本病主要通过带病毒的蚊虫叮咬而传播。蚊子感染乙脑病毒后可终身带毒，并且可经卵传给后代；越冬的蚊子次年成为新的传播媒介和传染源。该病在我国大部分地区都可发生，带有明显的季节性，主要在蚊虫猖獗的夏秋季节流行。90%的病例发生于7～9月潮湿多雨、蚊虫滋生月份，一般5～6月开始出现，12月至次年4月几乎无病例报告。

（2）临床症状

① 猪。自然感染潜伏期为2～4天，发病突然，体温升高达40～41℃，稽留数日。精神沉郁，食欲缺乏，喜卧嗜睡，粪便干燥，尿呈深黄色。妊娠母猪发生流产，多为死胎。公猪发生睾丸炎，多为一侧睾丸急性肿大（图7-7，彩图见插页）。仔猪可发生神经症状，口吐白沫、转圈、乱冲撞，倒地不起而死亡，有的后关节肿胀而跛行。

② 马。自然感染潜伏期为4～15天，其中幼驹对该病非常易感。慢性病表现为发热，食欲缺

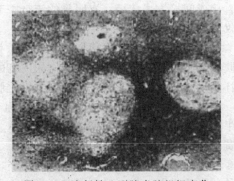

图7-15　流行性乙型脑炎脑组织变化

乏，数日后可自愈；急性重症表现为精神沉郁，反应迟钝，走路不稳或后肢麻痹无法站立，也有兴奋狂暴、乱冲撞者。

③ 牛。自然发病少，主要是隐性感染。发病后表现发热、食欲缺乏、磨牙、转圈、四肢强直和昏睡。急重症者1~2天、慢性者10天左右可能死亡。

④ 羊。主要是隐性感染。发病后表现为发热和神经症状：肢体出现麻痹，牙关紧咬，嘴唇麻痹，流涎，四肢伸曲困难，走路不稳或后肢麻痹无法站立，经5天左右可能死亡。

（3）病理变化　猪肉眼病理变化主要在脑、脊髓、睾丸和子宫。脑脊髓液增量，脑膜和脑实质充血、出血、水肿，肺水肿，肝、肾浊肿，心内、外膜出血，胃肠有急性卡他性炎症。脑组织学检查见非化脓性脑炎变化。

2. 实验检疫方法

（1）病毒分离与鉴定　在本病流行初期，采取濒死期脑组织或发热期血液，立即进行鸡胚卵黄囊接种或1~5日龄乳鼠脑内接种，可分离到病毒。分离获得病毒后，可用标准毒株和标准免疫血清进行交叉补体结合试验、交叉中和试验、交叉血凝抑制试验、酶联免疫吸附试验、小鼠交叉保护试验等鉴定病毒。

（2）血清学诊断　血凝抑制试验、中和试验和补体结合试验是本病常用的诊断方法。此外还有荧光抗体法、酶联免疫吸附试验、反向间接血凝试验、免疫黏附血凝试验和免疫酶组化染色法等。

3. 检疫后处理

马属动物和猪使用仓鼠肾细胞弱毒活疫苗。对猪舍、马栅、羊圈等地方，应定期进行喷药灭蚊，重点管理好没有经过夏秋季节的幼龄动物和从非疫区引进的动物。经常保持圈舍干燥，粪便堆积发酵。

十一、梨形虫病

梨形虫病是由巴贝斯科和泰勒科的各种梨形虫在血液内引起的疾病的总称。本病是一种季节性的由蜱传播的血液原虫病。

1. 临诊检疫要点

（1）流行特点　本病流行广泛。在我国的马、牛、羊、犬中，已发现8种巴贝斯虫和4种泰勒虫。

（2）临床症状

① 牛。发病初期，食欲减退、反刍减少。可视黏膜、唇边、乳房及会阴等处的皮肤由白变黄，呈现黄染；体温升高至39.5~41.5℃，呈稽留热；心跳加快，90~126次/min，第一心音明显增强；呼吸急促，45~90次/min；肺泡音粗粝；流鼻液、流涎。颈静脉怒张，呈嗜土癖；病牛迅速消瘦，产奶量急剧下降；体表淋巴结肿大，触摸有痛感，尤以肩前淋巴结的右侧淋巴结肿大显著。病牛全身无力，站立不稳，目光呆滞，心率在130次/min以上。

② 犬。首先表现为体温升高，在2~3天可达42~43℃。可视黏膜先呈淡红色，后来发红或呈黄染。心悸亢进，脉搏加快，呼吸困难。有些病犬脾脏肿大可以触及，并兼有感觉过敏，食欲废绝，饮水增加，有时出现腹泻；行走困难，最后几乎完全不能站立。慢性病例，只在病初几天发热，或者不发热，或者呈间歇热。病犬高度贫血，精神不振，但常无黄疸。虽食欲良好，却高度消瘦。

（3）病理变化　牛主要是血液稀薄，全身淋巴结肿大，切面多汁，呈暗红色，肝脏肿大1.5~2倍，脾脏肿大2~3倍。真胃黏膜肿胀、充血，有炎症变化。犬内脏特别是肝、肾和骨髓充血；脾脏高度肿胀，脾髓呈暗蓝红色，坚实或中度软化。胃肠黏膜苍白，或者部分区域呈轻度潮红和水肿。胆囊含有多量浓缩的黑绿色略呈屑粒状的胆汁。膀胱常有含血红蛋白

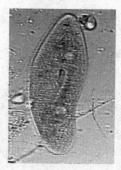

图 7-16 梨形虫

的尿液。各处淋巴结肿胀。心外膜和心内膜下常有点状出血。各组织均呈黄疸色。

2. 实验检疫方法

（1）血液直接涂片检查法 从病畜耳部采血一滴，直接涂成血片，自然干燥。用甲醇固定 2～3min，再用吉姆萨染色液染色 30～40min（或血片干燥后，直接用瑞氏染色液染色），水洗，干燥后镜检（图 7-16，彩图见插页）。

（2）浓集涂片检查法 从颈静脉采血 3～5ml，按 1:1 比例混入 2%枸橼酸钠溶液，经充分混合后，低速离心 3～5min（500～1000r/min）。用吸管吸出上层液体（其中仍含有多量的红细胞），移入另一沉淀管内，再分离 15～20min（1500～2000r/min）。除去上层液体，取沉淀物作涂片，固定，以吉姆萨染色液染色后进行镜检。因受虫体侵害的红细胞较轻，故落在第二次沉淀物内。

（3）淋巴结穿刺涂片检查法 主要用于诊断牛泰勒虫病。通常是穿刺肩前或股前淋巴结。在穿刺部位剪毛、消毒，用左手掐住淋巴结，右手用消毒过的 20 号注射针头快速地穿过皮肤，刺入淋巴结，待针头内有淋巴液时，即迅速拔下针头。继之用注射器推出针管内的淋巴液，使其滴落在洁净的载玻片上，再用针头抹开淋巴液，制成涂片，自然干燥。固定和染色方法与血液涂片法相同，然后在油镜下检查是否有石榴体。

3. 检疫后处理

确诊为梨形虫病时，对患病动物隔离治疗，病死畜尸体深埋或高温处理；对患病动物用精制敌百虫粉，配成 1%溶液局部涂擦或喷雾，也可用于栏舍、牛场及蜱活动的田间野地等场所的消毒。

十二、棘球蚴病

棘球蚴病（又称"包虫病"），是棘球蚴寄生于人和猪、牛、羊等哺乳动物内脏及肌肉内所引起的一类寄生虫病。在我国引起动物棘球蚴病的病原为棘球蚴。它不仅压迫组织器官造成其严重变形，而且由于囊泡破裂，囊液可导致再感染或过敏性疾患。其特征是营养障碍、消瘦、发育不良、衰竭、呼吸困难，对人、畜造成严重危害。

1. 临诊检疫要点

（1）流行特点 牛、羊、猪受害较重，特别是绵羊，在每年早春青黄不接时可引起大批死亡。以牧区发生较多，是我国危害较重的人、畜共患病。

（2）临床症状 棘球蚴寄生在肝脏时右腹膨大、膨气，肝区疼痛，偶见黄疸。寄生在肺脏时，呼吸困难、咳嗽、气喘、肺泡音微弱。棘球蚴囊液可引起体温升高，有时腹泻。最终由于肝、肺受害致营养失调，衰弱，死亡。囊泡破裂后引发人和畜剧烈的过敏反应，造成呼吸困难、体温升高、腹泻，对人特别敏感（图 7-17）。猪感染棘球蚴后，症状一般不明显，生前诊断较困难，一般在屠宰后发现。

（3）病理变化 棘球蚴最常见于肝和肺，此外也可见于心、肾、脾、肌肉、胃等。剖检时可见乳白色囊泡，常为球形，大小不等。囊壁厚，囊内充满液体，棘球蚴游离在囊液中。有棘球蚴寄生的脏器局部凹陷，甚至萎缩（图 7-18）。

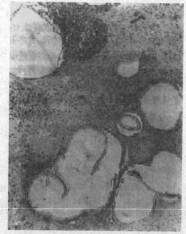

图 7-17 棘球蚴病

2. 实验检疫方法

（1）流行病学调查结合病死畜剖检　剖检时在肝脏、肺脏等处发现棘球蚴包囊即可确诊。

（2）变态反应试验　取新鲜棘球蚴囊液，无菌操作过滤，在动物颈部皮内注射 0.1～0.2ml，注射后 5～10min 内观察，皮肤出现红肿，直径 0.5～2cm，15～20min 后成暗红色为阳性；迟缓型于 24h 内出现反应。24～28h 不出现反应者为阴性。间接血凝试验和酶联免疫吸附试验具有较高的敏感性、特异性和重复性，对动物和人的棘球蚴检出率较高。

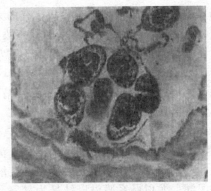

图 7-18　棘球蚴囊肿

（3）对人和动物也可用 X 射线透视和超声进行诊断。

3. 检疫后处理

（1）对检出棘球蚴的动物脏器应做销毁处理；肌肉中发现棘球蚴时，将患部割除销毁，其他部分不受限制利用；但若严重感染且囊泡破裂污染肉尸时，应高温处理后作工业用。

（2）禁止将病变内脏直接喂狗和随处丢弃，以防被犬或其他肉食动物食入。严格屠宰场地管理，场内应禁止养犬。严格执行肉品检疫，做好饲料、饮水及圈舍的清洁卫生工作，防止被犬粪污染。

十三、弓形虫病

弓形虫病，是由龚地弓形体引起的人和动物共患的寄生在细胞内的一种原虫病。我国经血清学或病原学证实可自然感染的动物有猪、黄牛、水牛、马、山羊、绵羊、鹿、兔、猫、犬、鸡等 16 种。各种家畜中以猪的感染率较高，在养猪场中可以突然大批发病，死亡率高达 60% 以上。因此本病给人、畜健康和畜牧业带来很大的危害和威胁。

1. 临诊检疫要点

（1）流行特点　感染来源主要为病畜和带虫动物。猫是各种易感动物的主要传染源。弓形虫的卵囊可被某些食粪甲虫、蝇、蟑螂和蚯蚓机械性的传播。另外，带有速殖子和包囊的肉尸、内脏、血液以及各种带虫动物的分泌物或排泄物也是重要的传染源。弓形虫的中间宿主范围非常广泛。人、畜、禽以及许多野生动物对弓形虫都有易感性。实验动物中以小白鼠、地鼠最敏感。经口感染为此病最主要的感染方式。自然条件下肉食动物一般是吃到肉中的速殖子或包囊而感染；草食兽一般是通过污染了卵囊的水草而感染；杂食兽则两种方式兼有。人体感染是因吃到肉、乳、蛋中的速殖子及污染蔬菜的卵囊或逗弄猫时吃到卵囊，经常接触动物，也可从感染动物的渗出液、排泄物等中获得感染。一般来说，弓形虫的流行没有严格的季节性，但秋、冬季和早春发病率最高，可能与动物机体的抵抗力因寒冷、运输、妊娠而降低有关。

（2）临床症状

① 猪。3～5 月龄的仔猪常表现为急性发作，症状与猪瘟相似。感染后 3～7 天，体温升高到 40.5～42℃，稽留热型。鼻镜干燥，鼻孔有浆液性、黏液性或脓性鼻涕流出，呼吸困难，全身发抖，精神委顿，食欲减退或废绝。病猪初期便秘，拉干粪球，粪便表面覆盖有黏液，有的病猪后期下痢，排水样或黏液性或脓性恶臭粪便。后期衰竭，卧地不起。体表淋巴结，尤其是腹股沟淋巴结明显肿大，身体下部或耳部出现淤血斑，或有较大面积的发绀。病重者于发病一周左右死亡。不呈急性症状的母猪，在怀孕后往往发生早产或产出发育不全的仔猪或死胎。

② 牛。犊牛可呈现呼吸困难、咳嗽、发热、精神沉郁、腹泻、排黏性血便、虚弱，常于 2～6 天内死亡。母牛的症状表现不一，有的只发生流产，有的出现发热、呼吸困难、虚

弱、乳房炎、腹泻和神经症状，有的无任何症状，可在其乳汁中发现弓形虫。

③ 绵羊。多数成年羊呈隐性感染，仅有少数有呼吸系统和神经系统的症状。有的母羊无明显症状而流产，流产常出现于正常分娩前 4～6 天，也有些足月羔羊可能死产，或非常虚弱，于产后 3～4 天死亡。

④ 犬。可表现为发热、厌食、精神委顿、呼吸困难、咳嗽、黏膜苍白。妊娠母犬可能早产或流产。

⑤ 猫。肠外感染时与犬相似，急性病例主要表现为肺炎症状，持续高热、呼吸急促和咳嗽等，也有出现脑炎症状和早产、流产的病例。

（3）病理变化　主要病变在肺、淋巴结和肝。表现为全身淋巴结髓样肿大，灰白色，切面湿润，尤以肠系膜淋巴结最为显著，呈绳索状，切面外翻，多数有针尖到米粒大、灰白色或灰黄色坏死灶及各种大小出血点。肺门、肝门、颌下、胃等处淋巴结肿大 2～3 倍；肺出血，有不同程度水肿，小叶间质增宽，小叶间质内充满半透明胶冻样渗出物，气管和支气管内有大量黏液性泡沫，有的并发肺炎；肝脏呈灰红色，常见散在针尖大到米粒大的坏死灶；脾脏肿大，棕红色；肾脏呈土黄色，有散在小点状出血或坏死灶；大、小肠均有出血点；心包、胸腹腔有积液；体表出现紫斑。

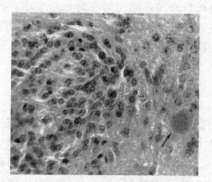

图 7-19　弓形虫包囊

2. 实验检疫方法

（1）病原学检查　急性病例取血液、淋巴及其他体液等病料，涂片，吉姆萨染色，镜检。在胞质内、外的弓形虫滋养体呈橘瓣状或新月状，一端稍尖，一端钝圆，胞质蓝色，核紫红色（图 7-19，彩图见插页）。

（2）血清学检查　主要是色素试验和间接血凝试验。色素试验检查 100 个游离弓形虫，50％不被染色者为阳性指标。间接血凝试验被检血清在 1∶64 以上为阳性，1∶32 为可疑，1∶16 为阴性。

3. 检疫后处理

（1）检出的带虫肉尸进行高温处理后出场，有严重病变的内脏，全部进行销毁处理。

（2）定期对猪场进行弓形体病检疫，检出的阳性猪只隔离治疗，病愈猪不得留作种用。

（3）场内禁止养猫，一般用磺胺类药物与抗菌增效剂合用治疗感染病例。

十四、血吸虫病

血吸虫病是由日本分体吸虫寄生于牛、羊、猪、马、犬、猫、兔、啮齿类及多种野生哺乳动物的门静脉系统的小血管内而引起的一种危害严重的人、畜共患寄生性吸虫病。

1. 临诊检疫要点

（1）流行特点　主要危害人和牛、羊等家畜。家畜中以耕牛的感染率最高。日本分体吸虫的发育必须有钉螺作为中间宿主，没有钉螺的地区就不会发生日本分体吸虫病。流行地区的人和动物的感染是与生活、活动过程中接触含尾蚴的疫水有关。感染途径主要是经皮肤感染。

（2）临床症状　牛只感染血吸虫后通常症状较为显著，出现腹泻和下痢，粪中带有黏液、血液，体温升高达 41℃以上，黏膜苍白，日渐消瘦，肝硬化，出现腹腔积液，生长发育严重受阻，甚至成为侏儒牛。母牛不孕或流产，最终可因极度贫血、衰弱而导致死亡。

（3）病理变化　剖检可见尸体明显消瘦、贫血和出现大量腹腔积液。肠系膜、大网膜甚至胃肠壁浆膜层出现显著的胶样浸润。肠黏膜有出血点、坏死灶、溃疡、肥厚或瘢痕组织。肠系膜淋巴结及脾脏变性、坏死。肠系膜静脉内有成虫寄生。肝脏病初肿大，后萎缩、硬化。在肝脏和肠壁上有数量不等的灰白色虫卵结节。心、肾、胰、脾、胃等器官有时也可发现虫卵结节的存在。

2. 实验检疫方法

(1) 病原检查方法　作粪检时，可用粪便沉淀孵化法（沉孵法），根据粪中孵出的毛蚴进行生前诊断。取新鲜粪便 100g，先加热至 70℃，然后冷却，加清水搅拌均匀，将粪水用细铜纱过滤在 500ml 三角量杯中，静置半小时后，倾去上清液，将沉淀再以水冲洗。如此共洗三次，即可澄清，倾去上清液，将沉淀物移入 250ml 三角瓶中，加清水至距离瓶口 0.5～1mm 处，置于 26～28℃的温箱内孵化。观察毛蚴。第一次观察在入箱后半小时，第二次观察在入箱后 1h，以后每隔 2～3h 观察一次，直至第 24h 为止。如为阳性，可见毛蚴在水面下作平行直线游泳，此时可借助放大镜识别或用吸管吸取置于载玻片上，在显微镜下识别（图 7-20、图 7-21，彩图见插页）。

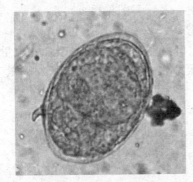

图 7-20　日本血吸虫虫卵

图 7-21　日本血吸虫雌雄成虫合抱

(2) 免疫学诊断法　如环卵沉淀试验、间接红细胞凝集试验和酶联免疫吸附试验等。

3. 检疫后处理

(1) 吡喹酮，黄牛、水牛按每千克体重 30mg 给予，1 次经口给予，牛体重以 400kg 为限。六氯对二甲苯（血防 846），剂量按每千克体重 700mg，平均分做 7 份，每日 1 次，连用 7 天，灌服。

(2) 及时对人、畜进行驱虫和治疗，并做好病畜的淘汰工作。结合水土改造工程或用灭螺药物杀灭中间宿主，阻断血吸虫的发育途径。在疫区内可将人、畜粪便进行堆肥发酵和制造沼气，既可增加肥效，又可杀灭虫卵。选择无螺水源，实行专塘用水或井水，以杜绝尾蚴的感染。全面合理规划草场建设，逐步实现划区轮牧。

十五、旋毛虫病

旋毛虫病是由旋毛虫寄生于哺乳动物而引起的寄生虫病。几乎所有的哺乳动物都可感染本病，尤其以肉食兽为重。在家畜中，猪患病率最高。人也感染，是一种人、畜共患的寄生虫病。

1. 临诊检疫要点

(1) 流行特点　成虫细小，肉眼几乎难以看清。虫体愈向前端愈细，前半部为食管，占虫体长 1/3～2/3。雄虫大小为 (1.4～1.6)mm×(0.04～0.05)mm，雌虫大小为 (3～4)mm×0.06mm。胎生。成虫寄生于小肠，幼虫寄生于横纹肌，成虫和幼虫寄生于同一个宿主。

(2) 临床症状　当猪感染量大时，感染后 3～7 天，有食欲减退、呕吐和腹泻症状。感染后 2 周幼虫进入肌肉引起肌炎，可见疼痛或麻痹、运动障碍、声音嘶哑、咀嚼与吞咽障碍、体温上升和消瘦。有时眼睑和四肢水肿。死亡较少，多于 4～6 周康复。

（3）病理变化　成虫引起肠黏膜损伤，造成黏膜出血、黏液增多。幼虫引起肌纤维纺锤状扩展，随着幼虫发育和生长，逐渐形成包囊，而后钙化。

图 7-22　旋毛虫幼虫包囊

2. 实验检疫方法

（1）生前诊断主要是采用变态反应和血清学反应。

（2）从猪的左右膈肌切小块肉样，撕去肌膜与脂肪，先做肉眼观察，细看有无可疑的旋毛虫病灶，然后从肉样的不同部位剪取 24 个肉粒（麦粒大小），压片镜检或用旋毛虫摄影器检查。肉眼观察旋毛虫包囊，只有一个细针尖大小，未钙化的包囊呈半透明，较肌肉的色泽淡，随着包囊形成时间的增加，色泽逐渐变淡而为乳白色、灰白色或黄白色（图 7-22，彩图见插页）。

3. 检疫后的处理

确诊为旋毛虫病时，病猪治疗或淘汰，病肉不可上市销售，应进行无害化处理。养猪实行圈养饲喂。肉类加工厂废弃物或厨房泔水，必须做无害化处理。加强饲养场的灭鼠工作，改善卫生环境。

第二节　共患疫病的鉴别

一、以急性发热为主的共患疫病

1. 多数病例（以急性发热为主的共患疫病）

（1）口蹄疫　急性发热伴有口蹄水疱、烂斑。

（2）炭疽　急性发热伴有黏膜发绀、天然孔出血、血凝不良。

（3）巴氏杆菌病　急性发热伴有呼吸障碍。

（4）恶性水肿　急性发热伴有创伤。

（5）伪狂犬病　急性发热的同时，牛伴有奇痒，猪伴有脑脊髓炎和败血综合征。

（6）梨形虫病　急性发热伴有黄疸、血尿和贫血。

（7）副伤寒　急性发热伴有黄疸、血尿和贫血。

2. 少数病例（有发热症状的共患疫病）

（1）钩端螺旋体病　少数病例有急性短期发热，同时伴有黄疸、血红蛋白尿和黏膜坏死。

（2）结核病　少数病例有发热，但其发热为长期发热，伴有咳嗽和体表淋巴结肿大。

（3）弓形虫病　少数病例有急性发热，但伴有皮肤紫斑、血便和后躯麻痹。

（4）旋毛虫病　部分病例有慢性发热，伴有肌肉疼痛。

（5）日本血吸虫病　发热伴有腹泻、贫血和衰弱。

（6）流行性乙型脑炎　马发热伴有中枢神经机能显著障碍。

（7）锥虫病　部分病例有发热，但其发热多呈间歇热、不定热，伴有黄疸、贫血、四肢肿胀、皮肤坏死和黏膜出血。

二、以皮肤局部炎性肿胀为主的共患疫病

1. 急性皮肤局部炎性肿胀的共患疫病

（1）炭疽　皮肤局部炎性肿胀多发生在体侧及口腔、直肠黏膜，指压无捻发音，伴有天然孔出血。

（2）巴氏杆菌病　皮肤局部炎性肿胀多发生在咽喉部位和冠、髯，指压无捻发音，伴有

呼吸障碍。

（3）恶性水肿　皮肤局部炎性肿胀多发生在创伤部位，指压有捻发音。

（4）仔猪水肿病　局部肿胀多发生在头面部，并伴有神经症状。

2. 慢性皮肤局部炎性肿胀的共患疫病

（1）钩端螺旋体病　少数亚急性、慢性病猪，在头部上下颌、颈部甚至全身有水肿，并伴有黄疸、茶色尿。

（2）锥虫病　四肢、腹、胸、外生殖器、唇等部位水肿，但水肿偏重于外生殖器部位，伴有眼结膜特殊的油脂样色泽和出血斑。

（3）旋毛虫病　患病局部皮肤、肌肉有肿胀，肿胀的肌肉有疼痛感，伴有腹泻。

三、以流产为主的共患疫病

1. 以流产为主，其他症状不明显的共患疫病

（1）布氏杆菌病　流产时，流产胎儿皮下、黏膜、浆膜出血，胎衣水肿，附有纤维素性渗出物。

（2）马沙门菌病　流产集中于产驹季节，均为死胎，流产胎儿皮下、浆膜出血，胎衣水肿，附有出血点。

（3）猪流行性乙型脑炎　流产有季节性，流产胎儿大小不一且差别很大。

2. 流产伴有其他突出症状的共患疫病

（1）钩端螺旋体病　流产兼有发热、贫血、黄疸、血红蛋白尿及皮肤、黏膜坏死、水肿。

（2）锥虫病　伊氏锥虫病流产兼有间歇热、贫血、黄疸、水肿、黏膜出血、皮肤坏死。

（3）弓形虫病　流产兼有发热、呼吸困难、淋巴结肿大。

（4）血吸虫病　流产兼有腹泻、血便、贫血、消瘦、衰弱无力。

四、以肺部症状为主的共患疫病

（1）结核病　具有肺部症状的同时，呈慢性经过，渐进性消瘦、体表淋巴结肿大。

（2）巴氏杆菌病　具有明显的肺部症状的同时，呈急性经过，高热、咽部肿胀。

（3）弓形虫病　具有明显的肺部症状的同时，病情经过较快，体表淋巴结肿大。

【本章小结】

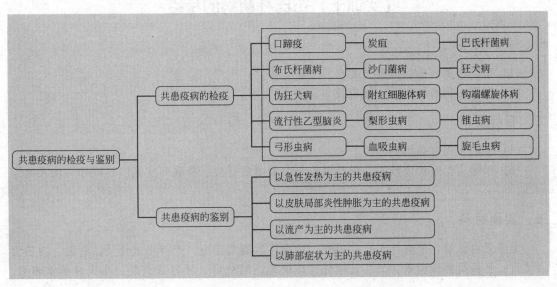

【思考题】

1. 口蹄疫的临诊检疫要点是什么？
2. 禽巴氏杆菌病的临诊检疫要点是什么？
3. 布氏杆菌病实验室检疫的主要方法有哪些？
4. 以慢性皮肤局部炎性肿胀为主的共患疫病有哪些？
5. 以急性发热为主的共患疫病的鉴别检疫要点是什么？

【案例与分析】

一起炭疽流行的调查分析案例

[案例概述]

2013 年 7～9 月，某县××村发生不明原因的死牛事件。随后有人出现发烧、头痛、皮肤破溃结黑痂等疑似炭疽的症状。后经流行病学调查、临床症状分析和实验室诊断，确定为一起疑似炭疽疫情。

2013 年 7 月 15 日，该村 3 户牧民家先后有 6 头牦牛急性死亡。其中 2 头死亡后天然孔道出血，血液不凝固，其余 4 头血液凝固。牧民将死牛宰杀并食用。8 月 5 日与该村相邻的一个村庄一牧民家有 4 头牛死亡。主诉牛死前表现发热、呼吸困难、口吐白沫、拒食、站立不稳，最后突然倒地死亡。死后天然孔道出血，血液不凝固。以后同村又有牛、羊相继死亡，症状同前。参与剥皮及食用者也相继发病。两村与病死畜有接触史者共 56 人，发病 7 人，发病率 12.5%。

当地第一人民医院和动物卫生监督所的有关人员对死畜肉、污染土壤、患者病灶渗出液进行了采样和炭疽杆菌分离。采集死畜肉 5 份，均分离出炭疽杆菌，阳性率为 100%；采集病死畜宰杀剥皮点土壤 8 份，其中 5 份检出炭疽杆菌，阳性率为 62.5%；采集患者病灶渗出液各 5 份进行涂片镜检，均未分离出炭疽杆菌。

[案例分析]

根据以上案例请做出处理分析。

(1) 临诊检疫要点。
(2) 实验检疫方法。
(3) 检疫后的处理。

【实训十】 布氏杆菌病的检疫

一、实训内容

(1) 布氏杆菌病的临诊检疫要点。
(2) 布氏杆菌病的实验室检疫技术。

二、目标要求

(1) 了解布氏杆菌病的检疫方法。
(2) 掌握实验室检疫技术，学会试管与平板凝集反应、全乳环状试验的操作方法及判定标准。

三、实训材料

无菌采血试管、采血针头及注射器、皮内注射器及针头、灭菌小试管及试管架、清洁灭菌试管、平板凝集试验箱、清洁玻璃板、玻璃笔、酒精灯、牙签或火柴、布氏杆菌水解素、

5％碘酊棉球、70％酒精棉球、0.5％石炭酸生理盐水或5％～10％的浓盐水、布氏杆菌试管凝集抗原、阳性和阴性血清等。

四、方法与步骤

（一）临诊检疫

（1）流行病学调查　了解患病家畜的种类、发病数量及饲养管理和畜群的免疫接种情况。

（2）临诊检疫　最显著症状是怀孕母畜发生流产，流产后可能发生胎衣滞留和子宫内膜炎，从阴道流出污秽不洁、恶臭的分泌物。新发病的畜群流产较多；老疫区畜群发生流产的较少，但发生子宫内膜炎、乳房炎、关节炎、胎衣滞留、久配不孕的较多。公畜往往发生睾丸炎、附睾炎或关节炎。

（3）病理变化　对流产胎儿和胎衣仔细观察，结合所学知识注意观察特征性的病理变化。

（二）实验室检疫

1. 病原学诊断

采集流产胎衣、绒毛膜水肿液、肝、脾、淋巴结、胎儿胃内容物等组织，制成抹片，用柯兹罗夫斯基染色法染色，镜检，布氏杆菌为红色球杆状小杆菌，而其他菌为蓝色。新鲜病料可用胰蛋白胨-琼脂面或血液琼脂斜面、肝汤琼脂斜面等培养基培养；若为陈旧病料或污染病料，可用选择性培养基培养。培养时，一份在普通条件下，另一份放于含有5％～10％二氧化碳的环境中，37℃培养7～10天。然后进行菌落特征检查和单价特异性抗血清凝集试验。

2. 血清学诊断

（1）平板凝集反应　这种试验反应按《家畜布氏杆菌病平板凝集反应技术操作规程及判定标准》进行。

① 操作步骤。最好用平板凝集试验箱。无此设备可用清洁玻璃板，划成 $4cm^2$ 方格，横排5格，纵排可以数列，每一横排第一格写血清号码，用0.2ml吸管将血清以0.08ml、0.04ml、0.02ml、0.01ml分别依次加于每排4小方格内，吸管必须稍倾斜并接触玻璃板，然后以抗原滴管垂直于每格血清上滴加一滴平板抗原（一滴等于0.03ml，如为自制滴管，必须事先测定准确），5～8min后按下列标准记录反应结果。

＋＋＋＋：出现大凝集片或小粒状物，液体完全透明，即100％凝集。

＋＋＋：有明显凝集片和颗粒，液体几乎完全透明，即75％凝集。

＋＋：有可见凝集片和颗粒，液体不甚透明，即50％凝集。

＋：仅仅可以看见颗粒，液体混浊，即25％凝集。

－：液体均匀混浊，无凝集现象。

平板凝集反应的血清量0.08ml、0.04ml、0.02ml和0.01ml，加入抗原后，其效价相当于试管凝集价的1：25、1：50、1：100、1：200。

每批次平板凝集试验必须以阴性、阳性血清作对照。

② 结果判定。判定标准与试管凝集反应相同。结果通知单只在血清凝集价的格内分别换成0.08ml（1：25）、0.04ml（1：50）、0.02ml（1：100）和0.01ml（1：200）。

（2）虎红平板凝集试验　这种试验是快速玻片凝集反应。抗原是由布氏杆菌加虎红制成。它可与试管凝集及补体结合反应效果相比，且在犊牛菌苗接种后不久，以此抗原做试验就呈现阴性反应，对区别菌苗接种与动物感染有帮助。

① 材料准备。布氏杆菌虎红平板试验抗原，可按说明书使用。

② 操作步骤。被检血清和布氏杆菌虎红平板凝集抗原各 0.03ml 滴于玻璃板的方格内，每份血清各用一支火柴棒混合均匀。在室温（20℃）4～10min 内记录反应结果。同时以阳性、阴性血清作对照。

③ 结果判定。在阳性血清及阴性血清试验结果正确的对照下，被检血清出现任何程度的凝集现象均判为阳性，完全不凝集的判为阴性，无可疑反应。

（3）全乳环状反应　环状反应用于乳牛及乳山羊布氏杆菌病检疫，以监视无病畜群有无本病感染。也可用于个体动物的辅助诊断方法。可由畜群乳桶中取样，也可由个别动物乳头取样。按《乳牛布氏杆菌病全乳环状反应技术操作规程及判定标准》进行。

① 材料准备。抗原由兽医生物药品厂生产供应。全乳环状反应抗原有两种，一种为苏木素染色抗原，呈蓝色；另一种是四氮唑染色抗原，呈红色。

被检乳汁必须为新鲜全脂乳。凡腐败、变酸和冻结的不适于本试验（夏季采集的乳汁应于当天检验，如保存于 2℃时，7 天内仍可使用）。患乳房炎及其他乳房疾病的动物的乳汁、初乳、脱脂乳及煮沸乳汁也不能作环状反应用。

② 操作步骤。取新鲜全乳 1ml 加入小试管中，加入抗原 1 滴（约 0.05ml）充分振荡混合；置 37～38℃水浴中 60min，小心取出试管，勿使振荡，立即进行判定。

③ 判定标准。判定时不论哪种抗原，均按乳脂的颜色和乳柱的颜色进行判定。

强阳性反应（＋＋＋）：乳柱上层的乳脂形成明显红色或蓝色的环带，乳柱呈白色，分界清楚。

阳性反应（＋＋）：乳脂层的环带虽呈红色或蓝色，但不如"＋＋＋"显著，乳柱微带红色或蓝色。

弱阳性反应（＋）：乳脂层环带颜色较浅，但比乳柱颜色略深。

疑似反应（±）：乳脂层环带不甚明显，并与乳柱分界模糊，乳柱带有红色或蓝色。

阴性反应（－）：乳柱上层无任何变化，乳柱呈均匀混浊的红色或蓝色。

脂肪较少或无脂肪的乳汁呈阳性反应时，抗原菌体呈凝集现象下沉管底，判定时以乳柱的反应为标准。

（4）变态反应试验　本试验是用不同类型的抗原进行布氏杆菌病诊断的方法之一。布氏杆菌水解素即变态反应试验的一种抗原，这种抗原专供绵羊和山羊检查布氏杆菌病使用。按《羊布氏杆菌病变态反应技术操作规程及判定标准》进行。

① 操作步骤。使用细针头，将水解素注射于绵羊或山羊的尾皱褶部或肘关节无毛处的皮内，注射剂量 0.2ml。注射前应将注射部位用酒精棉球消毒。如注射正确，在注射部形成绿豆大小的硬包。注射一只后，针头应用酒精棉球消毒，然后再注射另一只。

② 结果判定。注射后 24h 和 48h 各观察反应一次（肉眼观察和触诊检查），若两次观察结果不符时，以反应最强的一次作为判定的依据。判定标准如下。

强阳性反应（＋＋＋）：注射部位有明显不同程度的肿胀和发红（硬肿或水肿），不用触诊，一望即知。

阳性反应（＋＋）：肿胀程度虽不如上述现象明显，但也容易看出。

弱阳性反应（＋）：肿胀程度也不显著，有时需靠触诊始能发现。

疑似反应（±）：肿胀程度似不明显，通常需与另一侧皱褶相比较。

阴性反应（－）：注射部位无任何变化。

阳性牲畜，应立即移入阳性畜群进行隔离，可疑牲畜必须于注射后 30 天进行第二次复检，如仍为疑似反应，则按阳性牲畜处理，如为阴性则视为健康。

五、实训报告

（1）写一份布氏杆菌病临诊检疫（以平板凝集反应为例）的报告。

（2）布氏杆菌病的临诊检疫要点是什么？

【实训十一】 沙门菌病的检疫

一、实训内容

（1）沙门菌病的临诊检疫要点。

（2）沙门菌病的实验室检疫技术。

二、目标要求

（1）了解沙门菌病的临床检疫方法。

（2）掌握沙门菌病的实验室检疫方法。

三、实训材料

载玻片、剪刀、镊子、手术刀、采血针、纱布、酒精灯、接种环、革兰染色液、普通显微镜、香柏油、二甲苯、鉴别培养基、增菌培养液、荧光显微镜、丙酮、PBS液等。

四、方法与步骤

1. 临诊检疫

（1）流行病学调查　了解患病家畜的种类、发病季节、发病数量和死亡情况、采取了哪些相应的措施及畜禽免疫接种情况。

（2）临诊检查　根据所了解的此病的症状进行仔细观察，特别注意以下几个特征：猪有无下痢、呼吸困难，耳根、胸前和腹下皮肤是否有紫红色斑点，禽有无腹泻、排稀薄白色糊糊状粪便。

（3）病理变化　结合所学知识注意观察特征性的病理变化。

2. 病原学检测

（1）病料的采集　将死亡12h以内的猪整体送检，如整体送检困难，可无菌采集心血、肝、脾、淋巴结、管状骨等，放置于30％甘油生理盐水中，送至实验室。

（2）镜检　采集病猪粪、尿、心血、肝、脾、肾组织、肠系膜淋巴结、流产胎儿的胃内容物、流产病畜的子宫分泌物等触片或涂片，自然干燥，用革兰染色液染色，镜检，沙门菌是两端钝圆或卵圆形，不形成芽孢和荚膜的革兰阴性小杆菌。

（3）培养检查　把采集的新鲜病料分别接种于普通琼脂培养基、麦康凯琼脂培养基，37℃培养24h。观察可见在普通琼脂培养基上生长出边缘整齐、湿润、圆形、无色、半透明的小菌落；麦康凯琼脂培养基上生长出无色、半透明、圆形、边缘整齐、湿润、隆起的菌落。分别取上述培养基上的菌落，接种于普通肉汤培养基上，37℃培养24h，可见肉汤混浊、有少量白色沉淀，镜检可见均匀的革兰阴性杆菌存在。

（4）增菌与鉴别培养　如果病料污染严重，可用增菌培养液进行增菌培养，常用的增菌培养液为四硫磺酸钠煌绿增菌液和亚硒酸盐亮绿培养液。鉴别培养基为SS琼脂培养基、亚硫酸铋琼脂培养基、HE琼脂培养基等。在SS琼脂培养基上，沙门菌的菌落呈灰色，菌落中心为黑色；在亚硫酸铋琼脂培养基上，沙门菌的菌落呈黑色；在HE琼脂培养基上，沙门菌的菌落为蓝绿色或蓝色，中心为黑色。

（5）生化特性　钩取鉴别培养基上的菌落进行纯培养，同时在三糖铁斜面上做划线接种并向基底部穿刺接种，37℃培养24h。如为沙门菌则在穿刺线上呈黄色，斜面呈红色，产生硫化氢的菌株可使穿刺线变黑。

将符合上述检查的培养物用革兰染色液染色、镜检，并接种生化管以鉴定生化特性，作出判断。本属细菌为革兰阴性直杆菌，周生鞭毛。能还原硝酸盐，能利用葡萄糖产气。不发酵乳糖，靛基质阴性。猪霍乱沙门菌不发酵阿拉伯糖和海藻糖，猪伤寒沙门菌不发酵甘露醇，偶然也有发酵蔗糖和产生吲哚的菌株。

3. 血清学检测

（1）玻片凝集法　用沙门菌属诊断血清与分离菌株的纯培养物做玻片凝集试验。将可疑菌落用无菌生理盐水洗下，制成浓厚的细菌悬液，100℃水浴30min。取洁净玻片，滴一小滴沙门菌 A～F 群多价 O 血清至玻片上，再滴少许细菌悬液与玻片上的多价 O 血清混匀，摇动玻片，观察结果，看2min内是否出现凝集现象。若出现凝集现象，可判定为阳性。同时做阳性和阴性对照。

（2）荧光抗体检测法　取被检猪的肝、脾、肾、血液、肠系膜淋巴结和皮下胶样浸出液抹片，晾干，丙酮溶液中固定10min。抗原标本用丙酮固定10min后，将荧光抗体加在每个标本面上，使其完全覆盖标本。将玻片置于湿盒中，37℃水浴中作用40min。取出玻片置玻架上，先用 pH 7.4 0.01mol/L 的 PBS 液冲洗后，再经三次漂洗，每次5min，用滤纸吸去多余水分，但不使标本干燥，加一滴缓冲甘油，用盖玻片覆盖，置荧光显微镜下观察。

结果判定：标本中看不清菌体，无荧光为"－"；仅见菌体及较弱荧光记为"＋"；菌体有明亮荧光记为"＋＋"；菌体非常清楚，呈明亮的黄绿色荧光记为"＋＋＋"。

五、实训报告

（1）沙门菌病的临诊检疫要点是什么？
（2）沙门菌病实验室检疫的方法、操作步骤和判定标准是什么？

【实训十二】　猪旋毛虫病的检疫

一、实训内容

（1）旋毛虫病的临诊检疫要点。
（2）旋毛虫病的实验室检查方法。

二、目标要求

熟悉旋毛虫病临诊检疫的操作要点，掌握肌肉压片检查法，学习和了解肌肉消化检查法，认识肌旋毛虫。

三、实训材料

旋毛虫压定器或载玻片、剪刀、镊子、绞肉机、组织捣碎机、显微镜、旋毛虫检查投影仪、0.3～0.4mm铜筛、贝尔曼幼虫分离装置、磁力加热搅拌器、600ml锥形瓶、分液漏斗、烧杯、纱布、天平等；5％和10％盐酸溶液、0.1％～0.4％胃蛋白酶水溶液、50％甘油溶液等。

四、方法与步骤

（一）临诊检疫

可见疼痛或麻痹、运动障碍、声音嘶哑、咀嚼与吞咽障碍、体温上升和消瘦。有时眼睑和四肢水肿。

（二）实验室检疫

1. 肌肉压片检查法

（1）采样　猪肉取左、右膈肌各30g肉样一块，并编上与肉体同一号码。

（2）制片　先撕去同样肌膜，用剪刀顺肌纤维方向剪成米粒大12粒，两块共24粒，依次贴于玻片上，盖上另一玻片，用力压扁。

（3）判定　将制片置于50~70倍低倍显微镜下观察，发现有梭形或椭圆形，呈螺旋状盘曲的旋毛虫包囊，即可确诊。放置时间较久，包囊已不清晰，可用美蓝溶液染色，染色后肌纤维呈淡蓝色，包囊呈蓝色或淡蓝色，虫体不着色。

2. 肌肉消化检查法

（1）采样　按流水线上胴体编号顺序，以5~10头猪为一组，每头采取膈肌数克分别放在序号相同的采样盘或取样袋内。

（2）捣碎肉样　每头随机取2g，每组共取10~20g，加入100~200ml 0.1%~0.4%的胃蛋白酶溶液，捣碎至肉样成絮状并混悬于溶液为止。

（3）消化、过筛　将捣碎液倒入锥形瓶中，再用等量胃蛋白酶溶液冲洗容器，洗液注入锥形瓶中，于200ml消化液中加入5%盐酸溶液7ml左右，中速搅拌，消化2~5min。然后用粗筛过滤后再用细筛过滤，滤液收集于另一大烧杯中。

（4）沉淀过滤、分装、镜检　待滤液沉降数分钟后取上清液再过滤振荡，使虫体下沉。并迅速地将沉淀物放于底部划分为若干个方格的培养皿内。用低倍镜按皿底划分的方格，分区逐个检查有无旋毛虫。

五、实训报告

记录实训操作情况，并根据检查结果写一份关于猪旋毛虫病的检疫报告。

第八章 猪疫病的检验检疫

第一节 猪疫病的检疫

一、猪瘟

猪瘟是由猪瘟病毒引起的猪的高度传染性和致死性的传染病。其特征为高热稽留，小血管变性而引起的广泛出血、梗死和坏死。

1. 临诊检疫要点

（1）流行特点 仅限于猪发病，不同品种、年龄、性别的猪均能感染，发病率和病死率都高。无季节性。急性暴发时，最先发病1～2头，呈最急性型，1～3周内达发病流行高峰，且多为急性型，以后出现亚急性型，至流行后期少数呈慢性型。病程较长者常有其他细菌继发感染。免疫母猪所产仔猪1月龄以内很少发病。

（2）典型猪瘟

① 最急性型。见突然高热稽留，皮肤黏膜发绀。浆膜、黏膜、内脏有少量出血点。5天内死亡。

② 急性型。体温40.5℃左右，稽留热，沉郁嗜眠，好钻草窝压摞，弓腰，腿软，行动缓慢，易退槽，喜饮污水，间有呕吐。先便秘后腹泻，粪便恶臭，内有纤维素性白色黏液和血丝。患有黏液脓性结膜炎，眼睑黏封。鼻、唇、耳、下颌、四肢、腹下、外阴等处的皮肤有点状出血，指压不褪色。淋巴结大理石样出血，尤以边缘出血严重。肾色淡，有出血斑，同麻雀蛋样。脾尤其边缘有出血点。公猪积尿混浊异臭。1～3周死亡。

③ 亚急性型。与急性型相似，但病情缓和。病程3～4周。

④ 慢性型。多见消瘦贫血，衰弱无力，行动蹒跚，体温时高时低，食欲时好时坏，便秘腹泻交替。皮肤有紫斑或坏死、干痂。坏死性肠炎，回肠和结肠有同心圆、轮层状的纽扣状溃疡（图8-1，彩图见插页）。病程1个月以上。

（3）非典型猪瘟

① 神经型。见阵发性神经症状，嗜眠磨牙，全身痉挛，转圈后退，侧卧游泳状，感觉过敏，触动时尖叫。

② 温和型。病情缓和，稍有发热，病程较长，成年猪康复，发病率和病死率较典型猪瘟低。

③ 颤抖型。发生于新生仔猪，症状如霹雳舞样，病程不长，先后死亡。

图8-1 猪瘟大肠中的扣状溃疡

2.检疫方法

（1）依据流行病学、临床症状和特征变化可初步作出诊断。

（2）病毒学检查 猪体交互免疫试验或兔体交互免疫试验具有可靠的确定检疫意义，但所需时间稍长。鸡新城疫病毒强化试验，病料为无菌浸出液，接种于猪睾丸细胞培养，4天后加入新城疫强毒，再培养4天，若细胞出现病变则为猪瘟。此法也可加入抗猪瘟血清进行中和试验。

（3）血清学检查 补体结合反应试验、琼脂双向扩散试验已被荧光抗体试验和间接标记免疫吸附试验所取代。这些免疫标记技术能获得可靠的确定检疫结论。

3.检疫后处理

发现猪瘟时，应尽快确诊上报疫情，立即隔离病猪，严格消毒场圈，禁止向非疫区运生猪及其产品。对无利用价值的病猪应尽快扑杀、深埋，其他猪群立即进行免疫处理。

二、猪传染性水疱病

由猪水疱病病毒引起的猪的急性、热性高度接触性传染病，即猪传染性水疱病（SVD）。其特征为蹄部或偶尔在口、鼻、乳房皮肤发生水疱和烂斑。在症状上与口蹄疫极为相似，但牛、羊等家畜不发病。

1.临诊检疫要点

（1）流行特点 仅发生于猪。流行性强，发病率高，最常流行于高度集中、调运频繁的猪群中。收购猪的饲养密度愈大，饲养时间愈长，场舍愈潮湿，发病率愈高。分散舍饲的条件下极少发生流行。猪群感染后，往往是初见几头猪发病，随之很快波及全群。

（2）临床症状 病猪体温升高，跛行，蹄部充血、肿胀、敏感，不久可在一个或几个蹄的蹄冠、蹄叉出现大小不一的水疱，很快破溃形成糜烂，并波及趾部、跖部、蹄踵。严重者蹄壳脱落，行动困难，卧地不起。水疱偶尔见于乳房、口腔、舌面和鼻端。水疱破后体温下降。10～11天逐渐康复，很少死亡（图8-2，彩图见插页）。

(a) 鼻盘水疱破后形成烂斑　　　　　　(b) 蹄壳脱落出现溃疡

图8-2 猪传染性水疱病

（3）病理变化 个别猪的心外膜有出血点。

2.检疫方法

（1）生物学检查 有动物接种试验、致死2日龄乳鼠试验等。

（2）血清学检查 有补体结合反应试验、血清中和试验、荧光抗体试验、琼脂扩散试验、放射免疫分析、免疫电泳、反向间接血凝试验等。目前实际应用的主要方法是血清保护试验、反向被动血细胞凝集试验、琼脂扩散试验和荧光抗体试验。

3.检疫后处理

病猪按法定对疫区必须采取的措施进行处理。发现本病时，立即上报。本着"早、快、严、小"的原则划定疫区，采取隔离、封锁、严格消毒等措施。

三、猪繁殖与呼吸综合征

本病（PRRS）是由病毒引起的猪的一种繁殖障碍和呼吸道的传染病。其特征为厌食、发热、怀孕后期发生流产、产死胎和木乃伊化胎儿；幼龄仔猪发生呼吸道症状。在英国称为"蓝耳病"，母猪临床上会有这种症状。

1. 临诊检疫要点

（1）流行特点　仅发生于猪。各种年龄、性别、品种、体质的猪均能感染，而以妊娠和1月龄以内的仔猪最易感，并表现出典型的临床症状。肥育猪症状较轻。本病发病无明显的季节性。流行过程慢，一般为3～4周，长的可达6～12周。饲养管理不当、天气寒冷等因素是诱发本病的主要原因。

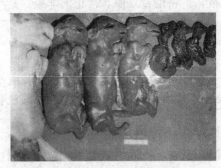

图 8-3　死胎及木乃伊化胎儿

（2）临床症状　潜伏期一般为14天，种母猪主要表现为呼吸困难，发情期延长或不孕；怀孕母猪发生早产，流产，产死胎、木乃伊化胎儿和弱仔等现象（图8-3）。2～3周后母猪开始康复，再次配种时受精率可降低50％，发情推迟。

仔猪以2～28日龄感染后症状明显，死亡率高达80％，大多数出生仔猪表现呼吸困难，肌肉震颤，后肢麻痹，共济失调。少数病例耳部发紫，皮下出现一过性血斑。

公猪精液质量下降、数量减少、活力低。感染本病的猪有时表现为耳部、外阴、尾、鼻、腹部发绀，其皮肤出现青紫色斑块，故又称为蓝耳病。

育成猪可见双眼肿胀、结膜炎和腹泻，并出现间质性肺炎。

2. 检疫方法

（1）病毒分离与鉴定　将病猪的肺、死胎儿的肠和腹腔积液、胎儿血清、母猪血液、鼻拭子和粪便等进行病毒分离。病料经处理后，再经 $0.45\mu m$ 滤膜，取滤液接种猪肺泡巨噬细胞培养，培养5天后，用免疫过氧化物酶法染色，检查肺泡巨噬细胞中 PRRSV 抗原。或将上述处理好的病料接种 CL-2621 或 Marc-145 细胞培养，37℃培养7天观察致细胞病变效应（CPE），并用特异血清制备间接荧光抗体，检测 PRRSV 抗原，也可以在 CL-2621 或 Marc-145 细胞培养中，进行中和试验鉴定病毒。

（2）应用间接 ELISA 法检测抗体　其敏感性和特异性都较好，法国将此法作为监测和诊断的常规方法。RT-PCR 法能直接检测出细胞培养中和精液中的 PRRSV。

（3）荷兰提出的简易诊断方法　母猪80％以上发生流产，20％以上发生产死胎，25％以上仔猪死亡。三项指标中有两项符合就可以确诊为本病。

3. 检疫后处理

发现繁殖与呼吸综合征的病猪，防治处理的最根本办法是：第一，消除病猪、带毒猪和彻底消毒，切断传播途径，猪舍注意通风；第二，清除感染的断奶猪，保持保育室无 PRRS 病猪；第三，应加强进口猪的检疫和本病监测，以防本病扩散。

四、猪圆环病毒病

本病是由猪圆环病毒（PCV）引起的猪的一种新的传染病。现已知 PCV 有两个血清型，即 PCV1 和 PCV2。PCV1 为非致病性圆环病毒。PCV2 为致病性圆环病毒，它是断奶仔猪多系统衰竭综合征的主要病原。主要感染8～13周龄猪，其特征为体质下降、消瘦、腹泻、呼吸困难。

1. 临诊检疫要点

（1）流行特点 主要发生在断奶后仔猪，哺乳猪很少发病并且发育良好。一般本病集中于断奶后2～3周和5～8周龄的仔猪。

（2）临床症状 同窝或不同窝仔猪有呼吸道症状，腹泻，发育迟缓，体重减轻。有时出现皮肤苍白，有20％的病例出现贫血，具有诊断意义（图8-4，彩图见插页）。

图8-4 圆环病毒病猪
（体质下降、消瘦、腹泻、呼吸困难）

一般临床症状可能与继发感染有关，或者完全是由继发感染所引起。在通风不良、过分拥挤、空气污浊、混养以及感染其他病原等情况时，病情明显加重，一般病死率为10％～30％。

（3）病理变化 剖检淋巴结肿大，脾肿大，肺膨大、间质变宽、表面散在大小不等的褐色突变区。肝脏有以肝细胞的单细胞坏死为特征的肝炎；肾脏有轻度至重度的多灶性间质性肾炎；心脏有多灶性心肌炎。

2. 检疫方法

（1）病理学检查 此法在病猪死后极有诊断价值。当发现病死猪全身淋巴结肿大，肺退化不全或形成固化、致密病灶时，应怀疑是猪圆环病毒病。可见淋巴组织内淋巴细胞减少，单核吞噬细胞类细胞浸润及形成多核巨细胞，若在这些细胞中发现嗜碱性或两性染色的细胞质内包含体，则基本可以确诊。

（2）血清学检查 是生前诊断猪圆环病毒病最有效的一种方法。诊断本病的方法有：间接免疫荧光试验（IFA）、酶联免疫吸附测定法（ELISA）、聚合酶链式反应（PCR）等。

IFA主要用于检测细胞培养物中的PCV抗原；ELISA主要用于检测血清中的病毒抗体，其检出率为99.58％，而IFA的检出率仅为97.14％，所以该方法可用于PCV2抗体的大规模监测。PCR是一种快速、简便、特异的诊断方法。采用PCV2特异的或群特异的引物在病猪的组织、鼻腔分泌物和粪便中进行基因扩增，根据扩增产物的限制酶切图谱和碱基序列确认PCV感染，并可对PCV1和PCV2定型。

3. 检疫后处理

一旦发现可疑病猪及时隔离，并加强消毒。切断传染途径，杜绝疫情传播。

五、猪丹毒

猪丹毒是猪的一种急性、热性传染病，由猪丹毒杆菌引起。其特征是急性病例为败血症变化，亚急性为皮肤疹块型，慢性多发生关节炎、心内膜炎。

1. 临诊检疫要点

（1）流行特点 主要发生于3～12月龄的猪，尤其是生长（架子）猪最易感。其他动物和人也可感染，但很少发病。常呈散发性或地方流行性，个别情况下也呈暴发流行。一年四季都可发生，但炎热多雨的夏季发病较多。土壤污染有重要的传播意义。

（2）临床症状

① 急性型（败血型）。个别病猪不显现任何症状而突然死亡。多数猪病情稍缓，体温在42℃以上，稽留热，眼结膜充血、眼亮有神，粪干便秘。耳、颈、背部等处皮肤出现充血、淤血的红斑，指压褪色。病猪常于3～4天死亡，死亡率高。

② 亚急性型（疹块型）。体温升高，皮肤上有圆形、方形疹块，稍凸出于皮肤表面，呈红色或紫色，中间色浅，边缘色深，指压褪色并有硬感（图8-5，彩图见插页），病程1～2周。

③ 慢性型。常见有多发性关节炎和慢性心内膜炎，也可见慢性坏死性皮炎。病程一月至数月。

（3）病理变化 急性败血型猪丹毒，全身淋巴结肿大，切面多汁，有出血点。肾常发生

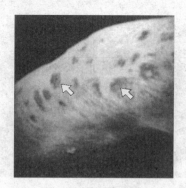

图 8-5 猪丹毒病猪
(皮肤疹块)

急性出血性肾小球肾炎的变化，体积增大，呈弥漫性暗红色，纵切面皮质部有小红点。脾肿大柔软，呈桃红色，脾髓易刮下。变色的肝充血，由红棕色转为特殊的鲜红色。胃和十二指肠弥漫性严重出血。亚急性型皮肤上有菱形、方形、圆形的疹块或形成淡褐色的痂。慢性型见菜花样心内膜炎，穿山甲样皮肤坏死，关节纤维素性炎症。

2. 检疫方法

(1) 细菌学检查

① 取高热期的猪耳静脉血液、皮肤疹块边缘部血液或渗出液，慢性病例关节滑囊液作病料，涂片染色镜检，可见革兰阳性纤细的小杆菌。

② 分离培养。取上述病料，分离培养，在血液琼脂上可见生长出针尖大透明露滴状的细小菌落，有的菌株可形成狭窄的绿色溶血环，明胶穿刺呈试管刷状生长。

③ 动物接种。取被检病料加生理盐水按 (1∶10)~(1∶5) 做成乳剂，接种鸽子，用量为 0.5~1ml，于 2~5 天因败血症死亡。

(2) 血清学检查

① 平板凝集试验。取丹毒抗原 2 滴，分别滴于载玻片上，其中一滴抗原加被检血液或血清一滴，另一滴加正常血液或阴性血清一滴作对照，混匀后，2min 内凝集为阳性，2min 以后凝集为阴性。但应注意接种过猪丹毒疫苗的猪也呈阳性。

② 荧光抗体试验。用荧光素标记猪丹毒免疫球蛋白，制成荧光抗体，与病料抹片中的猪丹毒杆菌丝发生特异性结合，在荧光显微镜下观察，可见菌体呈亮绿色。本法可用作猪丹毒的快速确定检疫。

③ 血清培养凝集试验。在装有灭菌 30% 蛋白胨肉汤试管中，按 (1∶40)~(1∶80) 加入猪丹毒高免血清，再加入 0.05% 叠氮钠及 0.0005% 结晶紫即成猪丹毒血清诊断液。试验时将诊断液装入小管，取被检猪耳静脉血 1 滴或组织病料少许，接种培养 4~24h。若管底出现凝集颗粒或团聚者，即为阳性反应。此法是用已知猪丹毒血清检测病料中的抗原，是急性猪丹毒的一种简便易行的确定检疫方法。

④ 琼脂扩散试验。用 pH 7.4 磷酸盐缓冲溶液制备 1.2% 的琼脂平板，采用双扩散法，孔径 6.5mm，孔距 3mm，分别将已知抗原与被检血清加在各自的孔中，置室温中 8~24h 观察结果。抗原与抗体孔之间出现沉淀线为阴性。

3. 检疫后处理

(1) 病猪应立即进行消毒、无害化处理，病死猪尸体应深埋或化制。

(2) 同时未发病的猪应进行药物预防，隔离观察 2~4 周，表现正常时方可认为健康。

(3) 急宰病猪的血液和病变组织应化制处理。

六、猪传染性萎缩性鼻炎

猪传染性萎缩性鼻炎（AR）是由支气管败血波氏杆菌引起的猪的一种慢性呼吸道传染病。其特征为鼻炎、鼻甲骨萎缩、头面部变形。

1. 临诊检疫要点

(1) 流行特点 多种动物可感染，但发病仅见于猪。各年龄段的猪都易感，发病的差异性较大，一般多在哺乳期感染，年龄较大时发病，发病率随年龄的增长而下降。不同品种猪的易感性有差异，如长白猪特别易感，国内地方猪种较少发病。多为散发性，猪群中传播缓慢，全群感染常需相当长的时间。饲养管理好坏直接影响本病的发生和流行。其他微生物参与致病时，病情复杂并加重。

（2）临床症状　猪萎缩性鼻炎早期出现乳猪波氏杆菌肺炎（剧烈咳嗽，呼吸困难，常使全窝乳猪发病死亡）症状，多见于6～8周龄的仔猪，打喷嚏，鼻塞，呼吸困难，个别鼻出血，有摇头、拱地、搔抓或摩擦鼻部等不安表现。眼内眦下的皮肤上，形成半月形湿润区，常黏结成黑色泪痕。鼻甲骨萎缩期，鼻和面部变形，鼻腔小，鼻短缩，鼻后皮肤皱褶，鼻歪向一侧，眼内距缩小（图8-6，彩图见插页）。

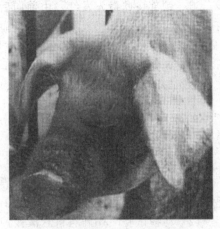

图8-6　传染性萎缩性鼻炎病猪
（鼻端歪斜，眼下角有半月形泪斑）

（3）病理变化　肺气肿和水肿，肺的尖叶、心叶和膈叶背侧呈现炎症斑。患猪传染性萎缩性鼻炎的病猪其鼻甲骨卷曲萎缩，鼻中隔弯曲。常在两侧第一二对前臼齿间的连线上，将鼻腔横断锯开，或者沿鼻梁正中线锯开，再剪断下鼻甲骨的侧连接，观察鼻甲骨的形状变化。这是比较可靠的确定检疫的方法之一。

2.检疫方法

（1）X射线检查　可用于早期诊断。

（2）细菌学检查　用灭菌鼻拭子探进鼻腔1/2深处取病料，接种于葡萄糖血清麦康凯琼脂培养48h，菌落大小约为2mm，圆形，灰褐色，半透明，隆起，光滑，有特殊的腐败气味。再用本菌能凝集绵羊红细胞的特性鉴定之。

（3）血清学检查　凝集试验对确定本病有一定的价值。病料培养分离菌的悬浮液，分为两份，一份于100℃ 30min水浴破坏K抗原；另一份加0.4％福尔马林灭活，保留K抗原，分别与标准抗O血清和抗K血清，作玻片凝集试验或试管凝集试验，若都凝集而呈现阳性反应，可确定为支气管波氏杆菌Ⅰ相菌。另外，也可以用已知的"O、K"抗原诊断液，与被检猪血清作玻片凝集试验（或试管凝集试验），确定该被检猪是否感染。猪感染支气管波氏杆菌后2～4周可呈现阳性反应，凝集价在1：10以上时可持续4个月。

3.检疫后处理

检疫中发现猪患传染性萎缩性鼻炎时，应隔离饲养，同群猪不能调运。凡与病猪接触的猪应观察6个月，无可疑症状，方可认为健康。对污染的环境彻底消毒。

七、猪链球菌病

猪链球菌病是由多种不同群链球菌感染引起的不同临诊类型传染病的总称。链球菌主要有C、D、E、L群。常见的有败血型链球菌病和淋巴结脓肿两种类型。猪急性败血型链球菌病的特征为高热、出血性败血症、脑膜脑炎；由C群链球菌引起的，发病率高，病死率也高，危害大。慢性型链球菌病的特征为关节炎、心内膜炎及组织化脓性炎症。以E群链球菌引起的淋巴肿胀最为常见，流行最广。

1.临诊检疫要点

（1）流行特点　各种年龄的猪都易感，但新生仔猪和哺乳仔猪的发病率、病死率最高，其次是生长肥育猪，成年猪较少发病。急性败血型链球菌病呈地方流行性，可于短期内波及同群，并急性死亡。四季均可发生，以5～11月发病较多。慢性型多呈散发。

（2）临床症状

① 少数猪呈最急性型，不见症状突然死亡。

② 多数猪呈急性败血型，突然高热稽留，绝食，流泪，结膜充血、出血，流鼻液，呼

吸急迫。颈部皮肤最先发红，由前向后发展，最后腹下、四肢下端和耳的皮肤变成紫红色并有出血点。跛行，便秘或腹泻，粪带血，1～2天内死亡。

③ 急性脑膜脑炎型，除有上述症状外，还有突发性神经症状，尖叫抽搐，共济失调，盲目行走，作转圈运动，运步高踏，口吐白沫，昏迷不醒，最后衰竭麻痹，常在2天内死亡。个别的还有头、颈、背水肿或胸膜肺炎症状。

④ 亚急性型与急性型相似，但病情缓和，病程稍长。

⑤ 慢性型主要表现为关节炎、心内膜炎、化脓性淋巴结炎、子宫炎、乳房炎、咽喉炎、皮炎等。

2. 检疫方法

(1) 涂片镜检　病料（病猪的耳静脉血、前腔静脉血、胸腹腔和关节腔的渗出液或肝、脾等组织）涂片染色镜检，可见革兰阳性的链球菌短链。

(2) 动物试验　10%病料悬液接种于小鼠（皮下注射0.1～0.2ml）或家兔（皮下注射或腹腔注射0.5～1ml），12～72h死亡。

(3) 环状沉淀试验　用于检查慢性型病猪、带菌猪或恢复猪，病猪感染后2～3周出现抗体并可保持6～12个月。具体方法同炭疽环状沉淀试验，在两液重叠后15～20min观察反应结果。

3. 检疫后处理

检疫中发现病猪急性败血型链球菌病时，应隔离治疗病猪，对死猪应认真进行无害化处理。有可能污染的场地、用具应严格消毒，并采取有针对性的预防性防疫措施。

八、猪气喘病

本病又称猪地方流行性肺炎。它是由猪肺炎支原体引起的猪的一种慢性呼吸道传染病。其主要症状为咳嗽和气喘。病变的特征是肺的尖叶、心叶、中间叶和膈叶前缘呈肉样或虾肉样实变。

1. 临诊检疫要点

(1) 流行特点　仅见于猪，各年龄段、不同性别、不同品种均易感。以哺乳仔猪和幼猪多发，病死率高。其次是妊娠后期母猪及哺乳母猪。新疫区常暴发流行，多呈急性经过；流行后期或老疫区以哺乳仔猪、断奶小猪多发，且多呈慢性经过。一年四季都可发生，但气候骤变、阴湿寒冷时发病多而且较严重。饲养管理和卫生条件是影响本病发生和流行的主要因素。

(2) 临床症状

① 急性型。病猪呼吸次数增多且呼吸困难，张口喘气，喘鸣似拉风箱，口鼻流沫。犬坐姿势，腹肋部起伏冲动，咳嗽次数少且低沉，体温正常。病程3～5天。

② 慢性型。病初长期单咳，尤以早晚、运动后、进食后严重。以后严重呈连续性或痉挛性咳嗽，咳时站立、垂头、弓背、伸颈，直至呼吸道分泌物咳出或咽下为止。随后呼吸困难且次数逐渐增加，呈腹式呼吸，夜发鼾声。这些症状时急时缓。

③ 隐性型仅偶有咳嗽。

(3) 病理变化　肺的心叶、尖叶、中间叶及膈叶前下缘呈灰红色半透明的肉变，病健部位界限明显，严重时呈灰白色坚韧的肝变（图8-7，彩图见插页）。恢复期肺膨胀不全，支气管和纵隔淋巴结明显肿大，呈灰白色。

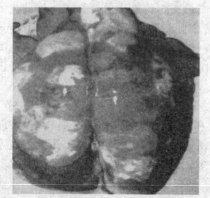

图8-7　气喘病猪的肺脏病变
（大面积肺炎及气肿）

2. 检疫方法

(1) X射线检查对本病的诊断有重要价值，对隐性或可疑患猪通过X射线透视阳性可作出诊断。在X射线检查时，猪只以直立背胸位为主、侧位或斜位为辅。病猪在肺野的内侧区以及心膈角区呈现不规则的云絮状渗出性阴影。密度中等，边缘模糊，肺野的外周区无明显变化。

（2）血清学检查　补体结合反应试验、微量补体结合反应试验、荧光抗体试验、酶联免疫吸附试验、琼脂扩散试验、间接血凝试验、生长抑制试验、凝集试验等都可用于本病的诊断。

3. 检疫后处理

检疫中发现病变猪时应立即进行全群检查，按检查结果分群隔离，加强饲养管理、免疫接种，合理治疗，淘汰病猪，对病猪污染的环境、用具进行彻底消毒。

九、猪痢疾

本病曾称为血痢、黏液出血性下痢或弧菌性痢疾，现称为猪痢疾。猪痢疾是由致病性猪痢疾蛇形螺旋体引起的一种肠道传染病。其特征为大肠黏膜发生卡他性出血性炎症，有的发展为纤维素坏死性炎症，临床表现为黏液性或黏液出血性下痢。

1. 临诊检疫要点

（1）流行特点　仅发生于猪，不分品种、性别，任何年龄段均可发生，以断奶仔猪发病率高，一般认为发病率约为75%，病死率为5%～25%。成年的公、母猪和哺乳仔猪次之。多散发，流行过程缓慢，持续时间长，经数月后才能扩散到全群。部分康复的猪在短时间内可复发。多种应激因素可促进本病发生。新疫区多呈急性经过，老疫区多呈慢性经过。

（2）临床症状　潜伏期为3天至2个月以上。最急性型，仅几小时就突然死亡。急性型体温升高，厌食，卧地不动，随即出现下痢，粪臭，呈黄灰色，其中含有大量黏液、血液、脓汁或坏死组织，口渴，眼球下陷。慢性型反复下痢，消瘦贫血，呈恶病质。

（3）病理变化　大肠，尤其是回盲口处的肠壁充血、水肿，黏膜肿胀，覆有带黏液、血液的纤维素性渗出物，坏死的黏液表层形成假膜，似麸皮或干酪样，假膜下有浅表的糜烂面。

2. 检疫方法

（1）细菌学检查　分为直接镜检法和病原体分离鉴定法。直接镜检法为取急性病猪粪便黏膜抹片，或染色检查，或暗视野检查，可以见到革兰染色阴性、多有4～6个疏螺弯曲、两端锐尖、形状如蛇样的螺旋体。如每个视野中可见到3～5个以上，可作为确定检疫的参考标准。必须注意本法对急性型后期病猪、慢性型病猪、阴性感染以及用药后的病猪检出率很低。

（2）微量凝集试验　其方法是在96孔微量滴定板上进行，每孔滴入0.05ml PBS作为稀释液。每排第一孔加入被检血清0.05ml，然后将血清按1：4，1：8，…，1：4096稀释（至第11孔），最后一孔不加血清作对照。每孔加入抗原0.05ml，在微量振荡器上混匀约1min，覆上黑色塑料盖（板）后置38℃水浴内作用18～24h，后可见到呈膜状覆盖孔底，边缘卷曲，或可看到孔底中央呈一圆形白点，大小与对照孔相似，但边缘不光滑，周围有少量颗粒状沉着物为阳性反应。凝集试验的检出率与分离培养相同，因此有一定的确定检疫价值。

此外荧光抗体试验、酶联免疫吸附试验、间接红细胞凝集试验等也可用于本病的诊断。

3. 检疫后处理

检疫中发现猪痢疾时，严禁调运。发病猪群最好全群淘汰并彻底消毒。也可采用隔离、消毒、药物防治等综合措施进行控制，重新建健康群。

十、猪囊虫病

猪囊虫病又叫猪囊尾蚴病，是由猪带绦虫（有钩绦虫）的幼虫——猪囊尾蚴寄生于猪的肌肉和其他器官中引起的一种寄生虫病。其终末宿主是人，中间宿主是猪、野猪和人，犬和猫也可感染，是严重的人、畜共患病。

1. 临诊检疫要点

(1) 流行特点　常发生于存在有绦虫病畜的地区，卫生条件差和猪散放的地区常呈地方流行。一年四季均可发生。猪囊尾蚴主要寄生于猪的横纹肌，尤其是活动性较强的咬肌、心肌、舌肌、膈肌等处。臂三头肌及股四头肌等处最为多见。严重感染者还可寄生于肝、肺、肾、眼球和脑等器官。

(2) 临床症状　轻者不显症状；重者可有不同的症状，如癫痫、痉挛、急性脑炎死亡。病猪出现叫声嘶哑、呼吸加速、短促咳嗽、跛行、舌麻痹、咀嚼困难、腹泻、贫血、水肿等症状，同时可见心肌炎、心包炎。

2. 检疫方法

(1) 舌肌检查法　在舌头的底面可见到突出舌面的猪囊尾蚴，囊包米粒大小，灰白色，透明。有时肉眼也可见到猪囊尾蚴寄生。

(2) 肌肉切开检查　切开嚼肌、心肌或舌肌等，可找到囊尾蚴，囊包像豆粒或米粒大小、椭圆形、白色半透明，囊内含有半透明的液体和一个小米粒至高粱粒大小的白色头节。

(3) 免疫学检查　最常用的是猪囊尾蚴病酶联免疫吸附测定法。其原理、材料、方法与一般的 ELISA 诊断法相似，唯抗原及判定标准不同。囊尾蚴病检疫以囊液提纯抗原为好，制作方法是：囊液于 4℃下以 3000r/min 离心 30min，取上清液再以 5000r/min 离心 60min 的上清液即为诊断液。判定标准是：样品均值，超过 0.134 为阳性，低于 0.134 为阴性。

此外，尚有变态反应、环状沉淀试验、补体结合试验、间接红细胞凝集试验等方法。

3. 检疫后处理

检疫中发现猪囊虫病时，可按照肉品卫生检验规定严格处理。

第二节　猪疫病的鉴别

一、猪肠道紊乱和皮肤红斑的热性疫病

猪肠道紊乱和皮肤红斑的热性传染病主要有猪炭疽、猪瘟、猪肺疫、猪弓形虫病、猪链球菌病、猪丹毒、猪副伤寒、猪繁殖与呼吸综合征等。

1. 外观鉴别要点

(1) 明显的咽部肿胀

① 多呈慢性经过 …………………………………………………… 猪炭疽

② 多呈急性经过 …………………………………………………… 猪肺疫

(2) 不出现咽部肿胀

① 各年龄段均可发生，红斑指压不褪色 …………………………………… 猪瘟

② 多发生于架子猪，红斑凸出皮肤，指压褪色 …………………………… 猪丹毒

③ 多发生于仔猪，红斑指压不一定褪色，红斑多在体末梢

a. 伴有跛行、神经症状 ……………………………………………… 猪链球菌病

b. 伴有腹泻、皮肤湿疹 ……………………………………………… 猪副伤寒

c. 伴有呼吸困难、体表淋巴结肿胀 ………………………………… 猪弓形虫病

d. 伴有腹泻、跛行或瘫痪 ………………………… 猪繁殖与呼吸综合征

2. 临诊鉴别要点

(1) 猪炭疽　一般情况下散发。多数无明显症状，慢性经过。少数猪炭疽患猪局部咽喉炎症状明显，颈部疼痛不能活动。颌下和咽后淋巴结肿胀。

(2) 猪肺疫　呈地方性流行，发病急剧。体温升高，呼吸困难，呈犬坐姿势，口鼻流泡

沫，咽喉部和颈部有炎性水肿。在检疫中，应注意猪肺疫既可单独发生，又可与猪瘟等其他疫病混合感染。因而在临床上要注意区分。当猪肺疫与猪瘟等其他疫病混合感染时，除具有猪肺疫的上述要点外，还具有其他疫病的特点。

（3）猪瘟　各品种、不同年龄的猪均易感染，发病率和死亡率都高。高温稽留，脓性结膜炎，先便秘后腹泻，粪便带血或纤维素性黏液，皮肤有出血斑或出血点，指压不褪色。

（4）猪丹毒　多发生于架子猪，常呈地方性流行。体温升高至 42℃以上，皮肤有凸出于表面的红斑，指压褪色。慢性关节肿胀、跛行。

（5）猪急性败血型链球菌病　多发生于仔猪，地方性流行，传播快、发病急、经过短。腹下、四肢下端、耳尖等末梢部位紫红色，有出血点。有神经症状，跛行。

（6）猪急性败血型副伤寒　多发生于仔猪，散发或地方性流行。饲养管理差、阴雨连绵季节多见。耳根、胸、腹下等处皮肤有紫斑，腹泻、腹痛。但在临床上应注意猪副伤寒除可单独发生外，还常继发于猪瘟等其他疫病。

（7）猪弓形虫病　多发生于仔猪，散发或地方性流行。高热，呼吸困难，咳嗽，耳、下腹部、下肢等处皮肤有紫斑，体表淋巴结肿大，特别是腹股沟淋巴结。

（8）猪繁殖与呼吸综合征　主要危害种猪和繁殖母猪及其仔猪，呈地方性流行。腹泻，跛行，呼吸困难，耳部、外阴、尾、鼻、腹部皮肤发绀。

二、猪呼吸器官症状明显的疫病

在猪的检疫中，呼吸器官症状明显的疫病主要有猪传染性萎缩性鼻炎、猪霉形体肺炎、猪肺疫、猪流行性感冒、猪瘟、猪伪狂犬病、猪弓形虫病、猪繁殖与呼吸综合征等。

1. 外观鉴别要点

（1）体温正常

① 呼吸困难，鼻有病变 ··· 猪传染性萎缩性鼻炎

② 呼吸困难，鼻无病变 ··· 猪气喘病

（2）体温升高

① 多流行性

a. 经过不良 ·· 猪瘟（亚急性型）

b. 良性经过 ··· 猪流行性感冒

② 多散发性或地方流行性

a. 良性经过 ··· 猪伪狂犬病（类流感型）

b. 经过不定 ··· 猪肺疫（胸型）

c. 经过不良 ··· 猪弓形虫病

d. 经过不良 ··· 猪繁殖与呼吸综合征

2. 临诊鉴别要点

（1）猪传染性萎缩性鼻炎　呈现明显的呼吸困难，打喷嚏，有黏性或脓性鼻汁。鼻面部变形，眼下方有半月形泪斑。但在检疫中本病应注意与猪传染性坏死性鼻炎、猪骨软病相区别。猪传染性坏死性鼻炎虽有组织坏死，但它是由坏死杆菌引起，发生于外伤，不仅骨组织坏死，而且软组织也坏死。猪骨软病也呈现颜面变形，但鼻部肿大而变形，无萎缩现象，无打喷嚏，无泪斑。

（2）猪气喘病　主要表现呼吸困难，气喘，咳嗽，腹式呼吸。在检疫中猪气喘病应注意与猪肺丝虫病、猪蛔虫蚴性肺炎相鉴别。后两者的呼吸困难没有猪霉形体肺炎严重，药物驱虫有效。另外猪蛔虫蚴引起的咳嗽为一过性的。在临床上猪气喘病还可以与猪肺丝虫病、猪蛔虫病同时发生，应注意鉴别。

（3）猪瘟　同前。

（4）猪流行感冒　简称猪流感。多发生在晚秋、早春及寒冷的冬季，暴发流行。突然发病，体温升高，咳嗽，肌肉关节疼痛，经过良好。

（5）猪伪狂犬病

① 猪伪狂犬病主要呈脑膜炎和败血症的综合症状。由于猪的年龄不同，其差异很大。

② 仔猪尤其是20日龄以内的仔猪所患伪狂犬病呈神经败血型，高热、呕吐、腹泻、精神不振、呼吸困难，表现特征性神经症状，先兴奋、后麻痹，多死亡。发病率和病死率都高。

③ 架子猪为类流感型，高热、呼吸困难、流鼻液、咳嗽，有上呼吸道炎症和肺炎症状。有时腹泻、呕吐。几天内可以康复，良性经过。

④ 大猪为隐性感染，少数呈上呼吸道卡他症状。妊娠母猪流产。

（6）猪肺疫　同前。

（7）猪弓形虫病　同前。

（8）猪繁殖与呼吸综合征　同前。

三、猪神经症状明显的疫病

神经症状明显的传染病主要有猪传染性脑脊髓炎、猪血凝病毒性脑脊髓炎、猪伪狂犬病、猪狂犬病、猪流行性乙型脑炎、猪李氏杆菌病、猪水肿病、猪瘟（神经型）、猪链球菌病（脑膜脑炎型）、猪破伤风、猪繁殖与呼吸综合征等。

1. 外观鉴别要点

2. 临诊鉴别要点

（1）猪传染性脑脊髓炎　神经症状明显，眼球震颤。多发生于仔猪，冬、春季多发，呈地方流行性或散发性。病死率80%。无肉眼可见病变。

（2）猪血凝病毒性脑脊髓炎　神经症状明显，呕吐，便秘。呈散发性或地方流行性，冬、春季多发。多发生于仔猪，病死率高。呈败血症病变。

（3）猪伪狂犬病　神经症状明显，新生仔猪呈败血症，4月龄以上猪呈类流感症状，母猪流产。呈地方流行性或散发性。多发生于仔猪，病死率80%。无肉眼可见病变。

（4）猪狂犬病　神经症状明显，对人、畜有攻击性。大小猪都感染，与咬伤有关。呈散发性，发病不分季节。病死率100%。无特征性肉眼可见病变。

（5）猪流行性乙型脑炎　神经症状仅少数猪出现，公猪睾丸炎，母猪流产。多发生于成猪。呈散发性，7～9月份发生，病死率低。除公猪睾丸炎外，无其他特征性肉眼可见病变。

（6）猪李氏杆菌病　神经症状明显，呈败血症，渐进性消瘦。多发生于仔猪。呈地方流行性或散发性，冬、春季多发。病死率达70%。败血症病变，肝脏有坏死，妊娠母猪常发生流产。

（7）猪水肿病　神经症状明显，头部水肿，呼吸困难，速发型变态反应症状。多发生于仔猪，特别是体况健壮、生长快的仔猪最为常见。呈地方流行性，4～9月份多发。病死率高。

胃大弯黏膜和结肠肠系膜水肿。胆囊和喉头也常有水肿。淋巴结有水肿和充血、出血的变化。

（8）猪瘟（神经型）　神经症状明显，呈败血症。大小猪都感染。呈地方流行性，发病不分季节，病死率可达100％。有典型的猪瘟病变。

（9）猪链球菌病（脑膜脑炎型）　神经症状明显，呈败血症，跛行。大小猪都感染。呈地方流行性，一年四季均可发生，但以5～11月份较多，仔猪病死率较高。出血性病变，腹膜炎。

（10）猪破伤风　神经症状明显，全身肌肉僵直，应激性增高，叫声尖细，瞬膜外露，牙关紧闭、流涎，意识清醒。大小猪都易感，呈散发性，无季节性。病死率高。无特征性肉眼可见病变。

四、猪口、蹄有水疱的疫病

猪口腔和蹄部有水疱的疫病主要有：猪口蹄疫、猪水疱病、猪水疱疹、猪水疱性口炎。

1. 外观鉴别要点

（1）各种家畜和人都易感染 ··· 猪水疱性口炎
（2）偶蹄家畜和人都感染，病情重 ··· 猪口蹄疫
（3）猪感染，人也可感染，病情轻 ··· 猪水疱病
（4）仅猪感染 ·· 猪水疱疹

2. 临诊鉴别要点

（1）猪水疱性口炎　各种家畜和人都易感染，常在一定地区散发。发病率30％～95％，无病死。口腔水疱多，蹄部水疱很少或没有。

（2）猪口蹄疫　猪易感，人也可感染，呈流行性。主要发生于集中饲养的猪场，发病率高。病死率：成猪30％，仔猪60％。口腔水疱少，蹄部水疱多而严重。

（3）猪水疱病　猪易感，人也可感染，呈流行性。主要发生于集中饲养的猪场，发病率较高，不致死。口腔水疱少而轻，蹄部水疱多而轻。

（4）猪水疱疹　仅猪感染，呈地方流行性或散发性。发病率10％～100％，无病死。口腔和蹄部水疱都多。

【本章小结】

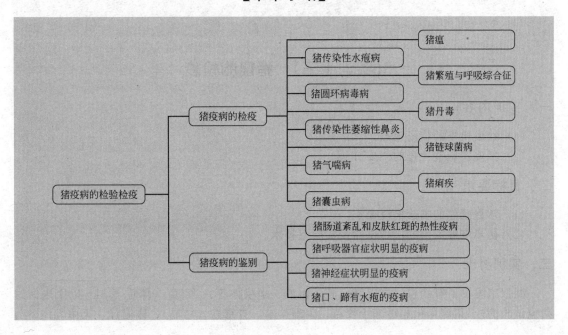

【思考题】

1. 猪瘟的临诊要点是什么？
2. 猪气喘病的临诊要点是什么？
3. 猪圆环病毒病的临诊要点是什么？
4. 皮肤有红斑的热性疫病有哪些？如何鉴别？
5. 呼吸器官症状明显的疫病有哪些？说出各自的特征。
6. 如何区别猪口、蹄有水疱的疫病？
7. 猪繁殖与呼吸综合征临诊检疫要点是什么？

【案例与分析】

一起猪瘟并发伪狂犬病的诊断案例

[案例概述]

2012 年 9～12 月，某市××养猪场陆续发生猪厌食、便秘或腹泻，抗生素治疗无效的死亡病例。从 9 月开始，先是架子猪出现个别死亡，死亡率约 1%；而后发现断乳仔猪死亡，死亡率约 5%。至 12 月份，哺乳仔猪亦发病，仔猪死亡率约 91%，同窝发病仔猪大多死亡；耐过仔猪出现生长僵化、耳尖、腹下部和四肢末梢梗死，最终因衰竭而死亡者居多。据统计，发病期间共死亡架子猪 28 头、断乳仔猪 62 头、哺乳仔猪 191 头，直接经济损失达 30 多万元。另外据了解，该猪场常年对猪只进行猪瘟、猪流行性腹泻、猪传染性胃肠炎、猪乙型脑炎、猪细小病毒病等疫苗的免疫接种。11 月份开始用猪瘟疫苗对初生仔猪采取乳前倍量"超前免疫"，对空怀母猪采用断奶后免疫接种的程序。

经调查，该场对空怀母猪采取每年春秋两次的常规免疫方法，对仔猪则采取 30 日龄首免、60 日龄二免的程序，结果引发了此次猪瘟的感染发病。由于妊娠母猪初期感染不明显，但病毒可通过胎盘屏障传给胎儿，大量的病毒可通过"带毒母猪"感染产下的仔猪。由于"带毒母猪"和低毒力毒株的存在，从而掩盖了猪瘟的存在和延误了诊断。这可能是本次发病的直接原因。

[案例分析]

根据以上案例，请做出处理分析。

（1）诊断方法。

（2）检疫后处理。

【实训十三】 猪瘟的检疫

一、实训内容

（1）猪瘟检疫的临场要点。

（2）猪瘟实验室检疫的主要方法。

二、目标要求

（1）掌握猪瘟的临诊检疫要点。

（2）初步掌握家兔的接种试验及实验室技术。

三、实训材料

疑似猪瘟的新鲜病料（淋巴结、脾、血液、扁桃体等）、家兔（体重 1.5kg 以上未做过猪瘟试验的）、猪瘟兔化弱毒冻干疫苗、生理盐水、青霉素（结晶）、体温计、灭菌乳钵、剪刀、镊子、煮沸消毒锅、蓝心玻璃注射器（1ml）、5～10ml 玻璃注射器、20～22 号及 24～26 号 2.5cm 针头、铁丝兔笼、冰冻切片机、扁桃体采样器、猪瘟荧光抗体、荧光显微镜、伊文思蓝溶液等。

四、方法与步骤

（一）临诊检疫和尸体剖检

详细检查病猪的临诊症状，做白细胞计数和白细胞分类计数，调查发病的原因、经过、免疫接种情况、猪群的发病情况。了解传染源、症状、治疗效果、病程和死亡情况等。

病猪急宰或死亡后，应进行剖检，全面检查，特别应注意各器官组织，尤其是淋巴结、肾脏和膀胱的出血变化，观察回肠末端、盲肠和结肠的坏死情况及溃疡情况。

从临诊症状、流行病学和病理变化等方面进行分析，注意有无罹患其他疾病（如猪丹毒、猪肺疫、猪副伤寒等）的可能性，作出初步诊断。

（二）兔体交互免疫试验

（1）选择健康、体重 1.5kg 以上、未做过猪瘟试验的家兔 4 只，分成 2 组，试验前连续测温 3 天。每天 3 次，间隔 8h，体温正常者可使用。

（2）采可疑病猪的淋巴结和脾脏等病料制成 1：10 的悬液，取上清液加青霉素各 500IU 处理后，给试验组肌内注射，每头 5ml。如用血液需加抗凝剂，每头接种 2ml。另一组不注射，作对照。

（3）继续测温，每隔 6h 测温一次，连续 3 天。

（4）7 天后，用猪瘟兔化弱毒 1：（20～50）的上清液各 1ml 静脉注射，每隔 6h 测温一次，连续 3 天。第二组也同时作同样处理，供对照。

（5）记录体温，根据发生的热反应，进行诊断。

① 如试验组接种病料后无热反应，后来接种猪瘟兔化弱毒也不发生热反应，则为猪瘟。因一般猪瘟病毒不能使兔发生热反应，但可使之产生免疫力。

② 如试验组接种病料后有热反应，后来接种猪瘟兔化弱毒不发生热反应，则表明病料中含有猪瘟兔化弱毒。

③ 如试验组接种病料后无热反应，后来接种猪瘟兔化弱毒发生热反应，或接种病料后有热反应，后来对猪瘟兔化弱毒又发生热反应，则都不是猪瘟。

（三）实验室检疫

1. 荧光抗体检查法

（1）用猪扁桃体采样器采取猪瘟活体扁桃体，或取淋巴结、脾、其他组织，用滤纸吸干上面的液体。

（2）取灭菌干燥载玻片一块，将组织小片切面触压玻片，作成压印片，置于室温内干燥，或用所采的病理组织，做成切片（4μl），吹干后，滴加冷丙酮数滴，置于 $-20℃$ 固定 15～20min。

（3）用磷酸盐缓冲溶液（PBS）洗，阴干。

（4）滴上标记荧光抗体，置 37℃ 饱和湿度箱内处理 10～30min。

（5）用 pH 7.2 的 PBS 漂洗 3 次，每次 5～10min。

（6）干后，滴上甘油缓冲液数滴，加盖玻片封闭，用荧光显微镜检查。

（7）如细胞胞质内有弥散性、絮状或点状的亮黄绿色荧光，为猪瘟；如仅见暗绿色或灰蓝色，则不是猪瘟。

（8）对照试验用已知猪瘟病毒材料压印片，先用抗猪瘟血清处理，然后用猪瘟荧光抗体处理。如上检查，应不出现猪瘟病毒感染的特异荧光。

（9）标本染色和漂洗后，如浸泡于含有 5％吐温-80 的 pH 7.3、0.01mol/L PBS 中 1h 以上，可除去非特异染色，晾干后，用 0.1％伊文思蓝复染 15～30s，检查判定同上。

2. 酶标抗体检查

（1）采病猪血 2～5ml，注入 1ml 3.8％枸橼酸钠液的试管内，混匀，静置 2h 左右。吸取上面的血浆部分，尽量避免吸取红细胞，以 2000r/min 离心 10min，除去上清液，沉淀的白细胞用 5～10 倍量的 0.83％氯化铵溶液（用 pH 7.4、0.0125mol/L 的 Tris-HCl 缓冲液配制）处理 30 min，使残留的红细胞溶解，以 1500～2000r/min 离心 5～10min，除去上清液，再用氯化钠溶液处理，白细胞沉淀物用生理盐水洗 2～3 次，然后用生理盐水将白细胞沉淀物配成适当浓度的悬液，用细玻棒在清洁玻片上作成薄涂片，晾干，即以 4℃的丙酮固定 10min，干后保存于冰箱内待检。

扁桃体、淋巴结、脾、肾等应去净外面的结缔组织和脂肪，横切，在清洁玻片上作压片，干后立即用 4℃丙酮固定 10min。干后，置冰箱保存备用。

（2）量取 pH 7.2、0.015mol/L PBS 100ml 盛入染色缸，再加入 1％ H_2O_2、1％ $NaNO_3$ 各 1ml，混匀。将上述涂片或触片放入室温下处理 30min，倒去缸内液体，加 PBS，浸泡 1～2min，倒去，如此反复泡洗 5～6 次，再用无离子水同样泡洗 3 次，取出玻片，晾干。

（3）取猪瘟酶标抗体（冻干）加 pH 7.2、0.015mol/L PBS，作（1∶8）～（1∶10）稀释后，滴加于涂片或触片，留一小部分不加猪瘟酶标抗体，放入有湿纱布的盒内，置 37℃ 45min，取出玻片，置染色缸内，按上法用 PBS 泡洗 6 次，取出玻片，晾干。

（4）取 pH 8.0、0.0125mol/L Tris-HCl 缓冲液 100ml，加入 DAB（3,3′-二氨基联苯胺四盐酸盐）76mg，避光放置 30min，用无离子水泡洗 6 次以上，晾干。

（5）将染色好的玻片，滴阿拉伯胶液一小滴，加盖玻片，先以低倍镜找到染色的细胞，然后用显微镜放大 400～600 倍观察或用油镜检查。

（6）细胞质呈棕黄色，细胞核不染色或呈淡黄色，则为猪瘟，未用猪瘟酶标抗体染色的部分，细胞质应无色或与背景呈同样颜色。

（四）注意事项

（1）冻干的猪瘟酶标抗体使用时，应详细检查安瓿有无破洞，发现有潮解、干缩、变质或加稀释液后不溶时，禁止使用。

（2）冻干的猪瘟酶标抗体，应置于 4℃以下保存，临用前按要求稀释，稀释后的抗体不得反复冻融。

（3）制触片的组织一定要新鲜，采集后立即制成触片，或冻结保存后再制成触片或切片，但不得反复冻融。

（4）染片时使用的器材，一定要洁净，不得沾灰尘，不得有任何污染，必要时要经灭菌处理。

（5）使用的试剂纯度要达化学纯以上，不得潮解、变质。配制的溶液要新鲜。

（6）在染被检片的同时应设几种对照，最好设阴性片对照，或者设同一标本片不加酶标抗体对照，以便正确判定和分析操作中的正误问题。

五、实训报告

（1）猪瘟的临诊检疫要点有哪些？

（2）简述家兔接种试验的方法与步骤，并进行判定。

【实训十四】 猪链球菌病的检疫

一、实训内容

(1) 猪链球菌病的检疫要点。
(2) 猪链球菌病的实验检疫的主要方法。

二、目标要求

(1) 掌握猪链球菌病的流行病学以及其临床特征。
(2) 初步掌握猪链球菌病实验检疫的主要方法。

三、实训材料

显微镜、剪子、镊子、试管架、血液琼脂培养基、5%碘酊棉球、70%酒精棉球、2～5ml玻璃注射器、20～22号针头、灭菌生理盐水、革兰染色液或美蓝染色液、家兔或小鼠等。

四、方法与步骤

(一) 临诊检疫

(1) 流行病学调查　了解猪的发病年龄和症状，以及调查与病猪接触的牛、犬和禽类是否发病等情况。

(2) 临诊症状　根据已了解的猪链球菌病的症状进行观察，特别注意神经症状与皮肤变化情况。

(3) 病理变化　对死亡猪或病猪进行剖检，结合学过的知识观察特征性的病理变化。

(二) 实验室检疫

1. 镜检

将新鲜病料（心血、肝、脾、肾、肺、脑、淋巴结或胸水等）制成涂片，用革兰染色或碱性美蓝染色法染色后镜检。链球菌的直径为 $0.5～1.0\mu m$，圆形或椭圆形，成对或3～5个菌体排列成短链。偶尔可见30～70个菌体相连接的长链，但不成丛、成堆，不运动，无芽孢，偶见有荚膜存在。革兰染色阳性，经数日培养的老龄链球菌可染成革兰阴性。

2. 分离培养

将脓汁或其他分泌物、排泄物划线接种于血液琼脂平板上，置37℃培养24h或更长时间。已干涸的病料棉拭子可先浸于无菌的脑心浸液或肉汤中，然后挤出 0.5ml 进行培养。为了提高链球菌的分离率，先将培养基置于37℃温箱中预热2～6h。培养基中加有5%无菌的绵羊血液，细菌生长良好并可发生溶血。有的实验室用牛血琼脂平板进行划线接种培养较为满意，链球菌在普通培养基上多生长不良。链球菌在血液琼脂上呈小点状，培养24h溶血不完全，48～72h菌落直径大约为1mm，呈露珠状，中心混浊，边缘透明，有些黏性菌株融合粘连，菌落呈单凸或双凸，有 α 型溶血（绿色）、β 型溶血（完全透明）或 γ 型溶血（无变化），这在链球菌的鉴定中是很重要的。多数具有致病性的链球菌呈 β 型溶血。

3. 培养特性

本菌在有氧及无氧环境中都能生长，呈灰白色、半透明、露滴状菌落。在血液琼脂平板上生长良好，菌落周围呈 β 型溶血。在血清肉汤和厌氧肉汤中均匀混浊，继而于管底形成沉淀，上部澄清，不形成菌膜。实验动物中，小鼠、家兔、仓鼠、鸽等对此菌敏感，而豚鼠、鸡、鸭等无感受性。

4. 动物接种

将病料制成 5～10 倍生理盐水悬液，接种家兔和小鼠，剂量为兔腹腔注射 1～2ml、小鼠皮下注射 0.2～0.3ml。接种后的家兔于 12～26h 死亡，小鼠于 18～24h 死亡。死亡后采心血、腹腔积液、肝、脾抹片镜检，均见有大量单个、成对或 3～5 个菌体相连的球菌。也可用细菌培养物制成的菌液或肉汤培养物接种家兔或小鼠。

五、实训报告

（1）写出猪链球菌病的临诊检疫方法。

（2）试述猪链球菌的培养特性。

（3）写出猪链球菌分离培养的方法与步骤。

第九章 牛、羊疫病的检疫与鉴别

【学习目标】

1. 了解牛、羊疫病的实验室检疫要点，掌握主要检疫方法。

2. 了解各常见牛、羊疫病的流行病学、临床症状等特征，掌握牛、羊主要疫病的鉴别诊断方法。

3. 通过对主要牛、羊疫病的鉴别诊断，能正确区分各种牛、羊疫病的异同。

4. 通过对某些牛、羊疫病的典型案例的诊断和分析，培养综合分析和诊断疾病的能力，达到能对牛、羊疫病进行检疫的目的。

第一节 牛、羊疫病的检疫

一、鞭虫病

鞭虫也叫毛首鞭形线虫，虫体前端细长、后部短粗，外观极似鞭子，故名鞭虫。雄虫后部卷曲，雌虫后部稍直。牛、羊等草食动物极易感染鞭虫，它是牛、羊消化道线虫病的主要病原体之一。

1. 临诊检疫要点

（1）流行特点　本病主要发生在春秋季节，且主要侵害羔羊和犊牛。感染性幼虫在土壤中存活3个月；有"春季高潮"和"自愈现象"。

（2）临床症状　牛、羊感染后，一般症状不明显，严重时牛临床上可见高度营养不良，渐进性消瘦。因吸收毒素而引起贫血和食欲下降等中毒症状。可视黏膜苍白，下颌和下腹部水肿，腹泻和便秘交替，甚至泻水样血便，最后可因衰竭死亡。死亡多发生在春季。

（3）病理变化　虫体头部深入黏膜，引起盲肠和结肠的慢性卡他性炎症。严重感染时，盲肠和结肠黏膜有出血性坏死、水肿和溃疡。

2. 检疫方法

（1）初检　根据流行病学和临床表现可作出初检。

（2）采取粪便，经过淘洗法，取粪液镜检可以查出虫卵（图9-1）。

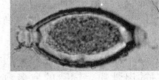

图9-1　毛首鞭形线虫虫卵

（3）用幼虫分离法查粪便，见一期幼虫即可确检。

3. 检疫后处理

（1）采用驱虫、药物预防　用左咪唑、丙硫咪唑、甲苯咪唑、伊维菌素等驱虫药，改变以往限于春秋两季驱虫的习惯，采取全年3次驱虫、1次药浴的定期预防方法。

（2）做好环境卫生和消毒工作　牛、羊舍要定期消毒，粪便必须经生物发酵处理，杀灭储藏宿主和传播媒介。

（3）加强饲养管理　改善牛、羊的饲养条件，提高牛、羊机体的抵抗力。最好采用斜坡式、吊脚楼式的饲养方式，以减少各种寄生虫的传播和感染机会。

二、牛巴贝斯虫病

牛巴贝斯虫病又称牛焦虫病，是由多种巴贝斯虫寄生在牛红细胞引起的牛血液原虫病的总称。双芽巴贝斯虫、牛巴贝斯虫是各种牛广泛发生和流行本病的病原体。巴贝斯虫病多发于南方各地。其主要临床特征是高热、贫血、黄疸、血红蛋白尿。

1. 临诊检疫要点

（1）流行特点　各品种牛都易感。在我国主要由微小牛蜱和残缘璃眼蜱传播。在春、夏、秋季多发，呈散发或地方性流行。

（2）临床症状　病畜体温升到 $40\sim42℃$，精神差，食欲减退，腹泻，呼吸困难，消瘦，贫血，黄疸。发病 $2\sim3$ 天后，可见血红蛋白尿，尿色由淡黄色变暗红色。严重者可造成死亡。

（3）病理变化　眼结膜、皮下组织黄染，肝、脾、淋巴结肿大。胃、肠黏膜出血、糜烂。

2. 检疫方法

（1）病原检查　采取血液涂片，吉姆萨染色，镜检红细胞中的虫体。双芽巴贝斯虫较大，其长度大于红细胞半径，平均大小为 $3.1\mu m\times1.6\mu m$。形状多样，以成双的梨子形为

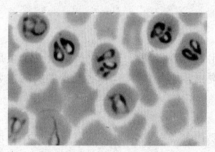

图 9-2　巴贝斯虫梨子样虫体

主，尖端以锐角相连，多位于红细胞的中央。虫体胞浆呈淡蓝色，染色质呈紫红色（图 9-2）。

牛巴贝斯虫较小，其长度小于红细胞半径，平均大小为 $2.4\mu m\times1.6\mu m$。以成双的梨子形为主，但尖端以钝角相连，位于红细胞边缘或偏中央。

（2）血清学检查　用间接血凝试验、琼脂扩散试验、补体结合试验等均可确检。

3. 检疫后处理

对检出的病畜隔离治疗，并做好灭蜱等综合防治措施。出现病例时应及时报告疫情，并对相关地区动物进行药物预防。

三、牛海绵状脑病

牛海绵状脑病（BSE）又称疯牛病。它是由感染性蛋白因子引起的牛的一种慢性、消耗性、致死性中枢神经系统病变的疾病。临床上主要表现潜伏期长，病情逐渐加重。牛表现出攻击性行为，其特征为神经功能紊乱而导致兴奋、运动失调、应激性增强或下降，直至死亡。BSE 是成年牛的一种致命性神经性疾病。

1. 临诊检疫要点

（1）流行特点　各种牛均易感。发生牛海绵状脑病的主要原因是饲喂被污染的反刍动物蛋白的肉骨粉，饲喂的愈多愈易发病。其潜伏期可以长达 $3\sim8$ 年，其中 $3\sim5$ 岁牛易发，奶牛比肉牛易感。

（2）临床症状　精神状态异常、运动障碍。精神状态异常表现为兴奋、恐惧、暴怒和神经质，对触摸及声音过度敏感，伴有听觉、触觉减退或敏感。有的共济失调、颤抖、摇摆、反复摔倒。体重、泌乳锐减。病程短的 2 周，长的达到 1 年，一般在 $1\sim6$ 个月死亡。病牛几乎全部死亡或被扑杀。剖检无肉眼可见病变。

2. 检疫方法

（1）初检　根据流行病学和临床表现作出初检。

（2）病理学检查　采病变多发部位延髓、脑桥、中脑、丘脑等供组织病理学检查，组织

切片染色镜检。脑干灰、白质呈对称性海绵状变性水肿，神经纤维网中有一定数量的不连续的卵形或球形空洞；神经细胞原和神经纤维网中形成海绵状空泡即可确诊。

（3）采用 PrP 免疫印迹和免疫细胞化学检查方法　特异性强、灵敏度高，已成为目前 BSE 的主要检测手段。

3. 检疫后处理

（1）发现疑似病例后，省级动物防疫监督机构应立即将采集的病料送国家牛海绵状脑病参考实验室（农业部动物检疫所）进行确诊。

（2）防治本病主要是扑杀病牛、阳性牛及其后代，畜禽及其相关物品用 5% 漂白粉、烧碱消毒。

（3）目前我国尚无本病，为了防止牛海绵状脑病流入我国，禁止从有疯牛病发生的国家和地区进口牛及其产品，以及被污染的饲料和骨、肉粉。这是预防本病传播的有效措施。

四、牛病毒性腹泻

牛病毒性腹泻又称为牛病毒性腹泻-黏膜病。它是由牛病毒性腹泻病毒，又名黏膜病病毒引起的牛的一种传染病。本病的主要特征是消化道黏膜糜烂、坏死、胃肠炎和腹泻。

1. 临诊检疫要点

（1）流行特点　幼龄牛易感性高，冬季和早春多见。分布广，多呈隐性感染。

（2）临床症状　急性型的主要表现突然发病，体温升高至 40～42℃；眼鼻有浆液性分泌物，可能有鼻镜及口腔黏膜表面糜烂、舌面上皮坏死、流涎增多等口腔损害的症状；腹泻，病初似水样，呈灰色；后呈糊状、浅灰色、恶臭，有大量黏液和气泡。口、鼻、会阴部等处的黏膜充血、糜烂并有烂斑。发热、委顿、废食、流涎、鼻漏、呼吸急促。慢性的很少见明显的发热，主要表现鼻镜上出现糜烂；球节皮肤处红肿，出现蹄叶炎、跛行。母牛在妊娠期感染本病，常引起流产或产出有先天性缺陷的犊牛。

（3）病理变化　食管黏膜糜烂，其大小不等、形状不同，呈直线排列；肠系膜淋巴结肿大、充血，切面多汁，整个消化道黏膜有卡他性炎症、充血、水肿、糜烂并有烂斑。

2. 检疫方法

（1）病原检查　无菌采集抗凝血、鼻液、脾、淋巴结等病料，送检，细胞培养后进行病毒鉴定。亦可进行病毒荧光抗体检查。

（2）血清学检查　无菌采血，分离血清，送检。通过琼脂扩散试验、中和试验、荧光抗体试验、补体结合反应试验等均可确检。

3. 检疫后处理

对病牛、阳性牛立即隔离扑杀，整个胴体及副产品做无害化处理，彻底消毒；同群其他动物在隔离场或检疫机构指定的地点隔离观察。

五、牛传染性胸膜肺炎

牛传染性胸膜肺炎是由丝状支原体引起的牛的呼吸道传染病。它的主要特征是浆液性纤维素性胸膜肺炎。

1. 临诊检疫要点

（1）流行特点　主要感染牛。各种品种、不同年龄的牛均有较高易感性。新发病牛群常呈急性暴发，以后转为地方性流行，老疫区多呈散发。

（2）临床症状　急性型表现有高温稽留，呼吸困难，鼻翼扩张，发出"吭"声，腹式呼吸，立而不卧，干咳带痛，叩诊肺部有水平浊音或实音，听诊时有啰音或摩擦音。可视黏膜发绀，胸前和肉垂水肿。腹泻和便秘交替发生，病牛迅速消瘦，呼吸更加困难，流鼻涕或口流白沫，痛苦呻吟，濒死前体温下降，常因窒息而死。整个病程15～30天。

（3）病理变化　主要是浆液性纤维素性胸膜肺炎。胸腔有多量含絮状纤维素性积液，胸膜粗糙、增厚，肺表面污秽无光泽，常有红、黄、灰色等不同阶段的肝变，肺间质增宽，淋巴管扩张，呈灰白色，肺表面和切面常有奇特的色彩图案，犹如多色的大理石。末期，肺组织坏死，干酪化或脓性液化，形成脓腔、空洞或瘢痕。肺门和纵隔淋巴结肿大，出血。有的胸膜和肺粘连。

2. 检疫方法

（1）初检　根据流行病学、临床症状和病理变化作出初检。

（2）病原检查　生前无菌穿刺法采取胸腔积液，死后无菌采取肺组织、胸腔积液或淋巴结等病料，直接涂布于含适量青霉素和醋酸铊的牛或马血清琼脂，封严平皿防止水分蒸发，置37℃培养观察4～10天，若见菲薄透明、露滴状、中央有乳头状突起的圆形小菌落，即可进行显微镜检查，鉴定。疑为本菌的培养物涂片要自然干燥或温箱内干燥，不宜火焰固定。革兰染色菌体呈阴性，但着色不佳；用吉姆萨染色或瑞氏染色较好。在显微镜下见多形菌体，即可确检。

（3）血清学检查　常用补体结合反应试验法，但此法有1‰～2‰的非特异反应，特别是注苗后2～3个月内呈阳性或疑似反应，应引起注意。玻片凝集试验结合琼脂扩散试验可检出自然感染牛。荧光抗体试验可检出鼻腔分泌物中的丝状支原体。

3. 检疫后处理

不从疫区调牛；在进境牛检疫时发现阳性的，牛群做全部退回或扑杀销毁处理。

六、牛地方性白血症

牛地方性白血症亦称牛白血病，是引起牛的淋巴网状系统的全身性恶性肿瘤病。其特征为慢性淋巴样细胞恶性增生，全身淋巴结肿大，病死率高。

1. 临诊检疫要点

（1）流行特点　主要侵害奶牛，其次是肉牛、水牛和黄牛。3岁以下牛发病率很低，呈散发。3～8岁的牛易感性最高，呈地方流行性。牛地方性白血症的特点是感染率高，发病率低，病死率高。

（2）临床症状　病牛主要表现为生长缓慢，全身体表淋巴结显著肿大且坚硬，但可移动。有些病例眼球突出，结膜苍白、贫血，心音异常（多呈快而弱）。消化功能紊乱，共济失调，麻痹。妊娠母牛流产、难产。病程较长，多以消瘦死亡为转归。

（3）病理变化　主要为全身广泛性淋巴性肿瘤所致全身淋巴结肿大，色灰质软，切面突起。

2. 检疫方法

（1）初检　根据流行病学、症状及剖检特征可作出初检。

（2）活体瘤细胞检查　活体组织切片可发现肿瘤细胞，即可确检。肿瘤细胞核异常，最明显的变化是多倍体性染色体异常。

（3）血清学检查　琼脂扩散试验是目前常用的确检方法之一。也可根据检疫条件选用补体结合试验、中和试验、酶联免疫吸附试验、荧光抗体试验或放射免疫技术等作出确检。

3. 检疫后处理

发现病牛立即淘汰，隔离可疑感染牛；在隔离期间加强检疫，发现阳性立即淘汰。做好保护健康牛的综合性防范措施。

七、出血性败血症

出血性败血症简称"出败"，是由多杀性巴氏杆菌引起的各种畜禽、野生动物共患传染病的总称。急性病例以败血症和炎症出血过程为主要特征，慢性病例常表现为皮下结缔组织、关节、各脏器的局灶性化脓性炎症。

1. 临诊检疫要点

（1）流行特点　家畜中以牛（黄牛、牦牛、水牛）、猪发病较多；绵羊也易感，但较少见。畜群中发生巴氏杆菌病时，往往查不出传染源。当家畜饲养在不卫生的环境中，由于一些外因的诱导，发生内源性传染。病畜由其排泄物、分泌物不断排出有毒力的病菌，污染饲料、饮水、用具和外界环境，经消化道而传染给健康家畜，或由咳嗽、喷嚏排出病菌，通过飞沫经呼吸道而传染。

本病的发生一般无明显的季节性，但以冷热交替、气候剧变、闷热、潮湿、多雨的时期发生较多。本病一般呈散发。

（2）临床症状

① 败血型。病牛体温升高至41～42℃，精神沉郁，呼吸、脉搏加快，鼻镜干燥，食欲废绝，反刍停止，眼结膜潮红，流泪，粪便粥样或便中带血。

② 水肿型。全身水肿症状明显，特别是咽喉部、颈部、垂肉和胸前部的皮下组织有明显的炎性水肿，水肿有时也见于会阴部和四肢。病牛呼吸困难，发出呻吟声，流涎，黏膜和皮肤发绀。

③ 肺炎型。主要表现为纤维素性胸膜肺炎。病牛呼吸困难，伴有痛苦的咳嗽，流出泡沫状或脓样鼻液。胸部叩诊有实音区和痛感，听诊有明显的啰音和摩擦音。

（3）病理变化

① 牛败血型可见全身黏膜、浆膜均散布点状出血。心、肝、肾等实质性器官发生实质变性。全身淋巴结发红、肿大，切面有出血点。胸、腹腔和心包腔蓄积多量混有纤维素的渗出液。

② 水肿型的主要病变是当切开头、颈、胸前部等处皮下水肿部位时，可见有黄色胶样浸润，并有淡黄色稍混浊的液体流出。颌下、咽后、颈部以及纵隔淋巴结显著肿胀、充血，上呼吸道黏膜表现出卡他性炎症变化。有时全身浆膜、黏膜也散布点状出血。

③ 肺炎型以纤维素性胸膜肺炎病理变化为主（图9-3，彩图见插页）。

图9-3　出血性败血症肺部病变

2. 检疫方法

牛出血性败血症水肿型必须与炭疽相鉴别。牛出血性败血症的肺炎型易与传染性胸膜肺炎相混淆，特别是肺脏有坏死灶时，应加以区别；牛出血性败血症肺炎型还应与牛纤维素性肺炎（即"真性肺炎"）相区别，后者缺乏败血症现象，且炎症只局限于一侧肺叶的大部。

诊断本病除根据临诊症状和病理变化外，也可作肝、脾触片或心血涂片镜检和病原分离鉴定。

3. 检疫后处理

（1）患病动物肌肉有病变时，胴体、内脏与血液化制或销毁。

（2）病变轻微者，胴体及内脏高温处理后出厂（场）。

（3）皮张消毒后出厂（场）。

八、牛传染性鼻气管炎

牛传染性鼻气管炎又称牛传染性坏死性鼻炎、坏死性鼻炎和红鼻病，是由牛传染性鼻气管炎病毒，亦称牛（甲型）疱疹病毒引起的一种急性、热性呼吸道传染病。该病的主要特征是呼吸道黏膜发炎、水肿、出血、坏死且出现烂斑，鼻液带血，咳嗽，呼吸困难。还能引起生殖道炎、结膜炎、流产、犊牛脑膜炎。

1. 临诊检疫要点

（1）流行特点　多发生于肉牛，其次是奶牛。尤其 20～60 日龄犊牛最易感，发病率和病死率也较高。寒冷季节易发，牛群过度拥挤、密切接触更易传播。

（2）临床症状

① 呼吸道型。体温升高至 40～42℃，沉郁不食，流泪，流涎，鼻黏膜高度充血呈火红色，流脓性鼻液，有浅表溃疡，坏死。呼吸困难，呼出的气体恶臭，并有深部支气管性咳嗽。有的可见血痢和眼炎症状。

② 生殖道炎型。又称牛传染性脓疱。母牛表现轻热、不安、尿频、阴门水肿，有黏液性渗出物，阴道黏膜充血潮红，有灰黄色粟粒大的脓疱，后融合成灰黄色坏死假膜，糜烂，溃疡。妊娠母牛多不流产。公牛表现沉郁不食，包皮、阴茎充血、发炎、水肿，故名传染性脓疱性龟头包皮炎。病程 2 周左右。

③ 眼炎型。角膜结膜炎，流泪，结膜高度充血，角膜混浊，眼、鼻流浆性、脓性分泌物。可见角膜下水肿，其上形成灰色坏死膜，呈颗粒状外观。结膜充血、水肿，形成灰色坏死膜。有时可与呼吸道型同时发生。

④ 脑膜炎型。犊牛多见神经症状，先沉郁后兴奋或沉郁、兴奋交替发生，共济失调，口吐白沫。严重者角弓反张，磨牙，四肢划动。病程短，发病率低，但病死率高，达50%以上。

⑤ 流产型。一般见于初胎青年母牛妊娠期的任何阶段，多于妊娠后 5～8 个月流产或产弱、死胎。多无前驱症状，胎衣常不滞留。有时亦可见于经产牛。

（3）病理变化　上呼吸道黏膜的严重炎症、水肿、充血、糜烂，有浅溃疡灶，上附有灰黄色脓性渗出物或纤维素坏死渗出物。还有化脓性肺炎和脾脓肿，肾脏包膜下散在粟粒大、灰白色至灰黄色坏死灶，肝脏也散在有少量粟粒大、灰黄色坏死灶。流产的胎儿有坏死性肝炎和脾脏局部坏死，有的皮肤水肿。

2. 检疫方法

（1）初检　本病的典型病例（上呼吸道炎）有鼻黏膜充血、脓疱、呼吸困难、流泪等症状，结合流行病学，可作出初检。

（2）病原检查　采取鼻、眼、阴道分泌物，有流产胎儿时，采胎儿胸腔积液、心包液、心血及肺，脑炎时采脑组织。立即移入组织培养液、PBS 或生理盐水中，保存在干冰、−70℃或液氮下（避免在−30～0℃条件下冻存）运送。做细胞培养后进行病毒、抗原鉴定确检。

（3）血清学检查　采集急性期和恢复期的双份血清测定抗体的上升情况是确检的主要依据。如中和试验、琼脂扩散试验、间接血凝试验、免疫荧光试验、酶联免疫吸附试验均可确检。

（4）变态反应检查　用灭活抗原皮内注射，观察注射部皮肤出现红斑性肿胀并测其厚度，72h 判定结果。反应皮厚差在 1cm 以上者为阳性，0.5～1cm 之间为可疑。本法的检出率为中和试验的 2/3。

3. 检疫后处理

发现病牛和确检阳性牛应立即采用不放血方式扑杀，尸体深埋或焚烧。对可疑牛及时隔离、观察，加强检疫和消毒。在进境牛中一旦检出病牛和阳性牛做扑杀、销毁或退货处理，同群动物在隔离场或其他指定地点隔离观察并全面彻底消毒，以待进一步处理。

九、恶性卡他热

牛恶性卡他热亦称牛恶性头卡他或坏疽性鼻卡他等，是由恶性卡他热病毒引起的急性、热性、非接触性、高度致病性传染病。该病的主要特征是持续发热，口、鼻流出黏脓性鼻液，眼黏膜发炎，角膜混浊，并有头部黏膜发生急性卡他性纤维蛋白性炎症，病死率很高。

1. 临诊检疫要点

（1）流行特点　1～4岁的牛最易患此病，1岁以下的牛却很少发病。本病一般为散发，有时呈地方流行性，一年四季均可发生，但在冬季和早春发生较多。多数地区发病率较低，而病死率可高达60%～90%。病牛不能通过接触传染健康牛，主要通过绵羊、角马以及吸血昆虫而传播。病牛都有与绵羊接触史，如同群放牧或同栏喂养，特别是在绵羊产羔期最易传播本病。本病亦可通过胎盘感染犊牛。

（2）临床症状　一般表现为最急性型、头眼型、肠型和皮肤型，其中以头眼型最多见。

① 最急性型。病初期体温高达41～42℃，并且高热不退。眼结膜潮红，鼻镜干热，精神不振。被毛松乱。食欲或反刍明显减少。初便秘，后腹泻，排尿频繁，有时混有血液和蛋白质，喝水量增加。奶牛则停止泌乳。心跳和呼吸都加快，少数病牛即在此时死亡。

② 头眼型。发病后一两天，出现双眼怕见光亮，眼结膜发炎，眼睑肿胀，结膜充血，角膜混浊、穿孔。鼻黏膜潮红、出血，严重者溃烂。鼻内流出的黏液为脓性液体，恶臭，并混有纤维蛋白碎片且含有血液。呼吸困难，鼻镜表面坏死，形成大片干痂。口腔潮红，干燥发热。颊部、舌根等处的黏膜腐烂，并覆盖黄色伪膜。脑和脑膜发炎，致使病牛兴奋和敏感，甚至发生冲撞、吼叫和磨牙等情况，而多数则是衰弱、昏迷，最后则是全身麻痹。

③ 肠型。以纤维素坏死性肠炎症状为主，并伴发高热不退，腹泻，粪便如水一样，恶臭，并混有黏液块、伪膜和血液，到了病程末期，则大便失禁。

④ 皮肤型。病程较长，颈部、背部、乳房等处的皮肤出现血疹或水疱，并有棕色痂皮，痂皮脱落，则被毛掉落。

（3）病理变化　全身特别是头颈部的淋巴结充血、肿胀、出血。鼻窦、喉、气管及支气管黏膜充血肿胀，有假膜及溃疡。口、咽、食管糜烂、出现溃疡，第四胃充血、水肿、出现斑状出血及溃疡，整个小肠充血、出血。头颈部淋巴结充血、水肿，脑膜充血，呈非化脓性脑炎变化。肾皮质有白色病灶是本病的特征性病变。

2. 检疫方法

（1）根据流行特点，无接触传染，呈散发。临床症状如病牛发热40℃以上，连续应用抗生素也无效，典型的头眼型变化以及病理变化，可以作出初步诊断。

（2）本病应与牛瘟、黏膜病、口蹄疫等病相鉴别。

（3）实验室诊断

① 病原检查。病毒分离鉴定（病料接种牛甲状腺细胞、牛睾丸或牛胚肾原代细胞，培养3～10天可出现细胞病变，用中和试验或免疫荧光试验进行鉴定）。

② 血清学检查。间接荧光抗体试验、免疫过氧化物酶试验、病毒中和试验。

③ 鉴别诊断。应与牛瘟、口蹄疫、黏膜病、蓝舌病相区别。

3. 检疫后处理

一旦发现病畜，按《中华人民共和国动物防疫法》及有关规定，采取严格控制、扑灭措施，防止疫情扩散。病畜应隔离扑杀，污染场所及用具等实施严格消毒。牛、羊分开饲养，要禁止牛和绵羊等传播媒介接触，分群放牧。发现病牛立即隔离。另外，应该避免从发生过本病的地区引入绵羊。

十、牛瘟

牛瘟又称烂肠瘟、胆胀瘟，是由牛瘟病毒引起的牛的急性、热性、败血性传染病。其特征为高热，黏膜（尤其是消化道黏膜）发炎、出血、糜烂和坏死。

1. 临诊检疫要点

（1）流行特点　主要侵害牛。也可感染其他反刍动物。新疫区呈暴发流行，发病率和病死率都很高。老疫区呈地方流行性，主要危害无免疫力的犊牛。

（2）临床症状　主要表现高热，食欲减退，流涎，口腔黏膜潮红，有浅黄或微白色粟粒样斑点或小结节，呈弥漫性糜烂，边缘不整齐，后成溃疡，上有伪膜，红色糜烂面恶臭。鼻黏膜、眼结膜红肿、出血，分泌物干结成褐色。阴道黏膜发炎，有伪膜、糜烂。先便秘后腹泻，排出稀糊状污灰色或褐棕色具恶臭的粪便，便中带血和脱落的黏膜。眼、鼻黏膜潮红或溃烂，流出浆液性至脓性分泌物。

（3）病理变化　全身所有黏膜，特别是消化道黏膜有明显充血，或条状出血、坏死、糜烂的伪膜。心、肝、肾实质变性。淋巴结出血、肿大，胆囊肿大 2～3 倍，充满胆汁，胆囊黏膜树枝状充血或出血，形成溃疡。

2. 检疫方法

（1）初检　根据流行病学、症状和病理变化，可以作出初检。

（2）病原检查　采取病牛血液、分泌物、淋巴结、脾等，低温保存送检。经处理过的病料细胞培养，显微镜下观察特征性细胞病变，如有折射性、细胞变圆、细胞皱缩、胞质拉长（星状细胞）或巨细胞形成即可确检。

（3）血清学检查　采取病牛双份血清送检，作补体结合试验、荧光抗体试验、中和试验、间接血凝试验、琼脂扩散试验等，均能确检。

3. 检疫后处理

当前，我国无牛瘟。牛瘟属严加防范的疫病之一。一旦发现病牛，立即向上级主管部门上报疫情，并按疫点、疫区要求采取相应措施处理，就地扑灭。确诊为牛瘟的病畜或整个胴体及其副产品，均做销毁处理。

十一、牛结核病

结核杆菌病是由结核分枝杆菌引起的一种人、畜共患慢性传染病，以渐进性消瘦，在多种组织器官形成结核结节性肉芽肿和干酪性、钙化结节病变为特征。该菌可感染多种动物，尤以奶牛最易感，其次是黄牛、水牛、猪和家禽；其主要侵害肺、乳房、肠和淋巴结等。

1. 临诊检疫要点

（1）流行特点　牛及其他动物和人均有易感性。新疫区多呈地方性流行，老疫区多呈散发性、隐性感染或慢性病程。

（2）临床症状

① 肺结核。病牛呈现原因不明的全身进行性消瘦和贫血，病初干咳，后逐渐变为湿咳。长期不愈的咳嗽伴肺部异常，体表淋巴结肿大，顽固性腹泻和慢性乳房炎。

② 乳房结核。乳房表面出现大小不等、凹凸不平的硬结，泌乳量减少，乳液稀薄或呈深黄浓厚絮片状凝乳，最后停乳。

③ 肠结核。多发生于空肠和回肠，呈消化不良，表现为顽固性腹泻，粪便混有黏液或脓液，迅速消瘦。

④ 淋巴结核。常见下颌、咽、颈、腹股沟、股前等处的淋巴结形成无热无痛性肿块。采食减少，呼吸困难，消瘦。

（3）病理变化

① 肺结核。肺内有粟粒至豌豆大、灰白色、半透明的坚实小结节，结节中央可见干酪样坏死或钙化灶或有肺空洞（图9-4，彩图见插页）。

② 淋巴结核。淋巴结肿大，切面有呈放射状或条纹状排列的干酪样物，或有多量颗粒状钙化或化脓的小结节。

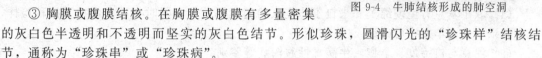

图 9-4　牛肺结核形成的肺空洞

③ 胸膜或腹膜结核。在胸膜或腹膜有多量密集的灰白色半透明和不透明而坚实的灰白色结节。形似珍珠，圆滑闪光的"珍珠样"结核结节，通称为"珍珠串"或"珍珠病"。

④ 乳房结核。乳房可见大小不等的病灶内含豆腐渣状的干酪样物质。

2. 检疫方法

（1）初检　根据流行病学、临床症状和剖检变化可作出初检。

（2）采取痰或结核病灶黏液或豆腐渣样干酪样物质直接涂片，制片→抗酸染色→高倍镜检查，结核杆菌呈红色，其他菌及背景为蓝色，即可确诊。

（3）变态反应诊断　目前主要采用牛型提纯结核菌素（PPD）按操作要求和程序进行皮内注射和点眼反应的方法。应用变态反应法可检出牛群中95%～98%的结核病牛。

（4）鉴别检疫　在剖检变化检验中，各器官组织的结核病变应注意与放线菌病、寄生虫结节、伪结核病以及真菌性肉芽肿相区别。

3. 检疫后处理

（1）发现全身性结核病病牛应立即采取不放血式扑杀，尸体化制或销毁；淘汰阳性牛，屠宰后内脏、头、骨、蹄等下脚料化制或销毁，肉高温处理，所用物品高温消毒。

（2）可疑牛在隔离的基础上经两次以上检疫仍为可疑者按阳性对待而淘汰，保留健康牛，加强检疫和饲养管理。

（3）宰后检疫发现全身性结核或局部结核的，其胴体及内脏一律做销毁处理。

十二、蓝舌病

蓝舌病是由蓝舌病病毒引起反刍动物的一种虫媒性的病毒性传染病。该病主要发生于绵羊。其特征是感染动物发热、消瘦，舌色青紫而蓝，口、鼻和肠道黏膜溃疡以及跛行。

1. 临诊检疫要点

（1）流行特点　各种绵羊不分性别和年龄均有易感性，但以1岁左右的绵羊最易感，羔羊有一定的抵抗力，牛和山羊易感性低，感染后多呈隐性经过。主要由库蚊和伊蚊传播，多发生在湿热的夏季和早秋，特别是在池塘河流多、低洼沼泽等地区放牧的绵羊较易发生和流行。牛和山羊感染后多呈隐性经过。但牛是绵羊发生蓝舌病的重要传染源。

（2）临床症状　病初体温升高到$40.5～41.5℃$，稽留2～3天后，表现出厌食，精神委顿，流涎；嘴唇、眼睑、耳水肿，水肿可延伸到颈部和腋下。口、鼻和口腔黏膜充血、出血或有浅表性糜烂。舌体充血肿胀，有点状出血，严重的病例舌呈蓝色、发绀，然后形成溃疡，表现出蓝舌病的特征症状。

随着病程的发展，口腔、鼻、胃肠道黏膜水肿、出现溃疡，导致吞咽困难、呼吸受阻、腹泻、血便。有的蹄冠充血、发炎，致跛行。

（3）病理变化　消化道、呼吸道黏膜炎症，尤其是口腔、瘤胃、真胃的黏膜出血、水肿、溃疡、坏死、腐脱明显。瘤胃暗红。心、肌肉、蹄部出血。皮肤潮红，常见斑状疹块区。

2. 检疫方法

（1）初检　根据流行病学、临床症状和病理变化可作出初检。

（2）病原检查　无菌采发热期抗凝血液5ml或死羊的淋巴结、脾等病料，低温保存，立即送检。做易感动物接种试验、11日龄鸡胚培养、单层细胞培养分离鉴定病毒均可确检。

（3）血清学检查　可无菌采集发热期的病羊血液、血清或新鲜死羊的淋巴结、脾等病料作检样，经琼脂扩散试验、中和试验、荧光抗体试验、酶联免疫吸附试验等确检。

（4）取1岁左右免疫绵羊和来自于非疫区的健康同龄羊，同时在耳根部皮下接种检样，观察结果，健康羊发病可确诊。

（5）注意与口蹄疫、羊痘、牛病毒性腹泻病等鉴别。

3. 检疫后处理

检出阳性动物，应按一类疫病处理。立即上报疫情，封锁疫区，停止调运，并扑杀、销毁全部感染动物。受威胁区的易感动物进行紧急预防接种。

十三、泰勒虫病

泰勒虫病是由多种泰勒虫寄生在牛、羊红细胞而引起的牛、羊血液原虫病的总称。环形泰勒虫和瑟氏泰勒虫是我国广泛发生和流行本病的主要病原。泰勒虫病在我国华北、西北、东北各地多见。病的特征均为高热，贫血，体表淋巴结肿胀，消瘦。

1. 临诊检疫要点

（1）流行特点　各品种牛、羊都易感。在我国主要经小亚璃眼蜱或残缘璃眼蜱传播。在春、夏、秋季多发，呈散发或地方性流行。

（2）临床症状　泰勒虫感染表现高热稽留，体温达$40\sim42$℃，可视黏膜出现溢血斑点和黄染，贫血，眼睑和四肢、胸腹下水肿，体表淋巴结肿大，触痛，消瘦，衰弱。血常规检验可发现贫血，红细胞下降，血沉快，红细胞异形。

（3）病理变化　眼结膜、皮下组织黄染。胃、肠黏膜出血、糜烂。全身性出血、淋巴结肿大，肝、肾、脾肿大，切面湿润，质脆。

皱胃的特征性病变：黏膜肿胀，有大小不等的出血斑，伴有大小不等的暗红色、黄白色结节；结节局部出现大小不一的溃疡、糜烂，严重病例溃疡或糜烂的黏膜面积占全部黏膜的$1/2$以上。

2. 检疫方法

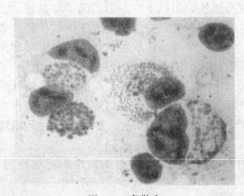

图9-5　泰勒虫

（1）初检　根据流行病学、临床症状和病理变化可作出初检。

（2）病原检查　采取血液涂片，吉姆萨染色，镜检红细胞中的虫体。环形泰勒虫以圆环形虫体为多，大小为$0.8\sim1.7\mu m$，瑟氏泰勒虫以杆形和梨子形为主。牛的泰勒虫还可作淋巴结穿刺，涂片染色，镜检石榴体，石榴体呈圆形、椭圆形或肾形，位于淋巴细胞或巨噬细胞胞质内或散在于细胞外，虫体胞质呈淡蓝色，内含很多红紫色颗粒状的核（图9-5，彩图见插页）。

（3）血清学检查　应用琼脂扩散试验、间接血凝试验、补体结合试验等可以确检。

3. 检疫后处理

对检出的病畜隔离治疗，消灭圈舍蜱和牛、羊体表的蜱，做好灭蜱等综合防治措施。流行区可用牛泰勒虫病裂殖体胶冻细胞苗对牛进行预防接种。

十四、牛毛滴虫病

牛毛滴虫病是由牛胎三毛滴虫引起的生殖系统寄生虫病。往往通过交配或污染的人工授精器械和用具接触生殖道黏膜传播。其主要特征是公牛感染后不愿交配，母牛患子宫内膜炎或不孕，部分病牛发生死胎。

1. 临诊检疫要点

（1）流行特点　牛胎三毛滴虫世界性分布，感染牛和瘤牛。通过病、健牛本交或人工授精时的带虫精液或污染虫体的人工授精器械接触感染，亦可经胎盘感染。妊娠母牛体内胎儿的胎盘、胎液、胃和体腔内均含有大量虫体。多发于配种季节。种公牛常不表现症状，但长期带虫。对外界的抵抗力较弱，对热敏感，但对冷的耐受性较强，大部分消毒剂很容易杀灭该病原。

（2）临床症状

① 公牛。感染后 12 天，发生黏液脓性包皮炎，包皮肿胀，上有粟粒大小的小结节，疼痛，不愿交配。继而转为慢性乃至消失，长期带虫。

② 母牛。感染后 1～3 天，表现阴道卡他性炎症，阴道红肿，黏膜上有粟粒大小或更大一些的小结节，排出黏液性或黏液脓性分泌物。多数牛在怀孕后 1～3 个月发生流产，流产后母牛发生子宫内膜炎，严重的子宫蓄脓，延长发情期甚至不孕，有的发生死胎。

2. 检疫方法

（1）初检　可根据流行病学、临床症状作出。

（2）病原检查　采取病畜的生殖道分泌物或冲洗液、胎液、流产胎儿的四胃内容物等涂在载玻片上，并加 1 滴生理盐水，加盖玻片后观察，镜检发现虫体即可确诊（图9-6）。

3. 检疫后处理

引进公牛时做好检疫，发现新病例淘汰公牛。

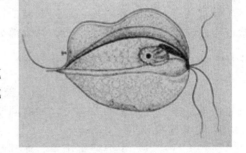

图 9-6　牛胎三毛滴虫

本病预防主要是加强饲养管理，公母分群饲养，推广人工授精，增强畜体抵抗力，注意引种检疫，及早发现病畜，尽快隔离治疗。

十五、锥虫病

锥虫病是由伊氏锥虫（图9-7，彩图见插页）寄生在血液引起的牛的一种原虫病。其特征为间歇热，贫血，消瘦，四肢下部皮下水肿，耳尖与尾梢干性坏死。

1. 临诊检疫要点

（1）流行特点　除牛易感外，马、驼也易感。主要通过吸血昆虫虻和厩蝇传播。夏、秋季易发。流行区域甚广。

（2）临床症状　病牛主要表现体温升高（40～41.6℃），呈不规则间歇热，精神沉郁、消瘦、贫血、黄疸、四肢下端水肿。后期，眼结膜出血，眼睑肿胀。皮肤龟裂，严重的溃烂、脱毛，耳尖、尾尖、蹄部末端干性坏死、脱落。皮下水肿，多发于胸前、腹下以及公畜阴茎。后期后肢麻痹，卧地不起，衰竭死亡。母牛感染常流产，产乳量下降。

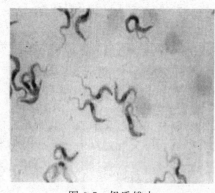

图 9-7 伊氏锥虫

（3）病理变化 各脏器浆膜及胃黏膜斑点状出血，体表淋巴结、肝、脾、肾肿大，肝脏呈肉豆蔻状。血液稀薄，胸、腹腔积液。肌肉、内脏器官肿胀、出血。脑、脊髓炎症、出血。

2. 检疫方法

（1）初检 根据流行病学调查、临诊及剖检观察，可作出初检。

（2）病原检查

① 染色检查法。在耳静脉采血，一般需做两张涂片，自然干燥，甲醇固定，吉姆萨染色液染色，镜检有无虫体。也可取一大滴血液，在玻片上推成较厚的涂面，晾干后用 2‰乙酸液徐徐冲洗，将红细胞全部溶解后，再行晾干、甲醇固定、染色、镜检，此法易发现虫体。

② 压滴检查法。在耳静脉采血一滴，滴于载玻片上，用等量生理盐水混合，加盖玻片，镜检，即可见活动虫体。

③ 集虫检查法。在颈静脉采血 5ml，移入含 2%枸橼酸钠液 5ml 的沉淀管中，混合后于 1500r/min 离心沉淀 5～10min。此时红细胞沉于管底，虫体和白细胞在红细胞层的上面。用滴管吸取白细胞层作镜检，可提高虫体的检出率。

④ 动物接种。采病畜血液 0.1～0.2ml，接种于小鼠的腹腔，隔 2～3 天后，逐日采尾尖血液检查，连续 1 个月，可查到虫体，检出率极高。

3. 检疫后处理

发现病畜，要隔离治疗，对同群健畜做好药物预防。消灭牛虻、螫蝇等传播媒介。屠宰检疫中发现本病，销毁病变脏器，其余部分高温处理后利用。

十六、山羊病毒性关节炎-脑炎

山羊病毒性关节炎-脑炎病是由山羊关节炎-脑炎病毒引起的一种慢性传染病。其特征为成年山羊呈缓慢性发展的关节炎，伴有间质性肺炎、乳房炎，羔羊常呈现脑脊髓炎症状。

1. 临诊检疫要点

（1）流行特点 主要侵害山羊，尤其是奶山羊最易感。成年羊感染居多，多为隐性、慢性感染。幼年羊常呈脑炎表现。感染率低，病死率高。在自然条件下，绵羊不感染。水平传播至少同居放牧 12 个月以上；带毒公羊和健康母羊接触 1～5 天不引起感染。呼吸道感染和医疗器械接种传播本病的可能性不能排除。感染本病的羊只，在良好的饲养管理条件下，常不出现症状或症状不明显。只有通过血清学检查，才能发现。在应激因素的刺激下（如改变饲养管理条件、环境或长途运输等），则会出现临床症状。

（2）临床症状 成年山羊呈多发性慢性关节炎，由腕关节发展到四肢各个关节，硬肿、钙化、跛行。有的可见间质性肺炎（呼吸困难）、乳房炎（硬乳房）。6 月龄以内羔羊主要表现为脑脊髓炎，由后肢发展为四肢麻痹，共济失调，呆滞。严重者眼球震颤、惊恐、角弓反张、横卧不起、四肢划动。病程长短不一，病死率高。

① 脑脊髓炎型。主要发生于 2～4 月龄羔羊。有明显的季节性，3～8 月多发。病初病羊精神沉郁、跛行，进而四肢强直或共济失调。一肢或数肢麻痹，横卧不起，四肢划动，有的病例眼球震颤、惊恐、角弓反张。少数病例有肺炎或关节炎症状。

② 关节炎型。发生于 1 岁以上的成年山羊，病程 1～3 年。主要症状是腕关节肿大和跛行。膝关节和跗关节也有炎症。重症病例软组织坏死，纤维化或钙化，关节液呈黄色或粉

红色。

③ 肺炎型。较少见。没有年龄限制，病程 3～6 个月。患羊进行性消瘦，咳嗽，呼吸困难，胸部叩诊有浊音，听诊有湿啰音。

（3）病理变化　病关节周围组织肿胀，关节膜增厚，滑膜常与关节软骨粘连，有钙化斑。呼吸困难者，肺脏轻度肿大，质地硬，表面有灰白色小点，切面有斑块状实区。脑脊髓无明显肉眼病变，偶尔在脊髓和一侧脑白质区有一棕色病区。中枢神经：主要发生于小脑和脊髓的灰质，在前庭核部位将小脑与延脑横断，可见一侧脑白质有一棕色区。

2. 检疫方法

（1）初检　首先调查有无进境山羊或在同一山羊群中是否有对抗生素治疗无效的，是否出现地方流行性的成年羊慢性关节炎、呼吸困难、硬乳房和羔羊脑炎症状等，若有可作出初检。

（2）病理检查　镜检见血管周围有淋巴样细胞、单核细胞和网状纤维增生，形成套管，套管周围有胶质细胞增生包围，神经纤维有不同程度的脱髓鞘变化。

（3）病原检查　无菌采取病关节腔液、关节软骨、滑膜等病料送检，做单层细胞培养，每 2～4 周传代次数直至出现多核细胞，进行电镜检查。也可用直接荧光法鉴定细胞培养物中的病毒确检。

（4）血清学试验　常用琼脂免疫扩散试验和酶联免疫吸附试验确检。

琼脂免疫扩散试验的操作方法如下。

① 按常规方法采集被检血清，分离血清，经 56℃ 水浴灭活 30min 后待检。

② 琼脂板的制备。用 Tris-HCl 缓冲液制备 1% 琼脂［三羟甲基氨基甲烷（Tris）0.605g 和 NaCl 8.0g 溶于 100ml 去离子水中，再用 HCl 调 pH 至 7.2，而后加入 1g 琼脂煮沸或高压溶解］，冷却到 50℃ 左右倒入平皿制作琼脂板。琼脂板厚度不薄于 2mm，冷却后打孔。

③ 取琼脂板，用模具按 7 孔法打孔。孔径 5mm，孔距 3mm。

④ 中间孔加入山羊关节炎-脑炎病毒抗原，第 1 孔、第 4 孔分别加入标准阳性血清作为对照，第 2 孔、第 3 孔、第 5 孔、第 6 孔分别加入被检血清。加样完成后，将琼脂板放在湿盒内，然后置于 37℃ 恒温箱内培养 24～48h 后观察结果。

⑤ 结果判定。看到阳性血清对照与抗原孔中间形成一条清晰、致密的沉淀线时，才能进行判定。

阳性：被检血清和抗原孔之间形成的沉淀线，应与阳性血清沉淀线弯曲环连，判为强阳性（＋）；根据沉淀线出现的时间，环连的情况，清晰、致密的程度，判为"＋＋＋"、"＋＋"、"＋"。阳性结果应同法重复一次，结果相同时，才可判定。

可疑：如沉淀线不清晰或只出现阳性对照沉淀线与被检血清打弯时，判为"±"，应重检；重检结果相同时应判为阳性（＋）。

阴性：无沉淀线出现为阴性。沉淀线与阳性对照沉淀线交叉或相连时，均属非特异反应，判为阴性（－）。

3. 检疫后处理

对患病和检出的阳性动物进行扑杀、销毁处理。对同群其他动物在指定的隔离地点隔离观察 1 年以上，在此期间进行两次以上实验检查，证明为阴性动物群时方可解除隔离检疫期。

十七、痒病

痒病是由亚病毒的蛋白侵染因子引起的绵羊、山羊的一种缓慢发展的传染性中枢神经系统传染病。它的主要特征为几年的潜伏期，剧痒，精神委顿，肌肉震颤，运动失调，衰弱，瘫痪，最后死亡。

1. 临诊检疫要点

(1) 流行特点　主要侵害成年绵羊，偶尔发生于山羊，不同性别、品种的羊都可发病。一般发生于2～4岁的羊，以3岁半羊易感性最高。患病公羊和母羊所产后代最常发病。以直接种间接触传播为主，妊娠母羊还可经胎盘传给后代。

(2) 临床症状及病变　潜伏期1～5年，早期病羊精神沉郁或敏感，易惊。可见擦痒症和神经症状，即病羊的体躯摩擦物体或嘴咬发痒部位，从而大片被毛脱落，皮肤红肿发炎、出血。进而可见肌肉震颤、无力、麻痹等而陷于运动失调。遇刺激肌肉震颤更甚。后期体弱摇摆，起立困难，病程2～5个月，病死率高。1.5岁以下的羊极少出现症状。

除尸体消瘦和皮毛损伤外，其他无肉眼可见变化。

2. 检疫方法

(1) 初检　根据流行病学、典型症状可作出初检。

(2) 组织病理学检查　采集脑髓、脑桥、大脑、小脑、丘脑、脊髓等进行组织切片。镜检时特征的病变为中枢神经系统海绵样变性，神经元变性和形成空泡，胶质细胞增生和出现淀粉样斑，以及轻度的脑膜炎、脑脊髓炎。

3. 检疫后处理

痒病为一类疫病，发现后按《中华人民共和国动物防疫法》及有关规定，立即上报疫情，采取严格控制、扑灭措施，防止扩散。当前，我国已禁止从有痒病的国家或地区引进羊及其产品。

十八、小反刍兽疫

小反刍兽疫是由小反刍兽疫病毒引起的羊的一种急性传染病。它的主要特征是发热、口炎、肺炎、腹泻。

1. 临诊检疫要点

(1) 流行特点　本病主要侵害幼龄羊，山羊较绵羊易感，且症状明显，发病率、病死率都很高。

(2) 临床症状　病初体温升高、沉郁、减食。2天后口鼻黏膜出现广泛性炎症，导致多涎、鼻漏、呼出恶臭气体。咳嗽，呼吸异常。后期出现血水样腹泻，脱水，消瘦，体温下降。发病率高，病死率达100%。

(3) 病理变化　从口腔直到瘤-网胃口，可见出血性、坏死性炎症病变，形成浅表糜烂、溃疡，严重的肠黏膜糜烂、条纹状出血，淋巴结肿大，脾有坏死灶。有的在鼻甲、喉、气管等处有出血斑。

2. 检疫方法

(1) 初检　根据临诊检疫的流行病学、临床症状、病理变化可作出初检。

(2) 病原检查　无菌采集患畜分泌物、血液、淋巴结、脾、肺、肠等，低温保存送检。做单层细胞培养，高倍镜下进行病毒引起的细胞病变检查。当出现细胞变圆、聚集，最终形成合胞体，合胞体细胞核以环状排列，呈"钟表面"样外观，就可确检。

(3) 血清学检查　采集病初、病后期的双份血清送检。用琼脂扩散试验、酶联免疫吸附试验、间接荧光抗体试验、中和试验等均可确检。

3. 检疫后处理

本病在国际兽疫局和我国均列为一类传染病，检出阳性或发病动物，对全群动物做扑杀、销毁处理，并全面消毒。根据《中华人民共和国进出境动物检疫法》，我国禁止从小反刍兽疫疫区引进包括绵羊和山羊在内的反刍动物及其产品。

第二节　牛、羊疫病的鉴别

一、口腔黏膜病变的急性疫病

在牛、羊检疫中，口腔黏膜有病变的疫病主要有口蹄疫、牛病毒性腹泻-黏膜病、牛瘟、恶性卡他热和蓝舌病。

（一）外观鉴别

1. 接触性传染

（1）良性经过

① 牛、羊均发生 ·· 口蹄疫

② 临床症状见于牛 ······························· 牛病毒性腹泻-黏膜病

（2）恶性经过发生于牛 ·· 牛瘟

2. 非接触性传染

（1）主要发生于牛 ·· 恶性卡他热

（2）主要发生于绵羊 ·· 蓝舌病

（二）临床鉴别

1. 口蹄疫

病初体温升高，水疱破溃后降至常温，口黏膜和蹄部、乳房皮肤上的水疱发展成边缘整齐的烂斑。在咽喉、气管、支气管和前胃黏膜可发生圆形烂斑和溃疡，上盖有黑棕色痂块。真胃和大小肠黏膜可见出血性炎症。心肌有淡黄色斑点或条纹，亦称为"虎斑心"。

2. 牛病毒性腹泻-黏膜病

发热，口、鼻黏膜的糜烂和烂斑散在，不规则，小而浅。急性者有持续性或间歇性腹泻。慢性者球节皮肤发炎。食管黏膜糜烂，大小、形状各异，呈直线排列；肠系膜淋巴结肿大、充血，切面多汁，整个消化道黏膜有卡他性炎症、充血、水肿、糜烂和烂斑。

3. 牛瘟

发热症状明显，口黏膜无水疱但有结节和溃疡，后逐渐发展成边缘不整齐的烂斑，乳房及蹄部无病变。全身所有黏膜，特别是消化道黏膜有明显充血或条状出血、坏死、糜烂的伪膜。淋巴结出血、肿大，胆囊肿大 2～3 倍，胆囊黏膜树枝状充血或出血，形成溃疡。

4. 恶性卡他热

高热稽留，角膜混浊，口、鼻黏膜有糜烂或溃疡，但口腔、蹄部无水疱。第四胃充血、水肿、有斑状出血及溃疡，整个小肠充血、出血。头颈部淋巴结充血和水肿，脑膜充血，呈非化脓性脑炎变化。肾皮质有白色病灶。

5. 蓝舌病

高热稽留，口腔连同唇、颊、舌黏膜出现溃疡、坏死，但无水疱，且双唇水肿明显，有时蹄部发炎。口腔、瘤胃、真胃的黏膜出血，水肿，出现溃疡、坏死，腐脱明显。瘤胃暗红。心、肌肉、蹄部出血。皮肤潮红，常见斑状疹块区。

二、伴有水肿的急性疫病

牛伴有水肿的急性疫病主要有牛恶性水肿、牛流行热、牛气肿疽、牛炭疽、牛巴氏杆菌病（水肿型）。

（一）外观鉴别

1. 水肿有捻发音

（1）肿胀伴发于分娩或深创 ······································ 牛恶性水肿

（2）肿胀与创伤、分娩无关·····································牛流行热、牛气肿疽

2. 水肿无捻发音

（1）水肿多发生于颈、胸、腰 ·····································牛炭疽

（2）水肿多发生于头颈、下颌·····························牛巴氏杆菌病（水肿型）

（二）临床鉴别

（1）牛恶性水肿　阴门或创伤周围的部位发生气性水肿。

（2）牛流行热　阵发性肌肉震颤，四肢硬痛，皮下气性肿胀。肺气肿、水肿或混合性肿胀，体积显著膨大。肺门淋巴结充血、肿大或出血。

（3）牛气肿疽　臀、腰、肩、颈、上腿等肌肉丰满的部位发生气性炎性肿胀。

（4）牛炭疽　天然孔出血，尸僵不全，血凝不良呈焦油状。皮下、肌间、浆膜下胶样水肿。脾肿大2～5倍，脾髓软化如糊状，切面呈砖红色，出血。肠道出血性，有的在局部形成痈。

（5）牛巴氏杆菌病（水肿型）　血液凝固，脾变化不明显。咽周围组织和会咽软骨韧带呈黄色胶样浸润，咽淋巴结和前颈淋巴结高度急性肿胀，上呼吸道黏膜卡他性潮红。

三、以高热、贫血、黄疸为主的疫病

牛以高热、贫血、黄疸为主的疫病主要有牛钩端螺旋体病、牛巴贝斯虫病、牛泰勒虫病。

（一）外观鉴别

（1）皮肤有坏死 ·····································牛钩端螺旋体病

（2）皮肤无坏死，体表淋巴结肿大 ·····································牛泰勒虫病

（3）皮肤无坏死 ·····································牛巴贝斯虫病

（二）临床鉴别

（1）牛钩端螺旋体病　病初发热，血尿。镜检血液内无寄生虫。脾不肿大。

（2）牛泰勒虫病　眼结膜有出血点，肩前淋巴结显著肿大，皮肤有出血点，无血红蛋白尿。镜检淋巴液中有石榴体。

（3）牛巴贝斯虫病　病畜体温升到40～42℃，精神差，食欲减退，腹泻、呼吸困难。消瘦，贫血，黄疸。发病2～3天后，可见血红蛋白尿，尿色由淡黄色变暗红色。严重者可造成死亡。眼结膜、皮下组织黄染，肝、脾、淋巴结肿大。胃、肠黏膜出血、糜烂。

四、以肺部症状为主的疫病

在牛检疫中，以肺部症状为主的疫病主要有牛结核病、牛巴氏杆菌病（肺炎型）、牛传染性胸膜肺炎（牛肺疫）；在羊检疫中，以肺部症状为主的疫病主要有羊巴氏杆菌病（亚急性型）、羊传染性胸膜肺炎（羊肺疫）、羊网尾线虫病（羊大型肺丝虫病）、羊圆线虫病。

（一）外观鉴别

（1）体表淋巴结丘状隆起样增大 ·····································牛结核病

（2）体表淋巴结无显著变化

① 多急性经过 ·····································牛巴氏杆菌病（肺炎型）

② 多慢性经过 ·····································牛传染性胸膜肺炎（牛肺疫）

（3）高热，有明显的肺炎、胸膜炎

① 多发于羔羊、幼龄羊 ·····································羊巴氏杆菌病（亚急性型）

② 多发生于中年羊、成年羊 ·····································羊传染性胸膜肺炎（羊肺疫）

（4）无热，呈慢性支气管肺炎

① 粪中有大于 0.5mm 的幼虫·························· 羊网尾线虫病（羊肺丝虫病）

② 粪中有小于 0.5mm 的幼虫·························· 羊圆线虫病（羊小型肺虫病）

（二）临床鉴别

（1）**牛结核病** 结核菌素变态反应阳性。牛结核病的病程较牛肺疫、牛巴氏杆菌病的病程都长，咳嗽时常有气管分泌物咳出，呈弛张热或体温正常。抗酸性染色镜检可见结核分枝杆菌。肺、淋巴结、浆膜，有时于乳房或其他组织器官可见结核结节、干酪样坏死灶。肺缺乏大理石样变。

（2）**牛巴氏杆菌病（肺炎型）** 牛巴氏杆菌病较牛肺疫、牛结核病的病程都短而发展快，体温高。喉头及颈部炎性水肿，肺组织的肝变色彩比较一致，且有不洁感，肺间质变轻，但全身出血性败血症变化明显。

（3）**牛传染性胸膜肺炎（牛肺疫）** 结核菌素变态反应阴性。肺组织呈现色彩不同的各期肝变和较鲜艳的大理石样变，间质呈现显著的淋巴管舒张并含多量淋巴液。

（4）**羊巴氏杆菌病（亚急性型）** 咳嗽，可出现颌下、颈、胸部皮下水肿。

（5）**羊传染性胸膜肺炎（羊肺疫）** 咳嗽，呼吸困难，肺有肝变。

（6）**羊网尾线虫病（羊大型肺丝虫病）** 卡他性支气管炎，粪便中的幼虫含颗粒体，在支气管有线状寄生虫。

（7）**羊圆线虫病** 卡他性支气管炎或胸膜炎。粪便中的幼虫似玻璃样透明。肺中有很细的毛茸样线虫。

（8）**牛运输热** 牛运输热曾被认为是巴氏杆菌病，现已证明其病原是副流感 3 型病毒，巴氏杆菌等为继发病原，降低牛抵抗力的外界因素为诱因，三者协同作用引起典型的运输热，本病器官无明显变化。

因而鉴别的要点是：本病在规模饲养或运输后，仅有肺部症状和病变；高热，流鼻涕，流泪，脓性结膜炎，咳嗽，呼吸困难，流白沫状口涎；两肺前下部肿胀，硬实，切面呈红灰色肝变；胸腔有浆液性纤维素性渗出液积聚。

五、以猝疽症状为主的疫病

羊以猝疽症状为主的疫病主要有羊炭疽、羊快疫、羊肠毒血症、羊猝狙、羊链球菌病、羊黑疫。

（一）外观鉴别

1. 天然孔流出血丝、泡沫

① 体温升高 ··· 羊炭疽

② 体温正常 ··· 羊快疫

2. 天然孔不流血丝、泡沫

（1）体温多正常

① 发生于 1 岁以内的羊 ·· 羊肠毒血症

② 发生于 1 岁以上的羊 ·· 羊猝狙

（2）体温多升高

① 皮肤不黑，咽喉肿大 ·· 羊链球菌病

② 皮肤灰黑，咽喉不肿 ·· 羊黑疫

（3）年龄

6 月龄至 2 岁 ··· 羊快疫

（二）临床鉴别

（1）羊炭疽 突然眩晕、摇摆、磨牙、全身痉挛，天然孔有时出血，很快倒地死亡。血凝不良，脾肿大。

（2）羊快疫 真胃和十二指肠黏膜充血、肿胀并散在有出血斑点，黏膜下水肿，肠道内有大量气体。前胃黏膜常自行脱落，瓣胃内容物多干而硬。前躯皮下有血色胶样浸润，有时含有气泡。咽喉黏膜发生出血性胶样浸润，气管上覆有血样黏液。肝脏肿大、质脆、呈土黄色如煮熟样，在其浆膜下常可见到黑红色、界限明显的斑点，切开时发现淡黄色豌豆粒至核桃大的病灶。

（3）羊肠毒血症 肾软化如泥，如脑髓样；小肠出血严重；心包积液，肺血性水肿，胸膜出血。

（4）羊猝狙 小肠溃疡，有腹膜炎，死后 8h 骨骼肌出血，肌肉上有气性裂孔。

（5）羊链球菌病 各脏器普遍出血、颌下淋巴结肿大、出血，胆囊肿大。

（6）羊黑疫 皮下静脉显著充血，皮肤灰黑色。肝脏有别针头大到鸡蛋大的灰黄色坏死病灶。

六、犊牛疫病

在牛检疫中，以犊牛为主要发病对象的疫病主要有牛病毒性腹泻-黏膜病、犊牛新蛔虫病、犊牛链球菌感染等。

（一）外观鉴别

1. 传播方式

（1）胎盘垂直感染 ……………………………………………………… 犊牛新蛔虫病

（2）直接或间接传播 ……………………… 牛病毒性腹泻-黏膜病、犊牛链球菌感染

2. 年龄

（1）4 月龄以内 ……………………………………………………… 犊牛新蛔虫病

（2）4 月龄至 18 月龄 …………………………………… 牛病毒性腹泻-黏膜病

（3）出生即发 ……………………………………………………… 犊牛链球菌感染

（二）临床鉴别

（1）犊牛新蛔虫病 病犊精神不振，食欲减退或废绝；腹泻，排糊状灰白色稀粪便，腥臭味特浓，粪便表面有油状物，附有血，偶有虫体排出，并伴有持续性腹胀和阵发性腹痛；呼出气体有异味。极度贫血，咳喘，呼吸困难，重者衰竭死亡。

（2）牛病毒性腹泻-黏膜病 主要表现精神沉郁，厌食，鼻、眼有浆液性分泌物，鼻镜溃烂，甚至连成一片，舌表面上皮坏死，流涎增多，呼气恶臭。通常在口内损伤之后发生严重腹泻，开始为水泻，后带有黏液和血液。消化道黏膜充血、出血，尤以肠道变化最严重；真胃弥漫性出血、水肿，有小的溃疡；肠系膜淋巴结水肿，增大为枣样；小肠黏膜弥漫性充血、出血；盲肠和结肠黏膜充血、出血，有小的溃疡；心内外膜出血；脑膜充血，脑膜下积聚着大量水肿液。

（3）犊牛链球菌感染 在刚出生后即能出现眼炎。关节炎常为慢性经过，很少引起全身性疾病。患脑膜炎的犊牛表现感觉过敏、僵硬、发热。脐化脓，严重的呈化脓性关节炎，实质性器官出现脓肿。

七、以腹泻症状为主的羔羊疫病

羔羊以腹泻症状为主的疫病主要有羔羊痢疾、羔羊大肠杆菌病、羔羊副伤寒、羔羊轮状病毒腹泻、羔羊球虫病、羔羊莫尼茨绦虫病。

（一）外观鉴别

1. 发生于 20 日龄以内的羔羊

（1）多发生在 4 日龄以内的羔羊

① 血便 ……………………………………………………… 羔羊副伤寒

② 稀泻 …………………………………………………… 羔羊轮状病毒腹泻

（2）多发生在 4 日龄以上的羔羊

① 血便 ……………………………………………………… 羔羊痢疾

② 稀泻 ……………………………………………………… 羔羊大肠杆菌病

2. 发生于 30～45 日龄羔羊

（1）血便 …………………………………………………… 羔羊球虫病

（2）稀泻 ………………………………………………… 羔羊莫尼茨绦虫病

（二）临床鉴别

（1）羔羊痢疾　迅速出现血痢、腹痛、呻吟。小肠黏膜严重出血，有溃疡，镜检可见魏氏梭菌。

（2）羔羊大肠杆菌病　病初稀便呈黄色，继而呈浅黄黏液状，甚至乳白色，直至水泻，迅速脱水，昏迷。小肠黏膜卡他性炎症。镜检可见大肠杆菌。

（3）羔羊副伤寒　先泻稀便，继而血痢，磨牙，鸣叫。肠道严重充血、出血。镜检可见沙门菌。

（4）羔羊轮状病毒腹泻　病初水样便呈黄色、淡黄色、黄绿色，并带黏液，继而呈水泻，迅速脱水。除水泻外，其他症状不明显。轻度肠卡他。病死率低。

（5）羔羊球虫病　血性腹泻。小肠黏膜呈卡他出血性炎症，黏膜上有小的灰白色结节。镜检可见球虫。

（6）羔羊莫尼茨绦虫病　腹泻，粪便中混有乳白色孕节。剖检死羊可在小肠中发现数量不等的虫体，其寄生物有卡他性炎症，有时可见肠壁扩张，肾脏、脾脏甚至肝脏发生增生性变性过程。

【本章小结】

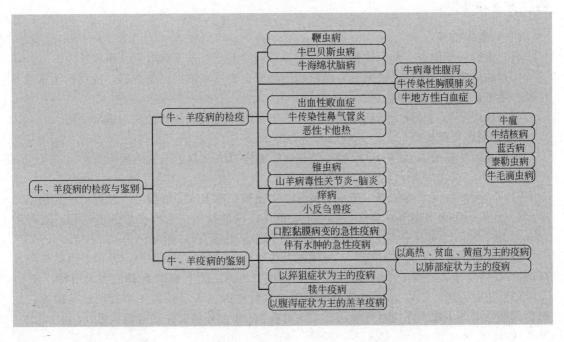

【思考题】

1. 牛以肺部症状为主的疫病有哪些？怎样鉴别？
2. 牛恶性卡他热临床检疫的重点是什么？
3. 羊痒病的临床检疫要点是什么？
4. 牛、羊以口腔黏膜病变为主的疫病有哪些？如何鉴别？

【实训十五】 牛结核病的检疫

一、实训内容

（1）牛结核病的临床检疫。

（2）变态反应检疫。

（3）病原检疫。

二、目标要求

（1）熟悉牛结核病检疫内容和要点。

（2）掌握变态反应检疫的操作步骤。

（3）能正确判定结果并掌握操作时的注意事项。

三、实训材料

待检牛、牛结核病料、煮沸消毒锅、培养箱、匀浆机、鼻钳、修毛剪、镊子、游标卡尺、1ml 一次性注射器、12 号针头、接种环、酒精灯、脱脂棉、纱布、牛型提纯结核菌素、潘氏斜面培养基、甘油肉汤、石蜡、来苏尔、酒精、火柴、记录表、工作服、工作帽、口罩、胶靴、毛巾、肥皂等。

四、方法与步骤

（一）临床检疫

（1）流行病学调查　询问牛的引进及饲养管理情况，以及发病数量及病程长短。

（2）临床症状　参照已了解的牛结核病的临床主要诊断依据仔细观察，特别要注意营养状况、呼吸道及消化道症状。

（3）病理变化　对疑为结核病牛尸体进行解剖时，注意观察特征性的病理变化。

（二）变态反应检疫

牛型提纯结核菌素（PPD）检疫牛结核病的操作方法及判定结果的标准如下。

1. 方法

（1）注射部位及术前处理　将牛只编号，在颈侧中部上 1/3 处剪毛（或提前一天剃毛），出生后 20 天的牛即可用本试验进行检疫，3 个月以内的犊牛，也可在肩胛部进行，直径约 10cm。用卡尺测量术部中央皮皱厚度（术部应无明显的病变），做好记录（表 9-1）。

（2）注射剂量　不论大、小牛，一律皮内注射 0.1ml（含 2000IU），即将牛型结核分枝杆菌 PPD 稀释成 2 万国际单位/ml 后，皮内注射 0.1ml。冻干 PPD 稀释后当天用完。

（3）注射方法　先以 70% 酒精消毒术部，然后皮内注入定量的牛型提纯结核菌素，注射后局部应出现小疱。如注射有疑问时，应另选 20cm 以外的部位或对侧重做。

表 9-1　牛结核病检疫记录表

单位：　　　　　　　　　　　　　　　　年　月　日　　　　检疫员：

牛号	年龄	提纯结核菌素皮内注射反应							
		次数		注射时间	部位	原皮厚度	72h	96h	120h	判定
		第次	一次							
			二次							
		第次	一次							
			二次							
		第次	一次							
			二次							

受检头数_____；阳性头数_____；疑似头数_____；阴性头数_____。

（4）注射次数和观察反应　皮内注射后经72h判定，仔细观察局部有无热痛、肿胀等炎性反应，并以卡尺测量皮皱厚度，做好详细记录。对疑似反应牛应立即在另一侧以同一批菌素、同一剂量进行第二次皮内注射，72h后再观察反应。

对阴性牛和疑似反应牛，于注射后96h和120h再分别观察一次，以防个别牛出现较晚的迟发型变态反应。

2. 结果判定

（1）阳性反应　局部有明显的炎性反应，皮厚差等于或大于4mm者，其记录符号为"＋"。对进口牛的检疫，凡皮厚差大于2mm者，均判为阳性。

（2）疑似反应　局部炎性反应不明显，皮厚差在2~4mm，其记录符号为"±"。

（3）阴性反应　无炎性反应，皮厚差在2mm以下，其记录符号为"－"。

3. 重检

凡判定为疑似反应的牛只，于第一次检疫30~60天后进行复检。其结果仍为可疑反应时，经30~60天后再复检，如仍为疑似反应，应判为阳性。

（三）病原检疫

（1）病料处理　根据感染部位的不同采用不同的标本，如痰、尿、脑脊液、腹腔积液、乳汁及其他分泌物等。为了排除分枝杆菌以外的微生物，组织样品制成匀浆后，取1份匀浆加2份草酸或5％ NaOH混合，室温放置5~10min，上清液小心倒入装有小玻璃珠并带螺帽的小瓶或小管内，37℃放置15min，于3000~4000r/min离心10min，弃去上清液，用无菌生理盐水洗涤沉淀，并再离心。沉淀物用于分离培养。

（2）分离培养　将沉淀物接种于潘氏斜面培养基和甘油肉汤中，培养管加橡皮塞，置37℃下培养至少2~4周，每周检查细菌生长情况，并在无菌环境中换气2~3min。牛结核分枝杆菌呈微黄白色、湿润、黏稠、微粗糙菌落。取典型菌落涂片、染色、镜检可确检。结核杆菌革兰染色阳性（菌体呈蓝色），抗酸染色菌体呈红色。

五、实训报告

写出观察记录皮内变态反应的结果并进行判定，填写牛结核病检疫记录表。

【实训十六】　绵羊疥癣病的检疫

一、实训内容

绵羊疥癣的临诊检疫与实验室检疫。

二、目的要求

熟悉绵羊疥癣临诊检疫的操作要点，学会实验室检疫的常用方法和技术。

三、实训材料

待检羊、显微镜、实体显微镜、放大镜、平皿、试管、试管夹、毛剪、手术刀、镊子、载玻片、盖玻片、温度计、移液管、离心机、纱布、10％氢氧化钠、10％氢氧化钾、60％硫代硫酸钠、煤油等。

四、方法与步骤

（一）临诊检疫

羊疥癣多发于秋末、冬季，有高度的接触传染性，主要以脱毛、皮肤剧痒，发病部位皮肤变厚、粗糙，病羊消瘦为临诊检疫要点。

（二）实验室检疫

1. 病料的采集

选择病变皮肤与健康皮肤交界处，剪去颈部被毛，用经消毒的外科刀，使刀与皮肤垂直用力刮取病料，刮到微出血为止。刮取的病料置于消毒的小瓶或带塞的试管中。刮取病料处需经严格消毒处理。

2. 病原检查

（1）加热检查法　将病料置于培养皿中，在酒精灯上加热至 37～40℃后，将培养皿放在黑色背景上利用放大镜或实体显微镜检查；或将病料浸入盛有 45～60℃温水的玻璃皿中，也可将病料浸入温水后放在 37～40℃恒温箱内 15～20min，再进行检查，发现虫体即可确诊。

（2）煤油浸泡法　将病料放在载玻片上，加数滴煤油，再盖一载玻片，用手搓动两载玻片，使皮屑粉碎，然后在显微镜下检查。由于煤油的作用，皮屑透明，虫体易于观察。

（3）皮屑溶解法　将病料浸入盛有 5％～10％氢氧化钠溶液的试管中，经 1～2h，痂皮软化溶解，弃去上层液，用吸管吸取沉淀物，滴于载玻片上加盖玻片检查。为加速皮屑溶解，可将病料浸入盛有 10％氢氧化钾溶液的试管中，在酒精灯上加热煮沸数分钟，痂皮全部溶解后置于离心管中，用离心机离心 1～2min，去上层液，取沉淀物制片镜检。

（4）漂浮法　在上法的基础上，在沉淀物中加入 60％硫代硫酸钠溶液，让其漂浮，最后用金属圈蘸取液面薄膜，抖落于载玻片上，加盖玻片镜检。

五、实训报告

写一份绵羊疥癣检疫结果和防疫报告。

第十章 禽疫病的检疫与鉴别

【学习目标】

1. 掌握家禽常见一类、二类、三类疫病的检疫要点。
2. 掌握禽疫病检疫后的处理措施。
3. 掌握以败血症、肿瘤、神经症状、腹泻等为特征的禽疫病的鉴别检疫要点。

第一节 禽疫病的检疫

一、鸡新城疫

鸡新城疫（ND）又称亚洲鸡瘟、伪鸡瘟，是由新城疫病毒（NDV）引起的一种急性、高度接触性传染病；常呈败血症经过；主要侵害鸡和火鸡，其他禽类和野禽也可感染，人亦可感染，不同品种、年龄和性别的鸡均可发生，无明显季节性，但以冬春两季较多。其特征是呼吸困难，下痢，神经症状及产蛋下降。主要病变为黏膜和浆膜出血，腺胃黏膜和乳头出血及盲肠扁桃体出血、溃疡等，具有诊断意义。鸡新城疫发病急、致死率高，对养鸡业发展构成了严重的威胁，因此被国际兽疫局定为 A 类传染病，我国将其列为一类疫病，它是目前危害我国养鸡业的重要传染病之一。

（一）临诊检疫要点

1. 流行特点

自然条件下，主要发生于鸡、鸽和火鸡，但鹌鹑、鸵鸟、孔雀、观赏鸟等也常有发病报道。各种年龄的鸡都可感染发病，以幼雏和中雏易感性最高。一年四季均可发生，但以冬春两季多发。水禽（鸭、鹅）对本病有抵抗力，但也有感染发病的报道。传播快，呈流行性，4～5 天内能波及全群。发病率和死亡率高达 90％以上，甚至造成全群覆灭。

2. 临床症状

潜伏期一般为 3～5 天。根据病毒毒力的强弱和病程的长短，分为最急性型、急性型和亚急性或慢性型三种类型。最急性型：多见于雏鸡及流行初期，突然发病，病鸡常无任何症状而迅速死亡。急性型：精神委顿，体温升高达 43～44℃，食欲减退或废食，离群呆立，缩颈闭眼，羽毛松乱。鸡冠、肉髯呈暗红色或暗紫色。呼吸困难，伸颈，张口呼吸（图10-1），甩头，咽部发出"咕咕"声或"咯咯"声（夜间较明显），有时打喷嚏，倒提病鸡可从口腔内流出大量淡白色液体。嗉囊内充满液体或气体。下痢，粪便呈黄白色、黄绿色甚至绿色，有时带血。蛋鸡产蛋减少或停止。病鸡一般在 1～2 天或 3～5 天内死亡。亚急性或慢性型：多由急性型转来，病鸡初期症状同急性型，表现为明显的呼吸症状，病程稍长的则出现神经症状，共济失调，跛行，一腿或两腿瘫痪，两翅下垂，转圈，后退，头向后仰或向一侧扭曲（图10-2）。病程 10 天左右，少数病鸡可自愈。成年鸡发病多为非典型表现，仅有呼吸道和神经症状，产蛋率和蛋品质下降，或有下痢症状。

3. 病理变化

主要表现为败血症，全身黏膜和浆膜出血，淋巴系统肿胀、出血和坏死，以呼吸道和消

图 10-1 急性型鸡新城疫
雏鸡呼吸困难

图 10-2 亚急性或慢性型鸡新城疫
雏鸡神经症状

化道最为严重。口腔和咽喉黏膜充血，附有黏液。嗉囊充满酸臭液体和气体。腺胃乳头肿胀，挤压后有豆腐渣样坏死物流出，乳头有散在的出血点；腺胃与肌胃交界处有出血或溃疡，肌胃角质膜下有条纹状或点状出血或溃疡。小肠前段出血明显，尤其是十二指肠黏膜和浆膜出血，或肠黏膜有纤维性坏死并形成假膜，假膜下出现红色粗糙溃疡。盲肠扁桃体（淋巴滤泡）肿大、出血和坏死。盲肠和直肠皱褶处有点状或条纹状出血，有的可见黄色纤维素性坏死点。喉头和气管黏膜充血、出血，气管内积有黏液，周围组织水肿。心冠脂肪和腹部脂肪、心耳外膜有针尖状出血点。产蛋母鸡卵泡和输卵管显著充血，易出现卵黄性腹膜炎。肾脏多充血及水肿，输卵管内积有大量尿酸盐。脑膜充血、出血。

4. 组织学变化

成年鸡新城疫以消化道出血和坏死为特征，而雏鸡新城疫除肺脏、胰脏、脾和脑等组织出现与成年鸡新城疫类似的变化外，主要是以胸腺、法氏囊等免疫器官的淋巴细胞、巨噬细胞和网状细胞发生坏死为特征。两者存在显著差异。

成年鸡肠道呈卡他性、出血性肠炎变化，肠壁淋巴小结增生，有的充血、出血、坏死。腺胃黏膜坏死、出血，黏膜和肌层水肿，成纤维细胞和淋巴细胞增生、积聚。支气管黏膜内成纤维细胞增生，个别成纤维细胞的胞质内有病毒包含体。脾脏网状细胞、淋巴细胞弥散性坏死。肌肉纤维肿胀，肌间散在多量的红细胞。肝细胞呈颗粒变性和脂肪变性，血管和胆管周围有淋巴细胞和异染性白细胞浸润，血管壁肿胀、坏死。肺组织呈浆液性、出血性肺炎变化。肾脏的肾小管上皮变性，间质充血，淋巴细胞浸润。脑组织呈非化脓性脑炎变化。

雏鸡骨髓有多发性坏死灶，坏死灶内原有组织破坏，呈蜂窝状结构，空泡内含有核碎屑和红染颗粒状物质。法氏囊滤泡内淋巴细胞、网状细胞呈现核浓缩、核碎裂，甚至核溶解消失，留有蜂窝状结构。胸腺皮质深层和髓质淋巴细胞、脾脏、盲肠扁桃体淋巴组织坏死，呈现蜂窝状空泡。肺脏的肺小叶间血管和肺泡壁扩张，充满红细胞。肝脏的肝细胞变性，部分肝细胞坏死，伴有淋巴细胞和巨噬细胞浸润。肾实质小血管充血，肾小管上皮细胞变性。心肌呈颗粒变性，胰脏局灶性细胞坏死，脑组织淋巴细胞和巨噬细胞浸润，胃肠道未见明显改变。

（二）实验室检疫

1. 病毒分离与鉴定

无菌操作采取病死鸡的心、肝、脾、脑、肺、肾等组织，活禽用气管拭子和泄殖腔拭子。将病料用微量匀浆器研成乳剂，按 1∶5 加入灭菌生理盐水制成悬浮液，离心后取上清液。每毫升上清液加入青霉素、链霉素各 1000～2000IU，置 37℃温箱中作用 1h 或置冰箱中作用 4～8h。取上清液 0.1～0.2ml 接种 9～10 日龄 SPF 鸡胚尿囊腔，在 37℃温箱中继续孵化，并每天检查鸡胚一次，取 24h 后死亡鸡胚，收获尿囊液和羊水，做红细胞凝集试验（HA），如果具有血凝特性，必须与已知的抗 NDV 血清进行红细胞凝集抑制试验（HI），如果所分离的病毒能被这种特异性抗体所抑制，则证明所分离的病毒为 NDV。所分离的

NDV 为强毒株、中毒株还是弱毒株，还需进行毒力测定，主要依据鸡胚平均死亡时间（MDT）、1 日龄雏鸡脑内接种致病指数（ICPI）和 6 周龄鸡静脉注射致病指数（IVPI）来判定。以 MDT 确定病毒的致病力强弱，40～70h 死亡为强毒，140h 以上为弱毒。

2. 血清学诊断

采集急性期（10 天内）及康复期双份血清，进行血凝抑制试验，证明抗体滴度增高或离散度大即可确诊。此外，全血平板凝集试验、血清中和试验（SN）、空斑中和试验（PN）、琼脂扩散试验（AGPT）、荧光抗体技术等均可用于本病的检测。用于新城疫抗体检测的方法尚有酶联免疫吸附试验、单向辐射扩散和溶血试验、补体结合试验（CF）等。另外，核酸探针、聚合酶链式反应等分子生物学技术也已用于新城疫病毒的检测和研究中。

（三）检疫后处理

（1）确诊为新城疫后应及时报告当地政府，采取隔离、封锁等预防措施，同时禁止转场或出售。对病死鸡、可疑鸡只全部销毁，被污染的羽毛、垫草、粪便亦应深埋或烧毁，立即对场地、笼舍及场舍环境等处紧急彻底消毒，以防止疫情扩散。

（2）假定健康鸡全群隔离饲养，并进行紧急免疫接种，如在接种观察期出现可疑鸡只，亦应进行无害化处理。观察 21 天后，对临诊健康、免疫滴度达到 2^5 以上的鸡只，经体表消毒后按健康鸡只对待。

（3）发生过新城疫的鸡场在半年之内，其中的鸡只不准出售、外运。

二、禽传染性支气管炎

传染性支气管炎（IB）是由传染性支气管炎病毒（IBV）引起的鸡的一种急性、高度接触性的呼吸道和泌尿生殖道疾病。其特征是病鸡咳嗽、打喷嚏、呼吸困难和气管发生啰音，雏鸡可出现流鼻液；产蛋鸡则表现出产蛋量减少、蛋品质下降或输卵管受到永久性损伤而丧失产蛋能力。本病在世界许多国家广泛流行，我国也有发生。1991 年以来，我国许多地方发生了肾型传染性支气管炎，症见白色水样下痢，肾肿大，有尿酸盐沉积，给养鸡业造成了严重的经济损失。传染性支气管炎是鸡的重要疫病之一，世界动物卫生组织（OIE）将本病定为 B 类动物疫病，我国将其定为二类动物疫病。

（一）临诊检疫要点

1. 流行特点

只有鸡发病，其他家禽均不感染。不同年龄、品种的鸡都可发病，其中以雏鸡和产蛋鸡发病较多，但以雏鸡最严重。发病率高达 90％，死亡率为 25％～40％。成年鸡发病后的死亡率低，常低于 5％。肾型传染性支气管炎多发生于 20～50 日龄的幼鸡。本病一年四季均可发生，但以冬、春季节多发。发病突然，群内传播迅速，可在 48h 内出现症状，群间传播速度较慢，感染率高，但致死率较低。

2. 临床症状

病鸡无明显前驱症状，常突然发病，出现呼吸道症状（图 10-3），并迅速波及全群。表现为轻微打喷嚏和气管啰音。随着病情发展，全身症状加重，精神委靡，食欲废绝，羽毛松乱，缩颈垂翅、呆立、厌食、反应迟钝，饮水量增加，多拥挤在热源下面或挤在一起闭眼昏睡。部分病鸡抬头伸颈，张口呼吸，喘气并发出一种特殊的响声，夜间更为清晰。腹泻，粪便呈黄白色或绿色，肛门周围羽毛常被排泄物沾污。蛋鸡感染后可见产蛋量明显下降，蛋壳易碎，畸形蛋增多，同时出现蛋白稀薄如水样（图 10-4），蛋白和蛋黄分离以及蛋白黏于蛋壳膜上等异常现象。种蛋孵化率降低，鸡胚死亡率增高。以肾脏病变为主的支气管炎常突然发病，迅速传播，特征性的症状是粪便中白色的尿酸盐成分增加。后期病鸡虚弱不能站立，腹部皮肤发绀，最后衰竭死亡，死亡率为 10％～45％不等。

图 10-3　雏鸡呼吸困难，精神沉郁

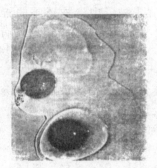

图 10-4　蛋白、蛋黄分离，蛋清稀薄如水

3. 病理变化

主要病变是鼻腔、气管、支气管和鼻窦内有浆液性、卡他性或干酪样渗出物。雏鸡的鼻腔、鼻窦黏膜充血，有黏稠分泌物。产蛋鸡腹腔内可见到液状卵黄物质，卵泡充血、出血、变形，卵巢呈退行性变化。以肾脏病变为主的传染性支气管炎可见鼻腔和窦中有浆液性渗出物，气管中有少量黏稠液体，黏膜充血。部分病例肺脏有轻度炎症，某些病鸡还有气囊炎的变化，主要表现气囊壁混浊、增厚，有时还伴有黄白色干酪样渗出物。肾型传染性支气管炎主要病变出现在肾脏和输尿管，肾脏肿大，质脆易碎，颜色苍白或淤血呈花斑状；输尿管变粗，是正常的几倍到十几倍，肾小管和输尿管内充满白色尿酸盐结晶，少数病鸡可出现尿石症，并有肠炎变化。

4. 组织学变化

主要是呼吸道黏膜和黏膜下层的细胞浸润和水肿，上皮血管充血、增生和形成空泡，黏膜下层出血。一般认为气管黏膜的纤毛脱落，初期可见上皮增生，后期则见单核细胞的浸润，是本病的典型病变。以肾脏病变为主的传染性支气管炎组织学主要变化包括肾小管上皮变性坏死和以淋巴细胞浸润为主的间质性肾炎。肾小球一般不出现明显的组织学病变。

（二）实验室检疫

1. 病毒分离与鉴定

无菌采取病死鸡的气管、肺、肾脏和渗出物等，研磨后离心取上清液，每毫升加青霉素和链霉素各 5000IU，置 4℃冰箱过夜，以抑制细菌感染。接种 9～11 日龄 SPF 鸡胚的尿囊腔内，37℃培养 1 周。如含有传染性支气管炎病毒，则胚胎在接种后第 3～5 天死亡，勉强存活的则见鸡胚发育不全和萎缩。但在第一代分离时很多不出现病变，需继代 2～3 次，随着继代次数增多，会出现特征性"蜷曲胚"或"侏儒胚"。用鸡胚分离病毒，然后用鸡传染性支气管炎病毒抗血清进行中和试验和琼脂扩散试验以鉴定病毒。

2. 血清学诊断

检测 IB 的血清学方法很多，主要包括血清学中和试验、琼脂扩散试验、平板快速间接血凝试验、交叉保护试验、免疫荧光法、ELISA 等。其中以琼脂扩散试验应用得较普遍，但由于各 IBV 毒株之间存在着群体特异性抗原，因此很难区别开疫苗株产生的抗体和自然感染毒株产生的抗体，而且免疫琼脂扩散试验检测的结果多变，检出率低，敏感性差。一般认为免疫荧光法和 ELISA 两种方法快速、灵敏、可靠、准确。据报道，ELISA 的灵敏度可达血清中和试验的 2.3 倍、琼脂扩散试验的 188 倍。显然 ELISA 法具有广阔的应用前景。最近几年，随着分子生物学技术在 IBV 中的广泛应用，特别是用 PCR/RFLP（限制性片段长度多态化）分析鉴定 IBV 的血清型，不仅解决了 IBV 的快速检测问题，而且还可以用于 IBV 的分型。

（三）检疫后处理

确诊发生该病时，采取严格控制、扑灭措施，防止疫情扩散。扑杀病鸡和同群鸡，并进行无害化处理，其他健康鸡紧急预防接种疫苗。污染场地、用具彻底消毒后，方能重新引进新建立的鸡群。

三、禽传染性喉气管炎

禽传染性喉气管炎（ILT）是由传染性喉气管炎病毒（ILTV）引起的鸡的一种急性、接触性上呼吸道传染病。以呼吸困难，咳嗽，咳出含有血液的渗出物，产蛋鸡产蛋率下降，喉头和气管黏膜肿胀、出血、糜烂，有时形成黄白色纤维素性假膜为特征。传染性喉气管炎是鸡的重要疫病之一，OIE 将本病定为 B 类动物疫病，我国将其定为二类动物疫病。

（一）临诊检疫要点

1. 流行特点

在自然条件下，主要侵害鸡，不同年龄的鸡均可感染，以成年鸡症状最为典型。但近年来，雏鸡和育成鸡也有发生。野鸡、孔雀也可感染，其他禽类和实验动物有抵抗力。本病传播迅速，感染率可达 90% 以上。本病一年四季均可发生，但以秋、冬季节多发。发病突然，群内传播迅速，群间传播速度较慢，感染率高，死亡率因饲养条件和鸡群状况不同而异，低的在 5% 左右，高的可达 50%～70%，平均在 10%～20%。

2. 临床症状

病鸡初期流鼻液，呈半透明状，眼流泪，伴有结膜炎。其后表现为特征性的呼吸道症状，即呼吸时发出湿性啰音，咳嗽，有喘鸣音。病鸡蹲伏地面或栖架上。每次吸气时头颈向前、向上，并张口呈尽力吸气的姿势，有喘鸣叫声（图 10-5）。严重病例，高度呼吸困难，痉挛性咳嗽，可咳出带血的黏液。若分泌物不能咳出而堵住气管时，可窒息死亡。病鸡食欲缺乏或消失，迅速消瘦，鸡冠发紫，多数病鸡体温上升到 43℃ 以上，有时还排出绿色稀粪，最后多因衰竭而死亡。产蛋鸡的产蛋量迅速减少 10%～20%，或更多，康复后 1～2 个月才能恢复正常。

图 10-5　患鸡呼吸困难、
张口喘气

3. 病理变化

主要病变在喉头和气管。病初黏膜充血、肿胀，有黏液，进而发生出血和坏死管腔变窄。病程发展到 2～3 天后，有黄白色纤维性干酪样伪膜，由于剧烈地咳嗽和痉挛性呼吸，咳出的分泌物中混有血凝块以及脱落的上皮组织。严重时，炎症也可波及支气管、肺和气囊等部位，甚至上行至眶下窦。

4. 组织学变化

主要见于喉头、气管。病变部位黏膜上皮细胞肿大，出现由病毒融合而成的多核巨细胞（即合胞体）。腺体细胞变性。黏膜上皮细胞变性、崩解、脱落，黏膜固有层出现异嗜白细胞和淋巴细胞的浸润。气管腔内分泌物、渗出物中出现脱落的上皮细胞、异嗜白细胞、淋巴细胞和巨噬细胞等。特征性病理组织学变化是呼吸道黏膜的纤维上皮细胞、杯状细胞及基底细胞等上皮细胞出现核内包含体，有时出现含有几个或数十个细胞核的合胞体。而每一个细胞核内均含有核内包含体，有的包含体在细胞核的中央，有的则在核膜的晕轮中。

（二）实验室检疫

1. 病毒分离与鉴定

取病鸡的喉头、气管黏膜和分泌物，经无菌处理后，取 0.1～0.2ml 处理液经鸡胚绒毛尿囊膜（CAM）接种于 9～10 日龄的鸡胚，37℃ 孵育，接种后 4～5 天，观察鸡胚绒毛尿囊膜上有无痘斑形成，有痘斑者可见绒毛尿囊膜增厚，有灰白色坏死斑，鸡胚气管黏膜有少量出血点，肺淤血并有少量出血点。组织学检查，可见绒毛尿囊膜周围的细胞、鸡胚气管和支气管上皮细胞内有嗜酸性核内包含体。无痘斑者，亦取出鸡胚绒毛尿囊膜和尿囊液，无菌研磨，反复冻融，离心后，接种于 9～12 日龄的鸡胚绒毛尿囊膜盲传。如此盲传 3 代以上，如仍无病变，则判为鸡传染性喉气管炎阴性。

亦可吸取病料处理液，缓慢滴入 2 只易感鸡的鼻孔内，让其自然吸入，同时，滴入 1 只经 ILT 疫苗免疫的鸡作为对照。如果在接种后 2～6 天，2 只易感鸡发病，呈现呼吸困难、从喙和鼻孔流出血性分泌物，而免疫鸡健康，不表现症状，则可判定病料中含有 ILTV。

2. 血清学诊断

目前用于 ILT 的血清学诊断技术有中和试验、琼脂扩散试验、间接血凝试验、荧光抗体试验、对流免疫电泳试验和 ELISA 等。它们既可用于检查气管分泌物、感染 CAM 或细胞培养物中的 ILTV 抗原，亦可用于检测鸡血清中的 ILT 抗体。采用 ELISA 方法利用感染的鸡胚绒毛尿囊膜或细胞培养物制备的抗原，可以检测到接种后 7 天的抗体；用多克隆或单克隆抗体在固体表面捕捉抗原，可以检测抗原。利用荧光抗体试验可检测出发荧光的核内包含体。

（三）检疫后处理

发现病鸡，应采取严格隔离、封锁等控制、扑灭措施，以防止疫情扩散。对病鸡应进行扑杀、掩埋或淘汰等无害化处理。被病、死鸡污染的鸡舍、场地、用具等应严格消毒。同时紧急接种疫苗。引进新鸡时，要隔离观察 2 周，确认健康后方可混群饲养。

四、禽流行性感冒

禽流行性感冒（AI）简称禽流感（或欧洲鸡瘟、真性鸡瘟），是由 A 型流感病毒（AIV）引起的家禽和野禽的一种烈性传染病。鸡、火鸡、珍珠鸡、家鸭、孔雀等均可感染，但以鸡和火鸡最易感。禽流感病毒感染后可以表现为轻度的呼吸道和消化道症状，死亡率较低；或表现为较严重的全身性、出血性、败血性症状，死亡率较高。这种症状上的差异，主要是由禽流感病毒的毒力所决定。

根据禽流感病毒致病性和毒力的不同，可以将禽流感分为高致病性禽流感、低致病性禽流感和无致病性禽流感。禽流感病毒有不同的亚型，由 H5 和 H7 亚型毒株（以 H5N1 和 H7N7 为代表）所引起的疾病称为高致病性禽流感（HPAI）。最近国内、外由 H5N1 亚型引起的禽流感即为高致病性禽流感，其发病率和死亡率都很高，危害巨大。1997 年以来国内、外已有许多人感染 AIV 发病，甚至死亡的报道。由此可以看出，禽流感对公共卫生带来很大的影响。因此，OIE 将高致病性禽流感列为 A 类传染病，我国将高致病性禽流感列为一类动物疫病。

（一）临诊检疫要点

1. 流行特点

许多禽类都可感染，现已证实禽流感病毒广泛分布于世界范围内的许多家禽（包括火鸡、鸡、珍珠鸡、石鸡、鹌鹑、鹧鸪、鸵鸟、雉鸡、鹅和鸭等）和野禽（包括燕鸥、天鹅、鹭、鹭、海鸠、海鹦和鸥等）。其中，以火鸡和鸡最为易感，发病率和死亡率都很高；鸭和鹅等水禽的易感性较低，但可带毒或隐性感染，有时也会造成大批死亡。各种品种、不同日龄的鸡和火鸡都可感染发病死亡，而对于水禽如雏鸭、雏鹅其死亡率较高。尚未发现高致病性禽流感的发生与家禽性别有关。一年四季均可发生，但在冬春两季多发，因为 AIV 在低温条件下抵抗力较强。高致病性禽流感发病急、传播快，其致死率可达 100%。

2. 临床症状

潜伏期 3～5 天。禽流感的症状极为复杂，因感染禽类的品种、年龄、性别、并发感染程度、病毒毒力和环境因素等而有所不同，主要表现为呼吸道、消化道、生殖系统或神经系统的异常。根据其临床表现可分为两大类，即高致病性禽流感和低致病性禽流感。高致病力病毒感染时，临诊主要表现为体温升高，食欲废绝，精神极度沉郁，呆立，闭目昏睡，对外界刺激无任何反应。脚鳞部出血，鸡冠、肉髯发绀、坏死，头颈部皮下水肿（图10-6）。有的眼睑肿胀，角膜失去光泽、发暗，结膜充血，流泪。咽喉部黏膜充血，个别有点状出血。产蛋量大幅度下降或停产，高度呼吸困难，不断吞咽、甩头、口流黏液，叫声沙哑，头颈部上下点动或扭曲、颤抖；下痢，拉黄白色、黄绿色或绿色稀粪；后期两腿瘫痪，伏卧于地。

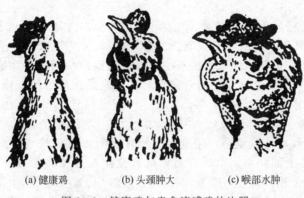

(a) 健康鸡 　　　(b) 头颈肿大 　　　(c) 喉部水肿

图 10-6　健康鸡与患禽流感鸡的比照

低致病力病毒感染时，临床症状比较复杂，其严重程度随感染毒株的毒力、家禽品种、年龄、性别、饲养管理状况等情况不同有很大的差异，可表现为不同程度的呼吸道、生殖道症状以及产蛋下降或隐性感染等。

3. 病理变化

高致病性禽流感表现为皮下、浆膜、黏膜、肌肉及各内脏器官广泛性出血，尤其是腺胃黏膜可呈点状或片状出血，腺胃与食管交界处、腺胃与肌胃交界处有出血带和溃疡。喉头、气管有不同程度的出血，管腔内有大量黏液或干酪样分泌物。卵巢和卵泡充血、出血、萎缩、破裂，有的可见卵黄性腹膜炎，输卵管内有多量黏液或干酪样物。整个肠道特别是小肠，从浆膜层即可看到肠壁有大量黄豆至蚕豆大出血斑或坏死灶。盲肠扁桃体肿大、出血、坏死。胰脏明显出血或有黄色坏死灶。头颈部皮下水肿。肾肿大，有尿酸盐沉积。法氏囊肿大，内有少量黏液，有时有出血。肝、脾出血，时有肿大。腿部可见充血、出血；脚趾肿胀，伴有瘀斑性变色。心冠和腹部脂肪出血。鸡冠、肉髯极度肿胀并伴有眶周水肿。水禽在心内膜还可见灰白色条状坏死。急性死亡病例有时未见明显病变。

低致病性禽流感主要表现为呼吸道及生殖道内有较多的黏液或干酪样物，输卵管和子宫质地柔软易碎。有的病例可见呼吸道、消化道黏膜出血。

4. 组织学变化

特征性病理组织学变化为水肿、充血、出血和"血管套"（血管周围淋巴细胞聚积）的形成，病变主要表现在心肌、肺、脑、脾等，肝和肾病变程度较轻。肝、脾及肾有实质性的变化和坏死；脑的病变包括坏死灶、血管周围淋巴细胞管套、神经胶质灶、血管增生和神经原性变化；胰腺和心肌组织局灶性坏死。

（二）实验室检疫

1. 病毒分离与鉴定

取病、死鸡气管拭子、肠内容物或泄殖腔拭子、口鼻拭子，亦可取肺、脾、脑、肝等病料，经含抗生素的 PBS 处理后，离心取上清液 0.1～0.2ml 经尿囊腔接种 10～12 日龄 SPF 鸡胚。必须注意：有些毒株（H5 型）增殖速度很快，可使鸡胚在 36～48h 内死亡。37℃孵育 2～3 天，可见鸡胚死亡，死胚的皮肤和肌肉充血、出血，而有些毒株（如 H9 型）则增殖很慢，接种鸡胚长期不死。孵育完毕，将活胚移至 4℃条件下过夜或－20℃冷却 30～50min，以防收获时鸡胚出血。收获得到的尿囊液分别滴 3～4 滴于大孔塑料板的不同孔中，加等量的 1% 红细胞，摇匀后静置于 4℃下，30min 后观察结果。如出现血凝，则可进一步测定血凝滴度并鉴定。如血凝滴度低，收获得到的尿囊液量又少，需进行传代获得足够量的病毒再作鉴定。

2. 血清学诊断

目前常用的禽流感病毒检测技术有琼脂扩散试验、血凝抑制试验、免疫荧光技术、ELISA、电镜技术、RT-PCR 技术和荧光 RT-PCR 技术及核酸探针技术等。特别是禽流感病毒的 RT-PCR 和荧光 RT-PCR 检测技术在禽流感病毒的检测和分型鉴定上具有传统检测方法无法比拟的优势，可以在数小时内对禽流感病毒进行准确分型，而且避免了交叉污染，大大提高了检测的敏感性。

（三）检疫后处理

（1）一旦发生高致病性禽流感，按规定及程序及时上报疫情，疫点及其周围一定范围（3km）内所有禽类要全部扑杀，对所有病死禽、被扑杀禽及其禽类产品（包括禽肉、蛋、精液、羽、绒、内脏、骨、血等）按照《畜禽病害肉尸及其产品无害化处理规程》执行；对于禽类排泄物和被污染或可能被污染的垫料、饲料等物品均需进行无害化处理。

（2）对疫点、疫区实行严格隔离、封锁，对疫点内禽舍、场地以及所有运载工具、饮水用具等必须进行严格彻底消毒。对未出现疫情的受威胁的一定范围（疫区顺延 5km 半径范围）内的易感禽类 100% 实行强制性免疫，建立禽流感免疫带。特别要杜绝所有易感动物和可疑污染物流出、流入隔离封锁区，防止疫情蔓延扩散。

（3）做好直接接触人员的防护工作，以防止对人的感染。

（4）疫点内所有禽类及其产品按规定处理后，在动物防疫监督机构的监督指导下，对有关场所和物品进行彻底消毒。最后一只禽只扑杀 21 天后，经检疫部门审验合格后，由当地畜牧兽医行政管理部门向原发布封锁令的同级人民政府申请发布解除封锁令。疫区解除封锁后，要继续对该区域进行疫情监测，6 个月后如未发现新的病例，即可宣布该次疫情被扑灭。

五、鸡传染性法氏囊病

鸡传染性法氏囊病（IBD）是由传染性法氏囊炎病毒（IBDV）引起的鸡的一种急性、高度接触性传染病。其发病率高、病程短，呈尖峰式死亡。主要症状为腹泻、脱水、震颤、极度虚弱。特征性的病变为法氏囊肿胀、出血、坏死，后期萎缩；胸肌和腿肌出血，腺胃与肌胃交界处条状出血；肾脏肿大，有尿酸盐沉积。雏鸡感染后，可导致免疫抑制，诱发多种疫病或造成免疫失败。我国将其列为二类动物疫病。

（一）临诊检疫要点

1. 流行特点

主要感染鸡和火鸡，鸭、珍珠鸡、鸵鸟等也可感染。火鸡多呈隐性感染。在自然条件下，多感染 2～15 周龄鸡，以 3～6 周龄鸡最易感。本病在易感鸡群中的发病率为 90% 以上，甚至可达 100%，死亡率一般为 20%～30%。与其他病原混合感染时或超强毒株流行时，死亡率可达 60%～80%。突然发病，发病率高，死亡曲线呈尖峰式；如不死亡，发病鸡多在 1 周左右康复。发病无季节性，只要有易感鸡存在，全年都可发病。在流行病学上具有一过性的特点。即潜伏期短（1～5天），病程1周左右，于感染后第3天开始死亡，第4～6天达最高峰，第8～9天即停息。

2. 临床症状

早期出现厌食、呆立、羽毛蓬乱、畏寒战栗等，继而部分鸡有自行啄肛现象。随后病鸡腹泻，排白色、黄白色糊状或水样稀便，肛门周围羽毛被粪便污染。严重病鸡头垂地，闭眼呈昏睡状态。后期体温低于正常，严重脱水，极度虚弱，最后死亡（图10-7）。死前拒食，羞明，震颤。近年来出现了IBDV的亚型毒株或变异株，感染的鸡表现为亚临诊症状，炎性反应轻，法氏囊萎缩，死亡率较低。

图10-7　患病雏鸡虚脱、昏睡

3. 病理变化

特征性病理变化是骨骼肌脱水，胸肌颜色发暗，腿部和胸部肌肉有出血，呈斑点状或条纹状，有的出现黑褐色血肿。腺胃和肌胃交界处有出血斑或散在出血点。盲肠扁桃体出血、肿大。法氏囊先肿胀、后萎缩。在感染后2～3天，法氏囊呈黄色胶冻样水肿，体积和重量增大至正常的2～4倍；严重的可见整个法氏囊广泛出血，呈紫葡萄状；感染5～7天后，法氏囊会逐渐萎缩，重量为正常的1/5～1/3，颜色由淡粉红色变为蜡黄色；但法氏囊病毒变异株可在72h内引起法氏囊的严重萎缩。感染3～5天的法氏囊切开后，可见有多量黄色黏液或奶油样物，黏膜充血、出血，并常见有坏死灶。肝脏略肿、质脆，颜色发黄呈黄色条纹状，有的肝表面可见出血点。肾肿大，呈斑纹状。输尿管中有尿酸盐沉积。感染鸡的胸腺可见出血点；脾脏可能轻度肿大，表面有弥漫性的灰白色病灶。

4. 组织学变化

法氏囊髓质区淋巴细胞坏死、变性。淋巴细胞被异染细胞和增生的网状内皮细胞代替，滤泡的髓质区形成囊状空腔，出现异嗜细胞和浆细胞的坏死和吞噬现象。法氏囊上皮层增生。脾滤泡和小动脉周围的淋巴细胞鞘发生淋巴细胞性坏死。盲肠扁桃体黏膜上皮充血、变性、坏死、脱落，伪嗜伊红细胞及嗜酸性细胞呈局灶性或弥漫性浸润，肌层肌纤维间为伊红细胞、淋巴细胞浸润。肾小球及间质充血、出血，肾曲小管上皮细胞肿胀，细胞界限不明显，呈均质红染，可见有异染细胞浸润。肝细胞界限不清，在肝管周围可见到轻度单核细胞浸润。心肌纤维肿胀，胞质内有红染颗粒，肌间出血。

（二）实验室检疫

1. 病毒分离与鉴定

采集有病变的新鲜法氏囊，将其用加有抗生素的胰蛋白酶磷酸缓冲液制备成（1∶5）～（1∶10）的匀浆悬液，离心后取上清液，-20℃冻结备用。取样品0.2ml经鸡胚绒毛尿囊膜接种于9～11日龄SPF鸡胚，受感染鸡胚常在3～7天死亡（标准株）。可见胚体腹部水肿，皮肤充血、出血，尤以颈部和趾部最为严重。肝有斑点状坏死和出血斑，肾充血并有少量斑状坏死，肺高度充血，脾肿大、苍白，绒毛尿囊膜增厚，有小出血点，鸡胚的法氏囊无明显变化。变异株接种鸡胚，一般不致死鸡胚，接种后5～6天剖检，可见鸡胚大脑和腹部皮下水肿、发育迟缓，呈灰白色或奶油色，肝脏常有胆汁着色或坏死，脾脏通常肿大2～3倍，但颜色无明显变化。分离出来的IBDV可用已知阳性血清鸡胚或鸡胚成纤维细胞培养液作中和试验鉴定。

2. 血清学诊断

用于检测IBD的技术有琼脂扩散试验、病毒中和试验、微量中和试验、空斑减少中和试验、对流免疫电泳试验、ELISA、免疫荧光抗体试验及SPA-扫描免疫电镜技术等。其中最常用的是琼脂扩散试验，既可用于检测血清中的特异性抗体，又可用于检测BF组织中的抗原。此外，尚有免疫微球凝集试验、免疫过氧化物酶抗体技术、火箭免疫电泳技术及分子生物学技术等。

（三）检疫后处理

（1）检疫中发现传染性法氏囊病时，必须及时上报疫情，隔离、封锁病鸡场，不能调运。当疫情呈散发时，必须对发病禽群进行扑杀和无害化处理，对于禽类排泄物和可能被污染的垫料、饲料等物品均需进行无害化处理。同时，疫点内禽舍、场地以及所有运载工具、饮水用具等必须进行严格彻底地消毒。对进出车辆、人员进行彻底消毒。

（2）对疫区和受威胁区内的所有易感禽类进行紧急免疫接种。病鸡可采用抗法氏囊病高免卵黄或高免血清1～2ml/只肌内注射进行治疗，1周后用法氏囊多价苗紧急接种。同时用抗病毒药和抗生素防止继发感染。凡发生过鸡法氏囊病的鸡群，不宜再作种用。

六、鸡马立克病

鸡马立克病（MD）是由疱疹病毒科的马立克病病毒（MDV）引起的鸡的一种传染性肿瘤性疾病，主要危害淋巴系统和神经系统，以引起外周神经、性腺、虹膜、各种内脏器官、肌肉和皮肤的单个或多个组织器官形成肿瘤为特征。病鸡表现为消瘦、肢体麻痹，并常有急性死亡。其传染性强、死亡率高，是鸡的主要传染病之一。常造成免疫抑制或免疫失败。我国将其列为二类动物疫病。

（一）临诊检疫要点

1. 流行特点

鸡是主要的自然宿主，火鸡、野鸡、雉鸡、鹌鹑等也可感染，有高度接触性。鸡的易感性随着年龄的增长而降低，2周龄以内雏鸡最易感，母鸡比公鸡易感，最早发病日龄是3周，6周龄以上的鸡发病可出现临床症状，但主要侵害2～5月龄的鸡，发病率为5％～60％，且可因鸡的品系、年龄、病毒毒力及对外界其他应激因素的适应能力等因素的影响而不同，病鸡多衰竭致死，死亡率在25％～30％，最高可达60％。

2. 临床症状

根据被侵害病变部位和临床表现可分为神经型、眼型、皮肤型和内脏型四种。

（1）神经型　又称麻痹型。主要是由于淋巴样细胞增生侵害和破坏坐骨神经、翼神经、颈部迷走神经和视神经等外周神经所致，引起这些神经支配的一些器官和组织，如腿、翼、颈、眼的一侧性不全麻痹，翅膀下垂，嗉囊扩大，劈叉姿势等（图10-8～图10-10）。

图10-8　患鸡一肢不全麻痹　　图10-9　患鸡两肢完全麻痹　　图10-10　马立克病鸡劈叉姿势

（2）眼型　视力减退或消失。虹膜失去正常色素，呈同心环状或斑点状。瞳孔边缘不整，严重阶段瞳孔只剩下一个针尖大小的孔。

（3）皮肤型　皮肤上的毛囊被增殖性或肿瘤性淋巴细胞浸润，患部毛囊周围的皮肤凸起、粗糙，呈颗粒状如黄豆大小。当肌肉被浸润时，形成灰白色肿瘤结节状隆起，大多数在胸肌和腿肌出现。

（4）内脏型　主要侵害肝、脾、肾、肺、腺胃、卵巢、心脏等内脏器官，并形成淋巴样细胞增生性肿瘤。常表现极度沉郁，有时不表现任何症状而突然死亡。有的病鸡表现厌食、消瘦和昏迷，最后衰竭而死。

上述各型在同一鸡群中经常同时存在。本病的病程一般为数周至数月。因感染的毒株、易感鸡品种（系）和日龄不同，死亡率为2%～70%。

3. 病理变化

（1）神经型　常在翅神经丛、坐骨神经丛、腰荐神经和颈部迷走神经等处发生病变，病变神经可比正常神经粗2～3倍，横纹消失，呈灰白色或淡黄色。有时可见神经淋巴瘤。

（2）眼型　基本同临床症状，即虹膜失去正常色素，呈同心环状或斑点状。瞳孔边缘不整，严重阶段瞳孔只剩下一个针尖大小的孔。

（3）皮肤型　常见毛囊肿大、大小不等，融合在一起，形成淡白色结节，甚至可使淡褐色的痂皮中央形成凹陷，在拔除羽毛后的尸体上尤为明显。

（4）内脏型　在肝、脾、胰、睾丸、卵巢、肾、肺、腺胃和心脏等脏器出现广泛的结节性或弥漫性肿瘤。腔上囊通常表现萎缩。肌肉病变以胸肌最常见，有大小不等的灰白色细纹结节状肿瘤，肌纤维失去光泽，呈灰白色或明显的橙黄色。

4. 组织学变化

采集病鸡肿胀的外周神经和内脏肿瘤组织样品，按常规方法制备石蜡切片、苏木素-伊红（HE）染色。通过普通光学显微镜进行病理组织学观察判定。根据病变组织中浸润细胞的种类及形态学，外周神经病理组织学变化可分为A、B、C三个型。在同只鸡的不同神经可能会出现不同的病变型。A型病变以淋巴母细胞，大、中、小淋巴细胞及巨噬细胞的增生浸润为主；B型病变表现为神经水肿，神经纤维被水肿液分离，水肿液中以小淋巴细胞、浆细胞和许旺细胞增生为主；C型病变为轻微的水肿和轻度小淋巴细胞增生。

内脏和其他组织的肿瘤与A型神经病变相似，通常以大小各异的淋巴细胞增生为主。

（二）实验室检疫

1. 病毒分离与鉴定

取病死鸡的肿瘤组织、血淋巴细胞或单核淋巴细胞制成悬液，取0.2ml接种物经腹腔注射1日龄遗传上敏感的鸡品系（如美国的7系或康奈尔S系），接种后18～21天，神经（迷走神经、臂及坐骨神经丛）或脏器中有肉眼或显微镜下的MD病变；在细胞培养物中分离到病毒；在羽毛囊中出现特异性抗原或病毒粒子。将处理好的待检病料0.2ml接种于4日龄鸡胚的卵黄囊内，37℃孵育14天，然后检查鸡胚绒毛尿囊膜上是否出现痘斑，当整个CAM上均匀地散有10个以上痘斑时，即可收获病毒作进一步鉴定。或接种于DEF细胞（鸭胚成纤维细胞）或CK细胞（雏鸡肾细胞），培养5～14天，接种的细胞会产生典型的MDV空斑，即可认为有MDV增殖。

2. 血清学诊断

检测马立克病的血清学方法有琼脂扩散试验、病毒中和试验、间接血凝试验及酶联免疫吸附试验等。目前广泛应用的是琼脂扩散试验，其既可以用于马立克病病毒抗原的检出，也可以用于马立克病病毒抗体的检出。该方法一般在马立克病病毒感染14～24天后检出病毒抗原，抗体的检出一般在病毒感染3周后。

（三）检疫后处理

检疫中发现鸡马立克病时，应及时上报疫情，对发病鸡群隔离，并限制其移动；扑杀发病禽及同群禽，并对被扑杀禽和病死禽只进行无害化处理；对环境和设施进行消毒；对粪便及其他可能被污染的物品亦进行无害化处理；禁止疫区内易感动物移动、交易，并对受威胁禽群进行观察。

七、鸡白痢

鸡白痢是由鸡白痢沙门菌引起的一种细菌性传染病，主要侵害雏鸡，以白痢为特征。雏鸡发生本病时，发病率和死亡率均较高，严重影响雏鸡成活率；青年鸡发病后，死亡率可达 10%～20%，病程可达 20～30 天，鸡只生长发育受阻；成年鸡感染本病多为慢性或隐性经过，不表现明显的症状，但可长期带菌，成为本病的主要传染源。产蛋鸡可经蛋垂直传播（图 10-11），因此种鸡感染后可造成更大范围的传播，集约化养鸡场一旦发生本病会造成巨大的经济损失，还可严重影响蛋产品质量和人类健康等。OIE 将其列为 B 类动物疫病，我国将其列为二类动物疫病。

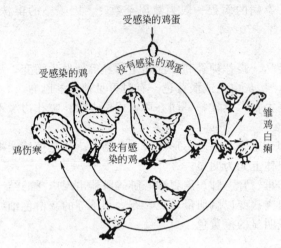

图 10-11 鸡白痢传播循环图

（一）临诊检疫要点

1. 流行特点

不同品种、年龄的鸡均可感染，雏鸡最易感，2 周龄以内的鸡发病率和死亡率都很高。随着日龄的增加，鸡的抵抗力也随之增强。不同品种的鸡之间易感性有明显差别，褐壳蛋鸡比白壳蛋鸡易感，重型鸡比轻型鸡、母鸡比公鸡更易感。珍珠鸡、雉鸡、鸭、野鸡、鹌鹑、金丝雀、麻雀和鸽也可感染。近年来青年鸡发病亦呈上升趋势。本病既可水平传播，也可垂直传播，阳性鸡所产的蛋一部分可带有本菌，大部分带菌蛋的胚胎在孵化期间死亡或停止发育，少部分可呈带菌状态孵出，但多数在出壳后不久发病。一年四季均可发生，尤以冬春育雏季节多发。病程一般为 4～7 天，短的 1 天，病死率 40%～70%。

2. 临床症状

（1）雏鸡　由污染种蛋孵出的雏，多在出壳后 4～5 天开始发病，7～10 日龄发病率和死亡率逐渐升高，2～3 周龄达到高峰。最急性者，无明显症状突然死亡。病程稍长者可见病雏怕冷，常常成堆拥挤在一起、翅膀下垂、精神委靡、停食、嗜睡。下痢，排出白色糊状粪便（图 10-12），常粘在泄殖腔周围羽毛上，有时堵塞肛门，排便困难，甚至排不出粪便。排便时因疼痛常发出尖叫，腹部膨大。肺部感染时，则表现呼吸困难。还会引起关节肿大，出现跛行。幸存的雏鸡多生长发育不良。

图 10-12 雏鸡排白色稀粪

（2）成鸡　通常不表现急性传染病的特征，多为隐性感染而耐过。卵巢被侵害时，可引起产蛋量下降，所产的带菌蛋可降低孵化率，或孵出感染雏，雏鸡的成活率降低。被感染的鸡有的精神委靡不振、食欲废绝、缩颈、翅膀下垂、羽毛逆立、肉髯呈暗紫色、排稀粪。一部分鸡 1～5 天内呈败血症死亡，其他病鸡可渐渐耐过。

3. 病理变化

早期死亡的雏鸡肝脏肿大、充血或有条纹状出血；胆囊肿大，含有大量胆汁；肺充血或出血。病程长的卵黄吸收不良，呈油脂样或干酪样。在肝、肺、心脏、肠及肌胃上有黄色坏死点或灰白色结节，心肌上的结节增大时能使心脏显著变形。盲肠部膨大，其内容物有干酪样阻塞，形成栓子。肾脏色泽暗红色或苍白，肾小管和输尿管扩张，充满尿酸盐。成年母鸡常见卵巢皱缩、变形、变色、变性，呈囊肿状。急性或慢性心包炎。受侵害的卵泡有的落入腹腔，导致卵黄性腹膜炎及腹水，腹腔器官粘连。公鸡睾丸萎缩，呈青灰色，输精管内有干酪样物质充塞而膨大。有的肝脏显著肿大，质地较脆，发生肝破裂，引起严重的内出血，造成病鸡突然死亡。

4. 组织学变化

雏鸡主要表现为肝脏充血、出血、灶性坏死和变性。内皮-淋巴细胞积聚以取代变性或坏死的肝细胞是鸡白痢感染肝脏的特征性细胞反应。其他显微变化广泛，但不是特异的，包括心肌灶性坏死，卡他性支气管炎，卡他性肠炎，肝、肺和肾的间质性炎症，心包、胸腹膜、肠道和肠系膜等的浆膜炎。炎性变化包括淋巴细胞、浆细胞和异嗜细胞浸润，成纤维细胞和组织细胞增生，但不伴有渗出性变化。育成鸡主要表现为各脏器的炎症，如气管炎、肺炎、肝炎、脾炎、肾炎、盲肠炎、心肌炎，主要特征性变化为心肌和肌胃由大量组织细胞浸润取代肌肉纤维，从而形成肉眼可见的白色结节，而其他脏器的坏死结节或坏死灶则主要由坏死的组织、渗出的纤维素、异嗜性白细胞、单核细胞和淋巴细胞构成。成年鸡病变主要在卵巢以及由卵巢病变导致的输卵管阻塞及卵黄性腹膜炎，肠、肝、心、肺、肾、胰、肌胃或腺胃等器官单核细胞浸润和集中现象。

（二）实验室检疫

1. 细菌分离与鉴定

无菌采取病鸡、死鸡的心、肝、脾、肺、卵巢或卵黄囊等病料，接种于普通琼脂平板、普通肉汤、血琼脂平板、SS琼脂等，37℃培养18～24h后可见普通琼脂上形成细小、圆形、光滑、半透明菌落；普通肉汤呈均匀的混浊生长；血琼脂上菌落呈灰白色，不溶血；SS琼脂上菌落呈灰色，中心带黑色。挑取可疑菌落在载玻片生理盐水中均匀涂抹，再滴一滴沙门菌A～F多价因子血清，混匀，如在2min内发生凝集现象，则属于沙门菌。再挑取菌落与沙门菌D组血清做凝集试验反应，出现凝集者为鸡白痢沙门菌。

2. 血清学诊断

常用的方法有全血平板凝集试验、试管凝集试验、琼脂扩散试验、免疫荧光抗体试验等。其中应用最广泛的是全血平板凝集试验，适用于现场检疫。但本试验一般只用于检测成年鸡，对雏鸡敏感性差，应在20℃左右的室温下进行。鸡大肠杆菌、兰氏分类D群链球菌或某些葡萄球菌感染时，可能出现凝集价较低的阳性反应，需要注意。具体方法是：取一滴鸡白痢-伤寒沙门菌多价凝集抗原与1滴鸡血在玻板上混匀，2min内形成块状凝集的则为阳性。

（三）检疫后处理

对检测呈阳性反应的带菌鸡，都应加以淘汰，不能留作种用。发病时要隔离病禽，深埋死禽，严格清理，消毒禽舍、器具及外部环境。对受威胁的商品鸡，可用抗生素和磺胺类药物进行治疗，但康复后仍带菌。

八、鸡传染性鼻炎

鸡传染性鼻炎（IC）是由副鸡嗜血杆菌引起的鸡的一种急性、上呼吸道传染病。其特征是眼结膜和鼻黏膜发炎、流泪、流鼻涕、打喷嚏，脸部水肿和眶下窦肿胀，有时伴有下呼吸道（气管和气囊）的炎症。主要引起产蛋鸡产蛋率下降、生长发育鸡群的生长受阻及淘汰率增加，造成很大的经济损失。

（一）临诊检疫要点

1. 流行特点

各种年龄的鸡均可发生，随着年龄的增长易感性增高，以育成鸡和产蛋鸡较易感，尤以产蛋鸡最易感。但最近几年，商品肉鸡发生本病也比较多见。珍珠鸡、鹌鹑、雉鸡也感染，火鸡不感染。主要发生于寒冷潮湿的秋季和冬季。死亡率不高，但发病率很高，可使育成鸡生长停滞，产蛋鸡的产蛋率显著下降。具有来势猛、传播快的特点，一旦发病，短时间内便可波及全群。

2. 临床症状

鸡群突然发病，发病率很高，但死亡率不高，如果并发其他疾病则死亡率可达20％～

图10-13 患病鸡流泪、颜面肿胀

50％。本病的明显特点是鼻腔和窦内有浆液性或黏液性的分泌物，面部水肿和结膜炎（图10-13）。轻病例主要是鼻腔中流出稀薄分泌物，无全身反应。严重病例精神沉郁、羽毛松乱、蜷伏不动、食欲减少或废绝。鼻中流出黏液性分泌物，具有难闻的臭味，并在鼻孔周围形成淡黄色干痂。为排除这些分泌物，病鸡不断地甩头、打喷嚏。面部水肿可蔓延到肉髯，尤以公鸡明显。结膜炎，眼睑肿胀，严重时眼睑被分泌物粘连不能睁开，甚至失明。眶下窦肿胀，窦腔和结膜囊内有大量渗出物，开始为浆液

性，以后变为黏液性和脓性，病程延长变为干酪样。由于不能采食和饮水，雏鸡生长停滞，雏鸡和育成鸡的淘汰率显著增加。产蛋鸡产蛋率急剧下降，一般下降10％～40％，严重时停产，即使恢复也不能恢复到原有的产蛋水平。如果下部呼吸道感染，则出现呼吸困难，发出"咯咯"声和湿性啰音。还可能有腹泻，排出绿色稀便。每次暴发的病情之间严重程度和病程长短差异很大，短的几周，长则几个月。

3. 病理变化

病理变化有鼻腔和窦腔可见急性卡他性炎症，黏膜充血、发红、肿胀，鼻腔内有大量黏液和炎性渗出物的凝块。一侧或两侧眶下窦肿胀，窦腔内充满浆液性、黏液性、脓性或干酪样渗出物，结膜发炎、肿胀，眼睑粘连，结膜囊内积有干酪样的渗出物。严重者眼睛失明，脸部和肉髯皮下组织水肿。有并发症时，可见到气管炎、肺炎或气囊炎。

4. 组织学变化

组织学变化有鼻腔、眶下窦和气管的黏膜和腺上皮细胞脱落、裂解和增生，黏膜固有层中有水肿和充血并伴有异染细胞的浸润，有时可见肥大细胞的显著浸润。下呼吸道受到侵害的鸡，可见卡他性支气管肺炎。气囊的卡他性炎症以细胞的肿胀和增生为特征，并伴有大量的异染细胞浸润。

（二）实验室检疫

1. 细菌分离与鉴定

可用消毒棉拭子自2～3只早期病鸡的窦内、气管或气囊无菌采取病料，用棉拭子在鲜血琼脂平皿上横向划线5～7条，然后取产NAD表皮葡萄球菌从横线中间划一纵线，将接种好的平皿置于5％的二氧化碳培养箱中37℃培养18～24h，观察菌落特点，24～28h后在葡萄球菌菌落边缘可长出一种细小的卫星菌落，这有可能是副鸡嗜血杆菌。然后钓取单个菌落，获得纯培养物，再做其他鉴定。如取分离物做过氧化氢酶试验，必要时通过进一步的生化反应做详细的特征鉴定。也可采用PCR鉴定可疑菌落，同时取病料或可疑菌落进行动物试验。结果判定：若鲜血琼脂培养基上出现"卫星样"生长的露滴状、针头大小的小菌落，

即靠近产 NAD 表皮葡萄球菌线处菌落较大，直径可达 0.3mm，离产 NAD 表皮葡萄球菌线越远，菌落越小，过氧化氢酶阴性，结果判为阳性，记为"＋"；若无卫星现象，但有露滴状、针头大小的小菌落出现且过氧化氢酶阴性，则仍需采用 PCR 或动物试验鉴定，以避免漏检不需 NAD 的副鸡嗜血杆菌，若无上述现象，则判为阴性，记为"－"。

2. 血清学诊断

检测鸡传染性鼻炎的血清学方法有血清平板凝集试验、血凝抑制试验、琼脂扩散试验、间接酶联免疫吸附试验（I-ELISA）、阻断酶联免疫吸附试验（B-ELISA）、对流免疫电泳试验及聚合酶链式反应技术等。一般在鸡群发病早期采用病原的分离鉴定或聚合酶链式反应方法进行诊断，感染一周以后可以采用血清平板凝集试验进行诊断，两周后可以采用琼脂扩散试验、间接酶联免疫吸附试验和阻断酶联免疫吸附试验进行诊断，三周后以上各种检查抗体的方法均可使用。其中 PCR 技术已用于诊断，比常规的细菌分离鉴定快速，只需 6h 就能出结果，可以检出 A、B、C 3 个血清型的菌株。

（三）检疫后处理

发现本病时应及时淘汰患病鸡群，被污染的鸡舍、场地、用具应严格消毒，也可用疫苗紧急接种。病鸡可以用氟苯尼考、链霉素、环丙沙星及磺胺类药物治疗。

九、鸭病毒性肝炎

鸭病毒性肝炎是由鸭肝炎病毒（DHV）引起的小鸭的一种传播迅速和高度致死性的病毒性传染病。其特征是发病急、传播快、死亡率高，临诊特点为角弓反张，病变特征为肝脏肿大和出血。OIE 把该病列为 B 类疫病，我国农业部将其列为二类疫病。本病常给养鸭场造成巨大的经济损失。

（一）临诊检疫要点

1. 流行特点

鸭是 DHV 自然易感动物，最早于 3 日龄开始发病，主要侵害 1～3 周龄雏鸭，特别是 5～10 日龄雏鸭最多见，成年鸭多呈隐性经过。在自然条件下不感染鸡、火鸡和鹅。雏鸭发病率与死亡率都很高，1 周龄内的雏鸭病死率可达 95％，1～3 周龄的雏鸭病死率为 50％或稍低。随着日龄的增长，发病率和死亡率降低，1 月龄以上的小鸭发病几乎不见死亡。本病一年四季均可发生，但主要是在孵化季节，南方地区在 2～5 月和 9～10 月间，北方多在 4～8 月间。然而肉鸭在舍饲的条件下，可常年发生，无明显季节性。

2. 临床症状

该病潜伏期短，仅为 1～2 天。雏鸭都为突然发病，开始时病鸭表现精神委靡、缩颈、翅下垂，不能随群走动，眼睛半闭，打瞌睡，共济失调。发病半日到一日，发生全身性抽搐，身体倒向一侧，两脚痉挛性反复踢蹬，约十几分钟死亡。头向后背，呈角弓反张姿态，故俗称"背脖病"（图 10-14）。喙端和爪尖淤血呈暗紫色，少数病鸭死亡前排黄白色和绿色稀粪。

3. 病理变化

病变主要在肝脏。肝脏肿大，质地柔软，呈淡红色或外观呈斑驳状，表面有出血点或出血斑。胆囊肿胀呈长卵圆形，充满胆汁，胆汁呈褐色、淡黄色或淡绿色。脾脏有时肿大，外观呈斑驳状，多数病鸭的肾脏发生充血和肿胀，其他器官没有明显变化。

4. 组织学变化

其特征是肝组织的炎性变化，急性病例肝细胞坏

图 10-14　鸭病毒性肝炎
（病鸭角弓反张）

死，其间有大量红细胞。慢性病变为广泛性胆管增生、不同程度的炎性细胞反应和出血。脾组织呈退行性变性坏死。

（二）实验室检疫

1. 病毒分离与鉴定

无菌采取病死雏鸭肝脏，研磨后用 PBS 制成 1：5 的组织悬液，低速离心后，取上清液加入 5％～10％三氯甲烷，室温轻轻搅拌 10～15min，经 3000r/min 离心 10min 后，吸取上清液吹打数次以使残留的三氯甲烷挥发，然后加入青霉素、链霉素各 1000IU/ml，制成悬液，备用。取肝组织悬液经皮下或肌内接种 1～7 日龄易感鸭数只，一般于 24h 后出现鸭病毒性肝炎的典型症状，30～48h 后死亡，病变与自然病例相同并可自肝脏中重新分离到 DHV。或取 0.2ml 病料悬液经尿囊腔接种 10～14 日龄鸭胚或 8～10 日龄 SPF 鸡胚，接种鸭胚通常于 24～72h 死亡，鸡胚反应不大，一般在接种后 5～8 天死亡。尿囊液呈乳浊状或浅黄绿色，胚体矮小、皮下出血和水肿，肝肿大呈灰绿色并有坏死灶，即可确诊。

2. 血清学诊断

血清学检测方法不适用于急性暴发的 I 型 DHV 感染。然而中和试验，如鸭（鸡）胚中和试验、雏鸭中和试验及微量血清中和试验等，常被用于病毒鉴定、免疫应答的检测及流行病学调查。

（三）检疫后处理

当检疫出鸭病毒性肝炎时，应立即对病鸭进行隔离。对鸭舍、运动场、料槽、水槽及场内外环境用百毒杀、碘制剂等严格消毒。病死鸭采取焚烧或掩埋等无害化处理，不能到处乱扔，以免造成新的传染源。发病鸭群不准外运或上市出售。对受威胁的雏鸭或假定健康鸭，除在饲料中添加矿物质、维生素外，还可用高免卵黄或高免血清肌内注射，每只 0.5ml，10 天后再肌内注射病毒性肝炎疫苗 1 羽份/只。也可注射康复鸭血清 0.5～1ml/只。

十、鸡产蛋下降综合征

鸡产蛋下降综合征（EDS-76）是由禽腺病毒引起的鸡以产蛋下降为特征的一种传染病，其主要表现为鸡群产蛋骤然下降，软壳蛋和畸形蛋增加，褐色蛋蛋壳颜色变淡。本病广泛流行于世界各地，对养鸡业危害较大，已成为产蛋鸡和种鸡的主要传染病之一。我国农业部把该病列为二类动物疫病。

（一）临诊检疫要点

1. 流行特点

主要发生于 26～35 周龄产蛋鸡，幼龄鸡不表现临床症状。火鸡、野鸡、珍珠鸡、鹌鹑、鸭、鹅也可感染。本病多为垂直传播，通过胚胎感染雏鸡，鸡群产蛋率达 50％以上时开始排毒，并迅速传播；也可水平传播，多通过污染的蛋盘、粪便、免疫用的针头以及饮用水传播，传播较慢且呈间断性。笼养鸡比平养鸡传播快。肉鸡和产褐壳蛋的重型鸡较产白壳蛋的鸡传播快。

2. 临床症状

EDS-76 感染鸡群无明显临诊症状，精神、采食、排泄及运动无明显异常。通常是 26～36 周龄产蛋鸡突然出现群体性产蛋下降，产蛋率比正常下降 20％～30％，甚至达 60％。同时，产出软壳蛋、薄壳蛋、无壳蛋、小蛋，蛋体畸形，蛋壳表面粗糙，如白灰、灰黄粉样，褐壳蛋则色素消失（图 10-15），蛋白水样，蛋黄色淡，或蛋白中混有血液、异物等。异常蛋可占

图 10-15 蛋壳质量下降

产蛋量的15%或以上，蛋的破损率在5%～20%。对受精率和孵化率没有影响，病程可持续4～10周。以后可逐渐恢复，但一般不易恢复到正常水平。

3. 病理变化

本病常缺乏明显的病理变化，其特征性病变是输卵管各段黏膜发炎、水肿、萎缩，病鸡的卵巢萎缩变小，或有出血，子宫黏膜发炎，肠道出现卡他性炎症。

4. 组织学变化

子宫输卵管腺体水肿，单核细胞浸润，黏膜上皮细胞变性、坏死，子宫黏膜及输卵管固有层出现浆细胞、淋巴细胞和异嗜细胞浸润，输卵管上皮细胞核内有包含体，核仁、核染色质偏向核膜一侧，包含体染色有的呈嗜酸性、有的呈嗜碱性。

（二）实验室检疫

1. 病毒分离与鉴定

无菌取病死鸡的输卵管和子宫黏膜、卵巢，研磨，加PBS制成1∶5混悬液后，冻融3次，于3000r/min离心20min，取上清液，加入青霉素（使最终浓度为1000IU/ml）、链霉素（使最终浓度为1000μg/ml），37℃作用1h。离心，取上清液0.2ml经尿囊腔接种10～12日龄红细胞凝集抑制抗体阴性的鸭胚，同时用等量的PBS接种鸭胚作对照，37℃孵育，弃去48h内死亡胚，收获48～120h死亡和存活的鸭胚尿囊液。用1%鸡红细胞悬液测其血凝性，若接种样品的鸭胚尿囊液能凝集红细胞，而接种PBS的鸭胚尿囊液不凝集红细胞，则进行分离物鉴定；若样品接种鸭胚尿囊液不凝集红细胞，则用尿囊液接种鸭胚盲传，样品连续盲传三代仍不凝集红细胞者可判为病毒分离阴性。

2. 血清学诊断

用于EDS-76诊断的血清学方法有血凝抑制试验、琼脂扩散试验、血清中和试验、荧光抗体技术及ELISA等。其中应用最广泛的是血凝抑制试验，该试验仅适用于检测与EDS-76有关的腺病毒感染，对其他腺病毒则不适用。如果血清中存在非特异性血凝素，可用10%红细胞悬液进行吸附并将其除掉。需要注意的是，当鸡受到多种血清型腺病毒感染并产生高水平腺病毒抗体时，在ELISA或荧光抗体技术中呈阳性反应，而在血凝抑制试验和血清中和试验中则为阴性。

（三）检疫后处理

检疫中发现鸡产蛋下降综合征时，应加强环境消毒和带鸡消毒。对检测呈阳性的产蛋母鸡进行淘汰处理，以防止通过种蛋垂直传播。

十一、鸭瘟

鸭瘟（DP）又称鸭病毒性肠炎，是由鸭瘟病毒（DPV）引起的鸭、鹅、天鹅、雁等水禽的一种急性、热性、败血性传染病。其临诊特点是体温升高、两腿麻痹、下痢绿色、流泪和部分病鸭头颈肿大。剖检可见食管黏膜有出血点，有灰黄色假膜覆盖或溃疡；肠道淋巴滤泡出血，泄殖腔黏膜充血、出血、水肿并有假膜覆盖；肝脏水肿，表面有大小不等的出血点和坏死灶。该病传播迅速，发病率和死亡率都很高，是危害养鸭业最为严重的一种传染病，所以都把鸭瘟视为养鸭业的大敌。鸭瘟被OIE定为B类疫病，我国农业部将其列为二类动物疫病。

（一）临诊检疫要点

1. 流行特点

自然条件下主要发生于鸭，不同年龄、性别和品种的鸭都有易感性。以番鸭、麻鸭易感性较高，北京鸭次之，自然感染潜伏期通常为2～4天。30日龄以内雏鸭较少发病，多见于大鸭，尤其是产蛋鸭，这可能是由于大鸭常放养，有较多机会接触病原而被感染。鹅也能感染发病，但很少形成流行。2周龄内雏鸡可人工感染致病。野鸭和雁也会感染发病。一年四季均可发生，但以春、秋季流行较为严重。当鸭瘟传入易感鸭群后，一般3～7天开始出现零星病鸭，再经3～5天陆续出现大批病鸭，疾病进入流行发展期和流行盛期。鸭群整个流行过程一般为2～6周。如果鸭群中有免疫鸭或耐过鸭时，可延至2～3个月或更长。

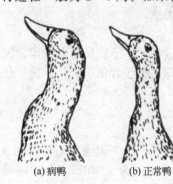

(a) 病鸭　　(b) 正常鸭

图 10-16　病鸭头部肿胀

2. 临床症状

潜伏期一般为2～4天，病初体温急剧升高到43℃以上，病鸭精神不佳、头颈缩起、羽毛松乱、食欲减少或停食、有饮欲、两腿发软、无力行走、喜卧不愿走动，强迫驱赶可见两翅拍地而行。病鸭不愿下水，漂浮水面并挣扎回岸。流泪，有浆液性到黏液性以至脓性分泌物。眼睑水肿，甚至外翻。结膜充血、出血，眼周围羽毛沾湿，甚至有脓性分泌物，将眼睑粘连。鼻腔亦有浆性或黏性分泌物，部分鸭头颈部肿大，俗称"大头瘟"（图 10-16），叫声粗哑，呼吸困难。倒提病鸭可从口腔流出污褐色液体，口腔硬腭后部和喉头黏膜上有黄色假膜，剥离后留下出血点。病鸭下痢，排绿色或灰白色稀粪，腥臭，常黏附于肛门周围。泄殖腔黏膜充血、水肿、外翻，黏膜上有绿色假膜或溃疡面。病后期体温下降，精神极度不好，一般病程为2～5天，病死率在90%～100%。慢性病例可拖至1周以上，消瘦，生长发育不良，体重下降。

3. 病理变化

主要表现为急性败血症，全身黏膜、浆膜出血，皮下组织呈弥漫性黄色胶冻状，实质性器官变性。尤其消化道黏膜出血和形成假膜或溃疡，淋巴组织和实质性器官出血、坏死。食管与泄殖腔的疹性病变具有特征性。食管黏膜有纵行排列呈条纹状的黄色假膜覆盖或小点状出血，假膜易剥离并留下溃疡斑痕。泄殖腔黏膜病变与食管病变相似，即有出血斑点和不易剥离的假膜与溃疡。食管膨大部分与腺胃交界处有一条灰黄色坏死带或出血带，肌胃角质膜下层充血、出血。肠黏膜充血、出血，以直肠和十二指肠最为严重。位于小肠上的4个淋巴出现环状病变，呈深红色，散在针尖大小的黄色病灶，后期转为深棕色，与黏膜分界明显。胸腺有大量出血点和黄色病灶区，在其外表或切面均可见到。雏鸭感染时法氏囊充血发红，有针尖样黄色小斑点，后期囊壁变薄，囊腔中充满白色、凝固的渗出物。

肝表面和切面上有大小不等的灰黄色或灰白色的坏死点，少数坏死点中间有小出血点，这种病变具有诊断意义。胆囊肿大，充满黏稠的墨绿色胆汁。心外膜和心内膜上有出血斑点，心腔内充满凝固不良的暗红色血液。产蛋母鸭的卵巢滤泡增大，卵泡的形态不整齐，有的皱缩、充血、出血，有的发生破裂而引起卵黄性腹膜炎。

病鸭的皮下组织发生不同程度的炎性水肿，在"大头瘟"典型的病例，头和颈部皮肤肿胀、紧张，切开时流出淡黄色的透明液体。

4. 组织学变化

组织学变化以血管壁损伤为主，小静脉和微血管明显受损，管壁内皮破裂。特征性组织学变化是肝细胞发生明显肿胀和脂肪变性，肝索结构破坏，中央静脉红细胞崩解，血管周围有凝固性坏死灶，肝细胞见有核内包含体。脾窦充满红细胞，血管周围有凝固性坏死。食管和泄殖腔黏膜上皮细胞坏死脱落，黏膜下层疏松、水肿，有淋巴样细胞浸润。胃肠道黏膜上皮细胞可见核内包含体。

（二）实验室检疫

1. 病毒分离与鉴定

无菌采取病死鸭的肝、脾，称重，用内含青霉素1000IU/ml、链霉素2000μg/ml、两性霉素 B 5μg/ml 的 PBS 制成 1：10 的组织悬液，4～8℃冰箱过夜，然后于 3000r/min 离心 20min，取上清液 0.5ml，经肌内注射 1 日龄易感北京雏鸭，一般在接种后 3～12 天发病或死亡。接种鸭呈现流泪、眼睑水肿、呼吸困难等特殊症状，多以死亡告终。剖检尸体可见到 DP 病变。或取上清液 0.1ml，接种于 12～14 日龄鸭胚尿囊腔内，鸭胚于 4～10 天后死亡，解剖可见胚胎皮肤有小点状出血、肝脏坏死和出血。部分绒毛尿囊膜充血、出血、水肿，并有灰白色坏死斑点。肝脏的病变具有很大的诊断价值。

2. 血清学诊断

检测鸭瘟常用的血清学方法有血清中和试验、微量血清中和试验等。血清中和试验也可用于易感雏鸭或鸭胚，雏鸭肌内注射混合液 0.1ml，观察 7 天，鸭胚经卵黄囊接种，然后每天观察胚胎存活情况；不同的 DPV 的毒力可能差异很大，但在免疫学上是一致的；非致病性和强毒力病毒感染的鸭胚或成纤维细胞对培养温度、抗体及补体介导的溶细胞作用反应不同。微量血清中和试验采用固定病毒稀释血清法，在鸭胚单层成纤维细胞上进行，适用于鸭的血清抗体测定或病原测定，其特异性和敏感性均良好。此外，还有反向被动血凝试验、免疫荧光抗体技术及 PCR 等血清学诊断技术。其中程安春（1997 年）建立间接酶联免疫吸附试验检测鸭瘟抗体，与血清中和试验的符合率为 100%，但敏感性比血清中和试验要高 1000 倍。

（三）检疫后处理

（1）鸭群一旦发生该病，应及时上报疫情，划定疫区范围，并迅速进行严格的封锁、隔离、消毒等工作，禁止出售和外调，停止放牧，防止病毒传播。对病鸭进行就地淘汰、扑杀，高温处理后利用。病鸭群停止放牧或水中放养。

（2）对假定健康鸭、可疑鸭及受威胁区内的全部鸭和鹅，立即采取大剂量鸭瘟弱毒疫苗紧急接种，一般接种后一周内死亡率可显著降低，这是控制和消灭鸭瘟流行的一个强有力的措施。

（3）对被污染的场所、用具等用石灰水或火碱消毒，被病毒污染的饲料要高温消毒，饮用水可用含碘、氯类消毒药消毒。工作人员的衣、帽等及饲养所用工具也要严格消毒，深埋扑杀病死鸭的粪便、羽毛、污水等。

十二、小鹅瘟

小鹅瘟（GP）又称细小病毒病，是由小鹅瘟病毒（GPV）引起的雏鹅的一种急性、败血性传染病。我国和世界上所有养鹅的国家均有此病的流行发生。主要侵害 3 周龄以内的雏鹅，尤其是 4～20 日龄的雏鹅，多呈最急性和急性病程而迅速致死，是危害养鹅业最严重的传染病之一。3 周龄以上的雏鹅仅部分发病，并呈亚急性病程。临床以精神沉郁、食欲废绝、严重下痢、神经症状和渗出性肠炎为特征。在自然条件下，成年鹅感染后无临床症状，但可经种蛋将此病传染给下一代。本病一旦发生流行常引起大批雏鹅死亡，造成重大经济损失。

（一）临诊检疫要点

1. 流行特点

自然感染情况下，主要发生于雏鹅和雏番鸭、莫斯科鸭，其他禽类和哺乳动物均不感染。主要侵害 4～20 日龄的雏鹅，20 日龄以内的小鹅免疫功能不全，尤其以 7～10 日龄时发病率和死亡率最高，发病日龄越小，死亡率越高；不同地区、日龄、免疫状况的鹅群，其发病率与死亡率各不一致。5 日龄以内的雏鹅感染发病，其死亡率高达 95% 以上；6～10 日龄雏鹅为 90% 左右；11～15 日龄雏鹅为 50%～70%；16～20 日龄雏鹅为 20%～50%；21～30 日龄雏鹅为 10%～30%；30 日龄以上的雏鹅为 10% 左右。成年鹅感染小鹅瘟病毒后，不显症状而成为带毒者，带毒与排毒可长达 15 天。带毒鹅群所产的蛋常带有病毒，常造成雏鹅在出壳后 3～5 天大批发病、死亡。成年鹅感染后，可能经卵将疾病传染给下一代。小鹅瘟的流行有一定周期性。在大流行以后，当年余下的鹅群都能产生主动免疫，使次年的雏鹅具有天然被动免疫力。因此，本病不会在同一地区连续两年发生大流行。

图 10-17　小鹅瘟病鹅
（患病雏鹅精神沉郁、厌食、下痢）

2. 临床症状

病鹅日龄越小，症状越明显，发病率和死亡率越高，死亡率通常在 70% 以上，甚至全群死亡。最急性型多发生在 7 日龄以内的雏鹅，往往不见任何症状而突然死亡。急性型主要发生在 7～15 日龄的雏鹅，发病初期病鹅精神委顿、嗜睡、厌食（图 10-17），或虽能采食，但啄得草随即甩去，饮欲增加；嗉囊松软，内含大量液体和气体，鼻分泌物增多，继而出现严重下痢，排黄色或黄白色混有气泡或假膜的水样粪便。大部分病鹅在临死前出现神经症状，头颈扭转、全身抽搐或瘫痪，病程 1～2 天。15 日龄以上的雏鹅多表现为亚急性型，症状较轻，主要表现精神沉郁、不愿走动、少食或不食、腹泻、身体消瘦，病程较长，一般长达 3～7 天。部分病鹅能自愈，但生长不良。

3. 病理变化

急性型和亚急性型除有全身败血症变化外，典型且主要病变在消化道。肠黏膜充血、出血，尤以小肠明显；肠黏膜大面积脱落，在小肠中、下段常见有灰白色或灰黄色似腊肠样的栓子，长 2～5cm，堵塞肠腔，或者有长条状的外表包围有一层厚的坏死肠黏膜和纤维形成的伪膜存在。肝肿大，脂肪变性，土黄色，质地变脆。胆囊常肿大，胆汁充盈。最急性者病变不明显，只见小肠黏膜肿胀、充血、附有大量黏液。

4. 组织学变化

心肌纤维有颗粒变性和脂肪变性，肌纤维断裂，排列零乱，有 Cowdrey A 型核内包含体。肝脏细胞空泡变性和颗粒变性。脑膜及脑实质血管充血并有小出血灶，神经细胞变性，严重者出现小坏死灶，胶质细胞增生。小肠膨大处有纤维素性坏死性肠炎。

（二）实验室检疫

1. 病毒分离与鉴定

无菌采取患病、死雏鹅的肝、胰、脾、肾、脑等器官组织，剪碎、磨细，用灭菌生理盐水，或灭菌 pH 7.4 磷酸盐缓冲溶液（PBS）作（1∶5）～（1∶10）稀释，经 3000r/min 离心 30min，取上清液加入抗生素，使每毫升组织液含有 2000IU 青霉素和 2000μg 链霉素，于 37℃ 温箱作用 30min，作为病毒分离材料。将上述病毒分离材料接种 12 日龄无小鹅瘟抗体的鹅胚或鸭胚，每胚尿囊腔接种 0.2ml，置 37～38℃ 孵化箱内继续孵化，每天照胚 2～4 次，观察 9 天，一般经 5～7 天大部分胚胎死亡。72h 以前死亡的胚胎废弃，72h 以后死亡的鹅胚或鸭胚取出放置于 4～8℃ 冰箱内，过夜，冷却收缩血管。用无菌程序吸取尿囊液保存和做无菌检验，并观察胚胎病变。可见胚胎绒尿膜增厚，全身皮肤充血，翅尖、趾、胸部毛孔、颈、喙旁均有较严重出血点，胚肝充血及边缘出血，心脏和后脑出血，头部皮下及两肋皮下水肿。接种后 7 天以上死亡的鹅胚和番鸭胚胚体发育停顿、胚体小。无菌的尿囊液冻结保存作传代及检验用。

2. 血清学诊断

应用血清学方法可确定鹅细小病毒的感染。目前常用的血清学方法有鹅中和试验（测定对鹅胚的半数致死量）、琼脂凝胶沉淀试验、雏鹅保护试验等，其他已建立的方法有精子凝集试验（小鹅瘟病毒可凝集黄牛精子）、免疫荧光试验、ELISA、免疫过氧化物酶技术和空斑分析法等。可用于病毒分离株的鉴定、鹅群检疫、流行病学调查和免疫鹅群抗体水平的检测。

（三）检疫后处理

（1）检疫中若发现小鹅瘟病时，与发病雏鹅相应鹅坊必须立即停止孵化，将设备、用具及房舍彻底消毒，然后再孵化；对正在孵化的种蛋连同孵化器，立即用福尔马林熏蒸消毒15min；对同坊的刚孵出的雏鹅全部皮下注射抗小鹅瘟血清，每只0.3～0.5ml，并注意与新进种蛋、成鹅隔离。

（2）对发病的雏鹅，病初用抗小鹅瘟血清皮下注射，每只0.8～1ml。对于鹅可能接触的用具、设备、鹅舍、道路及其他建筑进行彻底消毒和清洗，并尽可能消灭或隔离苍蝇。

第二节　禽疫病的鉴别

一、以急性败血症状为主的鸡疫病

以败血症为主的鸡急性疫病主要有鸡新城疫、禽流感、禽霍乱、鸡沙门菌病、葡萄球菌病、大肠杆菌病。

（一）初步鉴别

1. 头部冠、髯肿胀

（1）鸡发病而水禽发病率低或不发病 …………………………………………… 禽流感

（2）鸡和水禽都发病 …………………………………………………………………… 禽霍乱

2. 头部冠、髯不肿胀

（1）有神经症状 …………………………………………………………………………… 鸡新城疫

（2）无神经症状 …………………………………………………………………………… 鸡沙门菌病

3. 胸、腹部皮肤出血

（1）皮肤有出血 …………………………………………………………………………… 葡萄球菌病

（2）皮肤无出血 …………………………………………………………………………… 大肠杆菌病

（二）鉴别诊断要点

1. 鸡新城疫

主要侵害鸡，鸭、鹅感染而不发病。是高度接触传染性，发病率和死亡率都很高。呼吸困难、下痢、嗉囊积液，有神经症状。全身黏膜、浆膜出血。腺胃黏膜乳头出血，腺胃与肌胃交界处、肌胃角质膜下出血，小肠黏膜出血性纤维素坏死性炎症或溃疡。盲肠扁桃体肿大、出血且有溃疡。脑膜充血、出血。

2. 禽流感

主要为鸡感染发病，鸭、鹅发病率低或不发病，发病率和死亡率高，特别是高致病性禽流感，潜伏期与病程均比鸡新城疫短。颜面水肿，呼吸困难和神经症状不如鸡新城疫显著。全身黏膜、浆膜出血较鸡新城疫明显和广泛，肠黏膜没有溃疡。肠道出血斑不突出于肠浆膜表面。胰脏出血或坏死比鸡新城疫明显。禽流感病毒能使马、骡、驴、绵羊或山羊红细胞发生凝集现象，而鸡新城疫病毒则不能，呈阴性。

3. 禽霍乱

鸡和鸭都可感染发病，可侵害各年龄段的鸡，成年鸡也很易感。其传播速度比鸡新城疫缓慢。病程较鸡新城疫短促（1～3天）。致死率高、死亡急。冠、髯发绀、肿胀有热痛，慢性苍白、水肿、坏死。无神经症状。全身出血最为明显，肝脏有许多针尖大小灰白色坏死点，小肠只是出血性肠炎，无溃疡。胸腹腔、气囊、肠浆膜上有纤维素性或干酪样渗出物。

慢性有关节炎性肿胀，关节腔内有干酪样灰白色渗出物。用血液、肝、脾涂片，美蓝或瑞氏染色镜检可见到两极浓染的巴氏杆菌。

4. 鸡沙门菌病

败血型的鸡白痢、鸡伤寒和副伤寒主要发生于1月龄内的雏鸡，呈散发或地方性流行。雏鸡怕冷、精神沉郁、厌食、下痢，无神经症状；肝脏肿大，有条纹状出血，卵黄吸收不良，心、脾、胃肠道后段有出血和坏死灶。

5. 大肠杆菌病

败血型大肠杆菌病主要发生于鸡、鸭，多见于3～7周龄的肉鸡。典型临诊症状为：厌食，扎堆，呼吸困难，腹泻，粪便黄白色、混有黏液或血液。剖检时可闻到特殊的臭味。心包炎、肝周炎、气囊炎及肝肿大，均有大量纤维素性渗出物充满和包围。

6. 葡萄球菌病

败血型葡萄球菌病主要发生于中雏。胸、腹部皮肤水肿，呈紫红色或紫褐色，皮下组织积有大量粉红色或红色胶冻样液体，羽毛脱落。肝肿大，呈淡紫红色，有花纹样坏死灶。心包液增多，肠道黏膜有弥漫性点状出血。腹腔脂肪和肌胃浆膜可见紫红色水肿或出血。用皮下渗出液、肝、脾涂片镜检可见多量葡萄球菌。

二、呼吸器官症状明显的鸡疫病

鸡呼吸系统症状明显的疫病主要有鸡新城疫、禽流感、鸡传染性支气管炎、鸡传染性喉气管炎、鸡霉形体病、鸡传染性鼻炎、鸡曲霉菌病、鸡霍乱、白喉型鸡痘等。这些疫病均有呼吸困难症状，易混淆。其区别如下。

（一）初步鉴别

（1）鸡、鸭都可感染发病 ·· 鸡霍乱
（2）主要是鸡感染发病
① 半月龄以下的雏鸡最严重 ································· 鸡传染性支气管炎
② 主要侵害1月龄内幼鸡 ··································· 鸡曲霉菌病
③ 主要侵害1～2月龄幼鸡 ································· 鸡霉形体病
④ 主要侵害2～3月龄幼鸡 ································· 鸡传染性鼻炎
⑤ 主要侵害雏鸡和中鸡 ····································· 白喉型鸡痘
⑥ 主要侵害成年鸡 ··· 鸡传染性喉气管炎
⑦ 各种年龄的鸡均可易感 ··································· 鸡新城疫

（二）鉴别检疫要点

1. 鸡新城疫

任何年龄的鸡均可以发生鸡新城疫，尤其是雏鸡最易感。感染率在90%以上，典型新城疫可造成毁灭性损失。典型新城疫全身症状严重。亚急性型或慢性型表现为下痢，粪便呈黄绿色或绿色。鸡冠和肉髯发紫。有神经症状。非典型新城疫有轻微呼吸道症状且产蛋率下降30%左右。气管出血、无血痰，主要是气管环出血。腺胃黏膜乳头、腺胃与肌胃交界处等出血。小肠黏膜有出血性纤维素性坏死性炎症或溃疡。

2. 禽流感

H5N1型禽流感（AI）不同日龄的鸡群均可发病，鸭、鹅也可感染，死亡率可达60%～100%；H9N2型AI主要发生于产蛋高峰期的鸡，死亡率达1%～20%，产蛋率下降10%～60%。头部冠、髯肿胀、坏死，呈紫黑色，上面时有坏死结节。头部肿大，流泪。泻黄绿色粪便。皮肤淤血。腿部鳞片出血。后期头、腿麻痹、抽搐。整个气管出血，有血痰。腺胃肿胀，乳头出血，肌胃角质膜下、十二指肠出血，胸部肌肉、腹部脂肪、心肌有散在出

血点、肝肿大、淤血，肝、脾、肾、肺有坏死灶。卵泡变形，易破裂。

3. 鸡传染性支气管炎

该病主要侵害半月龄内的雏鸡，幼雏发病严重，肾型主要侵害3周龄左右的鸡。产蛋鸡仅表现为产蛋量下降5%～30%。感染率极高，病死率在25%～30%。传播速度较鸡新城疫快。突发呼吸困难，打喷嚏，伸颈，甩头，呼吸有呼噜声，昏睡，常挤在一起，鼻窦肿胀。鼻腔、喉头、气管、支气管、肺等有轻度充血、水肿和卡他性渗出物或干酪样物。气囊混浊，增厚。胃肠病理变化轻。腺胃型腺胃壁增厚，乳头出血，卵泡出血、破裂。

4. 鸡传染性喉气管炎

不同年龄的鸡均可感染鸡传染性喉气管炎，50日龄以上的鸡多发，但成年鸡症状最典型。感染率100%，病死率5%～7%，一般在10%～20%。传播速度较鸡传染性支气管炎慢。呼吸症状较鸡传染性支气管炎严重，呼吸极度困难，肺部听诊有呼吸啰音，咳嗽严重，痉挛性咳嗽时咳出血样黏液或血痰。产蛋率下降10%～30%。喉头和气管上1/3处黏膜严重充血和出血，并覆盖带血的黏液或纤维素性假膜。

5. 鸡霉形体病

该病主要侵害4～8周龄的幼鸡，产蛋鸡引起产蛋率下降5%～10%。发病率5%～15%，死亡率不高，在1%～10%。呈慢性经过，多见于冬春季节。眼睑肿胀，眼球突出，眶下窦肿胀。流泪、流涕、打喷嚏、咳嗽，有气管啰音和喘鸣。气囊混浊、增厚，囊壁附有黄白色渗出物，或囊腔中充积有大量黄色干酪样物。气管出血，无血痰，气管膜肥厚。

6. 鸡传染性鼻炎

各年龄段的鸡都可发生本病，而产蛋鸡感染后较为严重，产蛋率下降10%～20%。3～4日龄鸡有抵抗力，13周龄或大些鸡100%感染。发病率与病死率与饲养管理条件有关，差异率在2%～5%，属于急性呼吸道传染病。传播迅速，成年鸡多发。其特征症状是鼻腔和鼻窦发炎，打喷嚏、流泪、流涕、脸部肿胀和结膜炎。面部、肉髯皮下水肿，鼻腔、眶下窦、结合膜囊内有干酪样、恶臭的渗出物，喉头、上部气管黏膜充血、肿胀，覆有大量黏液。卵泡变形。

7. 鸡曲霉菌病

本病主要侵害1月龄以内的雏鸡，常呈急性暴发，4～12日龄是本病流行的最高峰。病鸡喘气、张口呼吸、无气管啰音，常有下痢，后期有神经症状。其特征性病变为肺和气囊有灰白色或淡黄色的霉菌结节，内含干酪样渗出物，硬如橡皮，有弹性。

8. 白喉型鸡痘

白喉型鸡痘主要侵害雏鸡和中鸡，一年四季均可发生，以夏秋和蚊子活跃的季节多发。初期为鼻炎症状，2～3天后在咽喉、口腔、气管等黏膜上形成黄白色小结节，稍突出于黏膜表面，以后融合形成一层黄白色干酪样假膜。撕去后露出红色的溃疡。病鸡张口呼吸且吞咽困难，呼吸时发出"嘎嘎"的声音。

9. 鸡霍乱

鸡、鸭、鹅、火鸡等都易感。呼吸急促，剧烈腹泻，口鼻流出混有泡沫的黏液。冠、髯发绀，呈紫黑色、肿胀、发热、疼痛。不出现翅、肢麻痹。慢性型表现为冠、髯苍白、水肿、坏死，关节炎性肿胀。肝脏表面有弥漫性灰白色坏死点，心肌和十二指肠严重出血。

三、有肿瘤的鸡疫病

具有肿瘤的鸡疫病，主要有鸡内脏型马立克病（MD）、鸡淋巴细胞性白血病和网状内皮组织增殖症（RE）。其主要区别如下。

（一）初步鉴别

1. 最早发病日龄

（1）3 周龄的鸡发病 ……………………………………………… 鸡内脏型马立克病

（2）14 周以上或 5 周龄的鸡发病 ……………… 鸡淋巴细胞性白血病（经典型或 J 型）

（3）2 周龄的鸡发病 …………………………………………………… 网状内皮组织增殖症

2. 常发日龄

（1）2～5 月龄的鸡发病 …………………………………………… 鸡内脏型马立克病

（2）16 周龄至 12 月龄或性成熟前后 ……………… 鸡淋巴细胞性白血病（经典型或 J 型）

（3）2～25 周龄 …………………………………………………… 网状内皮组织增殖症

（二）鉴别检疫要点

1. 鸡内脏型马立克病

病原：禽疱疹病毒 2 型，病毒与细胞结合。病程常为急性，死亡率 10%～80%；不经蛋垂直传播。外周神经常受侵害，如坐骨神经、迷走神经、臂神经、腰荐神经等，表现为麻痹或不完全麻痹，不能站立，有时出现一腿向前伸、一腿向后伸的劈叉姿势，或头下垂、斜颈、或翅膀下垂、嗉囊扩张、呼吸困难、腹泻等。皮肤和肌肉可能出现肿瘤。眼睛虹膜混浊呈灰色。法氏囊受到侵害多呈萎缩，肿瘤细胞主要在滤泡间增殖。内脏器官如肝、脾、肾、肺及性腺等常出现肿瘤，肠道也可能见到肿瘤。MD 肿瘤组织是由小淋巴细胞、中淋巴细胞、淋巴母细胞、浆细胞和网状内皮细胞等多形态细胞混合组成。肿瘤细胞性状 75% 以上为 T 细胞。

2. 鸡淋巴细胞性白血病

病原：禽 C 型肿瘤病毒群，属于反转录病毒，病毒与细胞不结合。病程多为慢性，死亡率经典的为 3%～5%，J 型的为 5%～20%；可经种蛋垂直传播。外周神经、眼虹膜、皮肤和肌肉等不被侵害而无肿瘤病变，无瘫痪或轻瘫。内脏器官及性腺均可形成肿瘤。有时还可在肋骨和胸骨的内表面或颅骨外表面形成肿瘤结节。肠道不出现肿瘤。法氏囊受侵害肿大、有结节状肿瘤，肿瘤细胞则主要在滤泡内增殖。AL 肿瘤细胞常为大小均一的淋巴母细胞增生浸润。肿瘤细胞性状 90% 以上为 B 细胞。

3. 网状内皮组织增殖症

病原：禽 C 型肿瘤病毒群，也属反转录病毒，病毒与细胞不结合。病程多为一过性，死亡率 1%，可经种蛋垂直传播。眼虹膜不被侵害而无肿瘤病变。外周神经、皮肤有时有肿瘤；肌肉和肠道常出现肿瘤，有时有瘫痪或轻瘫；内脏器官及性腺均可形成肿瘤。法氏囊受到侵害多萎缩。肿瘤细胞常为较一致的网状细胞组成。病理组织学特点为未分化的大型肿瘤细胞增殖，肿瘤细胞具有丰富的嗜碱性细胞质，核大而淡染，核内有较大的嗜碱性核仁，肿瘤细胞多见有丝分裂相。肿瘤细胞性状不明。

四、有神经症状的鸡疫病

鸡出现神经症状多是由于病毒、细菌、寄生虫等侵害神经系统所致。鸡有神经症状的疫病主要有鸡新城疫、鸡马立克病、鸡传染性法氏囊病、禽流感、鸡传染性脑脊髓炎、鸡球虫病、鸡大肠杆菌病、鸡沙门菌病等。其区别如下。

（一）初步鉴别

1. 主要发生于中、小鸡

（1）多数在 1 周龄内发病 …………………………………………… 鸡沙门菌病

（2）多数在 1～3 周龄和 20 周龄左右发病 ………………………… 鸡大肠杆菌病

（3）多数在 3 周龄内发病 ………………………………………… 鸡传染性脑脊髓炎

（4）多数在 3～6 周龄发病 ……………………………………… 鸡传染性法氏囊病

（5）多数在 4 周龄和 10～14 周龄发病·· 鸡球虫病

（6）多数在 2～5 月龄发病·· 鸡马立克病

2. 各年龄段的鸡都可发病

（1）一般病程在 1～2 天以上·· 禽流感

（2）一般病程在 2～9 天以上·· 鸡新城疫

（二）鉴别检疫要点

1. 鸡新城疫

鸡新城疫的神经症状常发生在新城疫后期及强毒感染早期，病鸡除表现仰头、扭颈、震颤、转圈、倒退、阵发性角弓反张外，还表现出呼吸道症状和下痢。剖检可见腺胃乳头出血、小肠局限性出血性纤维素性坏死性炎症等变化。小脑水肿，脑膜充血、出血，部分病鸡小脑萎缩。腺胃、肌胃、胰腺无淋巴细胞局灶性增生。

2. 鸡马立克病

本病的典型神经症状表现为颈部两侧迷走神经肿瘤引起的头颈歪斜，臂神经丛肿瘤引起的单侧或双侧翼下垂及坐骨神经肿瘤引起的单腿或双腿麻痹、侧卧或呈劈叉姿势。剖检可见受侵害外周神经增粗，内脏器官有结节状或弥漫性肿瘤病变。

3. 鸡传染性脑脊髓炎

病初鸡目光呆滞，随后出现进行性共济失调，头颈和尾部震颤、抽搐，腿肌无力，步态不稳。剖检无明显眼观病理变化，仅能见到脑部轻度充血，有时可在肌胃的肌层出现灰白区，腺胃肌层中有致密淋巴细胞病灶，中枢神经系统的神经元变性、胶质细胞增生，出现血管套现象。少数病鸡可见延脑和小脑明显出血。

4. 禽流感

禽流感除神经症状（兴奋抽搐、头颈后扭、运动失调、腿麻痹、瘫痪）外，还有头面水肿，呼吸道症状，冠、髯发绀，鳞片出血变紫，全身浆膜、黏膜和脂肪组织出血严重。肠黏膜无溃疡，胰脏有出血和坏死等临诊症状。

5. 鸡球虫病

本病的神经症状除尖叫、乱飞、转圈、震颤、瘫痪或以喙着地、两爪外翻、痉挛外，还有出血性下痢，盲肠中充满血液或血凝块，肠壁增厚，肠壁有出血点。

6. 鸡传染性法氏囊病

除典型的神经症状头颈躯体震颤、曲肢蹲伏外，还有畏寒，腹泻，啄肛，极度虚弱，胸肌和腿肌有出血斑，法氏囊初期肿大、出血和后期萎缩、坏死等临诊症状。

7. 鸡大肠杆菌病

本病的神经症状有阵发性头颈震颤、站立不稳、昏睡、腿软无力、角弓反张、卧地不起。临诊症状有伸颈张口呼吸、下痢、粪便呈黄白色或黄绿色、头部皮下肿胀。病理检查见小脑水肿，点状或弥漫性脑髓质血管出血。

8. 鸡沙门菌病

本病的神经症状呈头颈低垂扭曲、倒退，站立不稳，定位不准。受到外界刺激后可突然发作或症状加剧，安静后症状可有缓解，病雏鸡在数日后死亡，有的可存活至 2 月龄以上，但仍保留脑神经症状，生长发育明显迟缓，脑膜血管充血。脑膜及脑实质有多量嗜中性粒细胞弥漫性浸润，尤以脑膜为重。

五、腹泻症状显著的鸡疫病

鸡以腹泻症状显著的疫病主要有鸡沙门菌病（鸡白痢、鸡伤寒、鸡副伤寒）、鸡大肠杆菌病、鸡球虫病、鸡新城疫、禽流感、鸡霍乱、鸡传染性法氏囊病、鸡肾型传染性支气管炎。其区别如下。

（一）初步鉴别

1. 呼吸困难严重

（1）有神经症状 ………………………………………………………… 鸡新城疫

（2）无神经症状 …………………………………………………………… 鸡霍乱

2. 呼吸困难较轻

（1）面部有肿胀 …………………………………………………………… 禽流感

（2）面部无肿胀 ………………………………………………………… 鸡沙门菌病

3. 无呼吸困难

（1）下痢带血 …………………………………………………………… 鸡球虫病

（2）下痢无血 …………………………………………………… 鸡传染性法氏囊病

（二）鉴别检疫要点

1. 鸡新城疫

任何年龄的鸡均可感染发病，腹泻，泻黄绿色或绿色粪便。有呼吸道症状和神经症状。倒提病鸡时有大量酸臭液体从口腔流出。剖检全身黏膜、浆膜有出血，腺胃水肿，乳头和乳头间出血、溃疡、坏死。小肠有局限性出血性纤维素性坏死性病变。气管出血，内有黏液。脑膜充血、出血。

2. 鸡沙门菌病

本病主要侵害雏鸡，下痢，泻白色糊状便，糊肛。肝脏肿大、质脆、有条纹状出血，肝、脾、肺、心肌、肌胃等处可见有小米粒大灰白色坏死灶，或粟粒大较坚硬的小结节。盲肠内形成栓子。或有出血性肺炎。

3. 鸡球虫病

本病主要侵害 4 周龄和 10～14 周龄的中雏鸡。鸡体消瘦、贫血，泻血便。盲肠或小肠中段肠腔中有血凝块或暗红色血液，肠黏膜弥漫性出血，小肠壁上有白色不透明斑点。

4. 鸡传染性法氏囊病

本病主要侵害 3～6 周龄雏鸡，突然大群发病，尖峰式死亡。下痢，排白色水样便或带泡沫微黄色稀便，震颤，脱水，啄肛。胸肌和腿肌有条纹状或斑点状（斑状）出血，法氏囊充血、出血、水肿，后期萎缩、坏死。肾脏肿大并有尿酸盐沉积，输尿管扩张，内有尿酸盐滞留。腺胃与肌胃交界处有出血。肝脏黄染出血，呈斑驳状。

5. 鸡肾型传染性支气管炎

本病主要侵害 20～40 日龄的雏鸡。初期有轻微呼吸道症状，后期泻白色水样便。剖检肾脏肿大，有尿酸盐沉积，呈花斑肾；输尿管内有尿酸盐沉积。严重时腹腔脏器出现尿酸盐沉积。腺胃与肌胃交界处无出血，法氏囊无病变。

6. 禽霍乱

本病主要侵害 3～4 周龄和成年产蛋鸡。除鸡感染外，鸭、鹅也可感染。冠、髯急性发炎肿胀，慢性苍白、水肿、坏死。剧烈腹泻，粪便呈灰黄色或灰绿色，呼吸迫促。全身浆膜、黏膜、脂肪组织、皮下等处出血。胸腹腔、气囊、肠浆膜有纤维素性或干酪样渗出物。肠道特别是十二指肠严重出血。肝脏肿大，表面有针尖大到米粒大灰白色或灰黄色坏死点。心、肺等脏器严重出血。

7. 鸡大肠杆菌病

本病主要侵害 20～45 日龄雏鸡。多呈急性经过。泻黄白色或黄绿色稀便，肛门周围有粪污。病鸡常有呼吸道症状，张口呼吸。剖检变化多为纤维素性心包炎、纤维素性肝周炎和气囊炎。

8. 禽流感

任何年龄的鸡均可发病。泻灰色或绿色、红色粪便。冠、髯坏死，头面水肿，腿部鳞片出血，有呼吸道症状。后期头、腿麻痹，共济失调，抽搐。剖检主要见败血症变化。

六、急性死亡的鸭疫病

鸭急性死亡的疫病主要有鸭瘟、鸭霍乱、鸭病毒性肝炎和鸭副伤寒。其区别如下。

（一）初步鉴别

1. 仅鸭发病

（1）成鸭发病多于雏鸭 …………………………………………………… 鸭瘟

（2）雏鸭发病多于成鸭 ………………………………………… 鸭病毒性肝炎

2. 鸡、鸭都发病

（1）大、小鸭都发病 …………………………………………………… 鸭霍乱

（2）雏鸭发病较重 ……………………………………………………… 鸭副伤寒

（二）鉴别检疫要点

1. 鸭瘟

自然条件下，只引起鸭、鹅发病，流行期较长，当鸭瘟传入一个易感鸭群时，一般在3～7天后开始出现零星病鸭，再过3～5天后才开始大批发病，整个流行过程可达15～30天，死亡率平均在90％以上。自然感染时，成年鸭和产蛋母鸭的发病率和死亡率高于15日龄以下的小鸭，鸡不会感染。病鸭表现为精神沉郁，头颈缩起，羽毛松乱，翅膀下垂，两腿麻痹无力，卧地不愿行走，流泪，眼睑水肿，呼吸困难，腹泻。头颈部肿大，俗称"大头瘟"。口腔、食管、泄殖腔黏膜有灰黄色坏死假膜或溃疡。肝脏有灰黄色或灰白色坏死灶，少数坏死点中间有小出血点，具有特征性诊断意义。肌胃角质膜下、肠黏膜、心内外膜严重出血。胸腺有大量出血点和黄色病灶区。卵泡形态不整齐，且有充血、出血，有的形成卵黄性腹膜炎。抗生素和磺胺类药治疗无效。

2. 鸭病毒性肝炎

本病只有鸭易感，鸡和鹅均不能自然发病。主要发生于3周龄内的雏鸭，以4～8日龄最为易感，成年鸭发病常呈隐性感染。突然发病，传播迅速，病程短，病死率为50％～95％不等。共济失调，全身痉挛，角弓反张。喙端和爪尖淤血，呈暗紫色。肝脏肿大，质软，呈淡红色或外观呈斑驳状，表面有出血点或出血斑。胆囊充满胆汁，呈褐色、淡黄色或淡绿色。

3. 鸭霍乱

大小鸭、鸡、鹅都能感染发病。病程短促，一般在数小时至2天内死亡。雏鸭发病常呈流行性，死亡率可达80％以上。成鸭多为散发性流行，流行呈间歇性。最急性病例无任何症状而突然死亡。急性病例呈现精神委顿，食欲废绝，呼吸困难，口腔和鼻孔有时流出带泡沫黏液，有时流出血水，频频摇头，很快死亡，俗称"摇头瘟"。胸膜腔的浆膜，尤其是心冠状沟和心外膜有大量出血点，脾脏常呈樱桃红色，伴发纤维素性心包炎、纤维素性坏死性肺炎，最具特征的是整个肝脏表面散布着灰白色针头大较规则的坏死点。食管、肠道黏膜仅有充血、出血，没有假膜和溃疡。抗生素和磺胺类药治疗有效。

4. 鸭副伤寒

鸡、鸭都易感染发病，主要发生于3周龄以下雏鸭，成年鸭多呈隐性或慢性经过。主要是雏鸭感染后发病，有的不显任何症状突然死亡，病鸭精神沉郁、呆立、畏寒、垂头闭眼，食欲减少，饮欲增加，并常见下痢，肛门常被稀粪糊住，眼和鼻腔流出清水样分泌物，体质虚弱，步态不稳，最后可发生角弓反张，抽搐死亡。其特征性病变为肝脏肿大，边缘钝圆，表面色泽不均匀，有时呈灰黄色，肝表面及实质中有针尖大密集的灰白色坏死点；整个肠道黏膜充血、出血，表面可见针头大灰白色坏死点，有的肠黏膜坏死脱落，表面形成一层糠麸样物；部分雏鸭盲肠肿大，内有干酪样物形成栓子；胆囊肿胀、充满胆汁；有的气囊混浊不透明；肾脏色泽较淡，有尿酸盐沉积。

七、急性死亡的鹅疫病

引起鹅急性死亡的疫病主要有小鹅瘟、鹅流行性感冒、鹅巴氏杆菌病和雏鹅副伤寒。其区别如下。

（一）初步鉴别

1. 仅鹅感染发病

（1）主要侵害 2 周龄以内的雏鹅 ⋯⋯⋯⋯⋯⋯⋯⋯⋯⋯⋯⋯⋯⋯⋯⋯ 小鹅瘟

（2）多在 4 周龄左右发病 ⋯⋯⋯⋯⋯⋯⋯⋯⋯⋯⋯⋯⋯⋯⋯⋯⋯ 鹅流行性感冒

2. 鸡、鸭、鹅感染发病

（1）大、小鹅都发病 ⋯⋯⋯⋯⋯⋯⋯⋯⋯⋯⋯⋯⋯⋯⋯⋯⋯⋯ 鹅巴氏杆菌病

（2）1～4 周龄鹅发病 ⋯⋯⋯⋯⋯⋯⋯⋯⋯⋯⋯⋯⋯⋯⋯⋯⋯⋯ 雏鹅副伤寒

（二）鉴别检疫要点

1. 小鹅瘟

病原：细小病毒。仅鹅感染，多发生于 20 日龄以内的雏鹅，发病率和死亡率可高达 95%～100%。成年鹅和其他禽不发病。病鹅精神委顿，食欲废绝，严重下痢，泻灰白色或淡黄绿色并混有气泡的稀粪。鼻孔流浆性分泌物，摇头，口角有液体甩出，呼吸用力，喙端色泽变暗。临死前出现颈部扭转、全身抽搐、两腿麻痹等神经症状，1～2 天衰竭死亡。其特征性病变在消化道，尤其是小肠部分，小肠中、下段增大 2～3 倍，质地坚实似香肠，肠腔内充满一种淡灰色或淡黄色凝固的栓子状物，将肠道完全堵塞。栓子切面中心是深褐色干燥的肠内容物，外面包裹着灰白色的假膜，有的小肠内形成长带状纤维素性凝固物。

2. 鹅流行性感冒

病原：鹅败血嗜血杆菌。仅感染鹅，主要发生于 30 日龄内的小鹅，死亡率一般为 50%～90%。患鹅常突然发病，精神沉郁，羽毛松乱，双翅下垂，体温升高，食欲减退或废绝；眼红流泪，部分鹅单侧或双侧性角膜混浊，重者失明；部分鹅流鼻涕或流出鲜红色血液；呼吸困难，有鼾声；两脚发软，站立不稳，不愿走动，部分鹅头颈肿大并出现歪头斜颈、在水中转圈等神经症状，病程一般为 2～4 天。鼻腔、气管、支气管内充满半透明的渗出液，心内外膜有出血斑点，心包积液，消化道无明显病变。

3. 鹅巴氏杆菌病

病原：多杀性巴氏杆菌。可使雏鹅大批死亡，发病不限于雏鹅，3～4 月龄最易感，亦能使成年鹅、鸡和鸭发病死亡。一年四季均可发生，但一般鹅以秋季流行较重，种鹅常于春季产蛋期流行。最急性型常无任何症状而突然死亡。急、慢性型表现为精神委顿，食欲废绝，口鼻流黏液，呼吸困难，腹泻，泻绿色或白色稀便，混有血液，有恶臭，瘫痪，体温达 43～44℃，1～2 天内死亡，死亡率高达 50%～80%。主要病变是出血性败血症，具有诊断价值的是心外膜、心冠状沟和心肌有出血点和出血斑，肝脏肿大，表面有许多灰白色、针尖大的坏死灶，十二指肠黏膜严重出血。慢性型常见鼻腔和鼻窦内有大量黏性分泌物，关节肿大变形，关节面粗糙，有干酪样物。

4. 雏鹅副伤寒

病原：沙门菌。鸡、鹅都可感染发病，能引起雏鹅大批死亡。但发病日龄较大，多在 1～4 周龄发病，其流行范围和死亡率较小鹅瘟小、低。病雏怕冷，拥挤在一起，食欲减少，饮水增加，腹泻，排水样稀便，肛门周围常被稀粪沾污。有些病雏表现为呼吸困难。病程延长的病雏表现为全身虚弱、流泪、结膜炎，有的表现为失明、腹泻等。雏鹅发病一般无神经症状，常出现跛行、关节肿胀和疼痛。慢性腹泻的病鹅有时出现粪便带血，并有全身的麻痹现象。小肠见不到纤维素性坏死性栓子，肝肿大呈古铜色，并有条纹状或针尖状出血和灰白

色坏死灶，心包炎伴发心包膜心粘连。肠道无凝固栓子。

【本章小结】

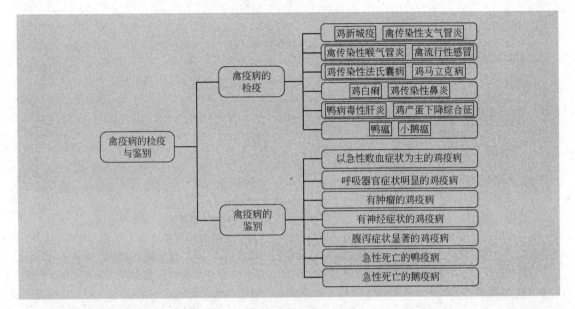

【思考题】

1. 禽流感的临诊检疫要点是什么？
2. 鸡新城疫的临诊检疫要点是什么？
3. 鸡新城疫的实验室检疫方法有哪些？
4. 如何进行禽流感和鸡新城疫的鉴别检疫？
5. 检疫中发现鸡新城疫时应如何处理？
6. 检疫中发现高致病性禽流感时应如何处置？
7. 如何对鸡马立克病进行临诊检疫和实验室检疫？
8. 鸭瘟的临诊检疫要点是什么？
9. 小鹅瘟的临诊检疫要点是什么？发生后如何处理？
10. 鸡传染性法氏囊病的临诊检疫要点是什么？如何进行实验室检疫？
11. 检疫中发现鸭瘟、鸭病毒性肝炎时应如何处理？
12. 如何利用全血平板凝集试验检测鸡白痢？
13. 鸡传染性支气管炎和鸡传染性喉气管炎鉴别检疫要点是什么？
14. 检疫中发现鸡传染性支气管炎和传染性喉气管炎时应如何处理？
15. 鸡产蛋下降综合征的临诊检疫要点是什么？如何进行实验室检疫？
16. 鸡传染性鼻炎的临诊检疫要点是什么？
17. 如何鉴别以急性败血症为主的鸡疫病？
18. 如何鉴别呼吸器官症状明显的鸡疫病？
19. 如何鉴别具有神经症状的鸡疫病？
20. 如何鉴别鸭急性死亡的疫病？
21. 如何鉴别鹅急性死亡的疫病？
22. 如何鉴别有肿瘤的鸡疫病？
23. 如何鉴别腹泻症状显著的鸡疫病？

【案例与分析】

一起鸡白痢诊治的案例分析

［案例概述］

2011 年 11 月，河南省某鸡场连续有两批雏鸡发生白痢。第 1 批入孵种蛋 2400 枚，出雏 1856 羽，1 月龄内死亡 672 羽，死亡率为 36.2％；第 2 批入孵种蛋 2850 枚，出雏 1672 羽，1 月龄内死亡 652 羽，死亡率为 39％。雏鸡死亡时间均为 7～12 日龄。另有部分育成鸡发病，其病程稍长，药物治疗效果一般。同时，在育成阶段，由于雏鸡已感染该病，多发生并发症，常见的并发疾病有支原体病、马立克病。急性发病者多呈急性死亡，往往不表现任何症状，如有的雏鸡在出壳后不久即发病死亡。大多数发病雏鸡都表现明显的精神萎靡不振，食欲减少或不食，羽毛松乱，怕冷，翅膀下垂，喜蹲伏；下痢，排出一种白色糊糊状或液状的粪便，肛门周围常黏着白色的石灰样粪便；病雏排便困难，排便时努责、呻吟；有的因呼吸困难而出现"哗卟"音；有的见关节肿大，行走不便，跛行。死亡多出现在出壳后 7～10 天，死亡率达 30％～60％。3 周以上的病雏，较少出现呼吸道症状，白痢增多，死亡较少。成年鸡感染该病后，症状很轻微或完全不显现症状，成为带病鸡，影响产蛋量。

出壳后很快死亡的最急性病例雏鸡，剖检未见特殊病变；一般略显败血症现象，肝肿大和淤血，肺充血。病程稍长的雏鸡，羽毛污秽，泄殖腔周围被粪便污染，剖检见内脏器官都有很明显的病理变化，肝肿大、充血，质地脆弱（切片检查证明为脂变和淀粉样变），有针尖大小出血点（坏死）；脾充血、肿大，质地变脆；心外膜增厚、粗糙，或有灰白色的结（或斑），病情严重的心脏变形、变圆，整个心脏几乎被坏死组织代替；肺水肿兼有坏死灶；法氏囊退化、缩小；腹膜发炎，腹腔内脏器官的表面覆盖着一种纤维素性的渗出物；肾脏肿大、充血或贫血；肠壁增厚，可见卡他性炎症，盲肠中有干酪样物，堵塞肠管。患有鸡白痢的成年鸡多表现为慢性病程，母鸡的病变主要在卵巢上，具慢性炎症，圆形的卵子变得皱缩不整齐，金黄色的卵子变得晦暗、无光泽，呈淡青色或铅黑色。其所产的蛋大小不等，产出小而变形的蛋，同时产蛋率下降。患病公鸡表现一侧或两侧睾丸肿大或萎缩，睾丸组织内有坏死的小灶，输精管的管腔扩大，内含渗出物。

［案例分析］

根据以上案例，请做出处理分析。

（1）发病原因。

（2）诊断依据。

（3）防治原则。

【实训十七】 鸡新城疫的检疫

一、实训内容

（1）鸡新城疫病毒分离培养。

（2）血凝（HA）试验、血凝抑制（HI）试验。

二、目标要求

掌握鸡新城疫的实验室检疫技术。

三、实训材料

（1）器材 注射器（1ml）、注射针头（5～5.5 号）、血凝试验板（V 型、96 孔）、微量移液器（50μl）、恒温箱、超净工作台或无菌室、离心机、离心管、照蛋器、微型振荡器、塑料采血管、9～10 日龄 SPF 鸡胚、剪刀、镊子、毛细吸管、橡皮乳头、灭菌平皿、试管、吸管（0.5ml、1ml、5ml）、酒精灯、试管架、胶布、石蜡、锥子等。

（2）诊断试剂　无菌生理盐水、青霉素、链霉素、标准阳性血清、稀释液（pH 7.0～7.2 磷酸盐缓冲溶液）、浓缩抗原、0.5％红细胞悬液、被检血清等。

四、方法与步骤

（一）病毒分离培养

1. 样品的采集与处理

活禽用气管拭子和泄殖腔拭子（或粪）。死禽以脑为主，也可采心、肝、脾、肺、肾、气囊等组织。均要求无菌操作。将病料用无菌生理盐水研磨成 1∶5 乳液；拭子浸入 2～3ml 生理盐水中，反复吸水并挤压数次后至无水滴出，弃之。溶液中加入青霉素（使终浓度为 1000IU/ml）、链霉素（使终浓度为 1mg/ml）。泄殖腔拭子（或粪）样品，加入青霉素、链霉素的量提高 5 倍。然后调 pH 至 7～7.4，37℃作用 1h，再于 1000r/min 离心 10min，取上清液 0.1ml 经尿囊腔接种 9～10 日龄 SPF 鸡胚。

2. 培养物的收集及检测

培养 4～7 天的尿囊液经无菌采集后于－20℃保存。用尿囊液作血凝试验，并与标准阳性血清作血凝抑制试验，确定有无新城疫病毒繁殖。MDT（最小病毒致死量引起鸡胚死亡的平均时间）的测定：将新鲜尿囊液用生理盐水连续 10 倍稀释，10^{-9}～10^{-6} 的每个稀释度接种 5 个 9～10 日龄 SPF 鸡胚，每胚 0.1ml，37℃孵化。余下的病毒保存于 4℃，8h 后以同样方法接种第二批鸡胚，连续 7 天内观察鸡胚死亡时间并记录，测定出最小致死量，即引起被接种鸡胚死亡的最大稀释倍数。计算 MDT，以 MDT 确定病毒的致病力强弱，40～70h 死亡为强毒，140h 以上死亡为弱毒。由新城疫病毒致死的鸡胚，胚体全身充血，在胚头、胸、背、翅和趾部有小出血点，尤其以翅和趾部为明显，这在诊断上具有参考价值。

（二）病毒的鉴定

红细胞凝集试验和血凝抑制试验。

1. 试剂配制及被检血清制备

（1）稀释液

pH 7.0～7.2 磷酸盐缓冲溶液

氯化钠	170g
磷酸二氢钾	13.6g
氢氧化钠	3.0g
蒸馏水	1000ml

高压灭菌，4℃保存，使用时做 20 倍稀释。

（2）浓缩抗原。

（3）0.5％红细胞悬液　采成年鸡血，用 20 倍量磷酸盐缓冲溶液洗涤 3～4 次，每次以 2000r/min 离心 3～4min，最后一次 5min，用磷酸盐缓冲溶液配成 0.5％悬液。

（4）被检血清　每群鸡随机采 20～30 份血样，分离血清。

采血法：先用三棱针刺破翅下静脉，随即用塑料管引流血液至 6～8cm 长。将管一端烧熔封口，待凝固析出血清后以 1000r/min 离心 5min，剪断塑料管，将血清倒入一块塑料板小孔中。若需较长时间保存，可在离心后将凝血块一端剪去，滴熔化石蜡封口，于 0℃保存。

（5）标准阳性血清。

2. 操作方法

（1）微量血凝试验　于微量血凝板的每孔中滴加稀释液 50μl，共滴四排。吸取 1∶5 稀释抗原滴加于第 1 列孔，每孔 50μl，然后由左至右顺序倍比稀释至第 11 列孔，再从第

11 列孔各吸取 $50\mu l$ 弃之。最后一列不加抗原作对照。于每孔中加入 0.5% 红细胞悬液 $50\mu l$，置微型振荡器上振荡 1min，或手持血凝板绕圆圈混匀。放室温下（18～20℃）30～40min，根据血凝图像判定结果。以出现完全凝集的抗原最大稀释度为该抗原的血凝滴度。每次四排重复，以几何均值表示结果，计算出含 4 个血凝单位的抗原浓度。按下列公式进行计算。

$$抗原应稀释倍数＝血凝滴度÷4$$

（2）微量血凝抑制试验　先取稀释液 $50\mu l$，加入微量血凝板的第 1 孔，再取浓度为 4 个血凝单位的抗原依次加入第 3～12 孔，每孔 $50\mu l$，第 2 孔加浓度为 8 个血凝单位的抗原 $50\mu l$，吸被检血清 $50\mu l$ 于第 1 孔（血清对照）中，挤压混匀后吸 $50\mu l$ 于第 2 孔，依次倍比稀释至第 12 孔，最后弃去 $50\mu l$。置室温（18～20℃）下作用 20min。滴加 $50\mu l$ 0.5% 红细胞悬液于各孔中，振荡混合后，室温下静置 30～40min，判定结果。每次测定应设已知滴度的标准阳性血清对照。

3. 结果判定

（1）在对照出现正确结果的情况下，以完全抑制红细胞凝集的最大稀释度为该血清的血凝抑制滴度。

（2）若有 10% 以上的鸡出现 11 lg2 以上的高血凝抑制滴度，说明鸡群已受新城疫强毒感染。

（3）若监测鸡群的免疫水平，则血凝抑制滴度在 4 lg2 的鸡群保护率为 50% 左右；在 4（lg2）以上的保护率达 90%～100%；在 4（lg2）以下的非免疫鸡群保护率约为 9%，免疫过的鸡群约为 43%。鸡群的血凝抑制滴度以抽检样品的血凝抑制滴度的几何平均值表示，如平均水平在 4（lg2）以上，表示该鸡群为免疫鸡群。

五、实训报告

简述鸡新城疫的实验室检疫方法和程序。

【实训十八】　鸡马立克病的检疫

一、实训内容

（1）鸡马立克病毒抗原检测。
（2）鸡马立克病抗体检测。

二、目标要求

掌握鸡马立克病的实验室检疫方法。

三、实训材料

（1）器材　玻璃平皿、打孔器、针头（6～8 号）、酒精灯、微量移液器、吸头等。
（2）诊断试剂　抗原、标准阳性血清、生理盐水、1% 硫柳汞溶液、pH7.4 0.01mol/L 磷酸盐缓冲溶液、琼脂板、被检血清等。

四、方法与步骤

（一）马立克病毒抗原检测

（1）琼脂板打孔　在已制备的琼脂板上，用直径 4mm 或 3mm 的打孔器按六角形图案打孔，或用梅花形的打孔器打孔。中心孔与外周孔间距离为3mm，将孔中的琼脂用8号针头斜面向上从右侧边缘插入，轻轻地向左侧方向挑出，勿损坏孔的边缘，避免琼脂层脱离平皿底部。

（2）封底　用酒精灯火焰轻烤平皿底部至琼脂轻微融化为止，封闭孔的底部，以防样品溶液侧漏。

（3）加样　用微量移液器吸取用灭菌生理盐水稀释的标准阳性血清滴入中央孔，标准阳性抗原悬液分别加入外周的第1孔、第4孔中，在外周的第2孔、第3孔、第5孔、第6孔处（不打孔）按顺序分别插入被检鸡的羽毛髓质端（长度约0.55cm）；或在第2孔、第3孔、第5孔、第6孔中加入被检的鸡羽毛髓质浸出液、每孔均以加满不溢出为度，每加一个样品应换一个吸头。

（4）感作　加样完毕后，静置5～10min，将平皿轻轻倒置，放入湿盒内，置37℃温箱中反应，分别在24h和48h观察结果。

（二）马立克病抗体检测

1. 操作方法

操作方法同前述。加样如下：用微量移液器吸取用灭菌生理盐水稀释的标准抗原液（按产品使用说明书的要求稀释）滴入中央孔，标准阳性血清分别加入外周的第1孔、第4孔中，待检血清按顺序分别加入外周的第2孔、第3孔、第5孔、第6孔中。每孔均以加满不溢出为度，每加一个样品应换一个吸头。

2. 结果判定及判定标准

马立克病琼脂扩散试验结果判定如图10-18所示。

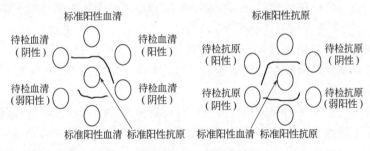

图10-18　马立克病琼脂扩散试验结果判定示意

（1）将琼脂板置日光灯或侧强光下进行观察，当标准阳性血清与标准抗原孔间有明显沉淀线，而待检血清与标准抗原孔间或待检抗原与标准阳性血清孔之间有明显沉淀线，且此沉淀线与标准抗原和标准血清孔间的沉淀线末端相融合，则待检样品为阳性。

（2）当标准阳性血清与标准抗原孔的沉淀线的末端在毗邻的待检血清孔或待检抗原孔处的末端向中央孔方向弯曲时，待检样品为弱阳性。

（3）当标准阳性血清与标准抗原孔间有明显沉淀线，而待检血清与标准抗原孔或待检抗原与标准阳性血清孔之间无沉淀线，或标准阳性血清与抗原孔间的沉淀线末端向毗邻的待检血清孔或待检抗原孔直伸或向外侧偏弯曲时，该待检血清为阴性。

（4）介于阴、阳性之间为可疑。可疑应重检，仍为可疑判为阳性。

五、实训报告

简述鸡马立克病琼脂扩散试验的检测程序。

【实训十九】 鸡白痢的检疫

一、实训内容

(1) 鸡白痢沙门菌分离培养。
(2) 全血平板凝集试验。

二、目标要求

掌握鸡白痢的实验室检疫方法。

三、实训材料

(1) 器材 玻璃板、吸管、金属丝环（内径 7.5～8mm）、反应盒、酒精灯、针头（20号或 22 号）、消毒盘、酒精棉球、橡皮乳头滴管、干燥的灭菌试管等。

(2) 诊断试剂 鸡白痢全血凝集反应抗原、强阳性血清（500IU/ml）、弱阳性血清（10IU/ml）、阴性血清、鸡沙门菌属诊断血清、SS 琼脂、麦康凯琼脂、亚硒酸盐煌绿增菌培养基、四硫磺酸钠煌绿增菌培养基、三糖铁琼脂和赖氨酸铁培养基等。

四、方法与步骤

(一) 细菌分离培养

(1) 采集病料 采集被检鸡的肝、脾、卵巢、输卵管等脏器，无菌取每种组织适量，研碎后进行培养。

(2) 分离培养 将研碎的病料分别接种亚硒酸盐煌绿增菌培养基或四硫磺酸钠煌绿增菌培养基和 SS 琼脂平皿或麦康凯琼脂平皿，37℃培养 24～48h，在麦康凯或 SS 琼脂平皿上若出现细小无色透明、圆形的光滑菌落，判为可疑菌落。若在鉴别培养基上无可疑菌落出现时，应从增菌培养基中取菌液在鉴别培养基上划线分离，37℃培养 24～48h，若有可疑菌落出现，则进一步作鉴定。

(3) 病原鉴定 生化试验和运动性检查：将可疑菌落穿刺接种三糖铁琼脂斜面和赖氨酸铁琼脂斜面，并在斜面上划线，同时接种半固体培养基，37℃培养 24h 后观察，若无运动性，并且在三糖铁琼脂培养基或在赖氨酸铁琼脂培养基上出现阳性反应时，则进一步作血清学鉴定。

(4) 血清学鉴定 对初步判为沙门菌的培养物作血清型鉴定，取可疑培养物接种三糖铁琼脂斜面，37℃培养 18～24h，先用 A～F 多价 O 血清与培养物作平板凝集反应，若呈阳性反应，再分别用 09、012、H-a、H-d、H-g.m 和 H-g.P 单价因子血清作平板凝集反应，如果培养物与 09、012 因子血清呈阳性反应，而与 H-a、H-d、H-g.m 和 H-g.P 因子血清呈阴性反应时，则鉴定为鸡白痢沙门菌或鸡沙门菌。

(5) 凝集试验 用接种环取两环因子血清于洁净玻璃板上，然后用接种环取少量被检菌苔与血清混匀，轻轻摇动玻板，于 1min 内呈明显凝集反应者为阳性，不出现凝集反应者为阴性，试验时设生理盐水作对照应无凝集反应出现。

(二) 全血平板凝集试验

1. 操作方法

在 20～25℃环境条件下，用定量滴管或吸管吸取抗原，垂直滴于玻璃板上 1 滴（相当于 0.05ml），然后用针头刺破鸡的翅静脉或冠尖取血 0.05ml（相当于内径 7.5～8.0mm 金属丝环的两满环血液），与抗原充分混合均匀，并使其散开至直径为 2cm，不断摇动玻璃板，计时判定结果，同时设强阳性血清、弱阳性血清、阴性血清对照。

2. 结果判定

凝集反应判定标准如下。

（1）100％凝集（♯）　紫色凝集块大而明显，混合液稍混浊。

（2）75％凝集（＋＋＋）　紫色凝集块较明显，但混合液有轻度混浊。

（3）50％凝集（＋＋）　出现明显的紫色凝集颗粒，但混合液较为混浊。

（4）25％凝集（＋）　仅出现少量的细小颗粒，而混合液混浊。

（5）0％凝集（－）　无凝集颗粒出现，混合液混浊。

在 2min 内，抗原与强阳性血清应呈 100％凝集（♯），弱阳性血清应呈 50％凝集（＋＋），阴性血清不凝集（－），判试验有效。

在 2min 内，被检全血与抗原出现 50％（＋＋）以上凝集者为阳性，不发生凝集则为阴性，介于两者之间为可疑反应，将可疑鸡隔离饲养 1 个月后，再作检疫，若仍为可疑反应，按阳性反应判定。

五、实训报告

简述鸡白痢的实验室检疫方法和程序。

【实训二十】　鸡球虫病的检疫

一、实训内容

（1）鸡球虫病的病原检查。

（2）鸡球虫病的病理检查。

二、目标要求

掌握鸡球虫病的实验室检疫技术。

三、实训材料

（1）器材　60 目铜丝网或尼龙网、100ml 量杯、50ml 和 100ml 烧杯、5ml 玻璃瓶、吸管、镊子、天平、离心机、麦氏虫卵计数板、载玻片、盖玻片、显微镜、水浴锅、被检动物或动物群的新鲜粪便（≥200g）、疑为发生球虫病的鸡（群）的粪便或球虫感染致死或将要死亡的鸡等。

（2）诊断试剂

① 饱和盐水的配制。称取 400g 食盐，放入三角烧瓶中，加入 1000ml 水，将烧瓶置于电炉上，边加热边搅拌，待全部溶解后，静置冷却，有少量盐析出，即为饱和盐水，相对密度约为 1.18。

② 磷酸盐缓冲溶液（PBS）。将下列试剂按次序加入到 1000ml 定量瓶中：氯化钠 8.00g、氯化钾 0.20g、磷酸氢二钠 1.44g、磷酸二氢钾 0.24g、蒸馏水 800ml，充分搅匀，用适量 1mol/L 盐酸（HCl）调溶液的 pH 至 7.4，再加蒸馏水定容至 1L。分装至 500ml 或 250ml 的盐水瓶中，在 103.41kPa 压力下蒸汽灭菌 20min，室温保存。

四、方法与步骤

（一）病原检查

1. 定性检查

取被检鸡或鸡群的新鲜粪便 10g，放入 50ml 烧杯中，加入适量水，轻轻搅匀，经 60 目铜丝网或尼龙网过滤。将滤液移入 4 支 10～15ml 试管，于 2500r/min 离心 10min，倾去上清液，各管沉淀物中加入少量饱和盐水，混匀。各管的沉淀物混悬液移入一个 5ml 玻璃瓶。用饱和盐水加满，盖上盖玻片（盖玻片需能与液面接触），静置 10min，取下盖玻片，放在载玻片上。置载玻片于显微镜台上，用 10×10 或 10×40 的倍数进行检查。

2. 结果判定

① 发现球虫卵囊，判为阳性，说明该鸡（群）已感染球虫，并可根据卵囊形态特征，初步确定为哪一属的球虫。

② 未发现球虫卵囊，需重复检查 5 次，仍未见球虫卵囊，本粪样可判为阴性。只有连续检查粪便 7～10 天，均未发现球虫卵囊，方可说明该鸡（群）未感染球虫。

3. 定量检查

对定性检查中呈阳性的粪样，要进行定量检查。

取待检粪样 2g，放入 50ml 烧杯，加入少量自来水搅匀，经 60 目铜丝网或尼龙网过滤，并用自来水冲洗几次滤网。滤液经 2500r/min 离心 10min。用少量饱和盐水将沉淀物搅匀，移入 100ml 量杯，加饱和盐水至 60ml 处，充分混匀。用吸管吸取混悬液注满麦氏虫卵计数板，静置 5min，将麦氏虫卵计数板置于显微镜下检查，用 10×10 或 10×40 倍，数出每个刻室（$1cm×1cm×0.15cm=0.15cm^3$，含 100 个小方格）内的所有卵囊数，计算出平均值 A。对压线的卵囊，按左、上压线计，右、下压线不计处理。每克粪便卵囊数（OPG）按下式计算。

$$OPG=(A÷0.15)×60÷2=A×200$$

对卵囊数较多的粪样，可在 60ml 的基础上，用饱和盐水再稀释 B 倍后计数，则 OPG 按下式计算。

$$OPG=A×200×B$$

［判定标准］

① $OPG≥10×10^4$，为严重感染；

② $10×10^4≥OPG≥1×10^4$，为中度感染；

③ $OPG<1×10^4$，为轻度感染。

（二）病理检查

1. 病变检查

对疑为球虫感染致死或将要死亡的鸡进行解剖，观察病变情况。主要检查肠道病变。若肠道明显肿大、胀气或变形，肠浆膜面出现针尖大小，颜色为鲜红色、褐色或白色的斑点或斑块；肠内容物充满凝血块、脱落的上皮细胞、纤维蛋白、黏液等，呈暗红色、橙黄色或乳白色，多为稀薄状；肠黏膜增厚，有坏死的病灶和灰白色的斑点或斑块等，可疑为球虫病，进一步做球虫裂殖子或卵囊的检查。

2. 裂殖子检查

取病变明显的肠道，纵向剪开，用磷酸盐缓冲溶液轻轻洗去黏膜表层的杂物。刮取少许黏膜，放在载玻片上，滴 1～2 滴磷酸盐缓冲溶液，加盖玻片，置于显微镜下检查。在高倍镜下，如见有大量球形的像剥了皮的橘子似的裂殖体和香蕉形或月牙形的裂殖子，即可确诊为球虫病。

　　3. 卵囊检查

　　将病变明显的肠道纵向剪开。取少量内容物，放在载玻片上，滴 1～2 滴磷酸盐缓冲溶液，加盖玻片，轻轻将内容物压散，置显微镜下检查，若见大量球虫卵囊，可确诊为球虫病。或取有灰白色斑点或斑块的肠道纵向剪开，用磷酸盐缓冲溶液轻轻洗去黏膜表层的杂物。刮取少许有灰白色斑的黏膜，放在载玻片上，滴 1～2 滴磷酸盐缓冲溶液，加盖玻片，轻轻将内容物压散，置显微镜下检查，若见大量球虫卵囊，可确诊为球虫病。

五、实训报告

　　简述鸡球虫病的实验室检疫方法和程序。

第十一章　其他动物疫病的检疫

【学习目标】

1. 掌握马、兔、貂、犬、猫、蜂及鱼的常见疫病的临诊检疫要点。
2. 掌握实验室检疫的主要方法和检出检疫对象时的处理方法。

第一节　马疫病的检疫

一、非洲马瘟

非洲马瘟是由非洲马瘟病毒引起的马属动物的一种以发热、肺和皮下水肿及脏器出血为特征的急性和亚急性传染病。本病主要发生在非洲，近年来已传到中东、南亚等地。我国迄今尚未发现本病。

1. 临诊检疫要点

（1）流行特点　自然条件下只有马属动物具有易感性，幼龄马易感性最高，病死率高达95%。库蠓属昆虫是本病的传播者。本病有明显的季节性，常呈流行性或地方流行性，传播迅速。

（2）临床症状　本病潜伏期为5～7天。肺型呈急性经过，多见于流行初期或新发病的地区，病程11～14天；心型呈亚急性经过，多见于部分免疫马匹或弱毒株病毒感染的马，病程发展慢；肺心型呈现肺型和心型两种病型的临诊症状，呈亚急性经过；发热型最轻，病程短。

（3）病理变化　急性肺水肿，心肌发炎，心肌弥漫性出血，心、肺有黄色胶样水肿，肝轻度肿胀，淋巴结急性肿胀。

2. 检疫方法

（1）初检　根据本病的特征症状及病变，结合流行病学材料可作出初步诊断。

（2）实验室诊断　在国际贸易中检测的指定诊断方法有补体结合试验、酶联免疫吸附试验。替代诊断方法有病毒中和试验。

3. 检疫后处理

发生可疑病例时，采取紧急、强制性的控制和扑灭措施。采样进行病毒鉴定，确诊病原及血清型，扑杀病马及同群马，尸体进行深埋或焚烧销毁处理。受威胁区的马属动物可进行免疫接种。采用杀虫剂、驱虫剂或筛网捕捉等控制媒介昆虫。

二、马媾疫

马媾疫是马媾疫锥虫寄生于马属动物的生殖器官引起的一种寄生虫病。其特征是外生殖器炎症、水肿、皮肤轮状丘疹和后躯麻痹。OIE将其列为B类动物疫病。

1. 临诊检疫要点

（1）流行特点　仅马属动物有易感性，其他家畜不感染。驴感染后，一般呈慢性型或隐性型。本病主要在交配时发生传染。也可通过未经严格消毒的人工授精器械、用具等传染。所以本病在配种季节后发生的较多。

（2）临床症状与病理变化　生殖器官局部炎症。公马包皮、阴囊、阴茎、腹下及股内侧水肿，尿道黏膜潮红肿胀，流出黏液，尿频，性欲旺盛。母马阴唇水肿，阴道流出黏液，后期出现水疱、溃疡及无色素斑。生殖器官炎症后 1 个月，颈、胸、腹、臀部等处皮肤出现无热无痛扁平丘疹。后期出现以局部神经麻痹为主的神经症状。

2. 检疫方法

（1）初检　根据特征性临床症状和病理变化可作出初步诊断。

（2）病原检查　采取尿道或阴道黏膜刮取物做压滴标本和涂片标本进行虫体检查，或将上述病料注射于兔睾丸实质内进行动物接种试验。家兔接种后出现阴囊和阴茎水肿、发炎及睾丸实质炎和眼结膜炎。从睾丸穿刺液、水肿液和眼泪中可以发现锥虫。

另外还可用琼脂扩散、间接血凝试验和补体结合反应对此病进行检疫。在国际贸易中，指定诊断方法有补体结合试验，替代诊断方法有间接荧光抗体试验和酶联免疫吸附试验。

3. 检疫后处理

目前，我国基本消灭了本病。如在检疫中发现此病，除非特别名贵种马，否则应淘汰处理。疫区，配种季节前，应对公马和繁殖母马进行检疫。对健康公马和采精用的种马，在配种前用安锥赛进行预防注射。

三、马鼻肺炎

马鼻肺炎是由马疱疹病毒引起的马属动物的几种高度接触传染性疾病的总称。幼驹表现鼻肺炎症状，妊娠母马发生流产。

1. 临诊检疫要点

（1）流行特点　马属动物是马疱疹病毒 1 型（EHV1）（胎儿亚型）和马疱疹病毒 4 型（EHV4）（呼吸系统型）的自然宿主，EHV1 可通过直接接触和间接接触传播，病毒可经子宫感染胎儿；EHV4 常经呼吸道和消化道传播，常发生于青年马匹，尤以 2 岁以下幼驹多发，且多发于晚秋和冬季。

（2）临床症状　EHV1 感染妊娠母马后出现流产、产死胎、产弱驹，个别妊娠母马可出现神经症状，共济失调。EHV4 感染幼龄马后，幼龄马流鼻汁，鼻黏膜和眼结膜充血，颌下淋巴结肿胀。

（3）病理变化　流产胎儿皮下水肿、出血，心外膜出血，肺水肿，肝充血肿大。鼻肺炎病马全身各黏膜潮红、肿胀和出血，肝脏、肾脏及心脏呈实质变性，脾脏及淋巴结呈中度肿胀等败血性变化。

2. 检疫方法

（1）初检　在秋冬季节，马群中（主要是育成群）发生传播迅速、症状温和的上呼吸道感染时，首先应考虑到本病。

（2）实验室诊断　确诊需要进行病原鉴定或血清学试验。

① 病原鉴定。在实验室对临床病料或实体剖检材料进行病毒分离后，可对其进行血清学鉴定。此外，病理组织学检查也是实验室诊断马鼻肺炎的一个重要方法。

② 血清学诊断。血清学试验是诊断马鼻肺炎有效的辅助手段，主要有补体结合试验、酶联免疫吸附试验和病毒中和试验。

3. 检疫后处理

发病后立即隔离患畜。对被污染的垫草、饲料及流产排出物彻底消毒。厩舍、运动场、工作服及各种用具应清洗、消毒。目前对病马尚无有效的治疗方法。流产母马一般无需治疗，单纯的鼻肺炎病马也无需治疗，需加强管理，让病马充分休息，可不治而愈。

四、马传染性贫血

马传染性贫血简称"马传贫"，又称"沼泽热"，是由马传贫病毒引起的马属动物的一种传染病。其特征为：病毒持续性感染、免疫病理反应以及临床症状反复发作，呈现发热并伴有贫血、出血、黄疸、心脏衰弱、水肿和消瘦等症状。

1. 临诊检疫要点

（1）流行特点　仅马属动物感染。主要是通过吸血昆虫（虻类、蚊类、蠓类等）的叮咬而机械性传播。本病通常呈地方性流行或散发，有明显的季节性，夏秋季节（7～9月）多发。新疫区多呈暴发，急性型多，老疫区多为慢性型。

（2）临床症状　潜伏期长短不一，短的为5天，长的可达90天。

临床表现为稽留热和间歇热，也有不规则热型，有时还出现温差倒转现象（上午体温高，下午体温低）。贫血，黄疸；眼结膜、鼻黏膜、齿龈黏膜、阴道黏膜，尤其是舌下有出血点；心脏机能紊乱，脉搏增数；四肢下部、胸前、腹下、包皮、阴囊等处水肿。病中、后期病马表现后躯无力、步态不稳、尾力减退或消失。

（3）病理变化　全身败血症变化：浆膜、黏膜出血，贫血，"槟榔肝"，心肌脆弱、呈灰白色煮肉样，肾和淋巴结肿大，出血。

2. 检疫方法

主要采取临床综合诊断、补体结合反应和琼脂扩散试验进行检疫，其中任何一种方法呈现阳性，都可判定为马传贫。必要时可采用病毒学诊断和动物接种试验进行检疫。

（1）临床综合诊断　可通过流行病学调查、临床及血液学检查及病理学检查进行初步诊断。

（2）国际上通用琼脂凝胶免疫扩散试验检测血清中的抗体来诊断此病（诊断抗原用未发现株间变异的p26），但感染2～3周内的马血清学尚为阴性。

3. 检疫后处理

检疫中发现马传贫时，应立即上报疫情，划定疫点、疫区，并对疫区实行封锁，对疫区内病马、可疑病马进行隔离，并彻底消毒。病马要集中扑杀处理，对扑杀或自然死亡病马尸体应焚烧或深埋进行无害化处理。对假定健康马应进行免疫接种。

第二节　兔疫病的检疫

一、兔黏液瘤病

兔黏液瘤病是由兔黏液瘤病毒引起的一种高度接触传染性和高度致死性传染病。其特征为全身皮肤尤其是面部和天然孔周围发生黏液瘤样肿胀。因切开黏液瘤时从切面流出黏液蛋白渗出物而得名。

1. 临诊检疫要点

（1）流行特点　本病只侵害兔和野兔。蚊、蚤等节肢动物是该病的传播者，多发生在夏秋季节。发病率和死亡率均高。

（2）临床症状　潜伏期4～11天，平均为5天。感染强毒株的易感兔，眼睑水肿，黏脓性结膜炎和鼻漏，头部肿胀呈"狮子头"状。耳根、会阴、外生殖器和上下唇显著水肿，进而充血、出血，破溃后流出淡黄色浆液，并伴有坏死。死亡率90%以上，死前常出现惊厥。

近年来，一些养兔业发达的疫区，本病常呈呼吸型。潜伏期20～28天。无媒介昆虫参与，一年四季都可发生。病兔患有鼻炎、结膜炎，耳部和外生殖器的皮肤有炎性斑点，少数病例的背部皮肤有散在性肿瘤结节。

（3）病理变化　特征的眼观病变是皮肤肿瘤、皮肤和皮下组织显著水肿，尤其是颜面和天然孔周围的皮下组织水肿（图11-1，彩图见插页），切开病变皮肤，见有黄色胶冻液体聚集。皮肤可见出血。胃、肠浆膜和黏膜下有瘀斑、瘀点。心内外膜下出血。

2. 检疫方法

（1）初检　根据本病的特征性症状和病变，结合流行病学资料可作出初步诊断。

（2）琼脂扩散试验　用已知病毒通过琼脂凝胶双向扩散试验可以检测病兔体内特异性抗体，或用标准阳性血清检测病毒抗原。此法可在 12～24h 内判定结果，准确率极高，适用于口岸检疫。

此外，应用 ELISA、间接免疫荧光试验及补体结合试验等都可以诊断此病。

3. 检疫后处理

发现疑似病例时，应向有关单位报告疫情，并迅速

图 11-1　黏液瘤病兔
（眼睑水肿，有黏液瘤结节）

作出诊断、及时采取扑杀病兔、销毁尸体、用 2%～5% 福尔马林液彻底消毒污染场所、紧急接种疫苗、严防野兔进入饲养场以及杀灭吸血昆虫等综合性防治措施。

二、兔出血热

兔出血热又名兔病毒性出血症，俗称"兔瘟"，是由兔病毒性出血症病毒引起的兔的一种急性、高度接触性传染病。其特征为呼吸系统出血、肝坏死、实质性脏器水肿、淤血及出血性变化。本病常呈暴发流行，发病率和病死率均极高。

1. 临诊检疫要点

（1）流行特点　本病只发生于家兔和野兔。2 月龄以上的兔易感性高。本病在新疫区多呈暴发流行。易感兔发病率和死亡率高达 90% 以上。一年四季都可发病，北方以冬、春寒冷季节多发。

（2）临床症状　潜伏期一般为 2～3 天。

① 最急性型。病兔突然抽搐、惨叫、死亡，天然孔流出带血泡沫。

② 急性型。体温升高达 40℃ 以上，精神沉郁，少食或不食，气喘，最后抽搐、鸣叫而死，病程几小时至 2 天。

③ 慢性型。潜伏期和病程长，耐过兔生长迟缓、发育较差。

（3）病理变化　上呼吸道黏膜淤血、出血，气管、支气管内有泡沫状血液，肺、肝淤血、肿大，肾脏肿大、皮质有散在针尖状出血点，心脏扩张淤

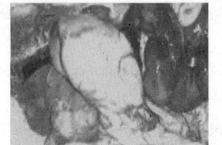

图 11-2　出血热病兔组织病理变化
（胃、肠浆膜下有出血点和斑，肝肿大、色黄、质脆、切面粗糙）

血、淋巴结肿大、出血，胃肠出血（图 11-2，彩图见插页）。

2. 检疫方法

（1）初检　疫区可根据流行病学特点、临床症状、病理变化作出初步诊断。新疫区需进行病原学检查和血清学检查以进行诊断。

（2）病原学检查　取肝病料制成 10% 乳剂，超声波处理，高速离心，收集病毒，负染色后电镜观察。可发现直径 25～35cm、表面有短纤突的病毒颗粒。

（3）血凝和血凝抑制试验　取肝病料 10% 乳剂高速离心后的上清液与用生理盐水配制的 0.75% 的人 O 型红细胞悬液进行微量血凝试验，凝集价大于 1∶160 为阳性。再用已知阳性血清作血凝抑制试验（血凝抑制滴度大于 1∶80 为阳性），则证实病料中含有本病毒。

此外，琼脂扩散试验、Dot-ELISA 及荧光抗体试验等对本病也有诊断价值。

3. 检疫后处理

发生疫情时，应立即封锁疫点，暂时停止调运种兔，关闭兔及兔产品交易市场。对疫群中假定健康兔进行紧急免疫接种。轻病兔注射高免血清；重病兔扑杀，尸体和病死兔深埋。病、死兔污染的环境和用具等应彻底消毒。

三、兔球虫病

兔球虫病是由艾美耳属的 16 种球虫寄生于兔胆管上皮细胞和肠黏膜细胞所引起的寄生虫病。其主要危害 1～3 月龄的幼兔，特征是下痢，贫血，消瘦，幼兔生长阻滞，甚至死亡。

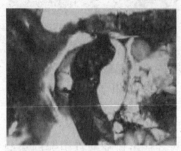

图 11-3 球虫病兔组织病理变化
（肝脏有黄豆大的淡黄色结节，膀胱积尿）

1. 临诊检疫要点

（1）流行特点 各品种家兔均易感，断奶后至 3 月龄的幼兔易感性最高，成年兔多为带虫者，成为重要传染源。本病多发生在春暖多雨季节。营养不良、兔舍卫生条件差是本病传播的重要因素。

（2）临床症状 病兔食欲减退，精神沉郁，眼鼻分泌物增多，唾液分泌增多，腹泻或腹泻和便秘交替出现。尿频或常作排尿动作。腹围增大，肝区触诊有痛感。后期出现神经症状，病死率高达 80％以上。

（3）病理变化 肝脏肿大，表面和实质有粟粒至豌豆大白色或黄色结节（图 11-3，彩图见插页），结节内为不同发育阶段的虫体。慢性肝球虫病，胆管周围和小叶间部分结缔组织增生，肝萎缩，胆囊黏膜卡他性炎症。肠球虫病肠血管充血，十二指肠扩张、肥厚、黏膜充血并有溢血点。

2. 检疫方法

根据流行病学资料、临床症状及剖检结果可作出初步诊断。在粪便中发现大量卵囊或病灶中检出大量不同发育阶段的球虫即可确诊。

3. 检疫后处理

检疫中发现病兔应立即隔离治疗，尸体烧毁或深埋。兔笼等用具可用开水、蒸汽或火焰消毒，也可在阳光下曝晒杀死卵囊。污染的粪便、垫草等应妥善处理。

第三节 貂、犬疫病的检疫

一、水貂阿留申病

水貂阿留申病又叫浆细胞增多症、丙种球蛋白增多症，是由阿留申病毒引起的水貂的一种慢性消耗性、超敏感性和自身免疫性疾病。其特征为丙种球蛋白异常增加、浆细胞极度增生以及持续性病毒血症。

1. 临诊检疫要点

（1）流行特点 自然发病仅见于水貂，其易感性与毛色的遗传类型有着密切的关系。另外，成年貂的易感性高于幼貂，公貂高于母貂。本病多发生于秋、冬季节，有明显的季节性。病死率高。

（2）临床症状 潜伏期 60～90 天，最长一年以上。临诊上分急性和慢性两个类型。

① 急性型。精神委顿，食欲缺乏，于 2～3 天内死亡，死前常有痉挛。

② 慢性型。进行性消瘦、贫血，可视黏膜苍白。粪便烂稀发黑，呈煤焦油样。间有抽搐、痉挛、共济失调、后肢麻痹等神经症状。血清中丙种球蛋白增高 4～5 倍以上。病程数周或数月。

（3）病理变化 肾显著肿大，呈灰色或淡黄色，表面有出血斑点或灰黄色斑点。肝肿大，有散在灰白色坏死灶。脾和淋巴结轻度肿胀。口腔黏膜及齿龈出血或有溃疡。胃肠黏膜有出血点。

2. 检疫方法

（1）初检　根据流行病学特点、典型症状及病理变化，可对本病作出初步诊断。

（2）病毒分离　采取病貂的血液或脾、淋巴结等组织，常规处理后接种在水貂肾、猫肾、睾丸细胞或猫肾传代细胞（CRFK）中培养增殖，产生CPE可作出确认。

（3）碘凝集试验　取被检貂后脚趾枕区血液，分离血清，取1滴血清滴于载玻片上，加同量鲁戈碘溶液混合，1～2min后观察反应，呈现暗褐色大块絮状凝集物者为阳性。此法为非特异性反应，但方法简单，具有一定价值。

（4）对流免疫电泳法　用已知特异性病毒抗原和被检水貂血清进行反应，在琼脂凝胶中于抗原和抗体接触处形成清晰的沉淀线。此法特异性强，检疫率高，是目前国内外普遍推广和采用的诊断方法。

此外，还可用免疫荧光、琼脂扩散、病毒凝集等特异性方法进行诊断。

3. 检疫后处理

检疫中发现有阿留申病时，对阳性貂应严格淘汰，并用1％福尔马林或1％～2％氢氧化钠溶液彻底消毒污染环境和用具，降低貂群阳性感染率，逐步净化疫场。

二、水貂病毒性肠炎

水貂病毒性肠炎又称貂泛白细胞减少症、貂传染性肠炎，是由貂细小病毒引起的一种急性传染病。其主要特征为急性肠炎和白细胞减少。

1. 临诊检疫要点

（1）流行特点　本病多发生于貂。50～60日龄的仔貂和幼貂易感性最高，发病率50％～60％，病死率最高可达90％。本病全年都可发生，但南方5～7月份多见，北方8～10月份多见。呈地方流行性。

（2）临床症状　潜伏期4～9天。急性肠炎，粪便稀软或呈水样，粉红色、褐色、灰白色或绿色，内含有脱落的肠黏膜、黏液或血液。白细胞明显减少。病程12h至14天不等。

（3）病理变化　小肠呈急性卡他性纤维素性或出血性小肠炎。肠管变粗，肠壁变薄，肠内容物中含有脱落的黏膜上皮和纤维蛋白样物质及少量血液。肠系膜淋巴结充血、水肿。肝、胆囊、脾肿大。

2. 检疫方法

（1）初检　根据发病年龄（50～60日龄）、临诊表现（腹泻）和白细胞显著减少可作出初步诊断。

（2）动物接种　取新鲜病料灌服或腹腔注射于易感幼貂，观察有无明显腹泻和检查肠上皮有无核内包含体，即可确诊。

此外，还可用血凝抑制试验、荧光抗体染色、分子诊断技术等对此病进行诊断。

3. 检疫后处理

检疫中发现有貂病毒性肠炎时，立即采取隔离、消毒、封锁疫点等措施。对受威胁区的易感貂用弱毒苗进行紧急免疫接种，病貂隔离治疗，年终淘汰。

三、犬瘟热

犬瘟热是由犬瘟热病毒引起的犬和食肉目动物的一种急性、败血性、高度接触性传染病。其特征是双相热、急性鼻卡他以及支气管炎、卡他性肺炎，严重者出现胃肠炎和神经症状。

1. 临诊检疫要点

（1）流行特点　犬最易感，3～12月龄的幼犬易感性最高。本病多发生在寒冷的季节。

图 11-4 犬瘟热病犬
(患犬的神经症状呈癫痫样发作)

狼、貂、雪貂、白鼬、獾、水獭、大熊猫、小熊猫等动物对犬瘟热病毒都有易感性。

（2）临床症状 潜伏期一般为 3～5 天。病犬眼、鼻流出浆黏性、脓性分泌物，有时混有血丝，发臭。双相热。鼻镜、眼睑干燥甚至龟裂；厌食，常有呕吐和肺炎。严重者发生腹泻，泻水样便，恶臭，混有黏液和血液。3～4 周后，出现共济失调、转圈、反射异常等神经症状（图 11-4）。仔犬常出现心肌炎、双目失明。

（3）病理变化 上呼吸道、眼结膜呈卡他性或化脓性炎症。卡他性或化脓性支气管肺炎，支气管或肺泡中充满渗出液。胃黏膜潮红，卡他性或出血性肠炎，直肠黏膜皱襞出血。脾肿大。胸腺明显缩小。肾上腺皮质变性。

2. 检疫方法

（1）包含体检查 取病料，涂片、干燥、固定、苏木紫-伊红染色后镜检，可见胞质内红色包含体。

（2）血清学检疫 可用中和试验、荧光抗体法、琼脂扩散试验和酶标抗体法等来诊断本病。

血清中和试验：将被检血清稀释后加入病毒，25℃作用 2h，与制备好的犬肾或绿猴肾细胞悬液混合接种于微量培养板，5％CO_2 条件下 35～36℃培养 3 天，染色检查 CPE。

（3）分子诊断技术 国内、外均建立了 RT-PCR 和核酸探针技术用于本病诊断。该法简便、快速、灵敏、特异，有广阔的应用前景。

3. 检疫后处理

检疫中发现此病应立即隔离病犬，深埋或焚毁病死犬尸，用 3％福尔马林或 3％氢氧化钠彻底消毒污染的环境、场地、犬舍及用具。对未出现症状的同群犬和其他受威胁的易感犬进行紧急免疫接种。

第四节　蜂疫病的检疫

一、美洲幼虫腐臭病

美洲幼虫腐臭病又叫美洲幼虫腐烂病，是由拟幼虫芽孢杆菌引起的蜜蜂幼虫的一种毁灭性传染病。其特点是患病的幼虫于封盖期大量死亡。

1. 临诊检疫要点

（1）流行特点 孵化后 24h 的幼虫最易感。本病的暴发没有明显的季节性，只要蜂巢内有幼虫，一年四季均可发生。蜂群一旦发病，可造成毁灭性危害。

（2）临床症状和病理变化 感染的蜜蜂幼虫体色发生明显变化，从正常的珍珠白色变成黄色、淡褐色、褐色直至黑褐色。同时虫体失水干瘪最后形成紧贴于巢房壁的黑色鳞状物。幼虫死亡多发生于封盖期，死亡幼虫身体伸直，幼虫死后蜡盖颜色变深、湿润、下陷、穿孔，形成所谓的"穿孔子脾"。腐败幼虫尸体具有黏性和胶臭味，用镊子挑取时，可拉成2～3cm 的长细丝。

2. 检疫方法

（1）直接检查法 根据典型症状，尤其是烂虫能"拉丝"可初步诊断。

取可疑幼虫尸体，加少量无菌水制成悬浮液，进行涂片，用孔雀绿、番红花液芽孢染色（加 5％孔雀绿水溶液于涂片上，加热至气腾 3～5min；水洗后，加 0.5％番红花水溶液复染

1min；水洗，滤纸吸干）、镜检。可见芽孢呈绿色，菌体呈红色。

（2）鉴别培养法　将待检菌株分别接种于胡萝卜培养基斜面上和牛肉培养基斜面上，置30～32℃培养24h后，若在胡萝卜培养基斜面上生长良好，而在牛肉培养基斜面上不能生长或生长贫瘠，则可确定为美洲幼虫腐臭病病原菌。

（3）血清学试验　应用沉淀反应、凝集反应及免疫荧光技术等可以对该病进行诊断。

3. 检疫后处理

检疫过程中发现美洲幼虫腐臭病时，蜂群禁运。患病蜂群立即隔离治疗，重病群应彻底换箱换脾，未发病蜂群进行药物预防。蜂箱、蜂具严格进行消毒并单独存放和使用。

二、欧洲幼虫腐臭病

欧洲幼虫腐臭病又叫黑色幼虫病，是由蜂房链球菌和蜂房杆菌引起的蜜蜂幼虫的一种恶性传染病。其特点为3～5日龄幼虫（未封盖幼虫）大量死亡。

1. 临诊检疫要点

（1）流行特点　主要感染1～2日龄的蜜蜂幼虫。本病具有明显的季节性，在我国南方，一年中常有两个发病高峰期（3月初至4月中旬和8月中旬至10月初）。群势较弱蜂群常呈暴发。

（2）临床症状　典型症状是3～5日龄未封盖的幼虫大量死亡。死亡的幼虫虫体变色，呈淡黄色、黄色、浅褐色直至黑褐色，虫体上有明显的白色背线。盘曲的幼虫死亡后白色背线呈放射状，已伸直的幼虫死亡后白色背线呈条状（图11-5）。幼虫虫体最终成为无黏性、易清除的鳞片，虫体腐烂时有难闻的酸臭味。若病害发生严重，巢脾上"花子"严重（图11-6），由于幼虫大量死亡，蜂群中长期只见卵、虫不见封盖子，群势下降极快。

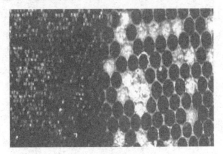

图11-5　患病幼虫的形态变化　　　　图11-6　巢脾上的"花子"

2. 检疫方法

（1）将幼虫虫体制成悬浮液，进行涂片、风干、固定，用2%的石炭酸复红染色液染色1.5～2min，水洗，用滤纸吸干。在1000～1500倍显微镜下观察。若发现有多种微生物类群，并具有梅花络状排列的略呈披针形的球菌，同时还有其他不同形状的球菌和杆菌时，即可确定为欧洲幼虫腐臭病。

（2）分离培养法　取幼虫虫体制成悬浮液，接种于牛肉膏琼脂平板上，37℃培养24h，再挑取菌落进行分离培养，将分离纯化的菌株按上述方法进行涂片、染色、镜检。

（3）血清学诊断　可以采用沉淀反应、凝集反应等方法进行检疫。

3. 检疫后处理

检疫中发现有欧洲幼虫腐臭病时，蜂群停运，患病蜂群加强人工补充喂养，隔离治疗，蜂箱、蜂具严格进行消毒。对于患病严重的蜂群需换箱换脾。

三、小蜂螨病

小蜂螨病是由热厉螨属的亮热厉螨，即小蜂螨寄生于蜂体所引起的寄生虫病。其特点是寄生于蜜蜂幼虫和蛹体上，造成幼虫大批死亡、腐烂变黑。

1. 临诊检疫要点

（1）流行特点　本病对蜜蜂幼虫、蛹的危害特别严重，其发生与蜂群群势、气温变化有密切关系。每年的7～9月是本病的猖獗时期，小蜂螨寄生的密度大。

（2）临床症状　危害轻者出现"花子脾"，重者蜜蜂幼虫和蛹大批死亡。被致死的幼虫或蛹腐烂，能羽化的幼蜂蜂体弱小，无翅或具残翅，不能飞翔。严重时蜂群内无健康幼虫，群势下降，甚至全群覆灭。

2. 检疫方法

（1）根据典型表现，如蜂箱巢门踏板有蜂螨、地上爬有残翅蜜蜂、工蜂飞翔无力等可初步确认。

（2）直接检查法　蜂群中随机抓取50～100只工蜂，检查其腹面环节处是否有蜂螨寄生。也可提取封盖子脾，用镊子挑取封盖巢房，迎着阳光，仔细观察巢房内爬出的螨数，可计算其寄生率。

（3）熏蒸检查法　取一玻璃杯，从蜂巢中间巢脾上扣取50～100只蜜蜂，其内放一浸渍0.5～1ml乙醚的棉球，熏蒸3～5min，待蜜蜂昏迷后，轻轻摇动，再将蜜蜂倒回原箱中，如有蜂螨则黏在玻璃杯壁上或掉落下来，据蜂数计算寄生率。

3. 检疫后处理

检疫发现本病时，主要采取药物进行治疗，消灭小蜂螨。同时加强饲养管理。

四、大蜂螨病

大蜂螨病是由瓦螨属的雅氏瓦螨寄生于蜂体外引起的疾病。其特点是羽化蜜蜂出房时翅膀畸形，受害严重的蜂群可出现幼虫和蜂蛹大量死亡。

1. 临诊检疫要点

（1）流行特点　大蜂螨一年四季在蜂群中都可见到，其消长与蜂群群势、气温、蜜源及蜂王产卵时间均有关系。一般4～5月蜂螨的寄生率较高，夏季保持相对稳定状态，秋季寄生率急剧上升，到10月以后，达到高峰。

（2）临床症状　成蜂寄生蜂螨后，体质衰弱、营养不良、采集力下降、寿命缩短。幼虫和蛹寄生蜂螨后，大批死亡，有的幸而羽化成蜂，也常发育不良，爬行无力，无翅或翅残缺，不能飞翔，不久死去。被蜂螨危害的蜂群繁殖缓慢，群势减弱，甚至全群覆灭。

2. 检疫方法

（1）肉眼直接检查　打开蜂箱，提出蜂脾，用拇指和示指（食指）抓捉蜜蜂仔细观察，看胸腹部有无成螨寄生；挑开蜂盖的雄蜂房、工蜂房若干，用镊子拉出幼虫或蛹，观察有无螨的存在。

（2）熏蒸检查法　从蜂巢巢脾上扣取蜜蜂100只左右，放入500ml的玻璃杯中，加盖。用棉球浸渍乙醚0.5～1.0ml，放入杯中，密闭5～10min。待蜜蜂昏迷后，将其放入原巢中，仔细观察玻璃杯壁上是否有蜂螨。

3. 检疫后处理

检疫中发现有大蜂螨病时，主要采用药物治疗来消灭蜂螨。健康群和有螨群不能随便合并和调换子脾。同时加强蜜蜂的饲养管理。

第五节　鱼疫病的检疫

一、传染性出血性败血症

传染性出血性败血症又称病毒性出血败血病，是由弹状病毒科的病毒性出血性败血病病毒感染虹鳟等鱼类而引起大批死亡的一种危害严重的鱼病。其特征是鱼体发黑，眼球突出，鳃、鳍条、肌肉和内脏出血。

1. 临诊检疫要点

（1）流行特点　本病主要危害在低温季节淡水中养殖的虹鳟，全长5cm、体重200～300g的商品鱼受害最严重。潜伏期的长短随水温、病毒的毒力、宿主年龄及鱼体抵抗力而异，一般为7～15天，有时可长达25天以上。

（2）临床症状

① 急性型病例见于发病初期，发病迅速，死亡率很高。病鱼体色发黑，贫血，眼球突出、充血，眼眶周围及口腔出血；鳃的颜色变淡，或见花斑状出血；骨骼肌、脂肪组织、鳔、肠等出血；肾脏的颜色比正常的更红；肝呈暗红色，点状出血、淤血；脾脏肿大；脾脏及肾脏中有很多游离黑色素。

② 慢性型见于整个流行期。病鱼鱼体变黑；眼球显著突出；严重贫血，鳃苍白，甚至水肿；常伴有腹腔积液；肝、肾、脾的颜色淡。病鱼的红细胞数、血红蛋白数及血细胞比容下降。

③ 神经型病例见于流行末期，病鱼旋转游动，时而沉于池底，时而狂游、跳出水面，或侧游，腹壁收缩，在数日内逐渐死亡。

2. 检疫方法

（1）根据鱼体发黑，眼球突出，鳃、鳍条、肌肉和内脏出血等症状及流行情况可进行初步诊断。

（2）采用脱氧核糖核酸探针检测、单抗点酶法检测、酶联免疫吸附试验、空斑中和试验等都可对该病进行诊断。

3. 检疫后处理

检疫发现本病时，应立即进行隔离治疗。死鱼深埋，不得乱弃。用具严格消毒。疾病流行地区改养对病毒性出血败血病抗病力强的大鳞大麻哈鱼、银大麻哈鱼、虹鳟与银大麻哈鱼杂交的杂交种。

二、传染性造血器官坏死症

传染性造血器官坏死症是由一种弹状病毒引起的鲑科鱼类的一种急性传染病。其主要危害鱼苗及当年鱼种，死亡率高，是口岸检疫的第一类检疫对象。

1. 临诊检疫要点

（1）流行特点　本病主要危害虹鳟、大鳞大麻哈鱼、红大麻哈鱼、马苏大麻哈鱼、河鳟等鲑科鱼类的鱼苗及当年鱼种，尤其是刚孵出的鱼苗到摄食4周龄的鱼种。潜伏期长短随水温而不同，10℃时一般为4～6天开始死亡，8～14天死亡率最高。

（2）临床症状和病理变化　鱼苗突然死亡、狂游是传染性造血器官坏死症的特征。病鱼体色发黑、眼球突出、腹部因腹腔积液而膨大，鳍条基部充血，肛门处常拖1条长而粗的白色黏液便（图11-7，彩图见插页）；贫血，鳃和内脏颜色变淡；口腔、骨骼肌、腹膜、鳔、心包膜等常有出血点。卵黄囊出血，并因充满浆液而肿大。

2. 检疫方法

（1）初检　根据流行情况及症状可作出初步诊断。

（2）制作病理切片　取病鱼肾脏和胃肠道作病理切片，如造血器官坏死，胃、肠固有膜的颗粒细胞发生变性坏死可作进一步诊断。

图11-7　患传染性造血器官坏死症
的濒死幼鱼
（肛门拖着1条长而较粗的白色黏液便）

（3）病毒的分离和鉴定　取病鱼组织脏器做成乳剂，接种于 RTG-2 细胞（虹鳟鱼生殖腺细胞）或 FHM 细胞（胖头鲤肌肉细胞）上培养，4～5 天后，感染的细胞变圆，可以见到细胞形成葡萄团样块状的细胞病变。蚀斑中心几乎没有崩溃细胞的残存，其边缘不整，被多量圆形细胞所包围。此时收集病毒，用血清中和试验进行鉴定。

3. 检疫后处理

检疫中发现此病时，可采用外泼消毒药和内服药进行治疗。

三、鲤春病毒血症

鲤春病毒血症是由弹状病毒感染引起的鲤鱼的一种死亡率很高的急性传染病。因其主要危害鲤鱼，只流行于春季，因此称鲤春病毒血症。本病特征是体黑眼突，皮肤出血，肛门红肿，腹胀，肠炎。

1. 临诊检疫要点

（1）流行特点　主要危害 1 龄以上的鲤，鱼苗、鱼种很少受害。鲤春病毒血症只流行于春季（水温 13～20℃），水温超过 22℃ 时就不再发病。该病在欧洲广为流行，死亡率可高达80%～90%。

（2）临床症状和病理变化　病鱼体色发黑，常有出血斑点，腹部膨大，眼球突出、出血，肛门红肿，贫血，鳃颜色变淡并有出血点；腹腔内积有浆液性或带血的腹水，肠壁严重发炎，其他内脏上也有出血斑点，其中以鳔壁为最常见；肌肉也因出血而呈红色；肝脏、脾脏、肾脏肿大，颜色变淡。

2. 检疫方法

（1）根据症状及流行情况进行初步诊断。

（2）病毒分离和鉴定　将病鱼的内脏或鱼鳔做成乳剂，接种于 FHM 细胞上，在 20～22℃ 培养 10 天。感染细胞从接种 3 天前后，呈现变圆以至崩解的细胞病变。分离的病毒可用中和试验进行鉴定。

（3）可用免疫酶染色、间接血凝试验、核酸检测进行确诊。高隆英等（2002 年）报道，用反转录多聚酶链式反应检测，快速、灵敏、特异性强，可用于口岸检测。

3. 检疫后处理

加强综合预防措施、严格执行检疫制度。流行地区改养对该病不敏感的鱼类。

四、传染性胰坏死

传染性胰坏死是由传染性胰坏死病毒引起的危害极为严重的一种鱼病。

1. 临诊检疫要点

（1）流行特点　危害美洲红点鲑、虹鳟（图 11-8）、河鳟、克氏鲑、银大麻哈鱼、大口玫瑰大麻哈鱼、湖红点鲑、大西洋鲑、大鳞大麻哈鱼等鱼类。主要危害全长数厘米的鱼苗及14～70 日龄的鱼种，病死率可高达 80%～100%。潜伏期长短与鱼体大小、水温高低等有关。鱼体越大，潜伏期越长。在病毒生长适温范围内，温度越高，潜伏期越短。水温在 10～14℃ 为传染性胰坏死病的发病高峰。

（2）临床症状

① 急性型病鱼肛门拖着 1 条灰白色黏液便。常突然离群狂游、翻转、旋转，1～2h 后死亡。胸、腹部呈紫红色，鳍基部有出血点。

② 慢性型病鱼体色发黑，眼球突出，腹部膨大，鳍基部及体表充血、出血，游动缓慢。

（3）病理变化　肝脏、脾脏肿大、苍白、贫血，卡他性肠炎，胃肠内没有食物，只有黄色或灰白色黏液。组织切片可见胰脏严重坏死，胞质内有包含体（图 11-9）。

图 11-8 患传染性胰坏死的虹鳟

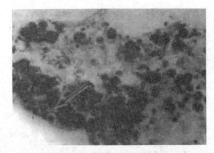

图 11-9 传染性胰坏死组织病理变化
（胰脏广泛坏死；胞质内有包含体）

2. 检疫方法

（1）根据症状及流行情况进行初步诊断，尤其是肠道中没有食物，而有许多黄色或灰白色黏液（这些黏液物质在 5%～10% 福尔马林中不凝固）。

（2）病理学检查 取病鱼胰脏做病理切片，显微镜下观察可见胰脏坏死，胞质内有包含体。超薄切片、透射电镜检查可见六角形病毒颗粒。

（3）血清学检疫 可用中和试验、补体结合试验、直接荧光抗体法、酶联免疫吸附试验、免疫过氧化酶技术等对此病进行确诊。

3. 检疫后处理

检疫后发现此病应彻底消毒，病鱼必须销毁。用有效氯 200g/m³ 消毒鱼池；在 8～10℃时，工具用 2% 福尔马林或氢氧化钠水溶液消毒 10min。

【本章小结】

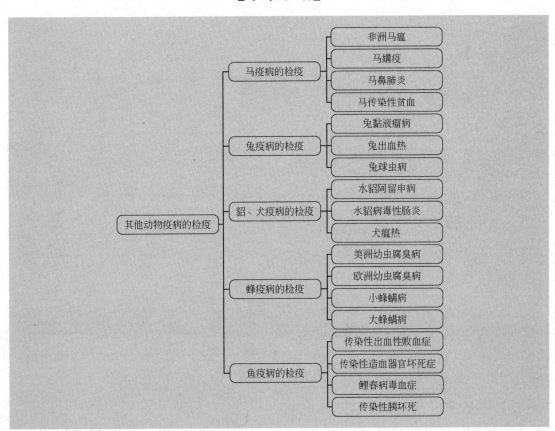

【思考题】

1. 马传染性贫血的临诊检疫要点是什么？
2. 简述兔黏液瘤病的临诊检疫要点及主要检疫方法。
3. 兔出血热的主要检疫方法有哪些？
4. 兔球虫病的临诊检疫要点是什么？
5. 简述水貂阿留申病的临诊检疫要点及主要检疫方法。
6. 犬瘟热的临诊检疫要点是什么？
7. 简述大蜂螨病的临诊检疫要点及主要检疫方法。
8. 鲤春病毒血症的临诊检疫要点是什么？

第十二章　动物检疫处理

【学习目标】
1. 掌握被病原体污染的畜舍、土壤、粪便的消毒方法。
2. 熟悉染疫动物及染疫动物产品的无害化处理技术。

第一节　染疫动物及其产品的无害化处理

一、染疫动物的无害化处理

尸体处理的方法有多种，各具优缺点，在实际应用中应根据具体情况和国家有关规定采取不同方法进行处理。

1. 掩埋法

掩埋法方法简单，实际工作中经常应用，但有时不能彻底杀灭病原体。

方法：选择远离住宅、农牧场、水源、草原及道路的僻静之处，土质干而多孔，地势高，地下水位低的场地。根据尸体的大小挖适当大小的坑，深度要求从坑沿到尸体体表不得少于1.5m。掩埋前坑底铺2～5cm厚的石灰，再将尸体放入，使之侧卧，并将其他污染物一起抛入坑内，然后再铺2～5cm厚的石灰，填土夯实即可。

2. 焚烧法

焚烧法是毁灭尸体、杀灭病原体最彻底的方法，适用国家规定的烈性传染病尸体的处理。可在焚尸炉内进行，也可自行挖掘焚尸坑。焚尸坑可选择十字坑、单坑或双层坑。

方法：坑深0.5～0.8m，坑内堆放木柴，坑沿横架数根粗湿木头，将尸体放在架上，并在尸体周围及上面也放些木柴，然后在木柴上倒以煤油，从坑下点火，直至将尸体烧成黑炭状为止，并将其掩埋在坑内。

3. 化制法

化制法是一种较好的尸体处理方法，既对染疫尸体做到了无害化处理，又保留了有价值的畜产品。包括土灶炼制、湿炼法、干炼法。

4. 发酵法

发酵法适用于非烈性传染性疫病的动物尸体的处理。即将尸体抛入专门的尸体坑内，利用生物热的方法将尸体发酵分解，以达到消毒的目的。

二、染疫动物的产品处理

（一）血液

确认为炭疽、鼻疽、牛瘟、牛肺疫、恶性水肿、气肿疽、狂犬病、羊快疫、羊肠毒血症、肉毒梭菌中毒症、羊猝狙、马流行性淋巴管炎、马传染性贫血病、马鼻腔肺炎、马鼻气管炎、蓝舌病、非洲猪瘟、猪瘟、口蹄疫、猪传染性水疱病、猪密螺旋体痢疾、急性猪丹毒、牛鼻气管炎、黏膜病、钩端螺旋体病、李氏杆菌病、布氏杆菌病、鸡新城疫、马立克病、鸡瘟、小鹅瘟、鸭瘟、兔病毒性出血症、野兔热、兔产气荚膜梭菌等传染病及血液寄生虫病病畜的血液会有大量的病原体及寄生虫，此时血液应进行无害化处理。

1. 漂白粉消毒法

该法是将1份漂白粉加入4份血液进行充分搅匀，放置24h后待病原体或寄生虫死亡后选择远离居民区及饲养区的地点进行深埋。

2. 高温处理

上述疫病的血液待凝固后切成豆腐方块，放入沸水中烧煮，至血块深部呈黑红色并成蜂窝状时为止。

（二）蹄、骨和角

将肉尸做高温处理时剔出的病畜禽骨和病畜的蹄、角放入高压锅内蒸煮至脱胶或脱脂时为止。

（三）皮毛

1. 盐酸食盐溶液消毒法

该法适用于患有炭疽、恶性水肿、气肿疽等恶性传染病及一类疫病病畜的皮毛消毒。

方法：将2.5%盐酸溶液和15%食盐水溶液等量混合，将皮张浸泡在此溶液中，并使溶液温度保持在30℃左右，浸泡40h，皮张与消毒液的质量浓度为10%。浸泡后捞出皮张沥干，放入2%氢氧化钠溶液中，以中和皮张上的酸，再用水冲洗后晾干。也可按100ml 25%食盐水溶液中加入盐酸1ml配制消毒液，在室温15℃条件下浸泡18h，皮张与消毒液之比为1:4。浸泡后捞出皮张沥干，再放入1%氢氧化钠溶液中浸泡，以中和皮张上的酸，再用水冲洗后晾干。

2. 过氧乙酸消毒法

该法适用于任何病畜的皮毛消毒。

方法：将皮毛放入新鲜配制的2%过氧乙酸溶液中浸泡30min后捞出，用水冲洗后晾干。

3. 碱盐液浸泡消毒

该法适用于患有炭疽、恶性水肿、气肿疽等恶性传染病及一类疫病病畜的皮毛消毒。

方法：将病畜皮毛浸入5%碱盐液（饱和盐水内加5%烧碱）中，室温（17~20℃）浸泡24h，并随时加以搅拌，然后取出皮毛挂起，待碱盐液流净，放入5%盐酸内浸泡，使皮上的酸碱中和，捞出，用水冲洗后晾干。

4. 石灰乳浸泡消毒

该法适用于口蹄疫和螨病病皮的消毒。

石灰乳制法：将1份生石灰加1份水制成熟石灰，再用水配成10%或5%混悬液（石灰乳）。将口蹄疫病畜的皮毛放入10%石灰乳中浸泡2h；患有螨病病畜的皮毛，则放入5%石灰乳中浸泡12h，然后取出晾干即可。

5. 盐腌消毒

该法适用于布氏杆菌病病皮的消毒。

方法：用皮重15%的食盐均匀撒在皮的表面。一般毛皮腌制2个月，胎儿毛皮腌制3个月即可。

（四）病畜鬃毛的处理

将患畜鬃毛置于沸水中煮沸2~2.5h即可。

第二节 被污染环境的处理

一、消毒

1. 畜舍的消毒

被污染的畜舍需进行全面彻底的消毒，之后方可启用。

（1）机械清除　首先对空舍顶棚、墙壁、地面彻底打扫，将垃圾、粪便、垫草和其他各种污物全部清除，定点堆放，不同病原体污染的污物采用不同的方法处理。料槽、水槽、围栏、笼具、网床等设施用常水洗刷；最后冲洗地面、走道、粪槽等，待干后用化学法消毒。

（2）化学药物喷洒　对于一般病原体污染的畜舍可用5%～10%来苏尔、5%过氧乙酸、20%石灰乳、10%～20%漂白粉、0.05%百毒杀等喷洒消毒。烈性传染病病原体或细菌芽孢所污染的畜舍可用20%漂白粉、5%～10%氢氧化钠、5%～10%二氯异氰尿酸钠等进行喷洒。地面用药量为800～1000ml/m^2，舍内其他设施用药量为200～400ml/m^2。为了提高消毒效果，应使用两种或三种不同类型的消毒药进行2～3次消毒。每次消毒要等地面和物品干燥后再进行下次消毒。

（3）熏蒸消毒　为了提高消毒效果还应进行熏蒸消毒。常用福尔马林熏蒸，用量为28ml/m^3，密闭1～2周。或按每立方米25ml福尔马林、12.5ml水、25g高锰酸钾的比例进行熏蒸。熏蒸消毒完成后，应通风换气。待对动物无刺激后，方可启用。

2. 地面、土壤的消毒

病畜禽停留过的圈舍、运动场地面等被一般病原体污染后，将表土铲除并按粪便消毒方法处理，地面用消毒液喷洒。若为被炭疽芽孢杆菌等污染时，铲除的表土与漂白粉按1:1混合后深埋，地面以5kg/m^{2}漂白粉撒布。若为被一般病原体污染的水泥地面，用常用消毒药喷洒；若被芽孢菌污染，则用10%氢氧化钠喷洒。土壤、运动场地面大面积污染时，可将地深翻，并同时撒上漂白粉，一般病原体污染时用量为0.5kg/m^2，炭疽芽孢杆菌等污染时的用量为5kg/m^2，加水湿润压平。牧场被污染后，一般利用阳光或种植某些对病原体有杀灭力的植物（如大蒜、大葱、小麦、黑麦等），连种数年，土壤可发生自洁作用。

3. 粪便的消毒

动物的粪便中有多种病原体，染疫动物的粪便中病原体的含量急剧增加，所以粪便是土壤、水源、草料、居住环境等的主要污染源。及时妥善做好粪便的消毒，对切断疫病的传播途径有着重要的意义。

（1）生物热消毒法　常用的有堆粪法和发酵池法两种。

① 堆粪法。选择与人、畜居住地保持一定距离且避开水源处，在地面挖一深20～25cm的长形沟或一浅圆形坑，沟的宽窄长短、坑的大小视粪便量的多少自行设定。先将非传染性粪便或麦草、谷草、稻草等堆于底层（高至25cm），上面堆放欲消毒的粪便，高1～1.5m，在粪堆表面覆盖10～20cm厚的健畜禽粪便，最外层抹上10cm厚草泥涂封。应注意粪便的干湿度，当粪便过稀时应混合一些其他干粪土，若过干时应泼洒适量的水，含水量应在50%～70%。冬季不短于3个月，夏季不短于3周，即可作肥料用。

② 发酵池法。选择发酵池的地点要求与堆粪法相同。发酵池底层应放一些干粪，再将欲消毒的畜禽粪便、垃圾、垫草倒入池内，再在粪堆表面盖一层泥土，封好。经1～3个月，即可出粪清池。此法适合于饲养数量较多、规模较大的猪场或鸡场。

（2）掩埋法　将漂白粉或生石灰与粪便按1:5混合，然后深埋地下2m左右。本法适合于烈性疫病病原体污染的少量粪便的处理。

（3）焚烧法　少量的带芽孢粪便可直接与垃圾、垫草和柴草混合焚烧。

二、杀虫

虻、蝇、蚊、蜱、螨等节肢动物是家畜疫病的重要传播媒介，它们可通过生物性方式（如叮、咬、吸血）或机械性方式传播多种疫病。杀灭这些媒介昆虫和防止它们的出现，对预防和扑灭畜禽疫病具有重要意义。实际操作过程中，可采取物理杀虫法、化学杀虫法、药物杀虫法进行杀虫。

（一）物理杀虫法

需根据具体情况选择适当的杀虫法。如昆虫聚居的墙壁、用具的缝隙可选用喷灯火焰喷烧；物品上的昆虫及虫卵可用干热空气灭菌法杀灭；车船、畜舍和衣物上的昆虫可用沸水或蒸汽烧烫。另外机械拍打、捕捉等方法也能杀灭部分昆虫。

（二）生物杀虫法

生物杀虫法是以昆虫的天敌或病菌及雄虫绝育技术来杀灭昆虫的方法。例如利用雄虫绝育来控制昆虫繁殖，是近年来研究的新技术，其原理是用辐射使雄性昆虫绝育，然后大量释放，使一定地区内的昆虫繁殖减少。或使用过量激素，抑制昆虫的变态或蜕皮，影响昆虫的生殖。也有利用病原微生物感染昆虫，使其死亡。这些方法由于不造成公害、不产生抗药性，已日益受到各国重视。此外，消灭昆虫滋生繁殖的环境，如排除积水、污水，清理粪便、垃圾，间歇灌溉农田等改造环境的措施，也是有效的杀虫方法。

（三）药物杀虫法

本法是应用化学杀虫剂来杀灭昆虫及虫卵。根据杀虫剂对节肢动物的毒杀作用可分为胃毒作用药剂、触杀作用药剂、熏蒸作用药剂、内吸作用药剂四种。胃毒作用药剂是通过节肢动物摄食，在其肠道内显出毒性作用，使其中毒而死。触杀作用药剂可通过直接和虫体接触，经昆虫体表进入体内使其中毒，或将其气门闭塞使之窒息而死。熏蒸作用药剂可通过虫体的气门、气管、微气管吸入其体内而致其死亡。内吸作用药剂可喷于土壤或植物表面，能被植物所吸收并分布于整个植物体，昆虫在摄取含有药物的植物组织或汁液后，发生中毒死亡。

目前常用的杀虫剂往往同时兼有两种或两种以上的杀虫作用。常用的杀虫剂介绍如下。

1. 有机磷杀虫剂

（1）敌百虫 对多种昆虫有很高的毒性。主要发挥胃毒作用，同时具有接触毒和熏蒸毒的作用。常用剂型有可溶性粉剂晶体（为主）、毒饵和烟剂。水溶液常用浓度为 0.1%。毒饵：可用 1% 溶液浸泡米饭、面饼等，灭蝇效果较好。烟剂：每立方米用 0.1～0.3g。但其性质不稳定，放置过久或遇碱易分解破坏。

（2）敌敌畏 为透明油状液体，其杀虫效力高于敌百虫约 10 倍。具有接触、熏蒸及胃毒作用。但其性质不稳定，在水中尤其是在碱性溶液中迅速分解，易挥发，杀虫持效时间短。大量接触、吸入多量气体或误食可使人、畜中毒。

（3）倍硫磷 这是一种低毒高效有机磷杀虫剂，具有触杀、胃毒及内吸等作用。主要用于杀灭成蚊、蝇等。乳剂喷洒量为 0.5～1g/m²。

（4）马拉硫磷 黄色油状液体，具有触杀、胃毒和熏蒸作用。商品为 50% 乳剂，能杀灭成蚊、孑孓及蝇蛆等。喷洒 0.1% 溶液和 1% 溶液可杀灭蝇蛆和臭虫。碱性溶液中易水解，室温下易挥发。

2. 拟除虫菊酯类杀虫剂

该类杀虫剂具有广谱、高效、击倒快、残留短、毒性低、用量小等特点，对抗药性昆虫有效，为近代杀虫剂的发展方向。如胺菊酯对蚊、蝇、蟑螂、虱、蛹等均有强大的击倒和杀灭作用，且性质稳定，对哺乳动物毒性极低。

3. 昆虫生长调节剂

昆虫生长调节剂可阻碍或干扰昆虫正常生长发育而致其死亡，不污染环境，对人、畜无害，是最有希望的"第三代杀虫剂"之一。目前应用的有保幼激素和发育抑制剂。前者主要具有抑制幼虫化蛹和蛹羽化的作用；后者抑制表皮几丁化，阻碍表皮形成，导致虫体死亡。

三、灭鼠

鼠类是很多种人、畜共患病的传播媒介和传染源，它们可以传播炭疽、布氏杆菌病、结核病、钩端螺旋体病、猪瘟、李氏杆菌病等病，对人、畜健康具有极大的危害。故灭鼠具有保护人、畜健康的重大意义。

灭鼠工作应从两方面进行：一方面根据鼠类的生物学特点从畜舍建筑和卫生措施着手，预防鼠类的滋生和活动，断绝鼠类生存所需的食物和藏身的条件。例如，应经常保持畜舍及周围地区的整洁，及时清除饲料残渣；保证墙基、地面、门窗的坚固，及时堵塞鼠洞等。另一方面，采取各种方法直接杀灭鼠类。灭鼠的方法大体上可分为两类，即器械灭鼠法和药物灭鼠法。

1. 器械灭鼠法

器械灭鼠法即利用各种工具以不同方式扑杀鼠类，如关、夹、压、扣、套、翻（草堆）、堵（洞）、挖（洞）、灌（洞）等。此类方法可就地取材，简便易行。使用鼠笼、鼠夹之类工具捕鼠，应注意诱饵的选择以及布放的方法和时间。诱饵应选择鼠类喜爱吃的食物。捕鼠工具应放在鼠类经常活动的地方，如墙脚、鼠的走道及洞口附近。放鼠夹应离墙 6～9cm，与鼠道成"丁"字形，鼠夹后端可垫高 3～6cm。晚上放，早晨收，并应断绝鼠粮。

2. 药物灭鼠法

按毒物进入鼠体途径可分为消化道药物和熏蒸药物两类。消化道药物主要有磷化锌、杀鼠灵、安妥、敌鼠钠盐和氟乙酸钠；熏蒸药物包括氯化苦（三氯硝基甲烷）和灭鼠烟剂。使用时以器械将药物直接喷入鼠洞内，或吸附在棉花球上投入洞中，并以土封洞口。使用药物灭鼠时应注意安全，防止人、畜误食而发生中毒。

【本章小结】

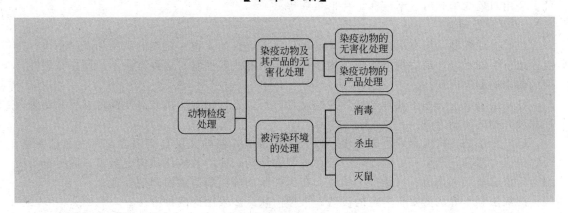

【思考题】

1. 尸体无害化处理的技术有哪些？
2. 染疫动物产品应如何处理？
3. 被病原体污染的畜舍应如何进行消毒？
4. 染疫粪便应如何进行消毒？

【实训二十一】 染疫动物及其产品的无害化处理

一、实训内容

（1）尸体的运送。
（2）染疫动物及其产品的无害化处理。

二、实训目标

掌握动物检疫后尸体运送和处理的方法。

三、实训材料

病死动物若干头、运尸车、纱布、棉花、喷雾器、大铁锅、工作服、工作帽、胶鞋、手套、口罩、风镜、消毒液及消毒器。

四、方法与步骤

（一）尸体的运送

尸体运送前，所有参加人员均应穿戴工作服、工作帽、胶鞋、手套、口罩、风镜。运尸车应不漏水，最好是车内壁钉有铁皮的特制运尸车。尸体装车前，车厢底部铺一层石灰，尸体各天然孔用蘸有消毒液的湿纱布、棉花严密堵塞，防止流出的分泌物和排泄物污染环境。尸体装车时，把尸体躺过的地面表土铲起，连同尸体一起运走，并用消毒液喷洒地面。运送尸体的车辆、用具都应严格消毒，工作人员被污染的衣物、手套等亦应进行消毒。

（二）染疫动物及其产品的无害化处理方法

1. 高温煮熟处理法

将肉尸分割成重 2kg、厚度 8cm 的肉块，放在大铁锅内（有条件的可用蒸汽锅），煮沸 2~2.5h，煮到猪的深层肌肉切开为灰白色，牛的深层肌肉切开为灰色，肉汁无血色时即可。适用对象为猪肺疫、结核病、弓形虫病等。

2. 化制处理法

（1）土灶炼制　先在锅内放入 1/3 清水，煮沸，再加入用作化制的脂肪和肥膘小块，边搅拌边将浮油撇出，最后剩下渣子，用压榨机压出油渣内油脂。这种方法不适用患有烈性传染病的患病动物肉尸。

（2）湿炼法　适用于处理烈性传染病动物肉尸，是指用湿压机或高压锅炼制患病动物肉尸和废弃物的炼制方法。

（3）干炼法　将肉尸切割成小块，放入卧式带搅拌器的夹层真空锅内，蒸汽通过夹层，使锅内压力增高，升至一定温度，以破坏炼制物结构，使脂肪液化从肉中析出，同时也杀灭细菌。该法适用于炭疽、口蹄疫、猪瘟、布氏杆菌病等病病畜禽肉尸的处理。

湿炼法和干炼法需要有一定的设备，大型肉联厂多采用这两种方法。

（4）尸体掩埋法　掩埋地点应选择远离住宅、道路、放牧地、池塘、河流等，地下水位低、土质干燥的地方，挖一长 2m、宽 1.5m、深 2~2.5m 的坑，先向坑内撒布一层新鲜石灰，尸体投入后，再撒一层石灰，然后用土掩埋夯实。也可专门设一定规模的发酵池，利用生物热发酵将病原体杀死。尸坑为圆井形，深 9~10m，直径 3m，坑壁和坑底抹上水泥，并加设一木盖。坑口周围加高，在距坑口木盖的上面 0.5~1m 再盖一严密的盖，隔绝空气进入坑内，可促使尸体迅速发酵。一般 2~3 个月即可挖出用作肥料。本法适用于非烈性传染病的动物尸体。

（5）尸体焚烧法　是将患病动物尸体、内脏、病变部分投入焚化炉中烧毁炭化的处理方法。也可在地面挖一长 2.0m、宽 1.0m、深 0.6m 的坑，将挖出的土堆在坑的四周围成土埂，坑内装满木柴，在坑口放上 3 根用水泡湿的横木，将尸体放在横木上，在尸体和木柴上浇柴油，点燃，直至将尸体烧成黑炭样为止，最后就地埋在坑内。本法适用于国家规定的烈性传染病病畜的处理。

五、实训报告

根据病死动物无害化处理的实际操作写一份报告。

第十三章 动物产品检疫技术

【学习目标】

1. 了解皮张检疫的意义，掌握皮张炭疽检疫的技术。
2. 掌握精液和胚胎的一般性状及检疫程度。

第一节 皮 张 检 疫

一、皮的基本概念

皮是覆盖于动物体表，具有保护、感觉、分泌、排泄、调节体温、吸收等功能。皮肤一般可分为3层：表皮、真皮、皮下组织。它属于被皮系统。

二、皮张现场检疫

动物皮张包括生毛皮、生板皮、鲜皮、盐渍皮、猪鬃、马鬃、马尾、羊毛、驼毛、鸭绒毛、羽毛等。它们作为工业畜、禽产品的原料，往往都混有各种病原体，易对人、畜造成危害，因此必须加强检疫工作。

1. 询问查证

询问该批产品的来源，当地有无疫情（如有，询问流行情况），同时索取检疫证明和消毒证明，并查对证物是否相符。

2. 实验室检疫

生皮、原毛的实验室检疫，现主要进行炭疽杆菌的快速检疫。

(1) 样品的处理 先将皮毛剪碎，称取3g左右放入灭菌三角瓶中，加入适量的0.5%洗涤液，以充分浸泡为宜（用5%漂白粉溶液洗涤也可），人工或机械振荡10～15min后，静置10min，取悬液10ml加入离心管，于2000r/min离心10min，弃上清液，再加入3～5ml灭菌蒸馏水，于60℃水浴30min。

(2) 分离培养 取水浴后混悬液0.05ml接种于血平板中，用L形玻棒涂匀（L形玻棒需经酒精火焰灭菌），37℃培养18～24h。

(3) 鉴定

① 菌落特征。菌落扁平，不透明，表面干燥、粗糙、有微细结构，边缘不整齐，似狮子头状（卷发状），常带有逗号状小尾突起的粗糙型（R）较大菌落，菌落直径为2～3mm，呈灰白色，在血平板上不溶血。

拉丝现象：用接种针挑起年幼菌落时，有黏性呈"拉丝状"，而其他需氧芽孢杆菌少见。

② 细菌形态。炭疽杆菌为 G^+，呈链状或散在的杆菌。在液体培养基中形成10～20个菌体相连的长链，呈竹节状，散在的菌体两端呈直截状，似砖头，若在培养基中时间较长，有时也能形成芽孢。

③ 噬菌体裂解试验。挑取可疑菌落的1/3，点种在普通琼脂平板上，用灭菌的L形玻

棒涂匀，用接种环挑取一满环炭疽噬菌体，点种在中间，37℃恒温箱中孵育3～5h，观察结果，以出现清亮噬菌体斑为裂解阳性。

④ 串珠试验。挑取可疑菌落的1/3，按上述方法将细菌均匀涂布，用灭菌的眼科镊子夹取一片青霉素干纸片轻压在涂布区域中心，37℃培养1.5～3h，观察菌体变圆呈念珠状为阳性。

⑤ 荚膜肿胀试验。将上述菌落的1/3接种于活性炭$NaHCO_3$琼脂平板上，放在CO_2培养袋或CO_2培养箱（CO_2浓度为20％～40％）中，37℃培养5h，取少许培养物涂片做荚膜染色，镜下观察菌体，菌体周围有边界清晰的荚膜者为阳性。

（4）结果判定　具有典型菌落和菌体形态特征，且炭疽噬菌体裂解试验、串珠试验均为阳性的芽孢杆菌为炭疽杆菌，在此基础上，荚膜肿胀试验为阳性的细菌，为强毒炭疽杆菌。

三、皮张的感官检疫

1. 生皮

健康生鲜皮的肉面呈淡黄色或黄白色，真皮层切面致密、弹性好，背皮厚度适中且均匀一致，无外伤、血管痕、虫蚀、破损、蛀眼、疥癣等缺陷。肥度高的牲畜皮质结实滑润，被毛有光泽，肉面呈淡黄色；中等肥度呈黄白色；瘦弱的牲畜，皮质粗糙瘦薄，被毛干燥无光泽，肉面呈蓝白色。改良牲畜的皮张质量比土种牲畜的皮张质量好。盐腌或干燥保存的皮张，肉面上基本保持原有色泽。夏秋季在日光直接照射下干燥的皮张肉面变为黑色。

从死亡或因病宰杀的尸体上剥下来的生皮，其肉面呈暗红色，常因沉积呈现充血使皮张肉面呈蓝紫红色，皮下血管充血呈树枝状，皮板上有较多残留的肉屑和脂肪，有的还出现不同形式的病变。

皮张完整性有缺陷的感官特征主要表现在如下方面。

① 动物生前形成的缺陷。如瘘管，寄生虫引起的蛀眼、疥癣，机械作用造成的挫伤、角伤及其他伤痕等。

② 屠宰剥皮、初加工时造成的缺陷。如孔洞、切伤、削痕及肉脂残留等。

③ 防腐保存不当造成的缺陷。如腐烂、烫伤（由于夏季温度过高，使铺晒的鲜皮真皮层纤维组织发生变性或变质，造成皮张脆硬，缺乏弹性）、霉烂、虫蚀等。

2. 猪鬃

质量良好的猪鬃颜色纯净而有光泽，毛根粗壮，岔尖不深，无杂毛、霉毛，油毛少，干燥，无残留皮肉，无泥沙、灰渣、草棍等杂质。

3. 兽毛和羽毛

质量良好的兽毛和羽毛应符合质量标准，无杂毛、油毛、毛梗和灰沙。无腐烂、生蛆和生虫等现象。无内脏杂物，无潮湿、发霉和发生特殊气味。

四、建立皮张检疫档案

（1）皮张产地实行养殖档案跟踪制度，档案信息应当准确、真实、完整、及时，并保存两年以上，确保皮张质量的可追溯性。

（2）皮张产地应当建立涉及养殖全过程的养殖档案。

（3）皮张产地应当建立防疫记录

① 日常健康检查记录。禽群每天的健康状况、死亡数和死亡原因等。

② 预防和治疗记录。发病时间、症状、预防或治疗用药的经过；药品名称、使用方法、

生产厂家及批号、治疗结果、执行人等。

③ 免疫记录。疫苗种类、免疫时间、剂量、批号、生产厂家和疫苗领用、存放、执行人等。

④ 消毒记录。包括消毒剂种类、生产厂家、批号、使用日期、地点、方式、剂量等，遵守《畜禽产品消毒规范》（GB/T 16569—1996）。

(4) 销售记录　销售日期、数量、质量、购买单位名称、地址、运输情况等。

五、检疫后处理

(1) 确诊为蓝舌病、口蹄疫等一类疫病或当地新发生疫病，或某些如炭疽、鼻疽、马传染性贫血等二类疫病的畜禽生皮和原毛，一律严格按《畜禽病害肉尸及其产品无害化处理规程》和《畜禽产品消毒规范》处理。接触过带病原生皮、原毛的场地、用具、车辆及人员也必须进行彻底消毒。

(2) 原料中有生蛆、生虫、发霉等现象，及时剔出，进行通风、晾晒和消毒。

第二节　精液、胚胎检疫

一、精液一般性状的检疫

对精液的一般性状进行检疫，主要检查精液的颜色、精子的活力、精子的密度、精子的畸形率以及精液的酸碱度。

二、精液中所携带病原菌的种类

精液可以携带的主要的动物疫病病原体包括：结核分枝杆菌、副结核分枝杆菌、布氏杆菌、胎儿弯曲杆菌、钩端螺旋体、口蹄疫病毒、白血病病毒、牛瘟病毒、蓝舌病病毒、牛传染性鼻气管炎病毒、牛病毒性腹泻病毒、Q热病毒、支原体、非洲猪瘟病毒、日本脑炎病毒、猪细小病毒、伪狂犬病病毒、猪瘟病毒、猪水疱病病毒、裂谷热病毒、牛结节性疹病毒、牛胎三毛滴虫、鞭虫、霉菌、真菌等。

三、牛冷冻精液中所携带病原菌的种类

牛冷冻精液中所携带的病原菌有：牛传染性鼻气管炎病毒、牛病毒性腹泻病毒、水疱性口炎病毒、布氏杆菌、口蹄疫病毒、支原体、结核分枝杆菌、副结核分枝杆菌、胎儿弯曲杆菌、钩端螺旋体、蓝舌病病毒、白血病病毒、牛瘟病毒、Q热病毒、牛结节性疱疹病毒、牛胎三毛滴虫病、霉菌、真菌等。

四、进口精液、胚胎的检疫程序

目前牛、羊、猪或其他动物的精液、胚胎的检疫仅针对从国外引进的检疫，目的在于引进优良品种和提高繁殖性能。对入境精液、胚胎依照《中华人民共和国进出境动植物检疫法》、《中华人民共和国进出境动植物检疫法实施条例》及其他相关规定进行检疫。对每批进口的精液、胚胎均应按照我国与输出国所签订的双边精液、胚胎检疫议定书的要求执行检疫。

1. 境外产地检疫

为了确保引进的动物精液或胚胎符合卫生条件，国家出入境检验检疫局依照我国与

输出国签署的输入动物精液或胚胎的检疫和卫生条件议定书，派兽医到输出国的养殖场、人工授精中心及有关实验室配合输出国官方兽医机构执行检疫任务。其工作内容及程序如下。

会同输出国官方兽医商定检疫工作计划，了解整个输出国动物疫情，特别是本次拟出口动物精液或胚胎所在地的疫情；确认输出动物精液或胚胎的人工授精中心符合议定书要求，特别是在议定书要求该授精中心在指定的时间和范围内无议定书中所规定的疫病或临诊症状，查阅有关的疫病监测记录档案，询问地方兽医有关动物疫情、疫病诊治情况；对中心内所有动物进行临诊检查，保证供精动物是临床健康的；到官方认可的实验室参与对供精动物疫病的检疫工作。

(1) 精液　精液样品应采自符合双边动物检疫协定或中国有关兽医卫生要求的合格供体公畜。供体公畜（动物）应全身清洁，身体及蹄不带任何粪便或食物残渣；供体公畜（动物）包皮周围的毛不宜过长（一般剪至 2cm 为宜），采精前用生理盐水将包皮、包皮周围及阴囊冲洗干净。

采精场所及试情畜（台畜）应清洁卫生，每次采精前应仔细清洗；采精操作人员应戴灭菌手套，以防供体公畜（动物）阴茎意外滑出时，操作人员的手与阴茎直接接触；每次采精前，对人工阴道、精液收集管等器具应彻底清洗消毒，人工阴道使用的润滑剂及涂抹润滑剂的器具亦应消毒灭菌。

精液稀释液应新鲜无菌，一般不超过 72h，储存在 5℃的条件下。用牛奶、蛋黄配制精液稀释液时，稀释液的这些成分必须无病原体或经过消毒（牛奶在 92℃经 3～5min 处理，鸡蛋必须来自 SPF 鸡群）。稀释液中可加入青霉素、链霉素和多黏菌素。精液采集时应有助手配合，当公畜（动物）爬跨试情畜（动物）或台畜时，采精操作人员用左手拉住公畜包皮，同时用右手将已消毒灭菌的人工阴道套到阴茎上。当公畜射精结束后，取下精液收集管，送实验室稀释，分装成 50μl/支（粒）或 25μl/支（粒）。分装好的精液必须放在液氮中保存和运送。

采样标准：一般按一头公畜（动物）一个采精批号，作为一个计算单位，100 支（粒）以下采样 4％～5％，101～500 支（粒）采样 3％～4％，501～1000 支（粒）采样 2％～3％，1000 支（粒）以上采样 1％～2％。

(2) 胚胎　胚胎样品应采自符合双边动物检疫协定或中国有关兽医卫生要求的全合格供胚胎畜。保证胚胎没有病原微生物，主要以检疫供胚动物、受胚动物、胚胎采集或冲洗及胚胎透明带是否完整为决策依据，原则上不以胚胎作为检测样品，供胚动物及受胚动物的检疫将按照我国与输出国所签订的双边胚胎检疫议定书的要求执行。

胚胎透明带检查：在显微条件下，把胚胎放大 50 倍以上，检查透明带表面，并证实透明带完整无损，无黏附杂物。

胚胎按国际胚胎移植协会（IETS）规定方法冲洗，且在冲洗前、后透明带完整无损伤。

采集液、冲洗液样品：将采集液置于消毒容器中，静置 1h 后弃去上清液，将底部含有碎片的液体（约 100ml）倒入消毒瓶内。如果用滤器过滤采集胚胎，将滤器上被阻碎片洗下倒入 100ml 的滤液里；洗液为收集胚胎的最后 4 次冲洗液。上述样品应置 4℃保存，并在 24h 内进行检疫，否则应置 -70℃冷冻待检。

放在无菌安瓿或细菌管内的胚胎，应储存在消毒的液氮容器内，凡从同一供体动物采集的胚胎应放在同一安瓿内。

2. 精液的检疫消毒处理

即采用消毒药液对精液外包装消毒，消毒后加贴统一规定使用的外包装消毒封签标志。

第三节　种蛋的检疫

一、种禽场的防疫要求

（一）孵化场的防疫要求

1. 档案信息

（1）具备完整的报表和记录　生产周报表、生产月报表；蛋库出入记录、孵化箱和出雏箱运转记录、消毒记录、免疫接种记录、雏禽质量跟踪记录、产品销售记录。

（2）计算每一批次的受精率、受精蛋孵化率、入孵蛋孵化率、健雏率，对每批孵化情况有分析。

（3）孵化技术资料应归档保存两年以上。

2. 产品质量

（1）按照禽种质量标准选择初生雏，不合格者不准出场。

（2）按照当地有关种禽质量和经营服务规定做好售后服务。

3. 健全防疫制度

（1）孵化场必须有一套完整的防疫、消毒制度，进出人员、车辆、物品等应严格消毒，严防厂区内与厂区外交叉污染。

（2）按照孵化流程严格把好入库前种蛋、入孵种蛋、落盘胚胎蛋的消毒。

（3）废弃物应集中收集，经无害化处理后符合《畜禽养殖业污染物排放标准》（GB 18596—2001）的规定。

（4）每批孵化结束后，应对孵化箱、出雏箱、出雏室进行彻底清洗、消毒。空箱时间不得少于 2 天。

（5）雏禽应按规定接种疫苗，出售按《畜禽产地检疫规范》（GB 16549—1996）的规定实施产地检疫。

（6）雏禽应放置于经冲洗消毒、垫有专用草纸的塑料雏禽周转箱或一次性专用雏禽纸板箱内发售。

（二）种禽的卫生防疫要求

（1）卫生防疫制度健全有效，能认真贯彻执行《中华人民共和国动物防疫法》、《家畜家禽防疫条例》以及各省的有关规定。

（2）严格执行免疫程序，具有免疫监测设备及制度，有效地控制有关法律法规所规定的一、二类传染病的发生，场内保证无鸡新城疫、禽霍乱、马立克病、霉形体病、鸡痘等传染病。

（3）一旦发生传染病或寄生虫病时，要迅速采取隔离、消毒等防疫措施，并立即报告当地畜禽防疫机构，接受其防疫检查和监督指导。

（4）场内卫生清洁，常年做好消毒工作。非生产人员不得进入生产区；生产区设有洗涤、更衣、消毒设施。大门及禽舍、饲料库入口处应设存放有有效消毒剂的消毒池，进入禽舍必须更换工作服和鞋。对病死家禽进行无害化处理，环境、舍内及设备保持清洁并定期消毒，舍内有害成分应控制在允许范围内；粪便、垃圾等应妥善处理。

（5）档案信息

① 种禽场实行养殖档案跟踪制度。档案信息应当准确、真实、完整、及时，并保存两年以上，确保种禽质量的可追溯性。

② 种禽场应当建立涉及养殖全过程的养殖档案。

③ 生产记录

a. 饲养期信息。种禽来源、品种、引入日期与数量等引种信息，存栏禽日龄、体重、存栏数、禽舍温湿度、喂料量等。

b. 生产性能信息。

c. 饲料信息。饲料配方、饲料（原粮）来源、型号、生产日期和使用情况等。

④ 防疫记录

a. 日常健康检查记录。禽群每天的健康状况、死亡数和死亡原因等。

b. 预防和治疗记录。发病时间、症状、预防或治疗用药的经过；药物名称、使用方法、生产单位及批号、治疗结果、执行人等。

c. 免疫记录。疫苗种类、免疫时间、剂量、批号、生产厂家和疫苗领用、存放、执行人等。

⑤ 消毒记录。包括消毒剂种类、生产厂家、批号，使用日期、地点、方式、剂量等。

⑥ 无害化处理记录。根据处理情况做好记录。

⑦ 销售记录。销售日期、数量、质量、购买单位名称、地址、运输情况等。

⑧ 种禽质量记录。种禽（蛋）出售时的质量、等级等。

二、种蛋的检疫方法

（1）动物产品必须来自非疫区。

（2）动物产品的供体必须无国家规定动物疫病，供体有健康合格证明。

（3）种蛋的消毒处理 有药液浸泡消毒法、药液喷雾消毒法、熏蒸消毒法、紫外线照射消毒法四种方法。

① 福尔马林（36%～40%甲醛溶液）熏蒸法。将蛋放在蛋盘上，置孵化器内，关闭进出气孔，先将按计算（按每立方米应用高锰酸钾15g和福尔马林30ml计算）称量好的高锰酸钾放在瓷盘中，把瓷盘放在孵化器的下面，加入所需要量的福尔马林后迅速关闭孵化器门，30min后打开门和进、出气孔，开动鼓风机，尽快将烟吹散。

② 紫外线照射法。将蛋放在杀菌紫外线灯管下约50cm处，照射1min，然后在蛋的下方照射1min。

③ 药液浸泡消毒法

a. 高锰酸钾消毒法。将蛋放入0.2%～0.5%的高锰酸钾溶液中，使溶液温度保持在40℃，浸泡1min，取出沥干后装盘。

b. 抗生素消毒法。将孵化6～8h的种蛋取出，放置数分钟后，浸入0.05%的土霉素或链霉素溶液中15min，取出放入孵化室1～2min，趁蛋壳表面不太湿时，放回孵化器内继续孵化。

c. 漂白粉消毒法。将蛋浸入含有效氯1.5%的漂白粉溶液中3min，取出沥干后装盘。在整个消毒过程中，注意通风换气。

④ 药液喷雾消毒法。使用新洁尔灭进行喷雾消毒，此法是将新洁尔灭配成0.1%浓度的溶液，喷雾在种蛋蛋壳表面。配制时，忌与肥皂、碱、高锰酸钾等接触。

（4）检疫后处理

① 种蛋经感官检查、灯光透视检查均合格，应签发检疫证书（如必须做沙门菌和志贺菌检疫，应为阴性）。

② 凡沙门菌和志贺菌检疫阳性者，不能作种用蛋，可直接供高温蛋制品行业用。

③ 有缺陷的蛋不能作种用蛋（如外形过大、过小、过圆的蛋，存放时间超过2周的蛋，灯光透视检查的无黄蛋、双黄蛋、三黄蛋、热伤蛋、孵化蛋、裂纹蛋、陈旧蛋等）。

④ 检疫消毒后于外包装加贴统一规定的消毒封签标志。

【本章小结】

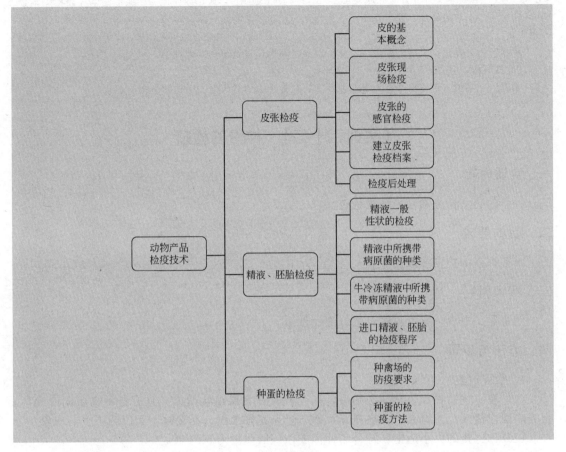

【思考题】

1. 动物皮张包括哪些？应如何检疫？
2. 如何判定炭疽沉淀反应阳性？
3. 对提供精液、胚胎、种蛋的种畜禽有哪些要求？

【案例与分析】

处理某冻库储存不合格猪胴体的案例

[案例概述]

2000 年 7 月 1 日，某市兽医卫生监督所开展动物防疫监督检查时，发现某冻库储存的一批猪胴体涉嫌无检疫证明，已经变色、变质。该冻库又不能提供动物产品检疫合格证、运载工具消毒合格证等证明。兽医卫生监督所初步认定该批猪胴体未经检疫，依法立案调查，进行了现场勘验，对涉嫌违法的证据先行登记保存。经查，该批猪胴体是冻库代××贮藏，冻库出具了协议书。该批猪胴体的入库时间是 1999 年 5 月 31 日，入库数量 38.5t，现存 10.5t，其余已出库。该批猪胴体上盖有圆形检疫印章的时间是 1998 年 11 月 27 日和 28 日，农业部从 1998 年已开始启用滚筒式检疫验讫印章，故可以认定该验讫印章是假的。市兽医卫生执法人员认定该批猪胴体属未经检疫的动物产品，按照《动物防疫法》的有关规定，进行补检，补检结果为不合格。兽医卫生监督所即通知冻库相关人员，要求冻库相关人员通知货主接受调查处理。在冻库书面答复"找不到货主"的情况下，兽医卫生监督所为防止该批猪胴体流入市场，遂于 2000 年 7 月 3 日向冻库发出了《行政处理决定书》，认定冻库代为冷藏的猪胴体经检疫不合格，违反了《动物防疫法》第十八条第三项规定。按照《动物防疫法》第三十八条第二款规定，作出了"对你单位现存的全部猪胴体 10.5t 作无害化处理，无法作无害化处理的予以销毁。处理销毁的费用由当事人承担"的处理决定。市兽医卫生监督所对该批猪胴体进行了销毁处理。

[案例分析]

根据以上案例，请作出分析（本案涉及无害化处理销毁行政强制措施的运用问题）。

【实训二十二】 种蛋的检疫

一、实训内容

种蛋的感官检查和灯光透视检查。

二、目的要求

掌握种蛋的检疫方法。

三、实训材料

照蛋器、电源、盛蛋容器、电灯泡、种蛋。

四、方法与步骤

1. 感官检查

(1) 看　优质种蛋呈标准椭圆形，蛋壳表面有一层霜状粉末，具有各种禽蛋固有光泽；蛋壳表面应清洁，无禽粪、无垫料等污物；蛋壳完好无损，无裂纹、无凹凸不平的现象。

(2) 称　蛋的大小适中、符合品种标准，一般质量为 55～70g。

2. 灯光透视检查

采用照蛋器进行。

(1) 新鲜种蛋　透视时，气室小，整个蛋呈微红色，蛋黄呈现暗影浮映于蛋内；转动种蛋，蛋黄也随之转动，蛋黄上胚盘看不见，蛋黄表面无血丝、血管。

(2) 次、劣质蛋　热伤蛋的气室较大，胚胎或未受精的胚珠暗影扩大，但无血环、血丝，蛋白变稀，蛋黄增大、色暗；无精蛋的蛋白稀薄，蛋黄膨大扁平、色淡；死精蛋胚胎周围有微红的血环；孵化 7～10 天的死雏蛋，气室明显倾斜，蛋内有死雏。

五、实训报告

根据种蛋检疫的实际操作过程写出实习报告。

附 录

附录一　中华人民共和国进出境动植物检疫法

（1991 年 10 月 30 日　中华人民共和国主席令第 53 号发布）

第一章　总　　则

第一条　为防止动物传染病、寄生虫病和植物危险性病、虫、杂草以及其他有害生物（以下简称病虫害）传入、传出国境，保护农、林、牧，渔业生产和人体健康，促进对外经济贸易的发展，制定本法。

第二条　进出境的动植物、动植物产品和其他检疫物，装载动植物、动植物产品和其他检疫物的装载容器、包装物，以及来自动植物疫区的运输工具，依照本法规定实施检疫。

第三条　国务院设立动植物检疫机关（以下简称国家动植物检疫机关），统一管理全国进出境动植物检疫工作。国家动植物检疫机关在对外开放的口岸和进出境动植物检疫业务集中的地点设立的口岸动植物检疫机关，依照本法规定实施进出境动植物检疫。

贸易性动物产品出境的检疫机关，由国务院根据实际情况规定。

国务院农业行政主管部门主管全国进出境动植物检疫工作。

第四条　口岸动植物检疫机关在实施检疫时可以行使下列职权：

（一）依照本法规定登船、登车、登机实施检疫；

（二）进入港口、机场、车站、邮局以及检疫物的存放、加工、养殖、种植场所实施检疫，并依照规定采样；

（三）根据检疫需要，进入有关生产、仓库等场所，进行疫情监测、调查和检疫监督管理；

（四）查阅、复制、摘录与检疫物有关的运行日志、货运单、合同、发票以及其他单证。

第五条　国家禁止下列各物进境：

（一）动植物病原体（包括菌种、毒种等）、害虫及其他有害生物；

（二）动植物疫情流行的国家和地区的有关动植物、动植物产品和其他检疫物；

（三）动物尸体；

（四）土壤。

口岸动植物检疫机关发现有前款规定的禁止进境物的，作退回或者销毁处理。

因科学研究等特殊需要引进本条第一款规定的禁止进境物的，必须事先提出申请，经国家动植物检疫机关批准。

本条第一款第二项规定的禁止进境物的名录，由国务院农业行政主管部门制定并公布。

第六条　国外发生重大动植物疫情并可能传入中国时，国务院应当采取紧急预防措施，必要时可以下令禁止来自动植物疫区的运输工具进境或者封锁有关口岸；受动植物疫情威胁地区的地方人民政府和有关口岸动植物检疫机关，应当立即采取紧急措施，同时向上级人民政府和国家动植物检疫机关报告。

邮电、运输部门对重大动植物疫情报告和送检材料应当优先传送。

第七条　国家动植物检疫机关和口岸动植物检疫机关对进出境动植物、动植物产品的生产、加工、存放过程，实行检疫监督制度。

第八条 口岸动植物检疫机关在港口、机场、车站、邮局执行检疫任务时，海关、交通、民航、铁路、邮电等有关部门应当配合。

第九条 动植物检疫机关检疫人员必须忠于职守，秉公执法。

动植物检疫机关检疫人员依法执行公务，任何单位和个人不得阻挠。

第二章 进境检疫

第十条 输入动物、动物产品、植物种子、种苗等其他繁殖材料的，必须事先提出申请，办理检疫审批手续。

第十一条 通过贸易、科技合作、交换、赠送、援助等方式输入动植物、动植物产品和其他检疫物的，应当在合同或者协议中订明中国法定的检疫要求，并订明必须附有输出国家或者地区政府动植物检疫机关出具的检疫证书。

第十二条 货主或者其代理人应当在动植物、动植物产品和其他检疫物进境前或者进境时持输出国家或者地区的检疫证书、贸易合同等单证，向进境口岸动植物检疫机关报检。

第十三条 装载动物的运输工具抵达口岸时，口岸动植物检疫机关应当采取现场预防措施，对上下运输工具或者接近动物的人员、装载动物的运输工具和被污染的场地作防疫消毒处理。

第十四条 输入动植物、动植物产品和其他检疫物，应当在进境口岸实施检疫。未经口岸动植物检疫机关同意，不得卸离运输工具。

输入动植物，需隔离检疫的，在口岸动植物检疫机关指定的隔离场所检疫。

因口岸条件限制等原因，可以由国家动植物检疫机关决定将动植物、动植物产品和其他检疫物运往指定地点检疫。在运输、装卸过程中，货主或者其代理人应当采取防疫措施。指定的存放、加工和隔离饲养或者隔离种植的场所，应当符合动植物检疫和防疫的规定。

第十五条 输入动植物、动植物产品和其他检疫物，经检疫合格的，准予进境；海关凭口岸动植物检疫机关签发的检疫单证或者在报单上加盖的印章验放。

输入动植物、动植物产品和其他检疫物，需调离海关监管区检疫的，海关凭口岸动植物检疫机关签发的《检疫调离通知单》验放。

第十六条 输入动物，经检疫不合格的，由口岸动植物检疫机关签发《检疫处理通知单》，通知货主或者其代理人作如下处理：

（一）检出一类传染病、寄生虫病的动物，连同其同群动物全群退回或者全群扑杀并销毁尸体；

（二）检出二类传染病、寄生虫病的动物，退回或者扑杀，同群其他动物在隔离场或者其他指定地点隔离观察。

输入动物产品和其他检疫物经检疫不合格的，由口岸动植物检疫机关签发《检疫处理通知单》，通知货主或者其代理人作除害、退回或者销毁处理。经除害处理合格的，准予进境。

第十七条 输入植物、植物产品和其他检疫物，经检疫发现有植物危险性病、虫、杂草的，由口岸动植物检疫机关签发《检疫处理通知单》，通知货主或者其代理人作除害、退回或者销毁处理。经除害处理合格的，准予进境。

第十八条 本法第十六条第一款第一项、第二项所称一类、二类动物传染病、寄生虫病的名录和本法第十七条所称植物危险性病、虫、杂草的名录，由国务院农业行政主管部门制定本公布。

第十九条 输入动植物、动植物产品和其他检疫物，经检疫发现有本法第十八条规定的名录之外，对农、林、牧、渔业有严重危险的其他病虫害的，由口岸动植物检疫机关依照国务院农业行政主管部门的规定，通知货主或者其代理人作除害、退回或者销毁处理。经除害处理合格的，准予进境。

第三章　出境检疫

第二十条　货主或者其代理人在动植物、动植物产品和其他检疫物出境前，向口岸动植物检疫机关报检。

出境前需经隔离检疫的动物，在口岸动植物检疫机关指定的隔离场所检疫。

第二十一条　输出动植物、动植物产品和其他检疫物，由口岸动植物检疫机关实施检疫，经检疫合格或者经除害处理合格的，准予出境；海关凭口岸动植物检疫机关签发的检疫证书或者在报关单上加盖的印章验放。检疫不合格又无有效方法作除害处理的，不准出境。

第二十二条　经检疫合格的动植物、动植物产品和其他检疫物，有下列情形之一的，货主或者其代理人应当重新报检：

（一）更改输入国家或者地区，更改好的输入国家或者地区又有不同检疫要求的；

（二）改换包装或者原未拼装后来拼装的；

（三）超过检疫规定有效期的。

第四章　过境检疫

第二十三条　要求运输动物过境的，必须事先商得中国国家动植物检疫机关同意，并按照指定的口岸和路线过境。

装载过境动物的运输工具、装载容器、饲料和铺垫材料，必须符合中国动植物检疫的规定。

第二十四条　运输动植物、动植物产品和其他检疫物过境的，由承运人或者押运人持货运单和输出国家或者地区政府动植物检疫机关出具的检疫证书，在进境时向口岸动植物检疫机关报检，出境口岸不再检疫。

第二十五条　过境的动物经检疫合格的，准予过境；发现有本法第十八条规定的名录所列的动物传染病、寄生虫病的，全群动物不准过境。

过境动物的饲料受病虫害污染的，作除害、不准过境或者销毁处理。

过境的动物的尸体、排泄物、铺垫材料及其他废弃物，必须按照动植物检疫机关的规定处理，不得擅自抛弃。

第二十六条　对过境植物、动植物产品和其他检疫物，口岸动植物检疫机关检查运输工具或者包装，经检疫合格的，准予过境；发现有本法第十八条规定的名录所列的病虫害的，作除害处理或者不准过境。

第二十七条　动植物、动植物产品和其他检疫物过境期间，未经动植物检疫机关批准，不得开拆包装或者卸离运输工具。

第五章　携带、邮寄物检疫

第二十八条　携带、邮寄植物种子、种苗以及其繁殖材料进境的，必须事先提出申请，办理检疫审批手续。

第二十九条　禁止携带、邮寄进境的动植物、动植物产品和其他检疫物的名录，由国务院农业行政主管部门制定并公布。

携带、邮寄前款规定的名录所列的动植物、动植物产品和其他检疫物进境的，作退回或者销毁处理。

第三十条　携带本法第二十九条规定的名录以外的动植物、动植物产品和其他检疫物进境的，在进境时向海关申报并接受口岸动物检疫机关检疫。

携带动物进境的，必须持有输出国家或者地区的检疫证书等证件。

第三十一条　邮寄本法第二十九条规定的名录以外的动植物、动植物产品和其他检疫物进境的，由口岸动植物检疫机关在国际邮件互换局实施检疫，必要时可以取回口岸动植物检疫机关检疫；未经检疫不得运递。

第三十二条　邮寄进境的动植物、动植物产品和其他检疫物，经检疫或者除害处理合格后放行；经检疫不合格又无有效方法作除害处理的，作退回或者销毁处理，并签发《检疫处理通知单》。

第三十三条　携带、邮寄出境的动植物、动植物产品和其他检疫物，物主有检疫要求的，由口岸动植物检疫机关实施检疫。

第六章　运输工具检疫

第三十四条　来自动植物疫区的船舶、飞机、火车抵达口岸时，由口岸动植物检疫机关实施检疫。发现有本法第十八条规定的名录所列的病虫害的，作不准带离运输工具、除害、封存或者销毁处理。

第三十五条　进境的车辆，由口岸动植物检疫机关作防疫消毒处理。

第三十六条　进出境运输工具上的泔水、动植物性废弃物，依照口岸动植物检疫机关的规定处理，不得擅自抛弃。

第三十七条　装载出境的动植物、动植物产品和其他检疫物的运输工具，应当符合动植物检疫和防疫的规定。

第三十八条　进境供拆船用的废旧船舶，由口岸动植物检疫机关实施检疫，发现有本法第十八条规定的名录所列的病虫害的，作除害处理。

第七章　法律责任

第三十九条　违反本法规定，有下列行为之一的，由口岸动植物检疫机关处以罚款：

（一）未报检或者未依法办理检疫审批手续的；

（二）未经口岸动植物检疫机关许可擅自将进境动植物、动植物产品或者其他检疫物卸离运输工具或者运递的；

（三）擅自调离或者处理在口岸动植物检疫机关指定的隔离场所中隔离检疫的动植物的。

第四十条　报检的动植物、动植物产品或者其他检疫物与实际不符合的，由口岸动植物检疫机关处以罚款；已取得检疫单证的，予以吊销。

第四十一条　违反本法规定，擅自开拆过境动植物、动植物产品或者其他检疫物的包装的，擅自将过境动植物、动植物产品或者其他检疫物卸离运输工具的，擅自抛弃过境动物的尸体、排泄物、铺垫材料或者其他废弃物的，有动植物检疫机关处以罚款。

第四十二条　违反本法规定，引起重大动植物疫情的，比照刑法第一百七十八条的规定追究刑事责任。

第四十三条　伪造、变造检疫单证、印章、标志、封识，依照刑法第一百六十七条的规定追究刑事责任。

第四十四条　当事人对动植物检疫机关的处罚决定不服的，可以在接到处罚通知之日起十五日内向作出处罚决定的机关的上一级机关申请复议；当事人也可以在接到处罚通知之日起十五日内直接向人民法院起诉。

复议机关应当在接到复议申请之日起六十日内作出复议决定。当事人对复议决定不服的，可以在接到复议决定之日起十五日内向人民法院起诉。复议机关逾期不作出复议决定的，当事人可以在复议期满之日起十五日内向人民法院起诉。

当事人逾期不申请复议也不向人民法院起诉，又不履行处罚决定的，作出处罚决定的机关可以申请人民法院强制执行。

第四十五条 动植物检疫机关检疫人员滥用职权，徇私舞弊，伪造检疫结果，或者玩忽职守，延误检疫出证，构成犯罪的，依法追究刑事责任；不构成犯罪的，给予行政处分。

第八章 附　则

第四十六条 本法下列用语的含义是：

（一）"动物"是指饲养、野生的活动物、如畜、禽、兽、蛇、龟、鱼、虾、蟹、贝、蚕、蜂等；

（二）"动物产品"是指来源于动物未经加工或者虽经加工但仍有可能传播疫病的产品，如生皮张、毛类、肉类、脏器、油脂、动物水产品、奶制品、蛋类、血液、精液、胚胎、骨、蹄、角等；

（三）"植物"是指栽培植物、野生植物及其种子、种苗及其他繁殖材料等；

（四）"植物产品"是指来源于植物未经加工或者虽经加工但仍有可能传播病虫害的产品，如粮食、豆、棉花、油、麻、烟草、籽仁、干果、鲜果、蔬菜、生药材、木材、饲料等；

（五）"其他检疫物"是指动物疫苗、血清、诊断液、动植物性废弃物等。

第四十七条 中华人民共和国缔结或者参加的有关动植物检疫的国际条约与本法有不同规定的，适用该国际条约的规定。但是，中华人民共和国声明保留的条款除外。

第四十八条 口岸动植物检疫机关实施检疫依照规定收费。收费办法由国务院农业行政主管部门会同国务院物价等有关主管部门制定。

第四十九条 国务院根据本法制定实施条例。

第五十条 本法自 1992 年 4 月 1 日起施行。1982 年 6 月 4 日国务院发布的《中华人民共和国进出口动植物检疫条例》同时废止。

附录二　中华人民共和国动物防疫法

（1997 年 7 月 3 日第八届全国人民代表大会常务委员会第二十六次会议通过；2007 年 8 月 30 日第十届全国人民代表大会常务委员会第二十九次会议第一次修订；据 2013 年 6 月 29 日中华人民共和国第十二届全国人民代表大会常务委员会第三次会议《全国人民代表大会常务委员会关于修改〈中华人民共和国文物保护法〉第十二部法律的决定》第二次修订；根据 2015 年 4 月 24 日第十二届全国人民代表大会常务委员会第十四次会议《中国人民代表大会常务委员会关于修改〈中华人民共和国电力法〉等六部法律的决定》第三次修订，由中华人民共和国主席令第 24 号发布，自公布之日起施行。）

第一章 总　则

第一条 为了加强对动物防疫活动的管理，预防、控制和扑灭动物疫病，促进养殖业发展，保护人体健康，维护公共卫生安全，制定本法。

第二条　本法适用于在中华人民共和国领域内的动物防疫及其监督管理活动。

进出境动物、动物产品的检疫，适用《中华人民共和国进出境动植物检疫法》。

第三条　本法所称动物，是指家畜家禽和人工饲养、合法捕获的其他动物。

本法所称动物产品，是指动物的肉、生皮、原毛、绒、脏器、脂、血液、精液、卵、胚胎、骨、蹄、头、角、筋以及可能传播动物疫病的奶、蛋等。

本法所称动物疫病，是指动物传染病、寄生虫病。

本法所称动物防疫，是指动物疫病的预防、控制、扑灭和动物、动物产品的检疫。

第四条　根据动物疫病对养殖业生产和人体健康的危害程度，本法规定管理的动物疫病分为下列三类：

（一）一类疫病，是指对人与动物危害严重，需要采取紧急、严厉的强制预防、控制、扑灭等措施的；

（二）二类疫病，是指可能造成重大经济损失，需要采取严格控制、扑灭等措施，防止扩散的；

（三）三类疫病，是指常见多发、可能造成重大经济损失，需要控制和净化的。

前款一、二、三类动物疫病具体病种名录由国务院兽医主管部门制定并公布。

第五条　国家对动物疫病实行预防为主的方针。

第六条　县级以上人民政府应当加强对动物防疫工作的统一领导，加强基层动物防疫队伍建设，建立健全动物防疫体系，制定并组织实施动物疫病防治规划。

乡级人民政府、城市街道办事处应当组织群众协助做好本管辖区域内的动物疫病预防与控制工作。

第七条　国务院兽医主管部门主管全国的动物防疫工作。

县级以上地方人民政府兽医主管部门主管本行政区域内的动物防疫工作。

县级以上人民政府其他部门在各自的职责范围内做好动物防疫工作。

军队和武装警察部队动物卫生监督职能部门分别负责军队和武装警察部队现役动物及饲养自用动物的防疫工作。

第八条　县级以上地方人民政府设立的动物卫生监督机构依照本法规定，负责动物、动物产品的检疫工作和其他有关动物防疫的监督管理执法工作。

第九条　县级以上人民政府按照国务院的规定，根据统筹规划、合理布局、综合设置的原则建立动物疫病预防控制机构，承担动物疫病的监测、检测、诊断、流行病学调查、疫情报告以及其他预防、控制等技术工作。

第十条　国家支持和鼓励开展动物疫病的科学研究以及国际合作与交流，推广先进适用的科学研究成果，普及动物防疫科学知识，提高动物疫病防治的科学技术水平。

第十一条　对在动物防疫工作、动物防疫科学研究中做出成绩和贡献的单位和个人，各级人民政府及有关部门给予奖励。

第二章　动物疫病的预防

第十二条　国务院兽医主管部门对动物疫病状况进行风险评估，根据评估结果制定相应的动物疫病预防、控制措施。

国务院兽医主管部门根据国内外动物疫情和保护养殖业生产及人体健康的需要，及时制定并公布动物疫病预防、控制技术规范。

第十三条　国家对严重危害养殖业生产和人体健康的动物疫病实施强制免疫。国务院兽医主管部门确定强制免疫的动物疫病病种和区域，并会同国务院有关部门制定国家动物疫病强制免疫计划。

省、自治区、直辖市人民政府兽医主管部门根据国家动物疫病强制免疫计划，制订本行政区域的强制免疫计划；并可以根据本行政区域内动物疫病流行情况增加实施强制免疫的动物疫病病种和区域，报本级人民政府批准后执行，并报国务院兽医主管部门备案。

第十四条 县级以上地方人民政府兽医主管部门组织实施动物疫病强制免疫计划。乡级人民政府、城市街道办事处应当组织本管辖区域内饲养动物的单位和个人做好强制免疫工作。

饲养动物的单位和个人应当依法履行动物疫病强制免疫义务，按照兽医主管部门的要求做好强制免疫工作。

经强制免疫的动物，应当按照国务院兽医主管部门的规定建立免疫档案，加施畜禽标识，实施可追溯管理。

第十五条 县级以上人民政府应当建立健全动物疫情监测网络，加强动物疫情监测。

国务院兽医主管部门应当制定国家动物疫病监测计划。省、自治区、直辖市人民政府兽医主管部门应当根据国家动物疫病监测计划，制定本行政区域的动物疫病监测计划。

动物疫病预防控制机构应当按照国务院兽医主管部门的规定，对动物疫病的发生、流行等情况进行监测；从事动物饲养、屠宰、经营、隔离、运输以及动物产品生产、经营、加工、贮藏等活动的单位和个人不得拒绝或者阻碍。

第十六条 国务院兽医主管部门和省、自治区、直辖市人民政府兽医主管部门应当根据对动物疫病发生、流行趋势的预测，及时发出动物疫情预警。地方各级人民政府接到动物疫情预警后，应当采取相应的预防、控制措施。

第十七条 从事动物饲养、屠宰、经营、隔离、运输以及动物产品生产、经营、加工、贮藏等活动的单位和个人，应当依照本法和国务院兽医主管部门的规定，做好免疫、消毒等动物疫病预防工作。

第十八条 种用、乳用动物和宠物应当符合国务院兽医主管部门规定的健康标准。

种用、乳用动物应当接受动物疫病预防控制机构的定期检测；检测不合格的，应当按照国务院兽医主管部门的规定予以处理。

第十九条 动物饲养场（养殖小区）和隔离场所，动物屠宰加工场所，以及动物和动物产品无害化处理场所，应当符合下列动物防疫条件：

（一）场所的位置与居民生活区、生活饮用水源地、学校、医院等公共场所的距离符合国务院兽医主管部门规定的标准；

（二）生产区封闭隔离，工程设计和工艺流程符合动物防疫要求；

（三）有相应的污水、污物、病死动物、染疫动物产品的无害化处理设施设备和清洗消毒设施设备；

（四）有为其服务的动物防疫技术人员；

（五）有完善的动物防疫制度；

（六）具备国务院兽医主管部门规定的其他动物防疫条件。

第二十条 兴办动物饲养场（养殖小区）和隔离场所，动物屠宰加工场所，以及动物和动物产品无害化处理场所，应当向县级以上地方人民政府兽医主管部门提出申请，并附具相关材料。受理申请的兽医主管部门应当依照本法和《中华人民共和国行政许可法》的规定进行审查。经审查合格的，发给动物防疫条件合格证；不合格的，应当通知申请人并说明理由。

动物防疫条件合格证应当载明申请人的名称、场（厂）址等事项。

经营动物、动物产品的集贸市场应当具备国务院兽医主管部门规定的动物防疫条件，并接受动物卫生监督机构的监督检查。

第二十一条 动物、动物产品的运载工具、垫料、包装物、容器等应当符合国务院兽医主管部门规定的动物防疫要求。

染疫动物及其排泄物、染疫动物产品，病死或者死因不明的动物尸体，运载工具中的动物排泄物以及垫料、包装物、容器等污染物，应当按照国务院兽医主管部门的规定处理，不得随意处置。

第二十二条 采集、保存、运输动物病料或者病原微生物以及从事病原微生物研究、教学、检测、诊断等活动，应当遵守国家有关病原微生物实验室管理的规定。

第二十三条 患有人畜共患传染病的人员不得直接从事动物诊疗以及易感染动物的饲养、屠宰、经营、隔离、运输等活动。

人畜共患传染病名录由国务院兽医主管部门会同国务院卫生主管部门制定并公布。

第二十四条 国家对动物疫病实行区域化管理，逐步建立无规定动物疫病区。无规定动物疫病区应当符合国务院兽医主管部门规定的标准，经国务院兽医主管部门验收合格予以公布。

本法所称无规定动物疫病区，是指具有天然屏障或者采取人工措施，在一定期限内没有发生规定的一种或者几种动物疫病，并经验收合格的区域。

第二十五条 禁止屠宰、经营、运输下列动物和生产、经营、加工、贮藏、运输下列动物产品：

（一）封锁疫区内与所发生动物疫病有关的；

（二）疫区内易感染的；

（三）依法应当检疫而未经检疫或者检疫不合格的；

（四）染疫或者疑似染疫的；

（五）病死或者死因不明的；

（六）其他不符合国务院兽医主管部门有关动物防疫规定的。

第三章 动物疫情的报告、通报和公布

第二十六条 从事动物疫情监测、检验检疫、疫病研究与诊疗以及动物饲养、屠宰、经营、隔离、运输等活动的单位和个人，发现动物染疫或者疑似染疫的，应当立即向当地兽医主管部门、动物卫生监督机构或者动物疫病预防控制机构报告，并采取隔离等控制措施，防止动物疫情扩散。其他单位和个人发现动物染疫或者疑似染疫的，应当及时报告。

接到动物疫情报告的单位，应当及时采取必要的控制处理措施，并按照国家规定的程序上报。

第二十七条 动物疫情由县级以上人民政府兽医主管部门认定；其中重大动物疫情由省、自治区、直辖市人民政府兽医主管部门认定，必要时报国务院兽医主管部门认定。

第二十八条 国务院兽医主管部门应当及时向国务院有关部门和军队有关部门以及省、自治区、直辖市人民政府兽医主管部门通报重大动物疫情的发生和处理情况；发生人畜共患传染病的，县级以上人民政府兽医主管部门与同级卫生主管部门应当及时相互通报。

国务院兽医主管部门应当依照我国缔结或者参加的条约、协定，及时向有关国际组织或者贸易方通报重大动物疫情的发生和处理情况。

第二十九条 国务院兽医主管部门负责向社会及时公布全国动物疫情，也可以根据需要授权省、自治区、直辖市人民政府兽医主管部门公布本行政区域内的动物疫情。其他单位和个人不得发布动物疫情。

第三十条　任何单位和个人不得瞒报、谎报、迟报、漏报动物疫情，不得授意他人瞒报、谎报、迟报动物疫情，不得阻碍他人报告动物疫情。

第四章　动物疫病的控制和扑灭

第三十一条　发生一类动物疫病时，应当采取下列控制和扑灭措施：

（一）当地县级以上地方人民政府兽医主管部门应当立即派人到现场，划定疫点、疫区、受威胁区，调查疫源，及时报请本级人民政府对疫区实行封锁。疫区范围涉及两个以上行政区域的，由有关行政区域共同的上一级人民政府对疫区实行封锁，或者由各有关行政区域的上一级人民政府共同对疫区实行封锁。必要时，上级人民政府可以责成下级人民政府对疫区实行封锁；

（二）县级以上地方人民政府应当立即组织有关部门和单位采取封锁、隔离、扑杀、销毁、消毒、无害化处理、紧急免疫接种等强制性措施，迅速扑灭疫病；

（三）在封锁期间，禁止染疫、疑似染疫和易感染的动物、动物产品流出疫区，禁止非疫区的易感染动物进入疫区，并根据扑灭动物疫病的需要对出入疫区的人员、运输工具及有关物品采取消毒和其他限制性措施。

第三十二条　发生二类动物疫病时，应当采取下列控制和扑灭措施：

（一）当地县级以上地方人民政府兽医主管部门应当划定疫点、疫区、受威胁区；

（二）县级以上地方人民政府根据需要组织有关部门和单位采取隔离、扑杀、销毁、消毒、无害化处理、紧急免疫接种、限制易感染的动物和动物产品及有关物品出入等控制、扑灭措施。

第三十三条　疫点、疫区、受威胁区的撤销和疫区封锁的解除，按照国务院兽医主管部门规定的标准和程序评估后，由原决定机关决定并宣布。

第三十四条　发生三类动物疫病时，当地县级、乡级人民政府应当按照国务院兽医主管部门的规定组织防治和净化。

第三十五条　二、三类动物疫病呈暴发性流行时，按照一类动物疫病处理。

第三十六条　为控制、扑灭动物疫病，动物卫生监督机构应当派人在当地依法设立的现有检查站执行监督检查任务；必要时，经省、自治区、直辖市人民政府批准，可以设立临时性的动物卫生监督检查站，执行监督检查任务。

第三十七条　发生人畜共患传染病时，卫生主管部门应当组织对疫区易感染的人群进行监测，并采取相应的预防、控制措施。

第三十八条　疫区内有关单位和个人，应当遵守县级以上人民政府及其兽医主管部门依法作出的有关控制、扑灭动物疫病的规定。

任何单位和个人不得藏匿、转移、盗掘已被依法隔离、封存、处理的动物和动物产品。

第三十九条　发生动物疫情时，航空、铁路、公路、水路等运输部门应当优先组织运送控制、扑灭疫病的人员和有关物资。

第四十条　一、二、三类动物疫病突然发生，迅速传播，给养殖业生产安全造成严重威胁、危害，以及可能对公众身体健康与生命安全造成危害，构成重大动物疫情的，依照法律和国务院的规定采取应急处理措施。

第五章　动物和动物产品的检疫

第四十一条　动物卫生监督机构依照本法和国务院兽医主管部门的规定对动物、动物产品实施检疫。

动物卫生监督机构的官方兽医具体实施动物、动物产品检疫。官方兽医应当具备规定的资格条件，取得国务院兽医主管部门颁发的资格证书，具体办法由国务院兽医主管部门会同国务院人事行政部门制定。

本法所称官方兽医，是指具备规定的资格条件并经兽医主管部门任命的，负责出具检疫等证明的国家兽医工作人员。

第四十二条 屠宰、出售或者运输动物以及出售或者运输动物产品前，货主应当按照国务院兽医主管部门的规定向当地动物卫生监督机构申报检疫。

动物卫生监督机构接到检疫申报后，应当及时指派官方兽医对动物、动物产品实施现场检疫；检疫合格的，出具检疫证明、加施检疫标志。实施现场检疫的官方兽医应当在检疫证明、检疫标志上签字或者盖章，并对检疫结论负责。

第四十三条 屠宰、经营、运输以及参加展览、演出和比赛的动物，应当附有检疫证明；经营和运输的动物产品，应当附有检疫证明、检疫标志。

对前款规定的动物、动物产品，动物卫生监督机构可以查验检疫证明、检疫标志，进行监督抽查，但不得重复检疫收费。

第四十四条 经铁路、公路、水路、航空运输动物和动物产品的，托运人托运时应当提供检疫证明；没有检疫证明的，承运人不得承运。

运载工具在装载前和卸载后应当及时清洗、消毒。

第四十五条 输入到无规定动物疫病区的动物、动物产品，货主应当按照国务院兽医主管部门的规定向无规定动物疫病区所在地动物卫生监督机构申报检疫，经检疫合格的，方可进入；检疫所需费用纳入无规定动物疫病区所在地地方人民政府财政预算。

第四十六条 跨省、自治区、直辖市引进乳用动物、种用动物及其精液、胚胎、种蛋的，应当向输入地省、自治区、直辖市动物卫生监督机构申请办理审批手续，并依照本法第四十二条的规定取得检疫证明。

跨省、自治区、直辖市引进的乳用动物、种用动物到达输入地后，货主应当按照国务院兽医主管部门的规定对引进的乳用动物、种用动物进行隔离观察。

第四十七条 人工捕获的可能传播动物疫病的野生动物，应当报经捕获地动物卫生监督机构检疫，经检疫合格的，方可饲养、经营和运输。

第四十八条 经检疫不合格的动物、动物产品，货主应当在动物卫生监督机构监督下按照国务院兽医主管部门的规定处理，处理费用由货主承担。

第四十九条 依法进行检疫需要收取费用的，其项目和标准由国务院财政部门、物价主管部门规定。

第六章 动物诊疗

第五十条 从事动物诊疗活动的机构，应当具备下列条件：

（一）有与动物诊疗活动相适应并符合动物防疫条件的场所；

（二）有与动物诊疗活动相适应的执业兽医；

（三）有与动物诊疗活动相适应的兽医器械和设备；

（四）有完善的管理制度。

第五十一条 设立从事动物诊疗活动的机构，应当向县级以上地方人民政府兽医主管部门申请动物诊疗许可证。受理申请的兽医主管部门应当依照本法和《中华人民共和国行政许可法》的规定进行审查。经审查合格的，发给动物诊疗许可证；不合格的，应当通知申请人并说明理由。

第五十二条 动物诊疗许可证应当载明诊疗机构名称、诊疗活动范围、从业地点和法定代表人（负责人）等事项。

动物诊疗许可证载明事项变更的，应当申请变更或者换发动物诊疗许可证。

第五十三条 动物诊疗机构应当按照国务院兽医主管部门的规定，做好诊疗活动中的卫生安全防护、消毒、隔离和诊疗废弃物处置等工作。

第五十四条 国家实行执业兽医资格考试制度。具有兽医相关专业大学专科以上学历的，可以申请参加执业兽医资格考试；考试合格的，由国务院兽医主管部门颁发执业兽医资格证书；从事动物诊疗的，还应当向当地县级人民政府兽医主管部门申请注册。执业兽医资格考试和注册办法由国务院兽医主管部门商国务院人事行政部门制定。

本法所称执业兽医，是指从事动物诊疗和动物保健等经营活动的兽医。

第五十五条 经注册的执业兽医，方可从事动物诊疗、开具兽药处方等活动。但是，本法第五十七条对乡村兽医服务人员另有规定的，从其规定。

执业兽医、乡村兽医服务人员应当按照当地人民政府或者兽医主管部门的要求，参加预防、控制和扑灭动物疫病的活动。

第五十六条 从事动物诊疗活动，应当遵守有关动物诊疗的操作技术规范，使用符合国家规定的兽药和兽医器械。

第五十七条 乡村兽医服务人员可以在乡村从事动物诊疗服务活动，具体管理办法由国务院兽医主管部门制定。

第七章 监 督 管 理

第五十八条 动物卫生监督机构依照本法规定，对动物饲养、屠宰、经营、隔离、运输以及动物产品生产、经营、加工、贮藏、运输等活动中的动物防疫实施监督管理。

第五十九条 动物卫生监督机构执行监督检查任务，可以采取下列措施，有关单位和个人不得拒绝或者阻碍：

（一）对动物、动物产品按照规定采样、留验、抽检；

（二）对染疫或者疑似染疫的动物、动物产品及相关物品进行隔离、查封、扣押和处理；

（三）对依法应当检疫而未经检疫的动物实施补检；

（四）对依法应当检疫而未经检疫的动物产品，具备补检条件的实施补检，不具备补检条件的予以没收销毁；

（五）查验检疫证明、检疫标志和畜禽标识；

（六）进入有关场所调查取证，查阅、复制与动物防疫有关的资料。

动物卫生监督机构根据动物疫病预防、控制需要，经当地县级以上地方人民政府批准，可以在车站、港口、机场等相关场所派驻官方兽医。

第六十条 官方兽医执行动物防疫监督检查任务，应当出示行政执法证件，佩戴统一标志。

动物卫生监督机构及其工作人员不得从事与动物防疫有关的经营性活动，进行监督检查不得收取任何费用。

第六十一条 禁止转让、伪造或者变造检疫证明、检疫标志或者畜禽标识。

检疫证明、检疫标志的管理办法，由国务院兽医主管部门制定。

第八章 保 障 措 施

第六十二条 县级以上人民政府应当将动物防疫纳入本级国民经济和社会发展规划及年度计划。

第六十三条 县级人民政府和乡级人民政府应当采取有效措施，加强村级防疫员队伍建设。

县级人民政府兽医主管部门可以根据动物防疫工作需要，向乡、镇或者特定区域派驻兽医机构。

第六十四条 县级以上人民政府按照本级政府职责，将动物疫病预防、控制、扑灭、检疫和监督管理所需经费纳入本级财政预算。

第六十五条 县级以上人民政府应当储备动物疫情应急处理工作所需的防疫物资。

第六十六条 对在动物疫病预防和控制、扑灭过程中强制扑杀的动物、销毁的动物产品和相关物品，县级以上人民政府应当给予补偿。具体补偿标准和办法由国务院财政部门会同有关部门制定。

因依法实施强制免疫造成动物应激死亡的，给予补偿。具体补偿标准和办法由国务院财政部门会同有关部门制定。

第六十七条 对从事动物疫病预防、检疫、监督检查、现场处理疫情以及在工作中接触动物疫病病原体的人员，有关单位应当按照国家规定采取有效的卫生防护措施和医疗保健措施。

第九章　法　律　责　任

第六十八条 地方各级人民政府及其工作人员未依照本法规定履行职责的，对直接负责的主管人员和其他直接责任人员依法给予处分。

第六十九条 县级以上人民政府兽医主管部门及其工作人员违反本法规定，有下列行为之一的，由本级人民政府责令改正，通报批评；对直接负责的主管人员和其他直接责任人员依法给予处分：

（一）未及时采取预防、控制、扑灭等措施的；

（二）对不符合条件的颁发动物防疫条件合格证、动物诊疗许可证，或者对符合条件的拒不颁发动物防疫条件合格证、动物诊疗许可证的；

（三）其他未依照本法规定履行职责的行为。

第七十条 动物卫生监督机构及其工作人员违反本法规定，有下列行为之一的，由本级人民政府或者兽医主管部门责令改正，通报批评；对直接负责的主管人员和其他直接责任人员依法给予处分：

（一）对未经现场检疫或者检疫不合格的动物、动物产品出具检疫证明、加施检疫标志，或者对检疫合格的动物、动物产品拒不出具检疫证明、加施检疫标志的；

（二）对附有检疫证明、检疫标志的动物、动物产品重复检疫的；

（三）从事与动物防疫有关的经营性活动，或者在国务院财政部门、物价主管部门规定外加收费用、重复收费的；

（四）其他未依照本法规定履行职责的行为。

第七十一条 动物疫病预防控制机构及其工作人员违反本法规定，有下列行为之一的，由本级人民政府或者兽医主管部门责令改正，通报批评；对直接负责的主管人员和其他直接责任人员依法给予处分：

（一）未履行动物疫病监测、检测职责或者伪造监测、检测结果的；

（二）发生动物疫情时未及时进行诊断、调查的；

（三）其他未依照本法规定履行职责的行为。

第七十二条 地方各级人民政府、有关部门及其工作人员瞒报、谎报、迟报、漏报或者授意他人瞒报、谎报、迟报动物疫情，或者阻碍他人报告动物疫情的，由上级人民政府或者有关部门责令改正，通报批评；对直接负责的主管人员和其他直接责任人员依法给予处分。

第七十三条 违反本法规定，有下列行为之一的，由动物卫生监督机构责令改正，给予警告；拒不改正的，由动物卫生监督机构代作处理，所需处理费用由违法行为人承担，可以处一千元以下罚款：

（一）对饲养的动物不按照动物疫病强制免疫计划进行免疫接种的；

（二）种用、乳用动物未经检测或者经检测不合格而不按照规定处理的；

（三）动物、动物产品的运载工具在装载前和卸载后没有及时清洗、消毒的。

第七十四条 违反本法规定，对经强制免疫的动物未按照国务院兽医主管部门规定建立免疫档案、加施畜禽标识的，依照《中华人民共和国畜牧法》的有关规定处罚。

第七十五条 违反本法规定，不按照国务院兽医主管部门规定处置染疫动物及其排泄物、染疫动物产品，病死或者死因不明的动物尸体，运载工具中的动物排泄物以及垫料、包装物、容器等污染物以及其他经检疫不合格的动物、动物产品的，由动物卫生监督机构责令无害化处理，所需处理费用由违法行为人承担，可以处三千元以下罚款。

第七十六条 违反本法第二十五条规定，屠宰、经营、运输动物或者生产、经营、加工、贮藏、运输动物产品的，由动物卫生监督机构责令改正，采取补救措施，没收违法所得和动物、动物产品，并处同类检疫合格动物、动物产品货值金额一倍以上五倍以下罚款；其中依法应当检疫而未检疫的，依照本法第七十八条的规定处罚。

第七十七条 违反本法规定，有下列行为之一的，由动物卫生监督机构责令改正，处一千元以上一万元以下罚款；情节严重的，处一万元以上十万元以下罚款：

（一）兴办动物饲养场（养殖小区）和隔离场所，动物屠宰加工场所，以及动物和动物产品无害化处理场所，未取得动物防疫条件合格证的；

（二）未办理审批手续，跨省、自治区、直辖市引进乳用动物、种用动物及其精液、胚胎、种蛋的；

（三）未经检疫，向无规定动物疫病区输入动物、动物产品的。

第七十八条 违反本法规定，屠宰、经营、运输的动物未附有检疫证明，经营和运输的动物产品未附有检疫证明、检疫标志的，由动物卫生监督机构责令改正，处同类检疫合格动物、动物产品货值金额百分之十以上百分之五十以下罚款；对货主以外的承运人处运输费用一倍以上三倍以下罚款。

违反本法规定，参加展览、演出和比赛的动物未附有检疫证明的，由动物卫生监督机构责令改正，处一千元以上三千元以下罚款。

第七十九条 违反本法规定，转让、伪造或者变造检疫证明、检疫标志或者畜禽标识的，由动物卫生监督机构没收违法所得，收缴检疫证明、检疫标志或者畜禽标识，并处三千元以上三万元以下罚款。

第八十条 违反本法规定，有下列行为之一的，由动物卫生监督机构责令改正，处一千元以上一万元以下罚款：

（一）不遵守县级以上人民政府及其兽医主管部门依法作出的有关控制、扑灭动物疫病规定的；

（二）藏匿、转移、盗掘已被依法隔离、封存、处理的动物和动物产品的；

（三）发布动物疫情的。

第八十一条 违反本法规定，未取得动物诊疗许可证从事动物诊疗活动的，由动物卫生监督机构责令停止诊疗活动，没收违法所得；违法所得在三万元以上的，并处违法所得一倍以上三倍以下罚款；没有违法所得或者违法所得不足三万元的，并处三千元以上三万元以下罚款。

动物诊疗机构违反本法规定，造成动物疫病扩散的，由动物卫生监督机构责令改正，处一万元以上五万元以下罚款；情节严重的，由发证机关吊销动物诊疗许可证。

第八十二条 违反本法规定，未经兽医执业注册从事动物诊疗活动的，由动物卫生监督机构责令停止动物诊疗活动，没收违法所得，并处一千元以上一万元以下罚款。

执业兽医有下列行为之一的，由动物卫生监督机构给予警告，责令暂停六个月以上一年以下动物诊疗活动；情节严重的，由发证机关吊销注册证书：

（一）违反有关动物诊疗的操作技术规范，造成或者可能造成动物疫病传播、流行的；

（二）使用不符合国家规定的兽药和兽医器械的；

（三）不按照当地人民政府或者兽医主管部门要求参加动物疫病预防、控制和扑灭活动的。

第八十三条　违反本法规定，从事动物疫病研究与诊疗和动物饲养、屠宰、经营、隔离、运输，以及动物产品生产、经营、加工、贮藏等活动的单位和个人，有下列行为之一的，由动物卫生监督机构责令改正；拒不改正的，对违法行为单位处一千元以上一万元以下罚款，对违法行为个人可以处五百元以下罚款：

（一）不履行动物疫情报告义务的；

（二）不如实提供与动物防疫活动有关资料的；

（三）拒绝动物卫生监督机构进行监督检查的；

（四）拒绝动物疫病预防控制机构进行动物疫病监测、检测的。

第八十四条　违反本法规定，构成犯罪的，依法追究刑事责任。

违反本法规定，导致动物疫病传播、流行等，给他人人身、财产造成损害的，依法承担民事责任。

第十章　附　　则

第八十五条　本法自 2008 年 1 月 1 日起施行。

附录三　OIE 规定必须通报的动物疫病名录（2013）

一、多种动物易患的疾病（25 种）

炭疽热　Anthrax

伪狂犬病　Aujeszky's disease

蓝舌病　Bluetongue

布氏杆菌病（流产布氏杆菌）　Brucellosis（Brucella abortus）

布氏杆菌病（羊布氏杆菌）　Brucellosis（Brucella melitensis）

布氏杆菌病（猪布氏杆菌）　Brucellosis（Brucella suis）

克里米亚刚果出血热（别名：新疆出血热）　Crimean Congo haemorrhagic fever

棘球蚴病/包虫病　Echinococcosis/hydatidosis

流行性出血热　Epidemic hemorrhagic fever

东部马脑脊髓炎　Equine encephalomyelitis（Eastern）

口蹄疫　Foot and mouth disease

心水病　Heartwater

日本脑炎　Japanese encephalitis

新世界螺旋蝇蛆病　New world screwworm（Cochliomyia hominivorax）

旧世界螺旋蝇蛆病　Old world screwworm（Chrysomya bezziana）

副结核病　Paratuberculosis

Q 热　Q fever

狂犬病　Rabies

裂谷热　Rift Valley fever

牛瘟　Rinderpest

苏拉病（伊氏锥虫）　Surra（Trypanosoma evansi）

旋毛虫病　Trichinellosis

兔热病　Tularemia

水疱性口炎　Vesicular stomatitis

西尼罗热　West Nile fever

二、牛病（14 种）

牛边虫病（别名：牛无浆体病）　Bovine anaplasmosis

牛巴贝斯虫病　Bovine babesiosis

牛生殖器弯曲杆菌病　Bovine genital campylobacteriosis

牛海绵状脑病（别名：疯牛病）　Bovine spongiform encephalopathy

牛结核病　Bovine tuberculosis

牛病毒性腹泻　Bovine viral diarrhoea

牛传染性胸膜肺炎（别名：牛肺疫）　Contagious bovine pleuropneumonia

牛地方流行性白血病　Enzootic bovine leukosis

牛出血性败血病　Haemorrhagic septicaemia

牛传染性鼻气管炎/传染性脓疱性外阴道炎　Infectious bovine rhinotracheitis/infectious pustular vulvovaginitis

牛结节疹　Lumpy skin disease

泰勒虫病　Theileriosis

毛滴虫病　Trichomonosis

牛锥虫病（舌蝇传播）　Trypanosomosis（tsetse-transmitted）

三、羊的疾病（11 种）

山羊关节炎/脑炎　Caprine arthritis/encephalitis

传染性无乳症　Contagious agalactia

山羊传染性胸膜肺炎　Contagious caprine pleuropneumonia

羊地方性流产（羊衣原体）　Enzootic abortion of ewes（ovine chlamydiosis）

梅迪-维斯纳病　Maedi-visna

内罗毕绵羊病　Nairobi sheep disease

羊附睾炎（羊布氏杆菌）　Ovine epididymitis（Brucella ovis）

小反刍兽疫　Peste des petits ruminants

沙门菌病（流产沙门菌）　Salmonellosis（S. abortusovis）

羊痒病　Scrapie

绵羊痘和山羊痘　Sheep pox and goat pox

四、马病（11 种）

非洲马瘟　African horse sickness

马传染性子宫炎　Contagious equine metritis

马媾疫　Dourine

马脑脊髓炎（西方）　Equine encephalomyelitis（Western）

马传染性贫血　Equine infectious anaemia

马流感　Equine influenza

马焦虫病（别名：马梨形虫病）　Equine piroplasmosis

马鼻肺炎　Equine rhinopneumonitis

马病毒性动脉炎　Equine viral arteritis

马鼻疽　Glanders

委内瑞拉马脑炎　Venezuelan equine encephalomyelitis

五、猪的疾病（7 种）

非洲猪瘟　African swine fever

古典猪瘟　Classical swine fever

尼帕病毒脑炎　Nipah virus encephalitis

猪囊虫病、猪囊尾蚴病　Porcine cysticercosis

猪繁殖和呼吸综合征（别名：蓝耳病）Porcine reproductive and respiratory syndrome

猪水疱病　Swine vesicular disease

猪传染性胃肠炎　Transmissible gastroenteritis

六、禽类疾病（12 种）

禽衣原体病　Avian chlamydiosis

禽传染性支气管炎　Avian infectious bronchitis

禽传染性喉气管炎　Avian infectious laryngotracheitis

禽支原体病（鸡毒支原体）　Avian mycoplasmosis（M. gallisepticum）

禽流感支原体病（滑液囊支原体）　Avian mycoplasmosis（M. synoviae）

鸭病毒性肝炎　Duck virus hepatitis

禽伤寒　Fowl typhoid

高致病性禽流感和低致病性禽流感　Highly pathogenic avian influenza and low pathogenic avian influenza

鸡传染性法氏囊病（别名：甘布罗病）　Infectious bursal disease（Gumboro disease）

新城疫　Newcastle disease

鸡白痢　Pullorum disease

火鸡鼻气管炎　Turkey rhinotracheitis

七、兔病（2 种）

黏液瘤病　Myxomatosis

兔出血热　Rabbit haemorrhagic disease

八、蜜蜂病（6 种）

蜂螨病　Acarapisosis of honey bees

美洲幼虫腐臭病　American foulbrood of honey bees

欧洲幼虫腐臭病　European foulbrood of honey bees

小蜂巢甲虫侵袭（小蜂窝甲虫）　Small hive beetle infestation（Aethina tumida）

小蜂螨（热厉螨）　Tropilaelaps of honey bees

大蜂螨（瓦螨）　Varroosis of honey bees

九、鱼病（9 种）

流行性造血器官坏死症　Epizootic haematopoietic necrosis

流行性溃疡综合征　Epizootic ulcerative syndrome

三代虫病　Infection with Gyrodactylus salaris

传染性造血器官坏死症　Infectious haematopoietic necrosis

传染性鲑鱼贫血症　Infectious salmon anaemia

锦鲤疱疹病毒病　Koi herpesvirus disease

真鲷虹彩病毒病　Red sea bream iridoviral disease

鲤春病　Spring viraemia of curp

病毒性出血性败血症　Viral haemorrhagic septicaemia

十、软体动物疾病（7 种）

鲍鱼疱疹病毒感染　Infection with abalone herpesvirus

包拉米虫感染　Infection with Bonamia exitiosa

牡蛎包拉米虫病　Infection with Bonarmia ostreae

折光马尔太虫病　Infection with Marteilia refringens

海水派琴虫病　Infection with Perkinsus marinus

奥尔森派琴虫病　Infection with Perkinsus olseni

鲍枯萎综合征（别名：鲍立克次体病）　Infection with Xenohaliotis californiensis

十一、甲壳类疾病（8 种）

螯虾瘟（螯虾丝囊霉菌）　Crayfish plague（Aphanomyces astaci）

传染性皮下和造血器官坏死症　Infectious hypndermal and haematopoietic necrosis

传染性肌坏死病　Infectious myonecrosis

坏死性肝胰炎　Necrotising hepatopancreatitis
桃拉综合征　Taura syndrome
白斑病　White spot disease
白尾病　White tail disease
黄头病　Yellow head disease
十二、两栖动物病（2 种）
蛙壶菌感染　Infection with Batrachochytrium dendrobatidis
蛙病毒属感染　Infection with ranavirus
十三、其他动物疾病（2 种）
骆驼痘　Camelpox
利什曼虫病　Leishmaniosis

附录四　病害动物和病害动物产品生物安全处理规程

（GB 16548—2006）

1. 范围

本标准规定了病害动物和病害动物产品的销毁、无害化处理的技术要求。

本标准适用于国家规定的染疫动物及其产品、病死毒死或者死因不明的动物尸体、经检验对人畜健康有危害的动物和病害动物产品、国家规定的其他应该进行生物安全处理的动物和动物产品。

2. 术语和定义

下列术语和定义适用于本标准。

生物安全处理　biosafety disposal

通过用焚毁、化制、掩埋或其他物理、化学、生物学等方法将病害动物尸体和病害动物产品或附属物进行处理，以彻底消灭其所携带的病原体，达到消除病害因素，保障人畜健康安全的目的。

3. 病害动物和病害动物产品的处理

3.1　运送

运送动物尸体和病害动物产品应采用密闭、不渗水的容器，装前卸后必须要消毒。

3.2　销毁

3.2.1　适用对象

3.2.1.1　确认为口蹄疫、猪水疱病、猪瘟、非洲猪瘟、非洲马瘟、牛瘟、牛传染性胸膜肺炎、牛海绵状脑病、痒病、绵羊梅迪/维斯那病、蓝舌病、小反刍兽疫、绵羊痘和山羊痘、山羊关节炎脑炎、高致病性禽流感、鸡新城疫、炭疽、鼻疽、狂犬病、羊快疫、羊肠毒血症、肉毒梭菌中毒症、羊猝狙、马传染性贫血病、猪密螺旋体痢疾、猪囊尾蚴、急性猪丹毒、钩端螺旋体病（已黄染肉尸）、布氏杆菌病、结核病、鸭瘟、兔病毒性出血症、野兔热的染疫动物以及其他严重危害人畜健康的病害动物及其产品。

3.2.1.2　病死、毒死或不明死因动物的尸体。

3.2.1.3　经检验对人畜有毒有害的、需销毁的病害动物和病害动物产品。

3.2.1.4　从动物体割除下来的病变部分。

3.2.1.5　人工接种病微生物或进行药物试验的病害动物和病害动物产品。

3.2.1.6　国家规定的其他应该销毁的动物和动物产品。

3.2.2　操作方法

3.2.2.1　焚毁

将病害动物尸体、病害动物产品投入焚化炉或用其他方式烧毁碳化。

3.2.2.2　掩埋

本法不适用于患有炭疽等芽孢杆菌类疫病,以及牛海绵状脑病、痒病的染疫动物及产品、组织的处理。具体掩埋要求如下:

a)掩埋地点应远离学校、公共场所、居民住宅区、村庄、动物饲养和屠宰场所、饮用水源地、河流等地区;

b)掩埋前应对需掩埋的病害动物尸体和病害动物产品实施焚烧处理;

c)掩埋坑底铺 2cm 厚生石灰;

d)掩埋后需将掩埋土夯实。病害动物尸体和病害动物产品上层应距地表 1.5m 以上;

e)焚烧后的病害动物尸体和病害动物产品表面,以及掩埋后的地表环境应使用有效消毒药喷、洒消毒。

3.3 无害化处理

3.3.1 化制

3.3.1.1 适用对象

除 3.2.1 规定的动物疫病以外的其他疫病的染疫动物,以及病变严重、肌肉发生退行性变化的动物的整个尸体或胴体、内脏。

3.3.1.2 操作方法

利用干化、湿化机,将原料分类,分别投入化制。

3.3.2 消毒

3.3.2.1 适用对象

除 3.2.1 规定的动物疫病以外的其他疫病的染疫动物的生皮、原毛以及未经加工的蹄、骨、角、绒。

3.3.2.2 操作方法

3.3.2.2.1 高温处理法

适用于染疫动物蹄、骨和角的处理。

将肉尸作高温处理时剔出的骨、蹄、角放入高压锅内蒸煮至骨脱胶或脱脂时止。

3.3.2.2.2 盐酸食盐溶液消毒法

适用于被病原微生物污染或可疑被污染和一般染疫动物的皮毛消毒。

用 2.5％盐酸溶液和 15％食盐水溶液等量混合,将皮张浸泡在此溶液中,并使溶液温度保持在 30℃左右,浸泡 40h,1m² 的皮张用 10L 消毒液。浸泡后捞出沥干,放入 2％氢氧化钠溶液中,以中和皮张上的酸,再用水冲洗后晾干。也可按 100ml 25％食盐水溶液中加入盐酸 1ml 配制消毒液,在室温 15℃条件下浸泡 48h,皮张与消毒液之比为 1:4。浸泡后捞出沥干,再放入 1％氢氧化钠溶液中浸泡,以中和皮张上的酸,再用水冲洗后晾干。

3.3.2.2.3 过氧乙酸消毒法

适用于任何染疫动物的皮毛消毒。

将皮毛放入新鲜配制的 2％过氧乙酸溶液中浸泡 30min,捞出,用水冲洗后晾干。

3.3.2.2.4 碱盐液浸泡消毒法

适用于被病原微生物污染的皮毛消毒。

将皮毛浸入 5％碱盐液(饱和盐水内加 5％氢氧化钠)中,室温(18～25℃)浸泡 24h,并随时加以搅拌,然后取出挂起,待碱盐液流净,放入 5％盐酸液内浸泡,使皮上的酸碱中和,捞出,用水冲洗后晾干。

3.3.2.2.5 煮沸消毒法

适用于染疫动物鬃毛的处理。

将鬃毛于沸水中煮沸 2～2.5h。

附录五 常见动物疫病免疫推荐方案(试行)

为贯彻落实《国家中长期动物疫病防治规划(2012—2020 年)》,指导做好动物防疫工作,结合当前防控工作实际，根据《中华人民共和国动物防疫法》等法律法规有关规定，制定本方案。

一、免疫病种

布氏杆菌病、新城疫、狂犬病、绵羊痘和山羊痘、炭疽、猪伪狂犬病、棘球蚴病（包虫病）、猪繁殖与呼吸综合征（经典猪蓝耳病）、猪乙型脑炎、猪丹毒、猪圆环病毒病、鸡传染性支气管炎、鸡传染性法氏囊病、鸭瘟、低致病性（H9 亚型）禽流感等动物疫病。

二、免疫推荐方案

有条件的养殖单位应结合实际，定期进行免疫抗体水平监测，根据检测结果适时调整免疫程序。

（一）布氏杆菌病

1. 区域划分

一类地区是指北京、天津、河北、内蒙古、山西、黑龙江、吉林、辽宁、山东、河南、陕西、新疆、宁夏、青海、甘肃等 15 个省份和新疆生产建设兵团。以县为单位，连续 3 年对牛羊实行全面免疫。牛羊种公畜禁止免疫。奶畜原则上不免疫，个体病原阳性率超过 2% 的县，由县级兽医主管部门提出申请，报省级兽医主管部门批准后实施免疫。免疫前监测淘汰病原阳性畜。已达到或提前达到控制、稳定控制和净化标准的县，由县级兽医主管部门提出申请，报省级兽医主管部门批准后可不实施免疫。

连续免疫 3 年后，以县为单位，由省级兽医主管部门组织评估考核达到控制标准的，可停止免疫。

二类地区是指江苏、上海、浙江、江西、福建、安徽、湖南、湖北、广东、广西、四川、重庆、贵州、云南、西藏等 15 个省份。原则上不实施免疫。未达到控制标准的县，需要免疫的由县级兽医主管部门提出申请，经省级兽医主管部门批准后实施免疫，报农业部备案。

净化区是指海南省。禁止免疫。

2. 免疫程序

经批准对布氏杆菌病实施免疫的区域，按疫苗使用说明书推荐程序和方法，对易感家畜先行检测，对阴性家畜方可进行免疫。

使用疫苗：布氏杆菌活疫苗（M5 株或 M5-90 株）用于预防牛、羊布氏杆菌病；布氏杆菌活疫苗（S2 株）用于预防山羊、绵羊、猪和牛的布氏杆菌病；布氏杆菌活疫苗（A19 株或 S19 株）用于预防牛的布氏杆菌病。

（二）新城疫

对鸡实行全面免疫。

商品肉鸡：7～10 日龄时，用新城疫活疫苗（低毒力）和（或）灭活疫苗进行初免，2 周后，用新城疫活疫苗加强免疫一次。

种鸡、商品蛋鸡：3～7 日龄，用新城疫活疫苗进行初免；10～14 日龄用新城疫活疫苗和（或）灭活疫苗进行二免；12 周龄用新城疫活疫苗和（或）灭活疫苗强化免疫，17～18 周龄或开产前再用新城疫灭活疫苗免疫一次。开产后，根据免疫抗体检测情况进行强化免疫。

使用疫苗：鸡新城疫灭活疫苗或活疫苗。

（三）狂犬病

对犬实行全面免疫，重点做好狂犬病高发地区的农村和城乡结合部犬的免疫工作。

初生幼犬 2 月龄时进行初免，3 月龄时进行二免，此后每隔 12 个月进行一次免疫。

使用疫苗：犬狂犬病活疫苗或灭活疫苗。

（四）绵羊痘和山羊痘

对疫病流行地区的羊进行免疫。

60 日龄左右进行初免，以后每隔 12 个月加强免疫一次。

使用疫苗：山羊痘活疫苗。

（五）炭疽

对近 3 年曾发生过疫情的乡镇易感家畜进行免疫。

每年进行一次免疫。发生疫情时，要对疫区、受威胁区所有易感家畜进行一次紧急免疫。

使用疫苗：无荚膜炭疽芽孢疫苗或 Ⅱ 号炭疽芽孢疫苗。

（六）猪伪狂犬病

对疫病流行地区的猪进行免疫。

商品猪：55 日龄左右时进行一次免疫。

种母猪：55 日龄左右时进行初免；初产母猪配种前、怀孕母猪产前 4～6 周再进行一次免疫。

种公猪：55 日龄左右时进行初免，以后每隔 6 个月进行一次免疫。

使用疫苗：猪伪狂犬病活疫苗或灭活疫苗。

（七）棘球蚴病（包虫病）

对内蒙古、四川、西藏、甘肃、青海、宁夏、新疆和新疆生产建设兵团流行地区的羊实行免疫。

每年对当年新生存栏羊进行疫苗接种，此后对免疫羊每年进行一次强化免疫。

使用疫苗：羊棘球蚴（包虫）病基因工程亚单位疫苗。

（八）猪繁殖与呼吸综合征（经典猪蓝耳病）

对疫病流行地区的猪进行免疫。

商品猪：使用活疫苗于断奶前后进行免疫，可根据实际情况 4 个月后加强免疫一次。

种母猪：150 日龄前免疫程序同商品猪，可根据实际情况，配种前使用灭活疫苗进行免疫。

种公猪：使用灭活疫苗进行免疫。70 日龄前免疫程序同商品猪，以后每隔 4～6 个月加强免疫一次。

使用疫苗：猪繁殖与呼吸综合征活疫苗或灭活疫苗。

（九）猪乙型脑炎

对疫病流行地区的猪进行免疫。

每年在蚊虫出现前 1～2 个月，根据具体情况确定免疫时间，对猪等易感家畜进行两次免疫，间隔 1～2 个月。

使用疫苗：猪乙型脑炎灭活疫苗或活疫苗。

（十）猪丹毒

对疫病流行地区的猪进行免疫。

28～35 日龄时进行初免，70 日龄左右时进行二免。

使用疫苗：猪丹毒灭活疫苗。

（十一）猪圆环病毒病

对疫病流行地区的猪进行免疫。

可按各种猪圆环病毒疫苗的推荐程序进行免疫。

使用疫苗：猪圆环病毒灭活疫苗。

（十二）鸡传染性支气管炎

对疫病流行地区的鸡进行免疫。

商品肉鸡：在 1～7 日龄、10～14 日龄和 56 日龄时使用鸡传染性支气管炎活疫苗分别进行初免、二免和三免。对 40～50 日龄出栏的肉鸡，建议只进行两次免疫。

种鸡、商品蛋鸡：56 日龄前免疫程序同商品肉鸡；110～120 日龄时用鸡传染性支气管炎灭活疫苗进行四免。开产后，根据免疫抗体检测情况进行免疫。

使用疫苗：鸡传染性支气管炎灭活疫苗或活疫苗。

（十三）鸡传染性法氏囊病

对疫病流行地区的鸡进行免疫。

商品肉鸡：在 10～14 日龄、22 日龄左右时使用鸡传染性法氏囊病活疫苗分别进行初免和二免。对 40～50 日龄时出栏的肉鸡，在 24 日龄前完成免疫。

种鸡、商品蛋鸡：在 10～14 日龄、28～35 日龄时使用鸡传染性法氏囊病活疫苗分别进行初免和二免，110～120 日龄时用鸡传染性法氏囊病灭活疫苗进行三免。开产后，根据免疫抗体检测情况进行免疫。

使用疫苗：鸡传染性法氏囊病灭活疫苗或活疫苗。

（十四）鸭瘟

对疫病流行地区的鸭进行免疫。

商品肉鸭：14 日龄左右时，用鸭瘟灭活疫苗或活疫苗免疫一次。

商品蛋鸭：在 14 日龄左右、60 日龄左右时使用鸭瘟灭活疫苗或活疫苗分别进行初免和二免，以后每隔半年免疫一次。

种鸭：在 14 日龄左右、60 日龄左右时使用鸭瘟灭活疫苗或活疫苗分别进行初免和二免，开产前一个月用鸭瘟活疫苗进行三免；开产后每 4～6 个月免疫一次。

使用疫苗：鸭瘟活疫苗或灭活疫苗。

（十五）低致病性（H9 亚型）禽流感

对疫病流行地区的鸡进行免疫。

商品肉鸡：7～14 日龄时进行初免；28～35 日龄时进行二免。对 40～50 日龄出栏的肉鸡，建议只进行初免。

种鸡、商品蛋鸡：初免、二免免疫程序同商品肉鸡；110～120 日龄时进行三免。开产后，根据免疫抗体检测情况进行免疫。

使用疫苗：禽流感（H9 亚型）灭活疫苗。

三、其他事项

（一）各种疫苗具体免疫接种方法及剂量按相关产品说明操作。

（二）切实做好疫苗效果监测评价工作，免疫抗体水平达不到要求时，应立即实施加强免疫。

（三）对开展相关重点疫病净化工作的种畜禽场等养殖单位，可按净化方案实施，不采取免疫措施。

（四）必须使用经国家批准生产或已注册的疫苗，并加强疫苗管理，严格按照疫苗保存条件进行贮存和运输。对布氏杆菌病等常见动物疫病，如国家批准使用新的疫苗产品，也可纳入本方案投入使用。

（五）使用疫苗前应仔细检查疫苗外观质量，如是否在有效期内、疫苗瓶是否破损等。免疫接种时应按照疫苗产品说明书要求规范操作，并对废弃物进行无害化处理。

（六）要切实做好个人生物安全防护工作，避免通过皮肤伤口、呼吸道、消化道、可视黏膜等途径感染病原或引起不良反应。

（七）免疫过程中要做好消毒工作，猪、牛、羊、犬等家畜免疫要做到"一畜一针头"，鸡、鸭等家禽免疫做到勤换针头，防止交叉感染。

（八）要做好免疫记录工作，建立规范完整的免疫档案，确保免疫时间、使用疫苗种类等信息准确翔实、可追溯。

农业部办公厅
2014 年 3 月 13 日印发

参 考 文 献

[1] 李一经. 猪传染性疾病快速检测技术. 北京：化学工业出版社，2008.

[2] 王志亮. 现代动物检验检疫方法与技术. 北京：化学工业出版社，2007.

[3] 王子轼. 动物防疫与检疫技术. 北京：中国农业出版社，2006.

[4] 马兴树. 禽传染病实验诊断技术. 北京：化学工业出版社，2006.

[5] 刘泽文. 实用禽病诊疗新技术. 北京：中国农业出版社，2006.

[6] 梁勤. 蜜蜂病害与敌害防治. 北京：金盾出版社，2006.

[7] 李凯年等. 透视动物疫病对肉类产品国际贸易的影响. 中国动物保健，2006，（4）：15-17.

[8] 葛兆宏. 动物传染病. 北京：中国农业出版社，2005.

[9] 黄琪琰. 淡水鱼病防治实用技术大全. 北京：中国农业出版社，2005.

[10] 陈向前，康京丽. 尽快确立 SPS 贸易争端国内政策审议机制——美国成功经验对我们的启示. 中国动物检疫，2005，22（3）：4-6.

[11] 农业部人事劳动司 农业职业技能培训教材编审委员会. 动物检疫检验工. 北京：中国农业出版社，2004.

[12] 李克荣. 动物防检疫技术与管理. 兰州：甘肃科学技术出版社，2004.

[13] 董彝. 实用禽病临床类症鉴别. 北京：中国农业出版社，2004.

[14] 刘金才、康京丽，陈向前. 试论解决国际贸易争端中决定胜负的关键性因素. 中国动物检疫，2004，21（3）：1-3.

[15] 张彦明. 兽医公共卫生. 北京：中国农业出版社，2003.

[16] 姜平. 兽医生物制品学. 第2版. 北京：中国农业出版社，2003.

[17] 陈向前，汪明. 动物卫生法学. 北京：中国农业大学出版社，2002.

[18] 戴诗琼. 检验检疫学. 北京：对外经济贸易大学出版社，2002.

[19] 吴清民. 兽医传染病学. 北京：中国农业大学出版社，2002.

[20] 刘键. 动物防疫与检疫技术. 北京：中国农业出版社，2001.

[21] 陈杖榴. 兽医药理学. 第2版. 北京：中国农业出版社，2001.

[22] 蔡宝祥. 家畜传染病学. 第4版. 北京：中国农业出版社，2001.

[23] 杨廷桂. 动物防疫与检疫. 北京：中国农业出版社，2001.

[24] 张宏伟. 动物疫病. 北京：中国农业出版社，2001.

[25] 许伟琦. 检疫检验手册. 上海：上海科学技术出版社，2000.

[26] 王桂枝. 兽医防疫与检疫. 北京：中国农业出版社，1998.

[27] 曾元根，徐公义. 兽医临床诊疗技术. 第2版. 北京：化学工业出版社，2015.

[28] 刘振湘，梁学勇. 动物传染病防治技术. 北京：化学工业出版社，2013.

[29] 任克良. 图说高效养肉兔关键技术. 北京：金盾出版社，2012.

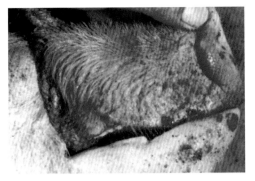

图 7-1　鼻镜边缘水泡

图 7-2　猪口蹄疫蹄部破溃

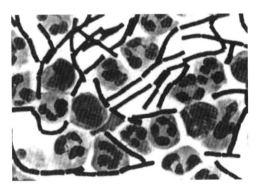

图 7-3　炭疽杆菌

图 7-4　禽霍乱肉髯肿胀

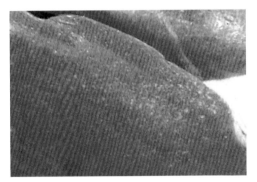

图 7-5　肝脏坏死点

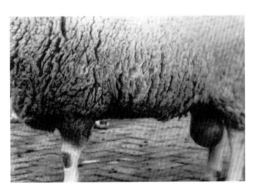

图 7-6　绵羊阴囊水肿、下垂

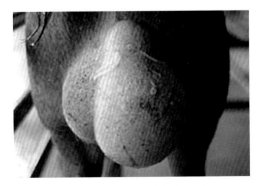

图 7-7　公猪一侧睾丸肿大

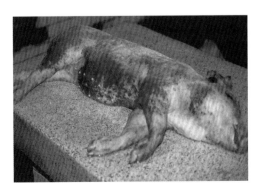

图 7-8　猪败血症

图 7-9　盲肠芯

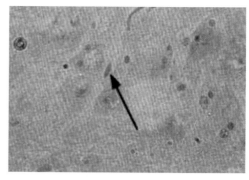

图 7-10　狂犬病毒包含体

（a）病猪角弓反张

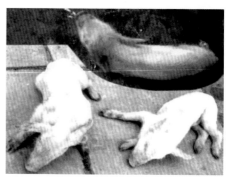

（b）上图——病猪转圈运动；下图——病猪后躯麻痹

图 7-11　猪伪狂犬病神经症状

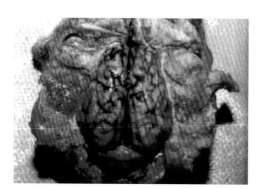

图 7-12　猪伪狂犬病

（软脑膜充血、下脑沟积有出血性水肿液）

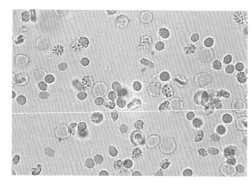

图 7-13　血液中的附红细胞体

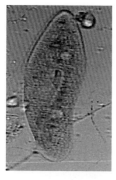

图 7-16　梨形虫

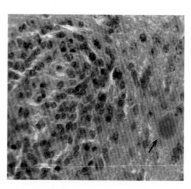

图 7-19　弓形虫包囊

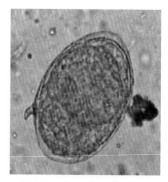

图 7-20　日本血吸虫虫卵

图 7-21　日本血吸虫雌雄成虫合抱

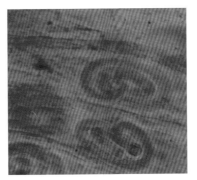

图 7-22　旋毛虫幼虫包囊

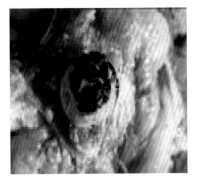

图 8-1　猪瘟大肠中的扣状溃疡

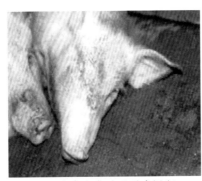

（a）鼻盘水疱破后形成烂斑

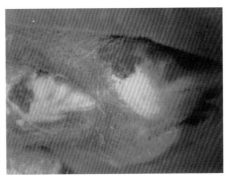

（b）蹄壳脱落出现溃疡

图 8-2　传染性猪水疱病

图 8-4　圆环病毒病猪
（体质下降、消瘦、腹泻、呼吸困难）

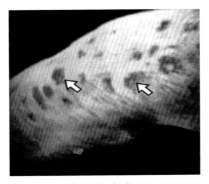

图 8-5　猪丹毒病猪（皮肤疹块）

图 8-6　传染性萎缩性鼻炎病猪
（鼻端歪斜，眼下角有半月形泪斑）

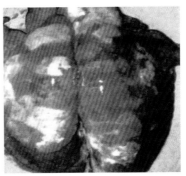

图 8-7　气喘病猪的肺脏病变
（大面积肺炎及气肿）

图 9-3　出血性败血症肺部病变

图 9-4　牛肺结核形成的肺空洞

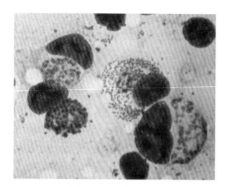

图 9-5　泰勒虫

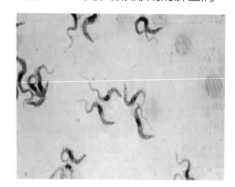

图 9-7　伊氏锥虫

图 11-1　黏液瘤病兔
（眼睑水肿，有黏液瘤结节）

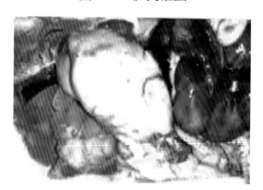

图 11-2　出血热病兔组织病理变化
（胃、肠浆膜下有出血点和斑，肝肿大、
色黄、质脆、切面粗糙　）

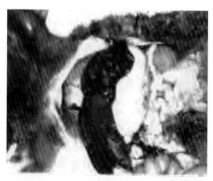

图 11-3　球虫病兔组织病理变化
（肝脏有黄豆大的淡黄色节、膀胱积尿）

图 11-7　患传染性造血器官坏死症的濒死幼鱼
（肛门拖着1条长而较粗的白色黏液便）